水处理技术

主　编　黄跃华　许铁夫　杨丽英
副主编　蒯圣龙

黄河水利出版社
·郑州·

内 容 提 要

本书主要介绍了水资源与水环境、水质标准,水处理方法及水处理工艺。在编写过程中体现职业教育的特点,注重并加强了实践教学环节。

本书可作为高职高专给水排水工程、环境工程、市政工程等专业的教材,也可作为从事城市给水排水工程技术人员的参考用书。

图书在版编目(CIP)数据

水处理技术/黄跃华主编. —郑州:黄河水利出版社,
2013.12
ISBN 978 - 7 - 5509 - 0644 - 0

Ⅰ.①水… Ⅱ.①黄… Ⅲ.①水处理 - 技术 Ⅳ.
①TU991.2

中国版本图书馆 CIP 数据核字(2013)第 293550 号

组稿编辑:王志宽 电话:0371 - 66024331 E-mail:wangzhikuan83@126.com

出 版 社:黄河水利出版社 网址:www.yrcp.com
　　　　地址:河南省郑州市顺河路黄委会综合楼14层 邮政编码:450003
发行单位:黄河水利出版社
　　　　发行部电话:0371 - 66026940、66020550、66028024、66022620(传真)
　　　　E-mail:hhslcbs@126.com
承印单位:郑州海华印务有限公司
开本:787 mm ×1 092 mm 1/16
印张:22
字数:508 千字　　　　　　　　　　　印数:1—3 100
版次:2013 年 12 月第 1 版　　　　　　印次:2013 年 12 月第 1 次印刷

定价:45.00 元

前　言

　　近年来,我国对水环境治理越来越重视,无论是在净水工艺的升级、饮用水安全的保障领域,还是在污水的处理等领域,水处理理论和工程技术都得到较快的发展。国家相关的政策法规日益完善,规范标准逐步与世界接轨。从 1982 年至 2011 年 12 月底编制的各类相关水环境国家标准共计 671 项,特别是以《生活饮用水卫生标准》以及《污水综合排放标准》为代表的水质标准的不断完善,使得污染物排放限制日益严格。因此,传统的净水、污水处理工艺和新的处理技术发展具有了技术需求与广阔的市场,在整个给水排水专业的发展中,水处理领域也是近年发展最为迅速的。

　　我国水处理领域发展已有 60 多年的时间,积累了大量的理论基础和实践经验。自20 世纪 80 年代初以《给水工程》、《排水工程》为代表的教材在我国水处理行业人员的培养方面起到了关键作用,至今仍被奉为本科教学中的经典教材,但其教学内容偏多,课程难度较大,对学生的基础要求较高。同时,目前给水和污水的处理技术方法逐渐模糊,工艺构成和技术措施趋同。因此,两门学科的整合,一方面能大大简化内容,另一方面也降低了教学难度,适合给水排水初学者学习。

　　基于以上原因,考虑到高职高专类给水排水专业教学特点和学时限制,本书在编写过程中对概念原理的阐述力图精简,减少了理论推导和不必要的计算。同时,对应用较少或逐步淘汰的技术方法进行了简单介绍,将教学的重点放在常用处理技术的机制、工艺参数、设计运行方法以及相关工艺的组合上,并对国内外水处理的新技术、新方法进行了必要的介绍。

　　本书打破了传统的净水处理、污水处理、深度处理等分类讲授方式,分绪论、水处理方法、水处理工艺三篇,对水质需求、处理方法以及各种工艺进行了较为全面的说明。不同于传统的理论教学,本书考虑到职业教学的特征,更加注重实践环节,特别是对工艺参数的选取、运营维护的方法等进行了独到的讲解,在内容上注意到了理论与实践的衔接。

　　《水处理技术》可作为高职高专类给水排水专业学生的授课或参考教材,推荐教学学时为 96 学时。

　　本书编写人员及编写分工如下:黑龙江建筑职业技术学院黄跃华编写第一篇第一章、第二章,第二篇第三章、第四章;黑龙江建筑职业技术学院杨丽英编写第二篇第五章、第六章、第七章,第三篇第十一章第六节;黑龙江建筑职业技术学院许铁夫编写第二篇第八章及水处理习题集(下);黑龙江建筑职业技术学院侯音编写第二篇第九章及水处理习题集(上);黄河水利职业技术学院侯根然编写第二篇第十章;河南建筑职业技术学院苗兆静编写第三篇第十一章第一节、第二节、第三节;河南建筑职业技术学院宋丽娟编写第三篇第十一章第四节、第五节;安徽水利水电职业技术学院蒯圣龙编写第三篇第十二章及附录。全书由黄跃华、许铁夫、杨丽英担任主编,并由黄跃华负责统稿,由蒯圣龙担任副主编。

在本书编写过程中,编者得到了哈尔滨工业大学崔崇威教授、黑龙江建筑职业技术学院边喜龙教授、广州市政技术学院吕宏德教授、哈尔滨磨盘山净水厂刘胜利和魏星际等专业技术人员的大力支持,在此表示衷心的感谢。

由于时间仓促,编者水平有限,书中缺点和疏漏在所难免,恳请广大师生和专业人士批评指正。

编　者
2013 年 7 月

目　录

第三篇　水处理工艺

第一篇 绪 论

第一章 水资源与水环境

第一节 水资源

水是人类生产和生活不可缺少的物质,是生命的源泉,也是工农业生产和经济发展不可取代的自然资源。

随着工农业生产的发展,世界人口的不断增长,尤其是近几十年来人民生活水平的日益提高,用水量逐年增加。因此,每个国家都把水当作一种宝贵的资源,并加以开发、保护和利用。各国对水资源概念的理解有所不同。"水资源"一词最早出现在1894年美国地质调查局水资源处,其主要测量与观察地表水和地下水。1963年,英国通过了水资源法,将水资源定义为"具有足够数量的可用水源"。在《不列颠百科全书》中,水资源被定义为"全部自然界任何形态的水,包括气态水、液态水和固态水"。1977年,联合国教科文组织建议将水资源定义为"可以利用或有可能被利用的水源,具有足够数量和可用的质量,并能在某一点为满足某种用途而被利用"。

在《中华人民共和国水法》(简称《水法》)和《环境科学词典》中,分别对水资源进行了解释。水资源可以定义为"人类长期生存、生活和生产过程中所需要的各种水",既包括了数量和质量的定义,又包括了使用价值和经济价值。从广义上讲,水资源是指人类能够直接或间接使用的各种水和水中的物质,作为生活资料和生产资料的天然水,在生产过程中具有经济价值和使用价值的水都可称为水资源;从狭义上讲,就是人类能够直接使用的淡水,这部分水主要指江、河、湖泊、水库、沼泽及渗入地下的地下水。不论从广义上还是从狭义上讲,水资源都包含着"量与质"的要求,不同的用水对质与量有不同的要求,其在一定的条件下可以相互转化。

地球表面的70.8%以上被水覆盖,总水量约为 $1.39 \times 10^9 \ km^3$。其中,海洋水占96.5%,地下水占1.69%,冰川及永久积雪占1.74%,湖泊水、水库水及沼泽水占0.0138%,江河水占0.0002%,大气水占0.001%。在总储量中,咸水占97.5%,淡水占2.5%,而且仅有的淡水中又有69.5%为固态水,主要储存在高山及永冻层内,南北两极的储量最多;另一部分为地下水,占淡水的30%;只有少部分存在于江河、湖泊、沼泽及大气中。

一、我国水资源概况

据统计,我国平均年降水量为 6.2 亿 m^3,平均年降水深度为 648 mm,小于世界陆地平均年降水深度 798 mm,也小于亚洲平均年降水深度 741 mm。河川径流量为 2.71 亿 m^3,占世界河川径流量的 5.69%,居世界第六位。从总淡水量上看,我国的水资源并不缺乏,但我国人口众多,人均占有水资源量仅为 2 360 m^3,相当于世界人均占有量的 1/4、美国的 1/6、巴西和俄罗斯的 1/11、加拿大的 1/50。因此,我国被列为世界 13 个贫水国家之一。

二、我国水资源的特点

(一)地区分布不均匀

从地表水资源看,东南部地区丰富,西北部地区缺乏。全国 90% 的地表径流、70% 的地下径流在南方地区,而占全国面积 50% 的北方地区只有全国 10% 的地表径流和 30% 的地下径流。

(二)时间分布不均匀

我国大部分地区的降水年内分配不均,年际变化大。南方地区受东南季风影响,雨季一般长达半年,每年集中在 3~7 月降雨,占全年降雨量的 50%~60%;北方地区,降水期较集中,一般在 6~9 月,降水量占全年的 70%~80%;西北地区为全国最干旱地区,主要包括新疆、宁夏、甘肃、内蒙古的西北部的沙漠地带,降雨量的年际变化率大,因此上述地区大多干旱少雨,河流较少,且有较大面积的无流区域。

三、我国水资源存在的问题

我国在 20 世纪 80 年代初用水为 450 亿 m^3,到了 20 世纪末已达 700 亿 m^3。工农业用水量增大,加剧了水资源的供需矛盾,污水排放量的增加,使得人类赖以生存的水资源环境受到了破坏,水体受到污染。虽然人类在积极地利用和改造并力争保持天然水源不受污染,但由于人类对自然环境的认识不深,不自觉地使天然水资源环境遭受破坏。目前,全国的日排污水量达 1.26 亿 m^3,而大多数污水未经处理直接排入水体,使地表水系统及近海受到污染。

我国的用水量在近 50 年迅速增加,使河川径流减少,引起西北、华北的环境和生态的较大变化。塔里木河为我国内陆河,流域人口 780 万,由于这些年的大量引水灌溉和一些不合理的开发利用,下游流量迅速减少,流域面积减小,1998 年统计,该河已缩短了 320 km 的径流。地下水的大量开采使得地面下沉。据统计,我国有 50 多个城市出现地面下沉等地质灾害。此外,近年来我国的污水年排放量为 460 亿 m^3,其中,生活污水 247.6 亿 m^3、工业废水 212.4 亿 m^3(2003 年统计),这些污水绝大多数未经处理而直接排放,造成了江河、湖泊和地下水的污染。

四、水循环

地球上的水处于不停的循环运动之中,这种循环包括自然循环和社会循环。自然循环是水的基本运动方式。

（一）水的自然循环

自然界的水在太阳能照射和地心引力等自然力的影响下,通过水分蒸发、水汽输送、凝结降水、水分下渗和径流等方式,不停地流动和转化,从海洋到天空再到内陆,最后又回到海洋,循环不止,构成了自然循环。根据其循环途径可分为大循环和小循环。

大循环是指海陆之间的水分交换,即海洋中的水蒸发到空中,飘移到大陆上空凝结后降落到地表面,一部分汇入江河,通过地表径流回归大海;另一部分渗入地下,形成地下水,通过地下径流等形式汇入江河或海洋。

小循环是指海洋或陆地的水汽上升到空中凝结后又各自降入海洋或陆地上,没有海陆之间的交换,即陆地或海洋本身的水单独循环的过程。

（二）水的社会循环

人类社会为满足生活和生产的需要,以各种天然水体作为水源,摄取生活用水和生产用水,经过适当处理后,送入千家万户及工业生产过程中,经过使用后,水质不同程度地受到污染,再经过城市排水管网输送到指定位置,经过处理后回归自然水体。这一过程在人类生活、生产中循环往复,构成了水的社会循环,如图1-1所示。

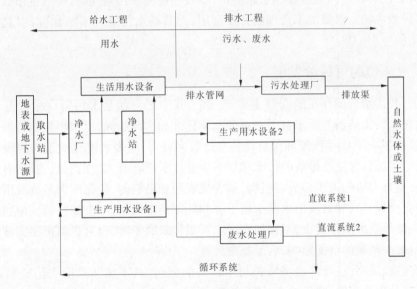

图 1-1　水的社会循环

现代城市的住宅、工厂及公共场所等各种建筑中供水的市政设施,称为给水系统或给水工程;为保证各种污、废水能安全排放或再利用而采取的整套工程设施,称为排水系统或排水工程。完善的给排水系统是现代城市和工业区必备的基础条件。

第二节　水环境概论

一、我国水环境的现状及污染情况

目前,我国年均水资源总量为28 124亿 m³,居世界第六位,但由于人口众多,地域辽阔,人均水量仅为 2 360 m³,仅相当于世界人均的 25%,低于人均 3 000 m³ 的轻度缺水标准,是世界上缺水的国家之一,且我国水资源在时空上分布不均。目前,我国有 400 多个城市缺水,其中有 100 多个城市严重缺水。正常年份城市缺水 60 亿 m³,日缺水量达 1 600 万 m³。地下水多年超采,储量不足。

作为世界上第一人口大国和最大的发展中国家,我们在水资源使用和管理上面临着水资源短缺与水浪费并存、洪涝灾害与生态失衡并存、水环境污染与水管理不善并存的突出矛盾。我国七大江河水系普遍受到不同程度的污染,其中尤以海河和辽河流域污染为重。据有关资料显示:2002 年,七大水系 741 个重点监测断面中,29.1% 的断面满足Ⅰ~Ⅲ类水质要求,30% 的断面属Ⅳ、Ⅴ类水质,40.9% 的断面属劣Ⅴ类水质。2002 年,全国工业和城镇生活废水排放总量为 439.5 亿 m³,比上年增加 1.5%,其中工业废水排放量 207.2 亿 m³,比上年增加 2.3%,城镇生活污水排放量 232.3 亿 m³,比上年增加 0.9%。由于 80% 以上的污水未经处理就直接排入水域,已造成 90% 以上的城市水域严重污染,近 50% 的重点城镇水源不符合饮用水标准,就连城市地下水都有 50% 受到严重污染。水中有毒有害的有机物问题已经越来越突出,如致癌物的水污染问题,一些城市饮用水中已有 20 多种致癌物。水资源不合理的开发利用,尤其是水污染的不断加重,引起了普遍缺水和严重的生态后果。

二、水环境的可持续发展

当前,我国水环境存在的问题主要有三个,其中之一就是水污染。尽管近二三十年来,我国在水污染防治方面出台了一系列水质标准和法律法规,但水污染的发展趋势仍未得到有效控制。2002 年国家环保总局公布的数字表明,地表水流经城市的河段有机污染较重,城市居民日常生活排放的污水和很多工业废水都含有大量的有机物质,有的工业废水还含有有毒有害的人工合成有机物,如合成农药和染料等,使我国大多数城市河流都存在严重的有机污染,导致城市水源水质下降和处理成本增加,严重威胁到城市居民的饮水安全和人民群众的身体健康,不仅加剧了水资源短缺的矛盾,也对我国正在实施的可持续发展战略带来严重的负面影响,后果非常严重。

事实已经证明,在处理经济增长与水污染的问题上,不能够采取先污染后治理的政策,而应该是预防为主,防治结合,综合治理。

(一)法律和行政手段

由于经济和法制的滞后,我国的水污染防治工作一直以健全法制和加强环境道德教育为主,经济处罚为辅。《中华人民共和国水污染防治法》(简称《水污染防治法》)于 2008 年 2 月修订通过,修订后的《水污染防治法》集中体现了我国水污染防治由以分散治理为主转向集中控制与分散治理相结合,由以末端治理为主转向全过程控制、清洁生产,由单一的浓度控制转向浓度控制和总量控制相结合,由以区域管理为主转向区域管理与流域管理相结合的指导思想的转变。国务院也规定全国所有工业污染源都要做到达标排放,对新建企业实行"三同时"制度,这为进一步加强水污染的防治工作奠定了坚实的法律基础。今后工作的重点应是加强监督管理和强化执法,加强机构建设,强化流域管理、达标管理、总量管理,真正做到有法必依、违法必究,最终实现水体变清,保障水资源的可持续利用。

(二)加大污废水治理力度

转变观念,实现污水处理市场化。受传统思维定式的影响,人们觉得用水掏钱是理所当然的,但对排污也要掏钱则觉得难以接受。正因为如此,长期以来,城市排水设施及污水处理厂的建设和运营管理都是以国家和地方政府投资为主,这不利于污水处理事业的发展,也是我国水体普遍受到污染的最主要原因。

(三)技术手段

为了消除污染对环境的危害,从根本上说有两种途径:一是推广应用清洁生产和清洁产品,将污染消除在生产过程中,消除它们对水环境的污染,从而把水污染防治的重点由末端治理转向源头控制;二是采用适当的技术,消除污染物或将其转化为无毒无害的、稳定的物质。

第二章　水质标准

第一节　水中杂质种类与性质

天然水体按水源的种类可分为地表水和地下水两种,地表水是指经地表径流的江河水及湖泊、水库及海洋水;地下水根据其埋藏条件可分为上层滞水、潜水和承压水。

一、天然水中的杂质及其特征

(一)天然地表水中杂质及其特征

天然地表水体的水质和水量受人类活动影响较大,几乎各种污染物质都可以通过不同途径流入地表水,并向下游汇集。

水是一种很好的溶剂,它不但可以溶解可溶物质,而且一些不溶的悬浮物、胶体和一些生物等均可以存在于水体中,因此自然界中的各种水源都含有不同成分的杂质。按杂质颗粒的尺寸大小可分为悬浮物、胶体和溶解物三类。以悬浮物形式存在的主要有石灰、石英、石膏及黏土和某些植物;呈胶体状态的有黏土、硅和铁的化合物,以及微生物生命活动的产物(腐殖质和蛋白质);溶解物包括碱金属、碱土金属及一些重金属的盐类,还包括一些溶解性气体,如氧气、氮气和二氧化碳等。除此之外,还含有大量的有机物质。水中杂质分类见表2-1。

表 2-1　水中杂质分类

杂质	溶解物		胶体		悬浮物			
颗粒尺寸	0.1 nm　1 nm	10 nm	100 nm　1 μm	10 μm	100 μm　1 mm			
分辨工具	电子显微镜	超显微镜	显微镜		肉眼			
外观	透明	浑浊	浑浊		—			

(二)天然水的特性指数

水的物理性质的指标有色度、臭和味、浊度、固体含量及温度等。

色度表现为水体呈现不同颜色。纯净水无色透明,天然水中因含有黄腐酸而呈黄褐色,含有藻类的水呈绿色或褐色,较清洁的地表水色度一般为 15~25 度,湖泊水可达 60 度以上。饮用水色度不应超过 15 度。

臭和味主要来源于水体自净过程中水生动植物及微生物的繁殖和衰亡,以及工业废水中的各种杂质。目前,测定水的臭和味只能靠人体的感官进行。

浑浊度简称浊度,是表示水中含有悬浮及胶体状态的杂质物质。浑浊度一方面来自于水中悬移质的输入,另一方面来自于生活污水与工业废水的排放。

水温受所在地气候条件影响较大,且与水的物理化学性质有关,气体的溶解度、微生物的活动及 pH、硫酸盐的饱和度等都受水温影响。一般情况下,天然水体的水温为 0 ~ 30 ℃。

一般来讲,天然水源的地下水水质的悬浮物较少,但由于水流经岩层时溶解了各种可溶的矿物质,所以其含盐量高于地表水(海水及咸水湖除外),故其硬度高于地表水,我国地下水总硬度平均为 60 ~ 300 mg/L,有的地区可高达 700 mg/L。地表水以江河水为主,其水中的悬浮物和胶体杂质较多,浊度高于地下水,但其含盐量和硬度较低。

二、水体污染及污水的分类

水体污染是排入水体的污染物质总量超过了水体本身的自净能力,主要是由于人类生活、生产造成的。其主要污染源为工矿企业生产过程中产生的废水,城镇居民生活区的生活污水与农业生产过程中产生的有机农药污水也对水体产生污染。生活污水是指人类在日常生活中使用过的,并被生活废弃物所污染的水。工业废水是在工矿企业生产过程中使用过的并被生产原料等废料所污染的水。当工业废水污染较轻时,即在生产过程中没有直接参与生产工艺,没有被生产原料严重污染,如只是水温有所上升,这种污水通常称为生产废水,污染严重的水称为生产污水。

初期的降水由于冲刷了地表的各种污染物,污染也很严重,也应做净化处理。生活污水和工业废水的混合污水,称为城市污水。

污水经净化处理后,可排入水体、灌溉农田或重复利用。排入水体是污水的自然归宿。当污水排入水体后,水体本身具有一定的稀释与净化能力,污染物浓度能得以降低,但这也是造成水体污染的重要原因。灌溉农田可以节约水资源,但必须符合灌溉用水的有关规定,如果用污染超标水灌溉,一则不利农作物生长,二则污染了地下水或地表水。因此,农业灌溉用水也是水体受到污染的原因之一。

三、污水的性质

(一)物理性质及其指标

1. 水温

生活污水的年平均温度相差不大,一般在 10 ~ 20 ℃。水温升高影响水生生物的生存,水中的溶解氧随水温的升高而减少。另外,水温升高加速了污水中好氧微生物的耗氧速度,导致水体处于缺氧和无氧状态,使水质恶化。城市污水的水温与城市排水管网的体制及生产污水所占的比例有关。一般来讲,污水生物处理的温度范围为 5 ~ 40 ℃。

2. 臭和味

臭和味是一项感官性状指标。天然水是无色无味的。水体受到污染后产生臭味,影响了水环境。生活污水的臭味主要是由有机物腐败产生的气体造成的,主要来源于还原性硫和氮的化合物;工业废水的臭味主要是由挥发性化合物造成的。

3. 色度

生活废水一般呈灰色。工业废水的色度由于工矿企业的不同差异很大,如印染、造纸等生产污水色度很高,使人感官不悦。

4. 固体物质

水中所有残渣的总和为总固体(TS),其测定方法是将一定量的水样在 105～110 ℃ 的烘箱中烘干至恒重,所得含量即为总固体量。总固体量主要由有机物、无机物及生物体三种组成。总固体也可按其存在形态分为悬浮物、胶体和溶解物。显然,总固体包括溶解物(DS)和悬浮固体(SS)。悬浮固体是由有机物和无机物组成的,根据其挥发性能,悬浮固体又可分为挥发性悬浮固体(VSS)(也称灼烧减重)和非挥发性悬浮固体(NVSS)(也称灰分)两种。挥发性悬浮固体主要是污水中的有机质,而非挥发性固体无机质。生活污水中挥发性悬浮固体占 70% 左右。

溶解固体的浓度与成分对污水处理效果有直接影响。悬浮固体含量较高,能使管道系统产生淤积和堵塞现象,也可使污水泵站的设备损坏。如果不处理直接排入受纳水体,能造成水生动物窒息,破坏生态环境。

(二)污水的化学性质及其指标

1. 无机物指标

无机物指标主要包括氮、磷、无机盐类和重金属离子及酸碱污染物等。

1)氮、磷

污水中的氮、磷为植物的营养物质,对于高等植物的生长,氮、磷是宝贵物质,而对于天然水体中的藻类,虽然氮、磷是生长物质,但也会造成藻类的大量生长和繁殖,能使水体产生富营养化现象。在自然界中,氮、磷元素的含量较低,往往成为藻类等生成的限制因子。因此,合理控制污水中氮、磷的含量意义重大。

2)无机盐类

污水中的无机盐类,主要是指污水中的硫酸盐、氯化物和氰化物等。硫酸盐来自人类排泄物及一些工矿企业废水,如洗矿、化工、制药、造纸等工业废水。污水中的硫酸盐可以在缺氧状态下,在硫酸盐还原菌和反硫化菌的作用下还原成 H_2S。硫化物主要来自于人类的排泄物。某些工业废水中含有较高的氯化物,它对管道及设备有腐蚀作用。

污水中的氰化物主要来自电镀、焦化、制革、塑料、农药等工业废水。氰化物为剧毒物质,在污水中以无机氰和有机腈两种类型存在。

除此之外,城市污水中还存在一些无机有毒物质,如无机砷化物,主要以亚砷酸和砷酸盐形式存在。砷会在人体内积累,属致癌物质。

3)重金属离子

污水中的重金属离子主要有汞、镉、铅、铬、锌、铜、镍、锡等。重金属离子以离子状态存在时毒性最大,这些离子不能被生物降解,通常可以通过食物链在动物或人体内富集,使其产生中毒现象。上述金属离子在低浓度时,有益于微生物的生长,有些离子对人类也有益,但其浓度超过一定值后,即有毒害作用。需要说明的是,有些重金属具有放射性,在其原子裂变的过程中会释放一些对人体有害的射线,主要有 α 射线、β 射线、γ 射线及质子束等;放射性金属主要是镧系和锕系元素,这些物质在生活污水中很少见,在某些工业废水如采矿业及核工业废水中会出现。一般情况下,其在城市污水中的含量极低。放射性物质能诱发白血病等疾病。

4）酸碱污染物

酸碱污染物主要由排入城市管网的工业废水造成。水中的酸碱度以 pH 反映其含量。酸性废水的危害在于有较大的腐蚀性；碱性废水易产生泡沫，使土壤盐碱化。一般情况下，城市污水的酸碱性变化不大，微生物生长要求酸碱度为中性偏碱为最佳，当 pH 超出 6～9 的范围时，会对人畜造成危害。

2. 有机物指标

城市污水中含有大量的有机物，主要是碳水化合物、蛋白质、脂肪等物质。由于有机物种类极其复杂，难以逐一定量。但上述有机物都有被氧化的共性，即在氧化分解中需要消耗大量的氧，所以可以用氧化过程消耗的氧量作为有机物的指标。在实际工作中，经常采用生物化学需氧量（BOD）、化学需氧量（COD）、总有机碳（TOC）、总需氧量（TOD）等指标来反映污水中有机物的含量。

1）生物化学需氧量（BOD）

生物化学需氧量也称生化需氧量。

在一定条件下，即水温为 20 ℃，由于好氧微生物的生化活动，将有机物氧化成无机物（主要是水、二氧化碳和氨）所消耗的溶解氧量，称为生物化学需氧量，单位为 mg/L。

污水中的有机物分解一般分为两个阶段进行。第一阶段，主要是将有机物氧化分解为无机的水、二氧化碳和氨，此阶段也称为碳氧化阶段；第二阶段，主要是氨被转化为亚硝酸盐和硝酸盐，此阶段也称硝化阶段。

生活污水中的有机物需要 20 天左右才能完成第一阶段过程，即测定第一阶段的生化需氧量至少需要 20 天时间，而要想完成两个阶段的氧化分解需要 100 天以上，所以在实际工作中要想测得准确的数值需要的时间太长，有一定难度，故实际中常用 5 日生化需氧量（BOD_5）作为可生物降解有机物的综合浓度指标。

五日生化需氧量（BOD_5）占总生化需氧量（BOD_U）的 70%～80%，即测得 BOD_5，基本能折算出 BOD_U。

生物化学需氧量（BOD）是表示污水被有机物污染的综合指标，是表示污水中有机物在生化分解过程中所需的氧量。BOD_U 值的高低能直接反映可被微生物氧化分解的有机物的量，从卫生意义上，BOD_U 值能直接说明水体的有机物污染情况。

2）化学需氧量（COD）

化学需氧量（COD）是用化学氧化剂氧化污水中的有机污染物质，使其氧化成 CO_2 和 H_2O，测定其消耗的氧化剂量，单位为 mg/L。常用的氧化剂有两种，即重铬酸钾和高锰酸钾。重铬酸钾的氧化性略高于高锰酸钾的。重铬酸钾作氧化剂时，测得的值称 COD_{Cr} 或 COD；高锰酸钾作氧化剂时，测得的值称 COD_{Mn} 或 OC，目前这一指标已称为高锰酸盐指数，通常来说，COD 可认为是 COD_{Cr}。

显然，化学需氧量（COD）既能反映出易于被微生物降解的有机物，也能反映出难以被微生物降解的有机物，能较精确地表示污水中有机物的含量。

对同一种水样，COD 与 BOD_5 的差值大致等于难以被生物降解的有机物量。差值越大，表明污水中难以被生物降解的有机物量越多，越不宜采用生物处理方法。所以，BOD_5/COD 可以用来判别污水是否可以进行生化处理。一般认为，比值大于 0.3 的污水基本能采用生物处理方法。据统计,城市污水 BOD_5/COD 一般为 $0.4 \sim 0.65$。

COD 的测试需要的时间较短,一般几个小时即可测得,较 BOD 的测试方便。但测得的 COD 值,只能反映总有机物的含量,并不能判别易于被生物降解的有机物和难以被生物降解的有机物所占的比例,所以在工程实际中,要同时测试 BOD_5 与 COD,这两项指标是污水处理领域的重要指标。

3)总有机碳(TOC)

总有机碳 TOC 是总含碳量值,表示污水中有机物的含量,单位为 mg/L。

TOC 的测定原理为:将一定数量的水样,经过酸化后,注入含氧量已知的氧气流中,再通过铂作为触媒的燃烧管,在 900 ℃ 高温下燃烧,把有机物所含的碳氧化成二氧化碳,用红外线气体分析仪记录 CO_2 的数量,折算成含碳量即总有机碳。在进入燃烧管之前,需用压缩空气吹脱经酸化水样中的无机碳酸盐,排除测试干扰。

4)总需氧量(TOD)

有机物的主要组成元素为碳、氢、氧、氮、硫等。将有机物氧化后,分别转化为 CO_2、H_2O、NO_2 和 SO_2 等物质,所消耗的氧量称为总需氧量,单位为 mg/L。

TOD 和 TOC 都是通过燃烧化学反应测定的,测定原理相同,但有机物含量表示方法不同,TOC 是用含碳量表示的,TOD 则是用消耗的氧量表示的。

水质条件较稳定的污水,测得的 BOD_5、BOD_U、COD_{cr}、TOC 和 TOD 之间的数值大小有下列排序:$TOD > COD_{Cr} > BOD_U > BOD_5 > TOC$。

此外,在某些研究中曾提出 AOC(可生化有机碳)、DOC(溶解性有机碳)等概念,但目前仅作为科研使用,其工程价值尚需进一步验证。

(三)生物性质及其指标

污水中的生物污染物是指污水中能产生致病的微生物,以细菌和病毒为主,主要来自生活污水、制革污水、医院污水等含有病原菌、寄生虫卵及病毒的污水。污水中的绝大多数微生物是无害的,但有一部分能引起疾病,如肝炎、伤寒、霍乱、痢疾、脑炎、脊髓灰质炎、麻疹等。因此,了解污水的生物性质意义重大。

污水生物性质检测指标为类大肠菌群数、病毒及细菌总数。类大肠菌群数是每升水样中含有的大肠菌群数目,以个/L 表示。

第二节　水体自净规律

水体的自净过程是排入污染物的受纳水体的固有能力,其接纳的污染物质对每个水体是有限的。水体具有的这种自净能力称为自净容量,自净容量的大小取决于天然水体的流量、流速等水文条件。当自净容量的潜力很大时,利用水体的稀释和自净能力,能取得暂时的经济上的好处。

水体受到污染后,经过复杂的过程,使污染物的浓度降低,受污染的水体部分或完全地恢复原来的状态,这种现象称为水体自净。水体自净现象从净化机制来看可分为三类,即物理净化作用、化学净化作用和生物净化作用。物理净化是指污染物质由于稀释、混合、沉淀、挥发使河水的污染物质浓度降低的过程,但在这种过程中,污染物质的总量不会减少。水体的物理净化过程如图 2-1 所示。化学净化是指污染物由于氧化、还原、中和、分解、合成等使河水污染物浓度降低的过程,这种过程只是使污染物质存在的形态及浓度发生了变化,但总量不减少;生物净化是指由于水中生物活动,尤其是水中微生物的生命活动使得有机污染物质氧化分解,从而使得污染物质浓度降低的过程。这一过程能使有机污染物无机化,浓度降低,污染物总量减少,这一过程是水体自净的主要原因。

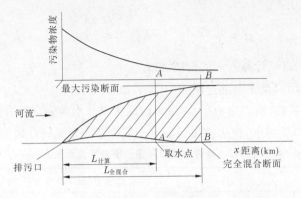

图 2-1 水体的物理净化过程

一、物理净化作用

(一)混合、稀释和扩散

污染物排入水体后,在水体的流动过程中,逐渐和水体相混合,使污染物的浓度不断降低的过程称为稀释。

混合过程可分为三个阶段:竖向混合阶段、横向混合阶段、断面完全混合阶段。

竖向混合阶段:也称为深度方向的混合,一般河流的宽度远远大于水深,所以污染物第一时间应在深度方向上完成浓度分布,使其均匀。横向混合阶段:当在深度方向上浓度分布均匀后,在横向上(河宽)存在混合过程,经过一段时间后,污染物在整个横断面上浓度分布均匀。断面完全混合阶段:横向和纵向的污染物浓度分布完全相同,即污染物完全均匀地混合在河流的每个断面上。由于有些大江大河的河床宽阔,污水与河水不容易达到完全混合,只能与部分河水混合。完全混合阶段是稀释的理想阶段。

当一定量的原水排入河流时,污染物就会扩散。污染物的扩散有以下三种方式:

(1)分子扩散作用:是由污染物分子的布朗运动引起的物质分子扩散;

(2)紊流扩散作用:是由水体的流态(紊流)造成的污染物浓度降低的扩散;

(3)弥散作用:是由于水体沿水深方向流速分布不均,造成各水层之间流速不同,使污染物浓度扩散的过程。

混合也是稀释过程。影响混合稀释的原因很多,如污水排放口的位置、排放方式、河水流量与污水的混合流量之比,以及河段的各种水文、地质等条件。

污水进入水体后,并不能立刻完全混合,而是要有一个过程。对于河流,混合稀释效果取决于混合系数 α:

$$\alpha = \frac{Q'}{Q_\text{总}} \tag{2-1}$$

式中 α——混合系数;

Q'——参与混合的河水流量,m^3/s;

$Q_{总}$——河水的总流量,m^3/s。

但参与混合的河水流量 Q' 在实际中很难确定,因此计算断面的混合系数最简便的公式为:

$$\alpha = \frac{L_{计算}}{L_{全混合}} \qquad (L_{计算} \leqslant L_{全混合}) \qquad (2\text{-}2)$$

式中 $L_{计算}$——排污口至计算断面的距离,km;

$L_{全混合}$——排污口至完全混合断面的距离,km;

α——混合系数,当 $L_{计算} \geqslant L_{全混合}$,$\alpha = 1$,即污水与水体完全混合。

对于岸边集中排放污水,岸边排污口与完全混合断面距离统计数据见表2-2。

表2-2 岸边排污口与完全混合断面距离 （单位:km）

河水流量与污水流量的比值	河水流量 Q(m^3/s)			
	5	5~50	50~500	>500
5:1~25:1	4	5	6	8
25:1~125:1	10	12	15	20
125:1~600:1	25	30	35	50
>600:1	50	60	70	100

注:当污水在河心进行集中排污时,表列距离可缩短至2/3;当进行分散式排污时,表列距离可缩短至1/3。

当只考虑单纯的稀释作用时,完全混合断面污水平均浓度为:

$$C = \frac{C_W q + C_R \alpha Q}{\alpha Q + q} \qquad (2\text{-}3)$$

式中 C_W——原污水中某污染物的浓度,mg/L;

q——污水流量,m^3/s;

C_R——河水中该污染物的浓度,mg/L;

Q——河水流量,m^3/s。

若河水中无该污染物,即 $C_R = 0$ 时,式(2-3)可简化为:

$$C = \frac{C_W q}{\alpha Q} = \frac{C_W}{n} \qquad (2\text{-}4)$$

式中 n——河水与污水的稀释比,$n = \frac{\alpha Q}{q}$。

(二)沉淀

当污染物质排入水体后,仍然具有较大的颗粒,河流流速和污染物颗粒能满足沉淀过程,污染物浓度可以被降低,直径较大的颗粒大多沉在水体的底部,形成底泥;但底泥与自然水体间仍存在着转移的可能,当河水流速增加即出现洪水现象时,底泥可能被冲刷起来,对河水造成二次污染。

二、化学净化作用

化学净化作用可分为化学和物理化学过程。水体中含有大量的铝硅酸盐类物质和一些腐殖酸系胶体、悬浮颗粒。这些物质的表面大多含有电荷,当电荷相异时,会出现吸附和凝聚现象,沉淀到水底,达到净化目的。水中的某些金属离子如铁、锰,在水中溶解氧的氧化下,可生成难溶物 $Fe(OH)_3$ 等而沉淀至水底。

三、生物净化作用

排入水体中的污染物质经稀释和扩散后,其污染物的浓度已降低,但总量并没有减少。水中的好氧微生物,在有溶解氧的情况下,可以氧化分解水中的有机物,最后的产物为 H_2O、CO_2、NH_3 等无机物质,这一过程能使水体得到净化,同时,污染物质的量得以降低。

第三节 水质指标及标准

水资源保护和水体污染控制要从两方面着手:一方面,要制定水体的环境质量标准,保证水体质量和水域使用目的;另一方面,要制定污水排放标准,对必须排放的工业废水和生活污水等进行必要而适当的处理。水质标准是对水质指标作出的定量规范。

一、给水水质标准

(一)生活饮用水标准

我国自颁布生活饮用水卫生标准以来进行了多次修订,水质指标项目不断增加,主要增加的是化学污染物项目。对于污染较严重的水源来说,目前的常规给水处理工艺还不能对人体的安全有绝对保证;另外,人类对一些有毒、有害物质的认识还需要一个过程,因此可能还有一些有毒害作用的物质仍未被列入标准。

生活饮用水标准所列的水质项目主要有四类:

(1)感官性状指标。这项指标主要包括水的浑浊度、色度、臭和味及肉眼可见物等,这类指标虽然对人体健康无直接危害,但能引起使用者的厌恶感。浊度高低取决于水中形成浊度的悬浮物多寡,并且有些病菌和病毒及其他一些有害物质可能裹挟在悬浮物中,因此饮用水水质标准中应尽量降低水的浊度。

(2)一般化学指标。水中含有一些如钠、钾、钙、铁、锌、镁、氯等人体必需的化学元素,但若这些物质的浓度过高,会对人们产生不良影响。

(3)毒理学指标。主要是水源污染造成的,如源水中含有汞、镉、铬、氰化物、砷及氯仿等物质,这些物质对人体的危害极大,常规的给水处理工艺很难去除这些物质,因此要想控制这些有害物质在饮用水中的浓度,应主要控制水源的污染。

(4)微生物指标。这类指标主要为菌落总数及总大肠菌数。

另外,还有一类为放射性指标,这类指标有两项,即总 α 放射性、总 β 放射性。这两项指标过高,能引起白血病及生理变异等现象。

（二）工业用水标准

不同的工矿企业用水,对水质的要求各不相同,即使是同一种工业,不同生产工艺过程对水质的要求也有差异。一般应该根据生产工艺的具体要求,对原水进行必要的处理,以保证工业生产的需要。

食品酿造、饮料等工业用水水质标准与生活饮用水水质标准基本相同。

在纺织和造纸工业中,水直接与产品接触,要求水质清澈,否则会使产品产生斑点,铁、锰过多能使产品产生锈斑。

石油化工、电厂、钢铁等企业需要大量的冷却水。这类水主要对水温有一定要求,同时要求易于发生沉淀的悬浮物和溶解性盐类不宜过高,以防止堵塞管道和设备,也要控制藻类和微生物的滋长,还要求水对工业设备无腐蚀作用。

电子制药工业用水要求较高,半导体器件洗涤用水及药液的配制都需要纯水或高纯水。

（三）地表水环境质量标准

对水质要求最基本的是《地表水环境质量标准》(GB 3838—2002),依照地表水水域环境功能和保护目标,我国地表水分为以下五大类:

Ⅰ类——主要适用于源头水、国家自然保护区;

Ⅱ类——主要适用于集中式生活饮用水地表水源地一级保护区、珍稀水生生物栖息地、鱼虾类产卵场、仔稚幼鱼的索饵场等;

Ⅲ类——主要适用于集中式生活饮用水地表水源地二级保护区、鱼虾类越冬场、洄游通道、水产养殖区等渔业水域及游泳区;

Ⅳ类——主要适用于一般工业用水区及人体非直接接触的娱乐用水区;

Ⅴ类——主要适用于农业用水区及一般景观要求水域。

我国已颁布的这类水质标准还有《海水水质标准》(GB 3097—1997)、《渔业水质标准》(GB 11607—89)、《农田灌溉水质标准》(GB 5084—2005)、《景观娱乐用水水质标准》(GB 12941—91)等。

为贯彻我国水污染防治和水资源开发方针,做好城市节约用水工作,合理利用水资源,实现城市污水资源化,减轻污水对环境的污染,促进城市建设和经济建设可持续发展,还制定了城市污水再生利用系列标准等。

（四）城市供水行业水质标准

根据我国各地区发展不平衡及城市的规模,建设部于1992年将自来水公司划分为4类:

第一类为最高日供水量超过100万 m^3/d 的直辖市、对外开放城市、重点旅游城市和国家一级企业的自来水公司(以下简称水司);

第二类为最高日供水量超过50万 m^3/d 的城市、省会城市和国家二级企业的水司;

第三类为最高日供水量为10万 m^3/d 以上,50万 m^3/d 以下的水司;

第四类为最高日供水量小于10万 m^3/d 以下的水司。

二、排水水质标准

天然水体是人类宝贵的资源,为了保障天然水体不受污染,必须严格限制污水排放,并在排放前要进行无害化处理,以保证对天然水体水质不造成污染,因此当污水需要排入水体时,应处理到允许排入水体的程度。

我国有关部门以科学地保护水资源为指导,结合我国国情,综合平衡,考虑到可持续发展,有步骤地控制污染源。为此而制定了污水排放标准。

第一类:一般排放标准。其中包括《工业"三废"排放试行标准》(GBJ 4—73)、《污水综合排放标准》(GB 8978—1996)、《农用污泥中污染物控制指标》(GB 4284—84)等。《污水综合排放标准》(GB 8978—1996),按照污水排放去向,分年限规定了69种水污染物最高允许排放浓度和部分行业最高允许排放量。

第二类:行业排放标准。其中,包括《造纸工业水污染物排放标准》(GB 3544—2001)、《船舶污染物排放标准》(GB 3552—83)、《纺织染整工业水污染物排放标准》(GB 4287—2012)、《肉类加工工业水污染物排放标准》(GB 13457—92)、《生活饮用水水源水质标准》(CJ 3020—93)等。这些行业标准可作为规划、设计、管理与监测的依据。

(一)污水排入城市排水管道水质标准

《污水排入城镇下水道水质标准》规定污水排入城市下水道的一般规定:

(1)严禁排入具有腐蚀下水道设施的污水。

(2)严禁向城市下水道排放剧毒、易燃、易爆物质和有害物质。

(3)严禁向城市下水道倾倒垃圾、粪便、积雪、工业废渣等易于堵塞的物质。

(4)含有病原体的污水及医疗卫生、生物制品、肉类加工的污水应消毒处理,须按有关专业标准执行。含有放射性物质的污水须按《放射卫生防护基本标准》执行。

(二)工业废水排入城市地下管道水质标准

工业废水包括生产废水和生产污水,是指工业生产过程中产生的废水和废液,其中含有随水流失的工业生产用料、中间产物、副产品以及生产过程中产生的污染物。

按工业废水中所含主要污染物的化学性质分类,可分为以含无机污染物为主的无机废水、以含有机污染物为主的有机废水、兼含有机物和无机物的混合废水、重金属废水、含放射性物质的废水和仅受热污染的冷却水。例如,电镀废水和矿物加工过程中产生的废水是无机废水,食品或石油加工过程中产生的废水是有机废水。

按工业企业的产品和加工对象分类,可分为造纸废水、纺织废水、制革废水、农药废水、冶金废水、炼油废水等。

按废水中所含污染物的主要成分分类,可分为酸性废水、碱性废水、含酚废水、含铬废水、含有机磷废水和放射性废水等。

工业废水造成的污染主要有:有机需氧物质污染、化学毒物污染、无机固体悬浮物污染、重金属污染、酸污染、碱污染、植物营养物质污染、热污染,以及病原体污染等。许多污染物有颜色、臭味或易生泡沫,因此工业废水常呈现使人厌恶的外观。

工业废水的特点是水质与水量因生产工艺和生产方式的不同而差别很大。如电力、矿山等部门的废水主要含无机污染物,而造纸和食品等工业部门的废水有机物含量很高,BOD_5常超过2 000 mg/L,有的达30 000 mg/L。即使同一生产工序,生产过程中水质也会有很大变化,如氧气顶吹转炉炼钢,同一炉钢的不同冶炼阶段,废水的pH可在4~13,悬浮物可在250~25 000 mg/L内变化。工业废水的另一特点是:除间接冷却水外,都含有多种同原材料有关的物质,而且在废水中的存在形态往往各不相同,如氟在玻璃工业废水和电镀废水中一般呈氟化氢(HF)或氟离子(F^-)形态,而在磷肥厂废水中是以四氟化硅(SiF_4)的形态存在的;镍在废水中可呈离子态或络合态。这些特点增加了废水净化的困难。

工业废水的水量取决于用水情况。冶金、造纸、石油化工、电力等工业用水量大,废水量也大,如落后的炼钢厂炼1 t钢出废水200~250 t。但各工厂的实际外排废水量还同水的循环使用率有关。例如,循环使用率高的钢铁厂,炼1 t钢外排废水量只有2 t左右。

依据工业废水的特征,在工业企业废水的控制与去除中,应该满足以下的原则:

(1)优先选用无毒生产工艺代替或改革落后生产工艺,尽可能在生产过程中杜绝或减少有毒、有害废水的产生。

(2)在使用有毒原料以及产生有毒中间产物和产品过程中,应严格操作、监督,消除滴漏,减少流失,尽可能采用合理流程和设备。

(3)含有剧毒物质的废水如含有一些重金属、放射性物质、高浓度酚或氰的废水,应与其他废水分流,以便处理和回收有用物质。

(4)流量较大而污染较轻的废水,应经适当处理循环使用,不宜排入下水道,以免增加城市下水道和城市污水处理负荷。

(5)类似城市污水的有机废水,如食品加工废水、制糖废水、造纸废水,可排入城市污水系统进行处理。

(6)一些可以生物降解的有毒废水,如酚、氰废水,应先处理,然后按允许排放标准排入城市下水道,再进一步生化处理。

(7)含有难以生物降解的有毒废水,应单独处理,不应排入城市下水道。工业废水处理的发展趋势是把废水和污染物作为有用资源回收利用或实行闭路循环。

第四节　水处理方法和工艺流程

水处理的目的是根据水质指标和标准,通过处理,符合生活饮用、工业使用或去污重复使用要求,并达到排放要求。

一、给水处理方法

给水处理方法一般应根据原水水质和用水对象水质的要求而确定。目前在给水处理工艺中主要采用的单元工艺有混凝沉淀、过滤、离子交换、化学氧化、膜法、吸附、曝气及生物处理等。

混凝沉淀处理的对象主要是水中悬浮物和胶体杂质。原水加入药剂后,能使悬浮物和胶体形成较大的絮凝体颗粒,以便在后续的沉淀池内完成重力分离,如果某些相对较小的颗粒没有被沉淀去除,在过滤过程中也能被截留,降低出水浊度。由于原水中的细菌等微生物大多裹挟在悬浮物中,经过混凝沉淀,细菌等微生物浓度有较大程度的降低。同时,混凝沉淀可以对原水中的天然大分子有机物和某些合成有机物有一定的去除效果。

离子交换法主要是去除水中的钙、镁离子,多用在水的软化和脱盐等领域,也可用于有毒离子(钡、砷、氟)及放射性物质(铀、镭)等的去除。

化学氧化处理有多种目的,通过这种方法主要可以降低原水的色度,降低臭和味,对清水池和管网中的生物生长起到遏制作用。同时,对水中的铁、锰起到氧化作用,有利于絮凝。目前,常用的氧化剂有氯、氯胺、臭氧、二氧化氯等。

膜法主要包括电渗析、反渗透、微滤、超滤和纳滤。膜法在给水和污水处理领域都有应用,现在膜分离技术在净水厂的应用比较广泛。这种方法对去除原水中的杂质、细菌和病毒效果较好。

吸附可以去除水中的色度和臭味等物质,常用的吸附剂为粉末活性炭(PAC)和颗粒活性炭(GAC)。

曝气及生物处理,这种单元工艺以往主要应用在污水处理领域,随着原水污染的加剧,生活饮用水水源中有机污染物的含量越来越高,采用曝气可以去除水中溶解气体如 CO_2、H_2S 等,以及能引起臭和味的物质和挥发有机物(VOC)。曝气还对原水有预处理作用,如可以补充水中的溶解氧,氧化水中的铁、锰。生物处理工艺主要去除水中的有机物,采用的反应器多为微生物膜类型,生物处理对色度、铁、锰的去除也有效果,可以减少后续工艺的混凝剂投加量。

二、给水工艺常规处理流程

目前,给水工艺常规处理流程为混凝、沉淀、过滤、消毒等工艺,见图2-2。

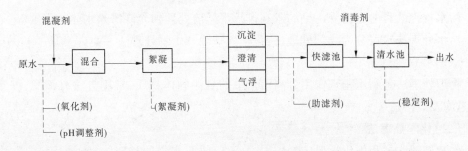

图2-2 给水工艺常规处理流程

对不同水源的水质,流程中反应器可以增减。原水水质优良的地下水,直接消毒即可饮用,省去了前面混凝、沉淀、过滤等工艺;当源水浊度经常在 15 NTU,色度不超过 20 度时,可用直接过滤的方法,省去混凝、沉淀等工艺。因此,给水工艺流程的确定,要充分考虑水源水质情况,经论证后确定,以节约工程投资和运行管理费用。

三、几种特殊水源水质的处理工艺

(一)高浊度水源处理流程

我国地域辽阔,水源水质差异较大。黄河水的含沙量高,有的河段最大平均含沙量超过 100 kg/m³,对以黄河为水源的给水厂处理工艺,要充分考虑泥沙的影响,应在混凝工艺前段设置预处理工艺,以去除高浊度水中的泥沙。

(二)微污染处理工艺

随着工业的迅速发展,饮用水源的污染越来越严重,水中有害物质逐年增多。微污染水源是指水质达不到《地表水环境质量标准》,有些河流的水源氨氮(NH_3-N)浓度增加,有机物综合指标 BOD、COD、TOC 升高,水中溶解氧(DO)降低,臭和味明显。这种原水用传统的工艺流程难以处理到饮用水水质标准。因此,必须选择适当的流程,才能使水质达标。

微污染水源主要是有机物污染。用常规处理工艺,应对混凝工艺环节加以改进,如投加粉末活性炭(PAC)进行吸附,同时投加氧化剂氧化水中的有机物。

采用生物处理加常规处理工艺对微污染水源的预处理是目前可行的方案,尽管污染物成分复杂,但经过生物膜法如生物滤池、生物转盘及生物接触滤池和生物流化床等处理,可以大大降低水中的有机污染物浓度。

生物预处理的目的主要是降低原水中的有机物浓度,为后续处理创造条件。

此外,我国的湖泊及水库的蓄水量占全国淡水资源的23%。以湖泊水库作为水源的城市占全国城市供水量的25%左右。由于湖泊、水库的水文特征,加上含氮、磷污水大量排入,水体富营养化现象严重,藻类大量繁殖。对此类水源的处理流程,常用气浮的方法去除藻类。

四、污水处理方法

污水处理的目的是将受污染的水在排入水体前处理到允许排入水体的程度。

污水处理技术可分为物理处理法、化学处理法和生物处理法三类。

(一)物理处理法

物理处理法是利用物理作用分离污水中的悬浮固体物质,常用方法有筛滤、沉淀、气浮、过滤及反渗透等方法。

(二)化学处理法

化学处理法是利用化学反应的作用,分离回收污水中的悬浮物、胶体及溶解物质,主要有混凝、中和、氧化还原、电解、汽提、离子交换、电渗析和吸附等方法。

(三)生物处理法

生物处理法是利用微生物氧化分解污水中呈胶体状和溶解状的有机污染物,使其转化成稳定的低分子的无害物质。根据微生物的特征,生物处理方法可分为好氧生物法和厌氧生物法两类。前者多用于城市污水处理,其分为活性污泥法和生物膜法,厌氧生物法主要用于高浓度有机污水和污泥,但也可用于城市污水等低浓度有机污水。

五、城市污水处理的级别

城市污水根据其处理程度可分为一级处理、二级处理和三级处理。

(一)城市污水一级处理

一级处理是对污水中悬浮的无机颗粒和有机颗粒、油脂等污染物质的去除,一般由沉砂池、初次沉淀池(简称初沉池,余同)完成处理过程。经过一级处理后,有机物(BOD)可以去除30%左右,但达不到排放标准。一级处理主要有沉淀、筛滤等物理作用过程,通常也称为物理处理法。一级处理可认为是二级处理的预处理,其出水难以达到国家相关排放标准。

(二)城市污水二级处理

二级处理主要去除污水中呈胶体状和溶解状态的有机污染物。由于这些污染物颗粒较小或呈真溶液状态,一级处理无法去除。二级处理采用生物处理法,利用微生物(好氧或厌氧微生物)降解污染物质。通过二级处理,BOD可去除90%以上,基本能达到排放要求。

(三)城市污水三级处理

污水的三级处理和深度处理既有相同之处,又不完全一致。三级处理是在一、二级处理后,进一步处理难以被微生物降解的有机物以及氮和磷等无机物。主要有生物脱氮、除磷、砂滤法、吸附法、离子交换法、混凝沉淀法以及电渗析法等。深度处理一般以污水的回收、再利用为目的,在一级或二级处理之后增加处理工艺。

在污水处理过程中能产生大量的污泥,应有效处理。

污泥含有大量的有机物,富有肥分,可以作为农肥使用,但又含有大量细菌、寄生虫卵以及从工业废水中挟带来的重金属离子等,在利用前,应对其进行一定的预处理与稳定、无害处理。污泥处理的主要方法有:

(1)减量处理。如浓缩、脱水等。

(2)稳定处理。如厌氧消化法、好氧消化法等。

(3)综合利用。如对消化气的利用及污泥农业利用等。

(4)最终处置。如干燥焚烧、填地投海、当作建筑材料等。

六、污水处理工艺流程

确定合理的处理工艺流程,应从污水的水质及水量,受纳水体的具体条件,以及回收其中的有用物质的可能性和经济性等多方面考虑。一般通过试验,确定污水性质,进行经济技术比较,最后确定工艺流程。

(一)城市污水处理流程

每个城市污水的性质不完全相同,但大都以有机物为主,典型的工艺流程如图2-3所示。常用污水处理方法见表2-3。

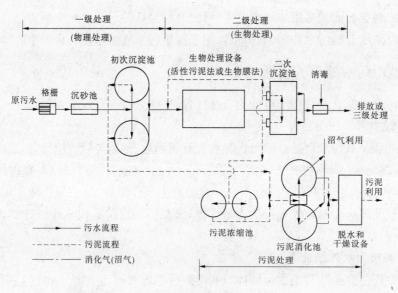

图 2-3　城市污水处理典型的工艺流程

表 2-3　常用污水处理方法

类别	处理方法	主要去除污染物
一级处理	1. 格栅分离	颗粒悬浮物、漂浮物
	2. 沉砂	固体沉淀物
	3. 均衡调节	水质、水量冲击
	4. 中和	酸、碱
	5. 油水分离	浮油、粗分散油
	6. 气浮和聚结	细分散油及微细的悬浮物
二级处理	1. 活性污泥法	可生物降解的有机物、BOD、COD
	2. 生物膜法	
	3. 氧化沟	
	4. 氧化塘	
后处理	1. 吹脱	气体 H_2S、CO_2、NH_3
	2. 凝聚沉淀	不能沉淀的悬浮粒子、胶体颗粒、细分散油
	3. 过滤或微絮凝过滤	悬浮固体物、细分散油
	4. 气浮	悬浮固体物、细分散油
	5. 活性炭过滤(生物炭过滤)	悬浮固体物、细分散油
三级处理	1. 活性炭吸附	臭味、颜色、COD、细分散油、溶解油
	2. 消毒	细菌、病毒
	3. 电渗析	盐类、重金属
	4. 离子交换	
	5. 超滤	部分盐类、有机物、细菌
	6. 反渗透	盐类、有机物、细菌
	7. 臭氧氧化	难降解的有机物、溶解油

(二) 工业废水处理流程

各种工业废水的水质千差万别,水量也不恒定,并且处理的要求也不相同,因此对工业废水处理一般采用的处理流程为:污水→澄清→回收有毒物质处理→再用或排放。

具体工艺流程应考虑具体情况而定。

第二篇 水处理方法

第三章 预处理方法

第一节 调节与均衡

一、调节与均衡作用

污水的水质和水量通常是不稳定的,具有很强的随机性。生活污水的水质和水量随生活作息时间而变化,工业废水的水质和水量随生产过程而变化,特别是当生产操作不正常或设备发生泄漏时,污水的水质就会急剧恶化,水量也会大大增加,往往会超出污水处理设施的处理能力,使污水处理设施难以正常稳定运行,给处理操作带来极大困难;对生物处理系统的净化功能影响更大,甚至会使整个处理系统遭到破坏。

调节作用就是减少污水特征值的波动(包括水量和水质),为污水处理系统提供一个稳定和优化的操作条件;均衡作用通常是在调节的过程中进行混合,使水质保持均匀和稳定。

通过调节与均衡作用,主要达到以下目的:

(1)提供对污水处理负荷的缓冲能力,防止处理系统负荷的急剧变化;

(2)减少进入处理系统污水流量的波动,使处理污水时所用化学药品的投加速度稳定,适合投药设备的投加能力;

(3)调节污水的 pH,稳定水质,并可减少中和作用中化学品的消耗量;

(4)防止高浓度的有毒物质进入生物化学处理系统;

(5)当工厂或其他系统暂时停止排放污水时,仍能对处理系统继续输入污水,保证系统的正常运行;

(6)当处理系统发生故障时,可起到临时事故贮水池的作用。

二、调节池的类型

(一)水量调节池

污水处理中有两种调节水量的方式,一种为线内调节,其调节池(见图3-1)进水一般采用重力流,出水用泵提升,池中最高水位不高于进水管的设计水位,有效水深一般为

$2\sim3$ m,最低水位为死水位;另一种为线外调节,其调节池(见图3-2)设在旁路上,当污水流量过高时,多余污水用泵打入调节池,当流量低于设计流量时,再从调节池回流至集水井,并送去进行后续处理。

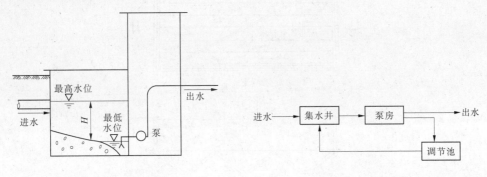

图 3-1　线内调节池　　　　　　　　　　图 3-2　线外调节池

线外调节与线内调节相比,线外调节池不受进水管高度限制,但被调节水量需要两次提升,消耗动力大。

(二)水质调节池

调节水质是对不同时间或不同来源的污水进行混合,使流出的水质比较均匀。调节水质的基本方法有两种。

1. 外加动力调节

如图3-3所示为一种外加动力水质调节池。外加动力就是在调节池内,采用外加叶轮搅拌、鼓风空气搅拌、水泵循环等设备对水质进行强制调节。它的设备比较简单,运行效果好,但运行费用高。

2. 差流方式调节

采用差流方式进行强制调节,使不同时间和不同浓度的污水进行水质自身水力混合,这种方式基本上没有运行费用,但设备较复杂。

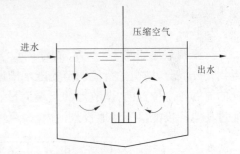

图 3-3　外加动力水质调节池

差流方式调节池类型很多,常用的有对角线调节池和折流调节池。

1)对角线调节池

对角线调节池如图3-4所示。它的特点是出水槽沿对角线方向设置,污水由左、右两侧进入池内后,经过一定时间的混合才流到出水槽,使出水槽中的混合污水在不同的时间内流出,也就是说,不同时间、不同浓度的污水进入调节池后,就能达到自动调节、均衡水质的目的。

为了防止污水在池内短路,可以在池内设置若干纵向隔板。污水中的悬浮物会在池内沉淀,这样,可以考虑在池内设置沉渣斗,通过排渣管定期将沉淀的污泥排出池外。如果调节池的容积很大,需要设置的沉渣斗过多,这样管理很麻烦,可考虑将调节池做成平底,用压缩空气搅拌,以防止沉淀。空气用量为 $1.5\sim3$ m³/(m²·h)。调节池的有效水深

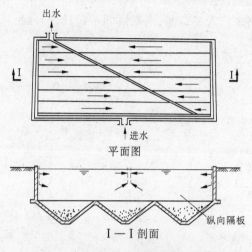

平面图

I—I剖面

纵向隔板

图 3-4　对角线调节池

为 1.5 ~ 2 m,纵向隔板间距为 1 ~ 1.5 m。

如果调节池采用堰顶溢流出水,则这种形式的调节池只能调节水质,而不能调节水量。如果后续处理构筑物要求处理水量比较均匀和严格,以利于投药的稳定或控制良好的微生物处理条件,则需要使调节池内的水位能够上下自由波动,以便储存盈余水量,补充水量短缺。

2)折流调节池

折流调节池如图 3-5 所示,在池内设置许多折流隔墙,污水在池内来回折流,在池内得到充分混合、均衡。折流调节池配水槽设在调节池上,通过许多孔口流入,投配到调节池的前后各个位置内,调节池的起端流量一般控制在总流量的 1/3 ~ 1/4,剩余的流量可通过其他各投配口等量地投入池内。

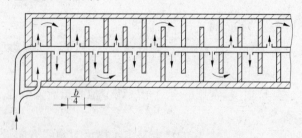

图 3-5　折流调节池

外加动力水质调节池一般只能调节水质而不能调节水量,调节水量的调节池需要另外设计。

调节池的作用除均衡调节水量和水质外,一般还可考虑兼有沉淀、混合、加药、中和和预酸化等功能。

三、调节池的设计计算

调节池的容积一般按照废水浓度和流量变化的规律、要求的调节均衡程度来进行计算。通常情况下,用于工业废水的调节池容积,可按 6 ~ 8 h 的废水水量计算;若水质与水量变化大,可取 10 ~ 12 h 的流量,甚至采取 24 h 的流量计算。采用的调节时间越长,废水水质越均匀。

(一)浓度计算

废水经过一定调节时间后的平均浓度计算公式为:

$$C = \frac{C_1 q_1 t_1 + C_2 q_2 t_2 + \cdots + C_n q_n t_n}{qT}$$

式中　C——T 小时内的废水平均浓度,mg/L;

　　　q——T 小时内的废水平均流量,m³/h;

　　　$C_1, C_2, \cdots, C_n$——废水在 $t_1, t_2, \cdots, t_n$ 时段内的平均浓度,mg/L;

　　　$q_1, q_2, \cdots, q_n$——相应于 $t_1, t_2, \cdots, t_n$ 时段内的废水平均流量,m³/h;

　　　$t_1, t_2, \cdots, t_n$——各时段,总和等于 T。

(二)容积计算

调节池的容积可按下式计算:

$$V = qT$$

式中　V——调节池的容积,m³;

　　　q——T 小时内的废水平均流量,m³/h;

　　　T——时间,h。

若采用对角线调节池,容积为:

$$V = \frac{qT}{1.4}$$

式中字母含义同前。

上述计算公式中的基本数据是通过实测取得的逐时废水流量与其对应的废水浓度变化图表而来的,其中 1.4 为经验系数。废水流量和水质变化的观测周期越长,调节池容积计算的准确性越高。

第二节　化学预处理

一、中和法

中和法是利用酸碱中和反应,消除污水中过量的酸和碱,使污水的 pH 达到中性或近中性的处理过程。

工业废水会产生大量的酸、碱污水,如化工厂、化纤厂、电镀厂、煤加工厂及金属酸洗车间等都会排出酸性废水。印染厂、金属加工厂、炼油厂、造纸厂等则会排出碱性废水。酸、碱性废水的排放不仅会造成污染、腐蚀管道、毁坏农作物、危害水体、影响渔业生产、破坏污水处理系统的正常运行,而且使重要工业原料流失,造成浪费。因此,必须进行无害化处理。

当废水中酸或碱的浓度很高时,如在 3% ~ 5% 以上,应当首先考虑回收和综合利用;当浓度不高,回收或综合利用经济意义不大时,才考虑中和处理。

（一）酸碱废水（或废料）互相中和法

在处理酸性废水时,如果工厂或附近有碱性废水或碱性废渣,应优先考虑采用碱性废水或碱性废渣来中和酸性废水。同样,在处理碱性废水时,也应优先考虑采用酸性废水或废气来中和碱性废水,达到以废治废、降低处理费用的目的。

当用酸碱废水（或废料）互相中和法处理酸碱性废水时,应进行中和能力的计算,使两种废水（或废料）的当量数相等或处理水的 pH 符合处理要求。其处理设备应依据废水的排放规律及水质变化情况确定,当水质与水量变化较小时或处理水要求较低时,可采用集水井、管道、混合槽等简单形式进行连续中和处理;当水质与水量变化不大或对处理水要求高时,应采用连续流中和池进行处理;当水质与水量变化较大,且水量较小,连续流处理无法保证处理水要求时,应采用间歇中和池处理。

（二）药剂中和法

药剂中和法是酸碱性废水中和处理中使用最广泛的一种方法,碱性药剂有石灰、石灰石、苏打、苛性钠等,酸性废水中和处理常用的药剂是石灰;酸性药剂有硫酸、盐酸等。中和剂的耗量,应根据试验确定,当无试验资料时,应根据中和反应方程式计算的理论耗量、药剂中杂质含量、实际反应的不完全性等因素确定。药剂中和法处理工艺包括投药、混合反应、沉淀、沉渣脱水等单元。

（三）过滤中和法

过滤中和法是指酸性污水通过碱性滤料而得到中和处理。常用的碱性滤料有石灰石、大理石或白云石等,反应在中和滤池中进行。过滤中和法具有操作方便、运行费用低等优点。常用的中和滤池有普通中和滤池、升降式膨胀中和滤池和滚筒式中和滤池。

二、化学沉淀法

向水中投加化学药剂,使之与水中某些溶解物质发生反应,生成难溶解盐沉淀下来,从而降低水中溶解物质的含量,这种方法称为化学沉淀法。它一般用于给水处理中去除钙、镁硬度,废水处理中去除重金属离子等。

（一）氢氧化物沉淀法

大多数金属的氢氧化物在水中的溶度积很小,因此可以利用向水中投加某种化学药剂使水中的金属阳离子生成氢氧化物沉淀而被去除。如以 M^{n+} 表示金属离子,则有:

$$M^{n+} + nOH^- = M(OH)_n$$

根据金属化合物溶度积和水的离子积规则,可得:

$$[M^{n+}] = \frac{L_{M(OH)_n}}{[OH^-]^n} = \frac{L_{M(OH)_n}}{\left\{\dfrac{K_{H_2O}}{[H^+]}\right\}^n}$$

式中　$L_{M(OH)_n}$——金属氢氧化物的溶度积;

K_{H_2O}——水的离子积。

在一定的温度下,$L_{M(OH)_n}$ 与 K_{H_2O} 均为常数。由此可知,水中 M^{n+} 的离子浓度只与 pH 有关,pH 越高,M^{n+} 的离子浓度越小。但是,由于废水水质复杂,干扰因素多,实际 M^{n+} 的离子浓度的计算值可能有出入,因此控制条件最好通过试验来确定。此外,有些金属（如锌、铅、铬、铝等)的氢氧化物为两性化合物,如 pH 过高,其沉淀的氢氧化物会重新溶解。因此,用氢氧化物沉淀法处理废水中的金属阳离子时,pH 是操作的一个重要条件,既不能低,也不能高。

例如,某矿山废水含铜 83.4 mg/L,总铁 1 260 mg/L,二价铁 10 mg/L,pH 为 2.23,沉淀采用石灰乳,其工艺流程如图 3-6 所示。一级化学沉淀控制 pH 为 3.47,使铁先沉淀。二级化学沉淀控制 pH 为 7.5 ~ 8.5,使铜沉淀。废水经二级化学沉淀后,出水可达到排放标准,沉淀过程中产生的铁渣和铜渣可回收利用。

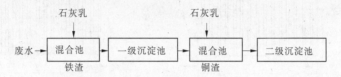

图 3-6　某矿山废水处理工艺流程

(二)其他沉淀处理法

除上述介绍的氢氧化物沉淀法外,还有碳酸盐沉淀法、钡盐沉淀法、铁氧体沉淀法等。碳酸盐沉淀法主要用于高浓度的金属废水处理,并可进行回收;钡盐沉淀法主要用于含六价铬的废水处理;铁氧体沉淀法主要用于金属废水的处理与回收利用,其原理是向废水中投加适量的硫酸亚铁,加碱中和后,通入热空气使废水中各种金属离子形成具有磁性的复合金属的气化物,即铁氧体,其特点是易沉淀分离。

第三节　物理拦截

在水的预处理阶段,通过物理拦截作用,可以有效地控制大颗粒的无机物、漂浮物等对处理系统的影响,同时也是降低水中杂质的重要方法。

具备物理拦截作用的设备或构筑物主要有格栅、筛网、水力筛、离心分离机等,其中格栅的应用最为广泛。

一、格栅的作用及种类

格栅是后续处理构筑物或水泵机组的保护性处理设备,是由一组或多组平行的金属栅条制成的金属框架,斜置(与水平夹角一般为 45° ~ 75°)或直立在水渠、泵站集水井的进口处或水处理厂的端部,用以拦截较粗大的悬浮物或漂浮杂质,如木屑、碎皮、纤维、毛发、果皮、蔬菜、塑料制品等,以便减轻后续处理设施的处理负荷,并使之正常运行。被拦截的物质叫栅渣。栅渣的含水率为 70% ~ 80%,容量约为 750 kg/m³。经过压榨,可将含水率降至 40% 以下,便于运输和处置。

按形式不同,格栅可分为平面格栅与曲面格栅两种。平面格栅由框架与栅条组成,如图 3-7 所示。图中 A 型为栅条布置在框架的外侧,适用于机械或人工清渣;B 型为栅条布置在框架的内侧,在栅条的顶部设有起吊架,可将格栅吊起,进行人工清渣。

平面格栅的基本参数与尺寸包括宽度 B、长度 L、栅条间距 e(指间隙净宽)、栅条至外

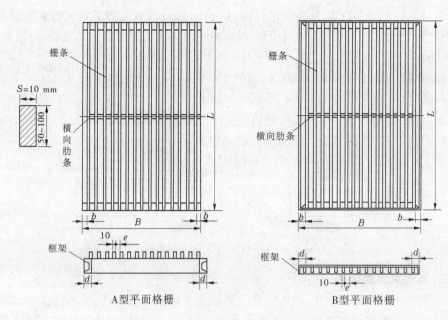

图 3-7　平面格栅　（单位:mm）

边框的距离 b,可视污水处理厂(站)的具体条件选用。平面格栅的基本参数与尺寸见表 3-1。

表 3-1　平面格栅的基本参数及尺寸　（单位:mm）

名称	数值
格栅宽度 B	600,800,1 000,1 200,1 400,1 600,1 800,2 000,2 200,2 400,2 600,2 800,3 000,3 200,3 400,3 600,3 800,4 000,用移动除渣机时,$B>4$ 000
格栅长度 L	600,800,1 000,1 200,…,以 200 为一级增长,上限值取决于水深
栅条间距 e	10,15,20,25,30,40,50,60,80,100
栅条至外边框距离 b	b 值按下式计算: $$b = \frac{B - 10n - (n-1)e}{2},\ b \leq d$$ 式中　B——格栅宽度; 　　　n——栅条根数; 　　　e——栅条间距; 　　　d——框架周边宽度。

平面格栅的框架采用型钢焊接。当格栅的长度 $L>1$ 000 mm 时,框架应增加横向肋条。栅条用 A3 钢制作。机械清除栅渣时,栅条的直线度偏差不应超过长度的 1/1 000,且不大于 2 mm。

平面格栅型号表示方法为 PGA—B×L—e。其中,PGA 为平面格栅 A 型;B 为格栅宽度(mm);L 为格栅长度(mm);e 为栅条间距(mm)。

曲面格栅可分为固定曲面格栅和旋转鼓筒式格栅,如图 3-8 所示。固定曲面格栅利用渠道水流速度推动除渣桨板。旋转鼓筒式格栅,污水从鼓筒内向鼓筒外流动,被清除的栅渣由冲洗水管 2 冲入渣槽(带网眼)内排出。

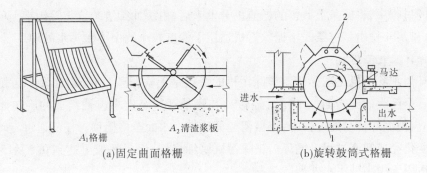

(a)固定曲面格栅　　　　　　(b)旋转鼓筒式格栅

1—鼓筒;2—冲洗水管;3—渣槽

图 3-8　曲面格栅

按栅条的净间距,格栅可分为粗格栅(50~100 mm)、中格栅(10~40 mm)、细格栅(3~10 mm)3 种。上述平面格栅与曲面格栅,都可做成粗、中、细 3 种。

按清渣方法不同,格栅可分为人工除渣格栅和机械除渣格栅;按安装方式不同,格栅可分为单独设置格栅和格栅与沉砂池合建一处的格栅。

由于格栅是物理处理的主要构筑物,对新建污水处理厂一般采用粗、中两道格栅,甚至采用粗、中、细 3 道格栅。

二、栅渣的清除

栅渣清除可分为人工清渣和机械清渣两种。由此,格栅也可分为人工清渣格栅和机械清渣格栅(简称机械格栅)。

(一)人工清渣格栅

人工清渣格栅一般适用于小型污水处理厂(站),或所需截留的污物量较少的场合。为便于工人清渣,避免栅渣重新掉落水中,人工清渣的格栅按 45°~60°倾角设置。这样,可增加格栅有效面积 40%~80%,而且便于清洗,并能防止因阻堵而造成过高的水头损失。若倾角太小,虽然清理省力,但占地面积较大。

(二)机械格栅

机械格栅适用于大型污水处理厂和需要经常清除大量截留物的场合。机械清渣的格栅一般与水平面成 60°~70°倾角安装。常用的机械格栅设备有链条式格栅除污机、循环齿耙除污机、悬臂式曲面格栅和阶梯型格栅除污机等。此外,还有转网式细格栅机和转鼓式格栅等。

1. 链条式格栅除污机

链条式格栅除污机见图 3-9。该除污机的

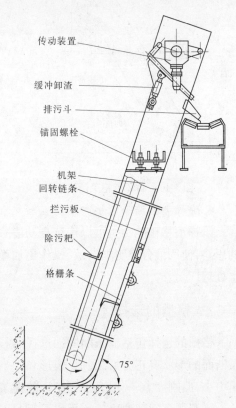

图 3-9　链条式格栅除污机

传动装置
缓冲卸渣
排污斗
锚固螺栓
机架
回转链条
拦污板
除污耙
格栅条
75°

工作原理是经转动装置上的两条回转链条循环转动,固定在链条上的除污耙在随链条循环转动的过程中,将栅条上截留的栅渣提升上来后,由缓冲卸渣装置将除污耙上的栅渣刮下,掉入排污斗排出。链条式格栅除污机适用于深度较小的中小型污水处理厂。

2. 循环齿耙除污机

循环齿耙除污机见图3-10。该除污机的特点是无格栅条,格栅由许多小齿耙相互连接组成一个巨大的旋转面。工作时经转动装置带动这个由小齿耙组成的旋转面循环转动,在小齿耙循环转动的过程中,将截留的栅渣带出水面至格栅顶。栅渣通过旋转面的运行轨迹变化完成卸渣过程。循环齿耙除污机属细格栅,格栅间隙可达到 0.5 ~ 15 mm,此类格栅适用于中小型污水处理厂。

3. 悬臂式曲面格栅

悬臂式曲面格栅见图3-11。该格栅的工作原理是传动装置带动转耙旋转,将曲面格栅上截留的栅渣刮起,并用刮板把转耙上的栅渣去掉。悬臂式曲面格栅是一种适用于小型污水处理厂的浅渠槽拦污设备。

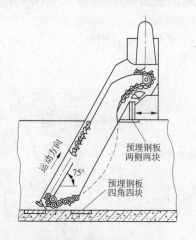

图 3-10　循环齿耙除污机

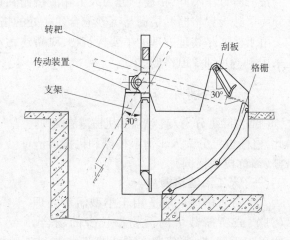

图 3-11　悬臂式曲面格栅

4. 阶梯型格栅除污机

阶梯型格栅除污机可以连续自动清除各种形状的杂物,改变了过去传统格栅除污机的思路,使固液分离更加有效,操作更加稳定,适用于各种行业的废水的预处理和城市污水处理厂。

三、格栅的选择

格栅的选择包括栅条断面的选择、栅条间距的确定、栅渣清除方法的选择等。格栅栅条断面的形状有正方形、圆形、矩形和带半圆的矩形等,圆形断面栅条的水力条件好,水流阻力小,但刚度差,一般多采用矩形的栅条。各种格栅与筛网的特征见表3-2。

格栅栅条间隙取决于所用水泵型号,当采用 PWA 型水泵时,可按表3-3选用。栅条间距也可以按污水种类选定,对于城市污水,一般采用 16 ~ 25 mm 的间距。

表 3-2　各种格栅与筛网的特征

类型		适用范围	优点	缺点
格栅	链条式	主要用于粗、中格栅，深度不大的中小型格栅，主要清除长纤维及条状杂物	1. 构造简单，制造方便； 2. 占地面积小	1. 杂物进入链条与链轮时，容易卡住； 2. 套筒滚子链造价高，易腐蚀
	移动伸缩臂式	主要用于粗、中格栅，以及深度中等的宽大格栅。耙斗式适用于较深格栅	1. 设备全部在水面上； 2. 钢绳在水面上运行，寿命长； 3. 可不停水检修	1. 移动部件构造复杂； 2. 移动时，耙齿与栅条间隙对位较困难
	钢绳牵引式	主要用于中、细格栅，固定式用于中小格栅	1. 水下无固定部件者，维修方便； 2. 适用范围广	1. 水下有固定部件者，维修检查需停水； 2. 钢绳易腐蚀
	回转式	主要用于中、细格栅，耙钩式用于较深中小格栅，背耙式用于较浅格栅	1. 用不锈钢或塑料制造，耐腐蚀； 2. 封闭式传动链不易被杂物卡住	1. 耙沟易磨损，造价高； 2. 塑料件易破损
	旋转式	主要用于中、细格栅，以及深度浅的中小格栅	1. 构造简单，制造方便； 2. 运行稳定，容易检修	筒形、梯形栅条格栅制造技术要求较高
筛网	固定式	从废水中去除低浓度固体杂质及毛和纤维类杂质，安装在水面以上时，需要水头落差或水泵提升	1. 平面筛网构造简单，造价低； 2. 梯形筛丝筛面不易堵塞，不易磨损	1. 平面筛网易磨损、易堵塞，不易清洗； 2. 梯形筛丝曲面筛构造复杂
	圆筒式	从废水中去除中低浓度杂质及毛和纤维类杂质，进水深度一般小于 1.5 m	1. 水力驱动式构造简单，造价低； 2. 电动梯形筛不易堵塞	1. 水力驱动式易堵塞； 2. 电动梯形筛构造较复杂，造价高
	板框式	常用深度 1~4 m，可用深度 10~30 m	驱动部分在水上，维护管理方便	1. 造价高，板框网更换较麻烦； 2. 构造较复杂，易堵塞

表 3-3　格栅栅条间距与栅渣污物量

栅条间距(mm)	栅渣污物量(L/(d·人))	水泵型号
≤20	4~6	$2\frac{1}{2}$PWA
≤40	2.7	4PWA

栅条间距(mm)	栅渣污物量(L/(d·人))	水泵型号
≤70	0.8	6PWA
≤90	0.5	8PWA
≤110	<0.5	10PWA
≤150	0.3	12PWA

　　格栅截留的栅渣数量,因栅条间距、污水种类不同而异。生活污水处理用格栅的栅渣截留量,是按人口计算的。表 3-3 列举的是格栅栅条间距与生活污水栅渣污物量。

　　格栅上需要设置工作台,其高度应高出格栅前设计最高水位 0.5 m,工作台上应有安全和冲洗设施,当格栅宽度较大时,要做成多块拼合,以减少单块质量,便于起吊安装和维修。

　　在格栅选型时,应注意以下要点:

　　(1)格栅的栅条间隙,应根据水泵允许通过污物的能力来确定。

　　(2)在污水处理系统设计中,设两道格栅,一般在泵房前设一道中格栅,在泵房后设一道细格栅。同时,格栅栅条间隙应符合下列要求:人工清除的为 25～40 mm,机械清除的为 16～25 mm。

　　(3)栅渣量在无当地运行资料时,可参考如下数据:栅条间隙 16～25 mm,栅渣截留量为 0.1～0.05 m³/1 000 m³ 污水;栅条间隙 30～50 mm,栅渣截留量为 0.01～0.03 m³/1 000 m³ 污水。截留量即每 1 000 m³ 污水截留栅渣的量,栅渣的含水率为 80%,密度约为 960 kg/m³。

　　(4)每日栅渣量大于 0.2 m³ 时,一般采用机械清渣。同时,机械除渣格栅不宜少于 2 台,并留 1 台备用。

　　(5)格栅前,渠道内的水流速度一般为 0.4～0.9 m/s,过栅流速一般为 0.6～1.0 m/s,格栅倾角一般为 45°～70°,而机械除渣格栅一般为 60°～70°,特殊类型的可达 90°。

　　(6)通过格栅的水头损失一般为 0.08～0.15 m。

　　(7)若放置格栅的深度超过 7 m,宜选用钢绳牵引式格栅机;若深度在 2 m 或 2 m 以下,宜采用弧格栅;若为中等深度,宜采用链条式格栅除污机。

　　(8)单台格栅机工作宽度一般不大于 3.0 m,宽度超过 3.0 m 时,可采用多台格栅机。

　　(9)栅条的高度一般按正常高水位确定,栅条的高度应比正常高水位高出 1.0 m 以上。

　　(10)格栅间必须设置工作台,台面应高出栅前最高设计水位 0.5 m。工作台两侧过道宽度不应小于 0.7 m,工作台下面过道宽度不应小于 1.2～1.5 m。

　　在格栅安装与操作管理中,应注意以下事项:

　　(1)应及时清除格栅上截留的杂物,使污水通过格栅时水流横断面积不减小。

　　(2)为了防止栅前产生壅水现象,可将格栅后渠降低至一定高度,但不应小于通过格栅的水头损失。

　　(3)间歇式操作的机械格栅,其运行方式可用定时控制操作,或按格栅前后渠道的水位差的随动装置来控制格栅的工作程度。有时也采用上述两种方式结合的运行方式。

第四章　凝聚与絮凝

水中悬浮杂质大都可以通过自然沉淀的方法去除,而胶体颗粒和细微颗粒的自然沉降是极其缓慢的,在停留时间有限的水处理构筑物内不可能沉降下来。它们是造成水浊度的根本原因。这类颗粒的去除,应破坏其胶体的稳定性,如加入混凝剂,使颗粒相互聚结形成容易去除的大絮凝体,通过沉淀来去除。

第一节　胶体的稳定性

一、胶体的特性

(一)光学性质

胶体颗粒尺寸微小,一般由一个大分子或多个分子组成,可以透过普通滤纸,在水中能引起光的散射。

(二)布朗运动

由于水分子的热运动撞击胶体颗粒而发生的胶体颗粒的不规则运动,称为布朗运动,它是胶体颗粒不能自然沉降的原因之一。

(三)胶体的表面性能

胶体颗粒比较微小,其比表面积(即单位体积的表面积)较大,所以具有较大的表面自由能,能产生特殊的吸附能力和水解现象。

(四)电泳现象

胶体颗粒在外加电场的作用下能够发生运动,说明胶体带电。这种移动现象,称为电泳。在一个 U 型管中放入某种胶体溶液,两端插入电极并通电,就可以发现胶体颗粒向某一电极移动。当胶体颗粒为黏土、细菌、蛋白质时,运动方向朝向阳极,说明这类胶体颗粒带负电;当水中胶体颗粒为氢氧化铝时,运动方向朝向阴极,说明其带正电。

(五)电渗现象

液体在电场作用下可以透过多孔性材料的现象,称为电渗。在电渗现象中,也可以认为有部分液体渗透过胶体颗粒之间的孔隙移向相反的电极,带有负电的胶体颗粒在阳极附近浓集时,在阴极处的液面同时会出现升高的现象。

电泳现象和电渗现象都是在外加电场作用下引起的,是胶体溶液系统内固、液两相之间产生的相对移动现象,故统称为动电现象。

二、胶体的结构

通过对胶体的结构研究,可以清楚地了解胶体的带电现象和使胶体脱稳的途径。

胶体分子聚合而成的胶体颗粒称为胶核,胶核表面吸附了某种离子而带电。由于静电引力的作用,溶液中的异号离子(也称反离子)就会被吸引到胶体颗粒周围。这些异号离子会同时受到两种力的作用而形成双电层。双电层是指胶体颗粒表面所吸附的阴阳离子层。

(一)胶体颗粒表面离子的静电引力

胶体颗粒表面离子的静电引力吸引异号离子靠近胶体颗粒的固体表面的电位形成离子,这部分异号离子紧附在固体表面,随着颗粒一起移动,称为束缚反离子,与电位形成离子组成吸附层。

(二)颗粒的布朗运动、颗粒表面的水化作用力

异号离子本身热运动的扩散作用力及液体对这些异号离子的水化作用力可以使没有贴近固体表面的异号离子均匀分散到水中去。这部分异号离子受静电引力的作用相对较小,当胶体颗粒运动时,与固体表面脱开,而与液体一起运动,它们包围着吸附层形成扩散层,称为自由反离子。

上述两种力的作用结果,使贴近固体表面处的这些异号离子浓度最大,随着与固体表面距离的增加,浓度逐渐变小,直到等于溶液中的离子平均浓度。

通常将胶核与吸附层称为胶粒,胶粒与扩散层组成胶团。图 4-1 为一个想象的天然水中的黏土胶团。天然水的浑浊大都是由黏土颗粒形成的。黏土颗粒的主要成分是 SiO_2,黏土颗粒带有负电,其外围吸引了水中常见的许多带正电荷的离子。吸附层的厚度很薄,只有 2~3 Å。扩散层比吸附层厚得多,有时可能是吸附层的几百倍。在扩散层中,不仅有正离子及其周围的水分子,而且还可能有比胶核小的带正电的胶粒,也夹杂着一些水中常见的 HCO_3^-、OH^-、Cl^- 等负离子和带负电荷的胶粒。

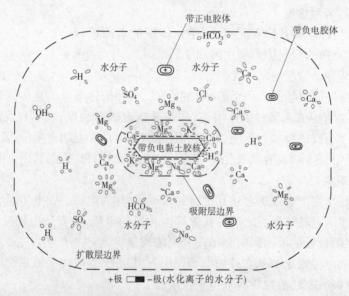

图 4-1 天然水中黏土胶团示意图

由于胶核表面所吸附的离子总比吸附层里的反离子多,所以胶粒带电。而胶团具有电中性,因为带电胶核表面与扩散于溶液中的反离子电性中和。

三、水中胶体的稳定性和脱稳

胶体颗粒在水中能长期保持分散状态而不下沉的特性称为胶体的稳定性。

胶体颗粒在水中之所以具有稳定性,其原因有三:一是污水中的细小悬浮颗粒和胶体微粒(胶体微粒直径为 $10^{-8} \sim 10^{-3}$ mm)质量很轻,这些颗粒在污水中受分子热运动的碰撞而作无规则的布朗运动;二是胶体颗粒本身带电,同类胶体颗粒带有同性电荷,彼此之间存在静电排斥力,从而不能相互靠近以结成较大颗粒而下沉;三是许多水分子被吸引在胶体颗粒周围形成水化膜,阻止胶体颗粒与带相反电荷的离子中和,妨碍颗粒之间接触并凝聚下沉。因此,污水中的细小悬浮颗粒和胶体微粒不易沉降,总保持着分散和稳定状态。

一般认为胶粒所带电量越大,胶粒的稳定性越好。而胶粒带电是由于胶核表面所吸附的电位离子比吸附层里的反离子多,当胶粒与液体作相对运动时,吸附层和扩散层之间便产生 ζ 电位。ζ 电位的绝对值越高,胶粒带电量越大,胶粒间产生的静电斥力也越大。同时,扩散层中反离子越多,水化作用也越大,水化壳也越厚,胶粒也就越稳定。

因此,要使胶体颗粒沉降,就需破坏胶体的稳定性。促使胶体颗粒相互接触成为较大的颗粒关键在于减少胶粒的带电量,这可以通过压缩扩散层厚度、降低 ζ 电位来达到。这个过程叫作胶体颗粒的脱稳作用。

第二节　混凝机制

一、胶体的凝聚和絮凝机制

混凝是指水中胶体颗粒及微小悬浮物的聚集过程,它是凝聚和絮凝的总称。

凝聚是指水中胶体被压缩双电层而失去稳定性的过程;絮凝是指脱稳胶体相互聚结成大颗粒絮体的过程。凝聚是瞬时的,而絮凝则需要一定的时间才能完成,二者在一般情况下不能截然分开。因此,把能起凝聚和絮凝作用的药剂统称为混凝剂。

水处理工程中的混凝现象比较复杂。不同种类混凝剂以及不同的水质条件,混凝机制都有所不同。混凝的目的,是使胶体颗粒能够通过碰撞而彼此聚集。实现这一目的,就要消除或降低胶体颗粒的稳定因素,使其失去稳定性。

胶体颗粒的脱稳可分为两种情况:一种是通过混凝剂的作用,使胶体颗粒本身的双电层结构发生变化,致使 ζ 电位降低或消失,达到破坏胶体稳定性的目的;另一种就是胶体颗粒的双电层结构未有多大变化,而主要是通过混凝剂的媒介作用,使颗粒彼此聚集。

目前,普遍用以下四种机制来定性描述胶体的混凝现象。

(一)压缩双电层

胶体微粒都带有电荷。天然水中的黏土类胶体微粒以及污水中的胶态蛋白质和淀粉微粒等都带有负电荷。带有同等电荷的胶粒之间存在排斥力,距离愈近,斥力愈大。胶体微粒不能相互聚集而长期保持稳定的分散状态。

向水中投加电解质(混凝剂)而提供大量正离子,会大大降低胶粒之间的静电斥力甚至使之完全消失。这时布朗运动的动能足以使范德华力发挥作用,胶体之间产生明显引力而逐渐聚结,最终形成凝聚物而沉降下来。

压缩双电层作用是阐明胶体凝聚的一个重要理论。它适用于无机盐混凝剂所提供的简单离子的情况,但不能解释其他一些复杂的胶体脱稳现象。如三价铝盐或铁盐混凝剂投量过多时,混凝效果反而下降,甚至胶体又会重新获得稳定性。

(二)吸附架桥

采用三价铝盐或铁盐以及高分子作为混凝剂溶于水后,经水解和缩聚反应形成具有线性结构的高分子聚合物。这类高分子物质可被胶体微粒强烈吸附。由于其线性长度较大,当它的一端吸附某一胶粒后,另一端又吸附另一胶粒,在相距较远的两胶粒之间,高分子物质起到了相互结合的桥梁作用,使颗粒逐渐变大,形成粗大的絮凝体。

(三)吸附和电性中和

吸附和电性中和作用指胶粒表面对异号离子、异号胶粒或链状分子带异号电荷的部位有强烈的吸附作用而中和了它的部分电荷,减小了静电斥力,因而容易与其他颗粒接近而互相吸附。这种吸附力,除静电引力外,一般认为还存在范德华力、氢键及共价键等。

当采用铝盐或铁盐作为混凝剂时,溶液 pH 不同,可以产生各种不同的水解产物。当pH 较低时,水解产物带有正电荷。给水处理时,原水中胶体颗粒一般带有负电荷,因此带正电荷的铝盐或铁盐水解产物可以对原水中的胶体颗粒起中和作用。二者所带电荷相反,在接近时,将导致相互吸引和聚集。

(四)沉淀物网捕

沉淀物网捕又称为卷扫,是指向水中投加含金属离子的混凝剂(如硫酸铝、石灰、氯化铁等高价金属盐类),当药剂投加量和溶液介质的条件足以使金属离子迅速生成金属氢氧化物沉淀时,所生成的难溶分子就会以胶体颗粒或细微悬浮物作为晶核形成沉淀物,即所谓的网捕、卷扫水中胶粒,以致产生沉淀分离。这种作用基本上是一种机械作用,混凝剂需要量与原水中杂质含量成反比。

在水处理工程中,以上所述的四种机制有时可能会同时发挥作用,但针对特定的水体时,一般以某种机制为主。

二、影响混凝效果的主要因素

(一)水温

水温对混凝效果有明显影响。水温低时,絮凝体形成缓慢,絮凝颗粒细小、松散,沉淀效果差,即使过量投加混凝剂也难以取得良好的混凝效果。其原因主要有以下 3 点:

(1)水温低会影响无机盐类水解。无机盐混凝剂水解是吸热反应,低温时,水解困难,水解反应慢。如硫酸铝,水温降低 10 ℃,水解速度常数降低 2~4 倍。水温在 5 ℃时,硫酸铝水解速度极其缓慢。

(2)低温水的黏度大,水中杂质颗粒的布朗运动强度减弱,碰撞机会减少,不利于胶粒凝聚,混凝效果下降。同时,水流剪力增大,影响絮凝体的成长。这就是冬天混凝剂的用量比夏天用得多的原因。

（3）低温水中胶体颗粒水化作用增强，妨碍胶体凝聚，而且水化膜内的水由于黏度和重度增大，影响了颗粒之间的黏附强度。

为提高低温水混凝效果，常用的办法是投加高分子助凝剂，如投加活化硅酸后，可对水中负电荷胶体起到桥连作用。如果与硫酸铝或三氯化铁同时使用，可降低混凝剂的用量，提高絮凝体的密度和强度。在我国北方地区，冬季水处理的核心在于低温水中混凝效率。

（二）pH

混凝过程中要求有一个最佳的 pH，使混凝反应速度达到最快，絮凝体的溶解度最小。这个 pH 可以通过试验测定。混凝剂种类不同，水的 pH 对混凝效果的影响程度也不同。

对铝盐与铁盐混凝剂来说，不同的 pH，其水解产物的形态不同，混凝效果也各不相同。对硫酸铝来说，用于去除浊度时，最佳 pH 为 6.5～7.5；用于去除色度时，pH 一般在 4.5～5.5。对三氯化铝来说，适用的 pH 范围较宽，用于去除浊度时，最佳 pH 为 6.0～8.4；用于去除色度时，pH 一般在 3.5～5.0。

高分子混凝剂的混凝效果受水的 pH 影响较小，故对水的 pH 变化适应性较强。

（三）碱度

水中碱度的高低对混凝起着重要的作用和影响，有时会超过原水 pH 的影响程度。由于水解过程中不断产生 H^+，导致水的 pH 下降，故要使 pH 保持在最佳范围内，常需要加入碱使中和反应充分进行。

天然水中均含有一定碱度（通常是 HCO_3^-），对 pH 有缓冲作用：

$$HCO_3^- + H^+ = CO_2 + H_2O$$

当原水碱度不足或混凝剂投加量很高时，天然水中的碱度不足以中和水解反应产生的 H^+，水的 pH 将大幅度下降，不仅超出了混凝剂的最佳范围，甚至会影响到混凝剂的继续水解，此时应投加碱剂（如石灰、苛性钠）以中和混凝剂水解过程中产生的 H^+。

（四）悬浮物浓度

浊度高低直接影响混凝效果，过高或过低都不利于混凝。浊度不同，混凝剂用量也不同。对于去除以浊度为主的地表水，主要的影响因素是水中的悬浮物含量。

水中悬浮物含量过高时，所需铝盐或铁盐混凝剂投加量将相应增加。为了减少混凝剂用量，通常投加高分子助凝剂，如聚丙烯酰胺及活化硅酸等。对于高浊度原水处理，采用聚合氯化铝具有较好的混凝效果。

水中悬浮物浓度很低时，颗粒碰撞速率大大减小，混凝效果差。为提高混凝效果，可以投加高分子助凝剂，如聚丙烯酰胺或活化硅酸等，通过吸附架桥作用，使絮凝体的尺寸和密度增大；投加黏土类矿物颗粒，可以增加混凝剂水解产物的凝结中心，提高颗粒碰撞速率，并增加絮凝体密度；也可以在原水投加混凝剂后，经过混合直接进入滤池过滤。

需说明的是，SS 与浊度并不完全一致，根据美国 Conwell 公式，浊度为 SS 的 0.7～2.2 倍。此外，虽然原水浊度与投药量具有一定关系，但不是简单的线性相关，需通过试验筛选、确定。

(五)搅拌(水力梯度)

搅拌的目的是帮助混合反应、凝聚和絮凝,过于激烈的搅拌会打碎已经凝聚和絮凝的沉淀物,不利于混凝沉淀。因此,要控制搅拌强度和时间。在混合阶段,要求药剂迅速均匀地扩散到水中,速度梯度在 $500 \sim 1\,000\ s^{-1}$,搅拌时间控制在 $20 \sim 30\ s$,最多不超过 2 min。在反应阶段,既要创造足够的碰撞机会和良好的吸附条件,让絮凝体有足够的成长机会,又要防止生成的小絮体被打碎。因此,搅拌强度要小,速度梯度控制在 $20 \sim 70\ s^{-1}$,反应时间要长,控制在 $3 \sim 15$ min。

(六)黏土颗粒

水中黏土杂质,粒径细小且均匀者,对混凝不利,粒径大小不均则对混凝有利。颗粒浓度过低往往对混凝不利,回流沉淀物或投加混凝剂可提高混凝效果。水中存在大量有机物时,能被黏土吸附,使颗粒具备有机物的高度稳定性,此时,向水中投氯以氧化有机物,破坏其保护作用,提高混凝效果。

第三节　混凝剂与助凝剂

使胶体颗粒脱稳而聚集所投加的药剂,统称混凝剂,混凝剂具有破坏胶体稳定性和促进胶体絮凝的功能。习惯上把低分子电解质称为凝聚剂,这类药剂主要通过压缩双电层和电性中和机制起作用;把主要通过吸附架桥机制起作用的高分子药剂称为絮凝剂。在混凝过程中,如果单独采用混凝剂不能取得较好的效果时,可以投加某类辅助药剂来提高混凝效果,这类辅助药剂统称为助凝剂。

在水处理中使用混凝剂应符合以下基本要求:混凝效果好,对人体健康无害,适应性强,使用方便,货源可靠,价格低廉。

混凝剂种类很多,按化学成分可分为无机类和有机类两大类,如表4-1 所示。

表4-1　混凝剂的类型及名称

类型		名称
	无机盐类	硫酸铝、硫酸钾铝、硫酸铁、氯化铁、氯化铝、碳酸镁
	碱类	碳酸钠、氢氧化钠、石灰
	金属氢氧化物类	氢氧化铝、氢氧化铁
无机类	固体细粉	高岭土、膨润土、酸性白土、炭黑、飘尘
	高分子类 阴离子型	活化硅酸(AS)、聚合硅酸(PS)
	高分子类 阳离子型	聚合氯化铝(PAC)、聚合硫酸铝(PAS)、聚合氯化铁(PFC)、聚合硫酸铁(PFS)、聚合磷酸铝(PAP)、聚合磷酸铁(PFP)
	高分子类 无机复合型	聚合氯化铝铁(PAFC)、聚合硫酸铝铁(PAFS)、聚合硅酸铝(PASI)、聚合硅酸铁(PFSI)、聚合硅酸铝铁(PAFSI)、聚合磷酸铝(PAFP)
	高分子类 无机有机复合型	聚合铝－聚丙烯酰胺、聚合铁－聚丙烯酰胺、聚合铝－甲壳素、聚合铁－甲壳素、聚合铝－阳离子有机高分子、聚合铁－阳离子有机高分子

类型			名称
有机类	天然类		淀粉、动物胶、纤维素的衍生物、腐殖酸钠
	人工合成类	阴离子型	聚丙烯酸、海藻酸钠(SA)、羧酸乙烯共聚物、聚乙烯苯磺酸
		阳离子型	聚乙烯吡啶、胺与环氧氯丙烷缩聚物、聚丙烯酰胺阳离子化衍生物
		非离子型	聚丙烯酰胺(PAM)、尿素甲醛聚合物、水溶性淀粉、聚氧化乙烯(PEO)
		两性型	明胶、蛋白素、干乳酪等蛋白质、改性聚丙烯酰胺

一、无机类混凝剂

目前,广泛使用的无机类混凝剂包括硫酸铝、氯化铝、硫酸亚铁、三氯化铁、聚合硫酸铁及活化硅酸等。

(一)硫酸铝

硫酸铝[$Al_2(SO_4)_3 \cdot 18H_2O$]有精制和粗制两种。精制硫酸铝是白色晶体。粗制硫酸铝略显黄色,价格较低,硫酸铝易溶于水,pH 在 5.5~7.8,适宜的水温为 20~40 ℃,水温较低时,水解困难,形成的絮凝体较松散。高浓度的硫酸铝水溶液具有腐蚀性,可存放于塑料或不锈钢等容器中。

硫酸铝无毒,价格便宜,使用方便,混凝效果较好,处理后的水不带色,一般用于去除浊度、色度和悬浮物。

(二)氯化铝

氯化铝($AlCl_3 \cdot 6H_2O$)为无色透明晶体,深黄色和浅黄色。它易溶于水,在潮湿空气中潮解并释放出白色的氯化氢烟雾,应密封存放,防止受潮。

(三)聚合氯化铝

聚合氯化铝(PAC)是目前生产和应用技术成熟、市场销量最大的无机高分子类混凝剂。在实际应用中,聚合氯化铝具有比传统絮凝剂用量省、净化效能高、适应性强等优点,比传统低分子絮凝剂用量少 1/3~1/2,成本低 40% 以上,因此在国内外已得到迅速的发展。

聚合氯化铝的外观状态与盐基度、制造方法、原料、杂质成分及含量有关。盐基度 <30% 时为晶状固体;30%~60% 时为胶状固体;>60% 时为无色透明液体,玻璃状或树脂状固体;>70% 时为固体状,不易潮解,易保存。

作为混凝剂处理水时,聚合氯化铝具有以下特点:

(1)对污染严重或低浊度、高浊度、高色度和受微污染的原水都可达到好的混凝效果。

(2)水温低时,仍可保持稳定的混凝效果,因此在我国北方地区更为适用。

(3)矾花的形成较快,颗粒大而重,沉淀性能好,投药量一般比硫酸铝低。

(4)pH 适宜范围较宽,为 5~9,当过量投加时,也不会像硫酸铝那样造成水浑浊的反效果。

(5)碱化度比其他铝盐、铁盐的高,因此药液对设备的腐蚀作用小,且处理后水的 pH 和碱度下降较小。

聚合氯化铝的混凝机制与硫酸铝的相同。聚合氯化铝可根据原水水质的特点来控制混凝过程中的反应条件,从而制取所需要的最适宜的聚合物,投入水中水解后即可直接提供高价聚合离子,达到优异的混凝效果。

除了聚合氯化铝,聚合硫酸铝在处理天然河水时,剩余浊度的质量分数低于 4 $\mu g/g$,COD_{Cr} 低于 6 mg/L,脱色效果明显;在处理含氟废水时,F^- 含量低于 104 $\mu g/g$。聚合硫酸铝除浊效果显著,并且有较宽的温度和 pH 适宜范围。

(四)硫酸亚铁

硫酸亚铁($FeSO_4 \cdot 7H_2O$)又称为绿矾,是半透明绿色晶体。它易溶于水,作为混凝剂形成的絮凝体较重,形成较快并且稳定,沉淀时间短,能去除一定色度和臭味,适用于处理碱度高、浊度大的污水。处理饮用水时,硫酸亚铁的重金属含量应极低,必须考虑在最高投药量处理后,水中的重金属含量在国家饮用水水质标准的限度内。

此外,铁盐使用时,水的 pH 的适宜范围较宽,为 5.0 ~ 11。

(五)三氯化铁

三氯化铁($FeCl_3 \cdot 6H_2O$)是黑褐色晶体,也是一种常用的混凝剂,易溶于水,适宜的 pH 为 5.5 ~ 7.8,其溶解度随着温度的上升而增加,形成的矾花沉淀性能好,絮体结得大,沉淀速度快。处理低温水或低浊水时效果要比铝盐好。我国供应的三氯化铁有无水物、结晶水物和液体三种。液体、结晶水物或受潮的无水物具有强腐蚀性,尤其是对铁的腐蚀性最强,对混凝土也有腐蚀性,对塑料管则会因水解发热而引起变形。因此,调制和加药设备必须考虑用耐腐蚀器材,例如,采用不锈钢泵轴运转几星期就会被腐蚀,一般采用有较好耐腐性能的钛制泵轴。三氯化铁 pH 的适宜范围较宽,但处理后的水的色度比用铝盐的高。

(六)聚合硫酸铁

聚合硫酸铁 $\{[Fe(OH)_n \cdot (SO_4)_{3-n/2}]_m\}$,其中,$n < 2, m > 10, n, m$ 为整数。聚合硫酸铁是一种红褐色的黏性液体,是碱式硫酸铁的聚合物。聚合硫酸铁具有絮凝体形成速度快、絮团密实、沉降速度快、对低温高浊度原水处理效果好、适用水体的 pH 范围广等特性,同时还能去除水中的有机物、悬浮物、重金属、硫化物及致癌物,无铁离子的水相转移,脱色、脱油、除臭、除菌功能显著,它的腐蚀性远比三氯化铁的小。与其他混凝剂相比,有着很强的市场竞争力,其经济效益也十分明显,值得大力推广应用。

(七)活化硅酸

活化硅酸(AS)又称活化水玻璃、泡化碱,其分子式为 $Na_2O \cdot xSiO_2 \cdot yH_2O$。活化硅酸是粒状高分子物质,属阴离子型混凝剂,其作用机制是靠分子链上的阴离子活性基团与胶体微粒表面间的范德华力、氢键作用而引起的吸附架桥作用,并不具有电中和作用。活化硅酸是在 20 世纪 30 年代后期作为混凝剂开始在水处理中得到应用的。活化硅酸呈真溶液状态,在通常的 pH 条件下其组分带有负电荷,对胶体的混凝是通过吸附架桥机制使胶体颗粒粘连,因此常常称之为絮凝剂或助凝剂。

活化硅酸一般在水处理现场制备,无商品出售。因为活化硅酸在储存时易析出硅胶而失去絮凝功能。实质上活化硅酸是硅酸钠在加酸条件下水解聚合反应进行到一定程度的中间产物,其电荷、大小、结构等组分特征,主要取决于水解反应起始的硅浓度、反应时间和反应时的 pH。

活化硅酸适用于硫酸亚铁与铝盐混凝剂,可缩短混凝沉淀时间,节省混凝剂用量。在使用时,宜先投入活化硅酸。在原水浊度低、悬浮物含量少及水温较低(14 ℃以下)时使用,效果更为显著。在使用时,要注意加注点,要有适宜的酸化度和活化时间。

二、有机类混凝剂

有机类混凝剂是指线型高分子有机聚合物,即我们通常所说的絮凝剂。其种类按来源可分为天然高分子絮凝剂和人工合成高分子絮凝剂;按反应类型可分为缩合型和聚合型;按官能团的性质和所带电性可分为阳离子型、阴离子型、两性型和非离子型。凡基团离解后带正电荷者称为阳离子型,带负电荷者称为阴离子型,分子中既含有正电荷基团又含有负电荷基团者称为两性型,分子中不含可离解基团者称为非离子型。常用的有机类混凝剂主要是人工合成的有机高分子混凝剂,其最大的特点是可根据使用需要,采用合成的方法对碳氢链的长度进行调节。同时,在碳氢链上可以引入不同性质的官能团。这些有效官能团可以强烈吸附细微颗粒,在微粒与微粒之间形成架桥作用。

根据电性吸附原理,如果颗粒表面带正电荷,则应采用阴离子型絮凝剂;如果颗粒表面带负电荷,则应采用阳离子型或非离子型絮凝剂。一般阴离子型絮凝剂适用于处理氧化物和含氧酸盐,阳离子型絮凝剂适用于处理有机固体。对于长时间放置能沉降的悬浮液,使用阴离子型或非离子型高分子絮凝剂可以促进其絮凝速度。对于不能自然沉降的胶体溶液、浊度较高的废水,单独使用阳离子型高分子絮凝剂,就可取得较佳的絮凝效果。阴离子型、阳离子型和非离子型高分子絮凝剂由于自身应用的范围限制,故都将逐渐被两性型高分子絮凝剂取代。

两性型高分子絮凝剂在同一个高分子链节上兼具阴离子、阳离子两种基团,在不同介质中均可应用。对废水中由阴离子表面活性剂所稳定的分散液、乳浊液及各类污泥或由阴离子所稳定的各种胶体分散液,均有较好的絮凝及污泥脱水功效。

聚丙烯酰胺又称三号絮凝剂,是使用最为广泛的人工合成有机高分子絮凝剂。聚丙烯酰胺是由丙烯酰胺聚合而成的有机高分子聚合物,其相对分子质量从数百万至数千万,且絮凝效果随相对分子质量的增加而提高,无色、无味、无臭,易溶于水,没有腐蚀性。聚丙烯酰胺在常温下稳定,高温、冰冻时易降解,并降低絮凝效果。因此,在储存和配制投加时,注意温度控制在 2~55 ℃。由于聚丙烯酰胺单体有毒,因此在饮用水处理中使用时应慎重。

三、复合类混凝剂

(一)复合类无机高分子混凝剂

复合类无机高分子混凝剂是在普通无机高分子絮凝剂中引入其他活性离子,以提高药剂的电中和能力,诸如聚铝、聚铁、聚活性硅胶及其改性产品。

（二）无机－有机高分子混凝剂

无机高分子混凝剂对含各种复杂成分的水处理适应性强，可有效去除细微悬浮颗粒，但生成的絮体不如有机高分子的大。单独使用无机混凝剂投药量大，目前已很少单独使用。

四、助凝剂的作用与原理

当单独使用某种絮凝剂不能取得良好效果时，还需要投加助凝剂。助凝剂是指与混凝剂一起使用，以促进水的混凝过程的辅助药剂。助凝剂通常是高分子物质。其作用往往是改善絮凝体结构，促使细小而松软的絮粒变得粗而密实，调节和改善混凝条件。

助凝剂的作用机制主要是吸附架桥。例如，对于低温、低浊水，采用铝盐或铁盐混凝剂时，形成的絮粒一般细小而松散，不易沉淀。当投入少量活化硅酸时，絮凝体的尺寸和密度就会增大，沉淀速度加快。

水处理中常用的助凝剂有骨胶、聚丙烯酰胺及其水解产物、活化硅酸、海藻酸钠等。

骨胶是一种粒状或片状动物胶，是高分子物质，相对分子质量为 3 000 ~ 80 000。骨胶易溶于水，无毒、无腐蚀性，与铝盐或铁盐配合使用，效果显著。骨胶的价格比铝盐和铁盐的高，使用较麻烦，不能预制保存，需要现场配制，当天使用，否则会变成冻胶。

在水处理过程中，还会用到一些其他种类的助凝剂。按助凝剂的功能不同，可以分为 pH 调整剂、絮体结构改良剂和氧化剂三种类型。

（一）pH 调整剂

当污水 pH 不符合工艺要求时，或在投加混凝剂后 pH 变化较大时，需要投加 pH 调整剂。常用的 pH 调整剂包括石灰、硫酸和氢氧化钠等。

（二）絮体结构改良剂

当生成的絮体较小，且松散易碎时，可投加絮体结构改良剂以改善絮体的结构，增加其粒径、密度和强度。常用的絮体结构改良剂有活化硅酸、黏土等。

（三）氧化剂

当污水中有机物含量高时，易起泡沫，使絮凝体不易沉降。这时可以投加氯气、次氯酸钠、臭氧等氧化剂来破坏有机物，从而提高混凝效果。

常用助凝剂的特点和使用条件见表 4-2。

表 4-2　常用助凝剂的特点和使用条件

名称	特点和使用条件
聚丙烯酰胺（三号絮凝剂）	1. 可单独使用或和混凝剂一起使用。混合使用时，应先加聚丙烯酰胺，经充分混合后，再加混凝剂。 2. 主要用在含无机质多的悬浊液，或高浊度水的沉淀。 3. 生产使用的聚丙烯酰胺可快速搅拌溶解，配制周期一般小于 2 h。 4. 生产使用的聚丙烯酰胺以二次水解的干粉剂产品（浓度为 92%）和胶体状（浓度为 8%）制剂为主，聚丙烯酰胺可快速搅拌溶解，配制周期一般小于 2 h。 5. 消解或未水解的聚丙烯酰胺溶液的配制浓度为 1% 左右，投加浓度为 0.1%，个别可达到 0.2%

名称	特点和使用条件
骨胶	1. 骨胶是动物胶,为粒状和片状,无毒性和腐蚀性,易溶于水,在溶解时不宜直接加热,而应隔水蒸溶。 2. 可单独使用,或与混凝剂同时使用,与铝盐或铁盐配合使用,效果显著。 3. 价格较高,不能预制久存,需现场配制
活化硅胶	1. 活化硅胶为粒状高分子物质,在天然水的 pH 下带负电荷。 2. 用于低温度、低浊度水的处理,助凝剂效果明显,可节约混凝剂用量。 3. 可与硫酸亚铁和铝盐混凝剂一起使用,以先投加活化硅酸为好。 4. 制备和使用麻烦。需现场制备,限期使用

五、微生物絮凝剂

微生物絮凝剂是利用现代生物技术,经过微生物的发酵、提取、精制等工艺从微生物或其分泌物中制备具有凝聚性的代谢产物。例如,DNA、蛋白质、糖蛋白、多糖、纤维素等。这些物质能使悬浮物微粒连接在一起,并使胶体失稳,形成絮凝物。微生物絮凝剂广泛应用于医药、食品、化学和环保等领域。微生物絮凝剂克服了无机混凝剂和合成有机高分子混凝剂的缺点,不仅不易产生二次污染,降解安全可靠,而且能快速絮凝各种颗粒物质,在废水处理中有独特效果。

微生物絮凝剂是指由微生物的自身产生的、具有高效絮凝作用的天然高分子物质。具有分泌絮凝剂能力的微生物称为絮凝剂产生菌。微生物絮凝剂主要包括微生物细胞壁提取物、微生物细胞代谢产物和微生物细胞等形式的絮凝剂。

经研究,微生物絮凝剂具有的特点如下:

(1)高效。与现在常用的各类絮凝剂,如铁盐、铝盐和聚丙烯酰胺等相比,在同等用量下,微生物絮凝剂对活性污泥的絮凝速度最大,而且絮凝沉淀比较容易用滤布过滤。

(2)无毒。经小白鼠安全试验证明,微生物絮凝剂完全能用于食品、医药等行业。

(3)消除二次污染。微生物絮凝剂为微生物菌体或菌体外分泌的生物高分子物质,属于天然有机高分子絮凝剂,因此它不会危害微生物,也不会影响水处理效果。此外,絮凝后的残渣可被生物降解,对环境无害,不会造成二次污染。

(4)絮凝广泛。微生物絮凝剂能絮凝处理的对象较广,有活性污泥、粉煤灰、果汁、饮用水、河底沉积物、细菌、酵母菌和各种生产废水。其他絮凝剂则由于各自的特点而在某些应用领域受到限制。

(5)价格较低。微生物絮凝剂为生物菌体或有机高分子,较化学絮凝剂便宜。微生物絮凝剂是靠生物发酵产生的,化学絮凝剂是人工合成的,从生产所用原材料、生产工艺和能源消耗等方面考虑,微生物絮凝剂也是经济的,这一点已为国内外普遍认同;微生物絮凝剂处理技术总费用低于化学絮凝处理技术的,前者约为后者的 2/3。

与有机合成高分子絮凝剂和无机絮凝剂相比,微生物絮凝剂具有高效、安全、无毒和无二次污染等优点,但目前对其的研究还主要停留在高效微生物絮凝剂的产生菌种的分离、筛选和培养上,所以微生物絮凝剂还未能大规模应用于废水处理上。微生物絮凝剂是当今一种最具希望的絮凝剂,它有着广阔的研究和发展前景。

第四节 投药与混合

在水处理过程中,向水中投加药剂,进行水与药剂的混合,从而使水中的胶体物质产生凝聚或絮凝,这一综合过程称为混凝过程。

混凝过程包括药剂的溶解、配制、计量、投加、混合和反应等几个部分。

一、混凝剂的配制与投加

混凝剂投加分干法投加和湿法投加两种方式。

干法投加是把药剂直接投放到被处理的水中。干法投加劳动强度大,投配量较难掌握和控制,对搅拌设备要求高,目前国内已很少使用,但同时干法投加药品存储占地面积小,近年来,相关自动化程度的提高使之重新具有价值。

湿法投加是目前普遍采用的投加方式。方法是将混凝剂配制成一定浓度的溶液,直接定量投加到原水中。用以投加混凝剂溶液的投药系统,包括溶解池、溶液池、计量设备、提升设备和投加设备等。药剂的溶解和投加过程如图4-2所示。

图4-2 药剂的溶解和投加过程

溶解池是把块状或粒状的混凝剂溶解成浓溶液,对难溶的药剂或在冬季水温较低时,可用蒸汽或热水加热。一般情况下,只要适当搅拌即可溶解。药剂溶解后流入溶液池,配制成一定浓度。在溶液池中配制时同样要进行适当搅拌。搅拌时可采用水力、机械或压缩空气等方式。一般药量小时采用水力搅拌,药量大时采用机械搅拌。凡和混凝剂溶液接触的池壁、设备、管道等,都应根据药剂的腐蚀性采取相应的防腐措施。

大中型水厂通常建造混凝土溶解池,一般设计两格,交替使用。溶解池通常设在加药间的底层,为地下式。溶解池池顶高出地面0.2 m,底坡应大于2%,池底设排渣管,超高为0.2~0.3 m。

溶解池容积可按溶液池容积的20%~30%计算。根据经验,中型水厂溶解池容积为0.5~0.9 $m^3/(10^4 m^3 \cdot d)$,小型水厂为1 $m^3/(10^4 m^3 \cdot d)$。溶解池容积按下式计算:

$$W_2 = (0.2 \sim 0.3)W_1$$

式中 W_2——溶解池容积,m^3;

W_1——溶液池容积,m^3。

溶液池是配制一定浓度溶液的设施。溶解池内的浓药液送入溶液池后,用自来水稀释到所需浓度以备投加。溶液池容积按下式计算:

$$W_1 = \frac{aQ}{417bn}$$

式中　W_1——溶液池容积，m^3；

　　　Q——处理水量，m^3/h；

　　　a——混凝剂最大投加量，mg/L；

　　　b——混凝剂浓度，一般取 5% ~ 20%；

　　　n——每日配制次数，一般不超过 3 次。

二、混凝剂投加

(一)计量设备

计量设备有孔口计量、浮杯计量、定量投落箱和转子流量计，多采用耐酸泵与转子流量计配合投加。

通过计量或定量设备将药液投入到原水中，并能够随时调节药剂量。一般中小水厂可采用孔口计量，常用的有苗嘴和孔板，如图 4-3 所示。在一定液位下，一定孔径的苗嘴出流量为定值。当需要调整投药量时，只要更换苗嘴即可。标准图中苗嘴共有 18 种规格，其孔径从 0.6 mm 到 6.5 mm。为保持孔口上的水头恒定，还要设置恒位水箱，如图 4-4 所示。为实现自动控制，多采用耐酸泵与转子流量计配合投加。计量泵每小时投加药量计算公式如下：

$$q = \frac{W_1}{12}$$

式中　q——计量泵每小时投加药量，m^3/h；

　　　W_1——溶液池容积，m^3。

设计中取 $W_1 = 21.44$ m^3，则 $q = \frac{21.44}{12} = 1.79(m^3/h)$。

设计采用耐酸泵，其型号为 25F－25，共两台（一台工作，另一台备用）。

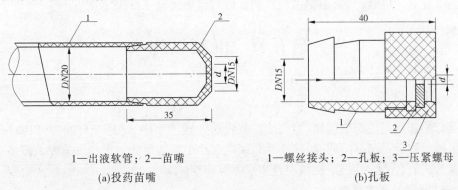

1—出液软管；2—苗嘴　　　　　　1—螺丝接头；2—孔板；3—压紧螺母

(a)投药苗嘴　　　　　　　　　　　(b)孔板

图 4-3　苗嘴和孔板

(二)投加方式

投加方式有重力投加和压力投加两种。一般根据水厂高程布置和溶液池位置的高低来确定投加方式。

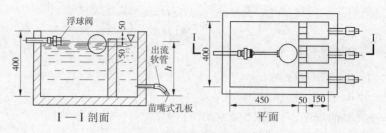

图 4-4　恒位水箱

1. 重力投加

重力投加是利用重力将药剂投加在水泵吸水管内或吸水井中的吸水喇叭口处,利用水泵叶轮混合。取水泵房离水厂加药间较近的中小型水厂采用这种办法较好。水封箱是为防止空气进入吸水管而设置的。如果取水泵房离水厂较远,可建造高位溶液池,利用重力将药剂投入水泵压水管上。

2. 压力投加

压力投加是利用水泵或水射器将药剂投加到原水管中,适用于将药剂投加到压力水管中,或需要投加到标高较高、距离较远的净水构筑物内。

水泵投加是从溶液池抽提药液送到压力水管中,有直接采用计量泵和采用耐酸泵配以转子流量计两种方式。

水射器投加是利用高压水(压力 > 0.25 MPa)通过喷嘴和喉管时的负压抽吸作用,吸入药液到压力水管中。水射器投加应设有计量设备。一般水厂内的给水管都有较高压力,故使用方便。当喉管确定后,水压与投量具有相关性,因此保证压力稳定可调是投加的基本条件。

药剂注入管道的方式应有利于水与药剂的混合,投药管道与零件宜采用耐酸材料,并且便于清洗和疏通。

药剂仓库应设在加药间旁,尽可能靠近投药点,药剂的固定储量一般按 15 ~ 30 d 最大投药量计算,其周转储量根据供药点的远近与当地运输条件决定。

第五节　混凝设施

一、混合设施

混合的作用是使药剂迅速、均匀地扩散到被处理的水中,达到充分混合,以确保混凝剂的水解与聚合,使胶体颗粒脱稳而互相聚集成细小的絮凝体。混合设施种类较多,归纳起来有管式混合、水泵混合、机械混合和水力混合等。

(一)混合的基本要求

(1)通过对水体的强烈搅动,能够促使药剂在很短的时间内均匀地扩散到整个水体中,达到快速混合的目的。

(2)混合设施尽可能与后继处理构筑物距离较近,最好采用直接连接方式。采用管道连接时,管内流速可以控制在 0.8 ~ 1.0 m/s,管内停留时间不宜超过 2 min。根据经验,反映混合指标的速度梯度一般控制在 $500 \sim 1\ 000\ s^{-1}$。

（3）混合方式与混凝剂的种类有关。例如,使用高分子混凝剂时,因其作用机制主要是絮凝,所以只要求药剂能够均匀地分散到水体中,而不要求采取快速和剧烈混合方式。

（二）混合方式

1. 管式混合

常用的管式混合器有管道静态混合器、孔板式管道混合器、扩散混合器等。最常用的为管道静态混合器。

管道静态混合器是在管道内设置若干固定叶片,通过的水成对分流,并产生涡旋反向旋转和交叉流动,从而达到混合的目的,如图4-5所示。

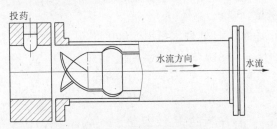

图 4-5 管道静态混合器

管道静态混合器在管道上容易安装,能实现快速混合,并且效果好、投资省、维修工程量小,但会产生一定的水头损失。为了减少能耗,管内流速一般采用 1 m/s。该种混合器内一般采用 1~4 个分流单元,适用于流量变化较小的水厂。

2. 水泵混合

当泵站与絮凝反应设备距离较近时,将药液加在泵前吸水管或吸水井中,通过水泵叶轮的高速旋转产生涡流,从而达到混合的目的。这种方式设备简单,无需专门的混合设备,没有额外的能量消耗,所以运行费用较省。缺点是吸水管多时,投药设备要增多,安装管理麻烦,使用三氯化铁等腐蚀性较强的药剂时会腐蚀水泵叶轮。

3. 机械混合

机械混合是在混合池内安装变速搅拌装置,通过电动机带动桨板或螺旋桨进行强烈搅拌达到混合的目的。其优点是搅拌强度可以调节,不受水质的影响,满足速度快、混合均匀的要求。缺点是增加了机械设备,增加了维修工作和动力消耗。混合池有方形和圆形之分,以方形为多。池深与池宽比在 1∶1 ~3∶1,池子可以单格或多格串联,停留时间 10 ~60 s。

机械搅拌一般采用立式安装,为了减少共同旋流,需要将搅拌机的轴心适当偏离混合池的中心。在池壁设置竖直挡板可以避免产生共同旋流,如图4-6所示。机械混合器水头损失小,并可适应水量、水温、水质的变化,混合效果较好,适用于各种规模的水厂。但机械混合需要消耗电能,机械设备管理和维护较为复杂。

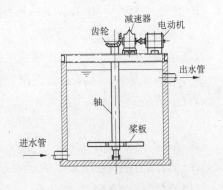

图 4-6 桨板式机械混合器

二、混凝剂投量的计算

净水厂使用的混凝剂应满足对人体健康无害、混凝效果好、货源充足、运输方便等要求。因各地区原水水质不同,适合的混凝剂及用量也不同。

混凝剂投量计算公式为:

$$W = \frac{aQ}{1\,000}$$

式中　W——混凝剂投量,kg/d;

　　　a——单位混凝剂最大投量,mg/L;

　　　Q——日处理水量,m^3/d。

【例4-1】　某城市净水厂日处理水量105 000 m^3/d,根据原水水质,采用精制硫酸铝作为混凝剂,最大投加量 a 为61.3 mg/L,平均取38.0 mg/L,试计算投加量。

解　(1)当 $a = 61.3$ mg/L 时,$W = \dfrac{61.3 \times 105\,000}{1\,000} = 6\,436.5(\text{kg/d})$

(2)当 $a = 38.0$ mg/L 时,$W = \dfrac{38.0 \times 105\,000}{1\,000} = 3\,900(\text{kg/d})$

三、絮凝设施

(一)絮凝过程的基本要求

原水与药剂混合后,絮凝设备的外力作用使具有絮凝性能的微絮凝颗粒接触碰撞,形成细小的密实絮凝体,俗称矾花。絮凝设施的任务就是使细小的矾花逐渐絮凝成较大而密实的颗粒,从而实现沉淀分离。在原水处理构筑物中,完成絮凝过程的设施称为絮凝池。

为了达到絮凝效果,絮凝过程需要满足以下基本要求:

(1)颗粒具备充分的絮凝能力;

(2)具有保证颗粒获得适当的接触碰撞机会而又不致破碎的水力条件;

(3)具有足够的絮凝反应时间;

(4)颗粒浓度增加,接触效果增加,即接触碰撞机会增多。

(二)絮凝设施的分类

絮凝设施一般分为水力搅拌式和机械搅拌式两大类。

水力搅拌式是利用水流自身能量,通过流动过程中的阻力给水流输入能量,反映为在絮凝过程中产生一定的水头损失。

机械搅拌式是利用电动机或其他动力带动叶片进行搅动,使水流产生一定的速度梯度,这种形式的絮凝不消耗水流自身的能量,絮凝所需要的能量由外部提供。无论哪种形式的絮凝池,所消耗的能量最终将成为絮凝过程水力梯度的来源。

常用的絮凝设施分类见表4-3。

除表4-3所列的搅拌形式外,还可以将不同形式加以组合应用。例如,穿孔旋流絮凝与隔板组合、隔板絮凝与机械搅拌组合等。

表 4-3　常用的絮凝设施分类

分类	形式		
水力搅拌式	隔板絮凝		往复隔板
			回转隔板
	折板絮凝		同波折板
			异波折板
			波纹板
	网格絮凝(栅条絮凝)		
	穿孔旋流絮凝		
机械搅拌式	水平轴搅拌		
	垂直轴搅拌		

（三）几种常用的絮凝池

1. 隔板絮凝池

　　水流以一定流速在隔板之间通过从而完成絮凝过程的絮凝设施,称为隔板絮凝池。水流方向是水平的称为水平隔板絮凝池,水流方向是上下竖向的称为垂直隔板絮凝池。水平隔板絮凝池应用较早,隔板布置采用来回往复的形式,水流沿隔板间通道往复流动,流动速度逐渐减小,这种形式称为往复式隔板絮凝池,如图4-7所示。往复式隔板絮凝池可以提供较多的颗粒碰撞机会,但在转折处消耗能量较大,容易引起已形成矾花的破碎。为了减小能量的损失,出现了回转式隔板絮凝池,如图4-8所示。这种絮凝池将往复式隔板180°的急剧转折改为90°,水流由池中间进入,逐渐回转至外侧,其最高水位出现在池的中间,出口处的水位基本与沉淀池水位持平。回转式隔板絮凝池避免了絮凝体的破碎,同时也减少了颗粒碰撞机会,影响了絮凝速度。为保证絮凝初期颗粒的有效碰撞和后期的矾花顺利形成,免遭破碎,出现了往复–回转组合式隔板絮凝池。

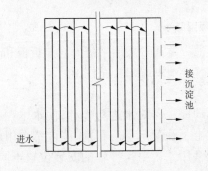

图 4-7　往复式隔板絮凝池

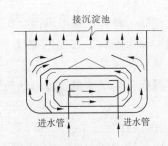

图 4-8　回转式隔板絮凝池

2. 折板絮凝池

折板絮凝池是在隔板絮凝池基础上发展起来的,是目前应用较为普遍的絮凝池之一。

在折板絮凝池内放置一定数量的平折板或波纹板,水流沿折板竖向上下流动,多次转折,以促进絮凝。

折板絮凝池的布置方式有以下几种:

(1)按水流方向,可以分为平流式和竖流式,以竖流式应用较为普遍。

(2)按折板安装相对位置不同,可以分为同波折板和异波折板。同波折板是将折板的波峰与波谷对应平行布置,使水流不变,水在流过转角处产生紊动;异波折板是将折板波峰相对、波谷相对,形成交错布置,使水的流速时而收缩成最小,时而扩张成最大,造成水力流线的变化,从而产生絮凝所需要的紊动。

(3)按水流通过的折板间隙数,可以分为单通道和多通道,如图4-9和图4-10所示。单通道是指水流沿二折板间不断循序流动,多通道则是将絮凝池分隔成若干格,各格内设置一定数量的折板,水流按各格逐格通过。

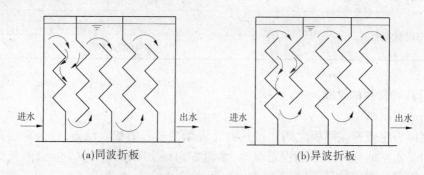

图4-9　单通道同波折板和异波折板絮凝池

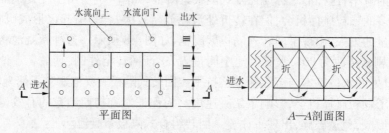

注:Ⅰ、Ⅱ、Ⅲ阶段随着水流流动,每格间距增加。

图4-10　多通道折板絮凝池

无论哪一种方式都可以组合使用。有时絮凝池末端还可采用平板。同波折板和异波折板絮凝效果差别不大,但平板效果较差,一般放置在池末端起补充作用。

3.机械搅拌絮凝池

机械搅拌絮凝池是通过电动机经减速装置驱动搅拌器对水进行搅拌,使水中颗粒相互碰撞,发生絮凝。搅拌器可以旋转运动,也可以上下往复运动。目前,国内都采用旋转式,常见的搅拌器有桨板式和叶轮式,桨板式较为常用。根据搅拌轴的安装位置不同,又可分为水平轴式和垂直轴式,见图4-11。前者通常用于大型水厂,后者一般用于中小型水厂。机械搅拌絮凝池宜分格串联使用,同时各级搅拌速度递减,以提高絮凝效果。

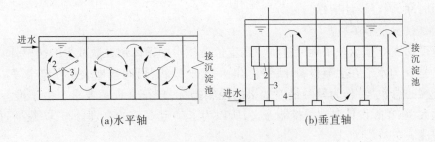

(a)水平轴　　　　　　　　　　(b)垂直轴

1—桨板;2—叶轮;3—旋转轴;4—隔墙

图 4-11　机械搅拌絮凝池

4.穿孔旋流絮凝池

穿孔旋流絮凝池是利用进口较高的流速,使水流产生旋流运动,从而完成絮凝过程,见图4-12。为了改善絮凝条件,常采用多级串联的形式,由若干方格(一般不少于6格)组成。各格之间的隔墙上沿池壁开孔,孔口上下交错布置。水流通过呈对角交错开孔的孔口沿池壁切线方向进入后形成旋流,所以又称为孔室絮凝池。为适应絮凝体的成长,可逐格增大孔口尺寸,以降低流速。穿孔旋流絮凝池构造简单,但絮凝效果较差。此外,也可在絮凝室内增加栅条或网格,水流通过时,产生扩张收缩,并形成微涡旋,这种形式的絮凝设施称为网格式栅条絮凝池。

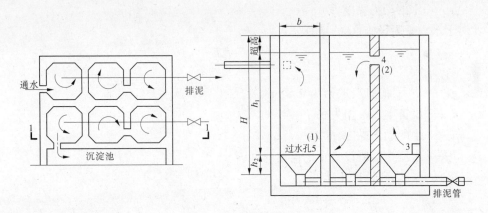

图 4-12　穿孔旋流絮凝池

(四)絮凝池的设计

1.设计指标

絮凝池设计的目的在于创造一个最佳的水力条件,以较短的絮凝时间,达到最好的絮凝效果。理想的水力条件,不仅与原水的性质有关,且随絮凝池的不同而有所不同。由于水质影响较为复杂,所以还不能作为工程设计的依据。

目前的设计方法仍然以经验为主,常用的设计指标有水流速度、絮凝时间、速度梯度和 GT 值。

1)水流速度与絮凝时间

对于不同的絮凝池,选择某一水流速度作为控制指标,根据控制流速和水在絮凝池内的停留时间,确定设计指标。

2)速度梯度和 GT 值

速度梯度 G 值反映了絮凝过程中在单位体积水中絮体颗粒数减少的速率,同时以 GT 值(GT 是 G 与水流在混凝设备中的停留时间 T 的乘积,可间接地表示在整个停留时间内颗粒碰撞的总次数)作为絮凝最终效果的控制指标,较符合理论要求。由于推荐的 G 值幅度太大,在实际设计时缺乏控制意义,所以为了确定 G 值的合理分布,一般通过搅拌试验来完成。

一般而言,G 的计算公式为

$$G = \frac{\Delta v}{\Delta Z}$$

式中　G——速度梯度,s^{-1};

　　　Δv——相邻河流层的流速增量,cm/s;

　　　ΔZ——垂直于水流方向的两流层间距,cm。

对于外动力絮凝过程,G 的计算公式为

$$G = \sqrt{\frac{P}{\mu}}$$

式中　P——单位体积流体所耗功率,W/m^2;

　　　μ——水的动力黏度,$Pa \cdot s$。

对于水力絮凝设施,G 的计算公式为

$$G = \sqrt{\frac{gh}{\mu T}}$$

式中　g——重力加速度,取值为 $9.8\ m/s^2$;

　　　h——设备中水头损失,m;

　　　μ——水的动力黏度,m^2/s;

　　　T——水流在混凝设备中的停留时间,s。

2. 隔板絮凝池的设计计算

1)隔板絮凝池主要设计参数

(1)絮凝时间 20 ~ 30 min,平均 G 值 30 ~ 60 s^{-1},GT 值 10^4 ~ 10^5。

(2)廊道流速应沿程递减,从起端 0.5 ~ 0.6 m/s 逐步递减到末端 0.2 ~ 0.3 m/s,一般宜分成 4 ~ 6 段。

(3)隔板净距不小于 0.5 m,转角处过水断面面积应为相邻廊道过水断面面积的 1.2 ~ 1.5 倍。应尽量做成圆弧形,以减少水流在转弯处的水头损失。

(4)为便于排泥,底坡 2% ~ 3%,排泥管直径大于 150 mm。

(5)总水头损失,往复式为 0.3 ~ 0.5 m,回转式为 0.2 ~ 0.35 m。

2)隔板絮凝池设计计算

隔板絮凝池设计计算公式可参见《给水排水设计手册》第 3 册。

【例 4-2】　某往复隔板絮凝池设计流量为 3 312.5 m^3/h,絮凝时间采用 20 min,絮凝池宽度 22 m,平均水深 2.8 m,试设计计算絮凝池的长度及廊道的宽度。

解 （1）絮凝池设计流量：$Q = \dfrac{3\ 312.5}{3\ 600} = 0.92(\text{m}^3/\text{s})$

（2）絮凝池净长：$L_j = \dfrac{QT}{BH} = \dfrac{3\ 312.5}{22 \times 2.8} \times \dfrac{20}{60} = 17.92(\text{m})$

（3）廊道宽度：

絮凝池起端流速取 0.55 m/s，末端流速取 0.25 m/s，则

①起端廊道宽度 $b = \dfrac{Q}{Hv} = \dfrac{0.92}{2.8 \times 0.55} = 0.597 \approx 0.6(\text{m})$

②末端廊道宽度 $b = \dfrac{Q}{Hv} = \dfrac{0.92}{2.8 \times 0.25} = 1.3(\text{m})$

将廊道宽度分成四段，各段廊道宽度和流速见表4-4。

表4-4　各段廊道宽度和流速

廊道分段号	各段廊道宽度（m）	各段廊道流速（m/s）	各廊道数	各段廊道总净宽（m）
1	0.6	0.55	6	3.6
2	0.8	0.41	5	4
3	1.0	0.33	5	5
4	1.3	0.25	4	5.2

注：表中各所求廊道内流速均按平均水深计算。

四段廊道宽度之和 $\sum b = 3.6 + 4 + 5 + 5.2 = 17.8(\text{m})$

取隔板厚度 $\delta = 0.1$ m，共 19 块隔板，则絮凝池总长度为

$$L = 17.8 + 19 \times 0.1 = 19.7(\text{m})$$

3. 折板絮凝池主要设计参数

（1）絮凝时间 6～15 min，平均 G 值 30～50 s^{-1}，GT 值大于 2×10^4。

（2）分段数不宜小于 3，前段流速 0.25～0.35 m/s，中段流速 0.15～0.25 m/s，末段流速 0.10～0.15 m/s。

（3）平折板夹角有 90° 和 120° 两种。折板长 0.8～2.0 m，宽 0.5～0.6 m，峰高 0.3～0.4 m，板间距（或峰距）0.3～0.6 m。折板上下转弯和过水孔洞流速，前段 0.3 m/s，中段 0.2 m/s，末段 0.1 m/s。

折板絮凝池设计计算公式可参见《给水排水设计手册》第 3 册。

4. 机械絮凝池主要设计参数

（1）絮凝时间 15～20 min，平均 G 值 20～70 s^{-1}，GT 值 1×10^4～1×10^5。

（2）池内一般设 3～4 挡搅拌机，每挡可用隔墙或穿孔墙分隔，以免短流。

（3）搅拌机桨板中心处线速度从第一挡的 0.5 m/s 逐渐减少到末挡的 0.2 m/s。

（4）每台搅拌器上桨板总面积宜为水流截面面积的 10%～20%，不宜超过 25%。

（5）桨板长度不大于叶轮直径的 75%，宽度宜取 100～300 mm。

机械絮凝池设计计算公式可参见有关设计手册。

第五章 沉 淀

第一节 沉淀的基本理论

沉淀是水中悬浮颗粒在重力作用下下沉,从而与水分离,使水得到澄清的方法。这种方法简单易行,分离效果好,几乎是水处理过程中不可缺少的重要工艺技术。沉淀是水与水中污染物分离的常用途径,如混凝过程一般只起到破坏胶体稳定性的作用,最终的分离仍需依靠沉淀过程。沉淀可以去除水中的砂粒、化学沉淀物、混凝处理所形成的絮体和生物处理的污泥,也可用于沉淀污泥的浓缩。

一、沉淀的基本类型

根据水中悬浮颗粒的密度、凝聚性能的强弱和浓度的高低,沉淀可分为以下四种基本类型。

(一)自由沉淀

悬浮颗粒在沉淀过程中呈离散状态,其形状、尺寸、质量等物理性状均不改变,下沉速度不受干扰,单独沉降,互不聚合,各自完成独立的沉淀过程。在这个过程中颗粒只受到自身重力和水流阻力的作用。这种类型多表现在沉砂池、初沉池初期。

(二)絮凝沉淀

颗粒在沉淀过程中,其尺寸、质量及沉速均随深度的增加而增大。这种类型表现在初沉池后期、生物膜法二沉池、活性污泥法二沉池初期。

(三)拥挤沉淀

拥挤沉淀又称成层沉淀。颗粒在水中的浓度较大,在下沉过程中彼此干扰,在清水与浑水之间形成明显的交界面,并逐渐向下移动。其沉降的实质就是界面下降的过程。这种类型表现在活性污泥法二沉池的后期、浓缩池上部。

(四)压缩沉淀

颗粒在水中的浓度很高,在沉淀过程中,颗粒相互接触并部分地受到压缩物支撑,下部颗粒的间隙水被挤出,颗粒被浓缩。这种类型主要表现在活性污泥法二沉池污泥斗中、浓缩池中的浓缩。

二、完成沉淀过程的主要构筑物

(1)沉淀池。通过悬浮颗粒下沉而实现去除目的的沉淀过程。

(2)气浮池。通过微气泡和悬浮颗粒的吸附,使其相对密度小于水而上浮去除的过程。

(3)澄清池。通过沉淀的泥渣与原水悬浮颗粒接触吸附而加速沉降去除的沉淀过程。

三、沉降曲线

水中的悬浮物实际上是大小、形状及密度都不相同的颗粒群,其沉淀特性也因污水性质不同而异。因此,通常要通过沉淀试验来判定其沉淀性能,并根据所要求的沉降效率来取得沉降时间和沉降速度这两个基本的设计参数。按照试验结果所绘制的各参数之间的相互关系的曲线,统称为沉降曲线。对不同类型的沉淀,它们的沉降曲线的绘制方法是不同的。

图 5-1 为自由沉淀型的沉降曲线。其中图 5-1(a) 为沉降效率 E 与沉降时间 t 之间的关系曲线;图 5-1(b) 为沉降效率 E 与沉降速度 u 之间的关系曲线。

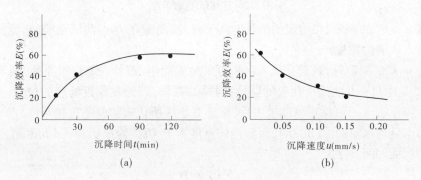

图 5-1　自由沉淀型的沉降曲线

若污水中悬浮物浓度为 c_0,经 t 时间沉降后,水样中残留浓度为 c,则沉降效率为:

$$E = \frac{c_0 - c}{c_0} \times 100\% \tag{5-1}$$

对于絮凝沉淀,其是一个加速沉淀的过程,其加速度取决于沉降过程中絮体的成长,沉淀可考察泥水界面分离速度,其变化与泥层密度等因素有关。

四、沉淀池的沉淀效果分析

为了分析悬浮固体颗粒在沉淀池内运动的普遍规律及其沉淀效果,提出了一种假想的概念化的沉淀池,即理想沉淀池。理想沉淀池由流入区、沉淀区、流出区和污泥区四部分组成(见图 5-2)。对理想沉淀池作如下假定:一是从入口到出口,池内污水按水平方向流动,颗粒水平分布均匀,水平流速为等速流动;二是悬浮颗粒沿整个水深均匀分布,处于自由沉淀状态,颗粒的水平分速等于水平流速,沉淀速度固定不变;三是颗粒沉到池底即认为被除去。

根据上述条件,悬浮颗粒在沉淀池内的运动轨迹是一系列倾斜的直线。

如图 5-2 所示,在从沉淀池进水口水面上的点 A 进入的悬浮颗粒中,必存在着某一粒径的颗粒,其沉速为 u_0,在给定的沉降时间 t 内,正好能沉至池底,见图 5-2 中沉淀轨迹Ⅲ代表的颗粒。该颗粒的沉降速度,称为截留沉速 u_0。实际上,截留沉速 u_0 反映的是沉淀池可以全部去除的颗粒中,粒径最小的颗粒的沉速。

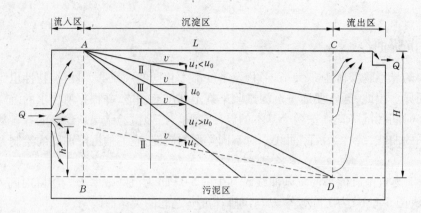

图 5-2 理想沉淀池示意

沉速 $u_t > u_0$ 的颗粒,在给定的沉降时间 t 内,都能够在 D 点前沉至池底,见图 5-2 中沉淀轨迹 I 代表的颗粒。

沉速 $u_t < u_0$ 的颗粒,视其在流入区所处的位置而定,若处在靠近水面处,则不能被去除,见图 5-2 中轨迹 II 实线所代表的颗粒;同样的颗粒,若处在靠近池底的位置(见图 5-2 中水深 h 以下流入的颗粒),就能被去除,轨迹 II 虚线所代表的就是这些颗粒。

设污水处理水量为 $Q(\mathrm{m^3/h})$,沉淀池的宽度为 B,沉淀池面积为 $A = BL(\mathrm{m^2})$,则颗粒在池内的沉淀时间 t 为:

$$t = \frac{L}{v} = \frac{H}{u_0} \tag{5-2}$$

式中　H——池深,m;

　　　L——池长,m;

　　　v——水平流速,m/s;

　　　u_0——沉降速度,m/s。

沉淀池的容积 V 为:

$$V = Qt = HBL$$

式中　Q——沉淀池设计流量,$\mathrm{m^3/h}$;

　　　B——沉淀池宽度,m。

其他符号含义同前。

因为 $Q = \dfrac{V}{t} = \dfrac{HBL}{t} = Au_0$,所以

$$\frac{Q}{A} = u_0 = q \tag{5-3}$$

其中,A 为沉淀池表面积,$A = BL$,单位为 $\mathrm{m^2}$。

$\dfrac{Q}{A}$ 的物理意义是:在单位时间内通过沉淀池单位面积的流量,称为表面负荷或溢流率,用符号 q 表示,单位为 $\mathrm{m^3/(m^2 \cdot h)}$ 或 $\mathrm{m^3/(m^2 \cdot s)}$,也可简化为 m/h 或 m/s。表面负荷的数值等于颗粒沉速 u_0。若需要去除的颗粒沉速 u_0 确定后,则沉淀池的表面负荷 q 值同时能被确定。

沉淀池的沉淀效率仅与颗粒截留沉速或表面负荷有关,而与沉淀时间无关。设定的截留沉速越小、悬浮颗粒的粒径越大,则沉淀效率越高;当沉淀池容积一定时,降低池深,可增大沉淀面积,进而降低表面负荷,提高沉淀效率,这就是颗粒沉淀的浅层理论的基础。

五、沉速公式

污水中的悬浮物在重力作用下与水分离,实质是悬浮物的密度大于污水的密度时沉降,小于时上浮。污水中悬浮物沉降和上浮的速度,是污水处理设计中对沉降分离设备(如沉淀池)、上浮分离设备(如上浮池、隔油池)要求的主要依据,是有决定性作用的参数,其值可定性地用斯托克斯公式表示:

$$u = \frac{g}{18\mu}(\rho_g - \rho_y)d^2 \tag{5-4}$$

式中　u——颗粒的沉浮速度,cm/s;

　　　g——重力加速度,cm/s^2;

　　　ρ_g——颗粒密度,g/cm^3;

　　　ρ_y——液体密度,g/cm^3;

　　　d——颗粒直径,cm;

　　　μ——污水的动力黏滞系数,g/(cm·s)。

从式(5-4)看出,影响颗粒分离的首要因素是颗粒与污水的密度差$(\rho_g - \rho_y)$。

当$\rho_g > \rho_y$时,u为正值,表示颗粒下沉,u值表示沉淀速度;

当$\rho_g < \rho_y$时,u为负值,表示颗粒上浮,u值的绝对值表示上浮速度;

当$\rho_g = \rho_y$时,u值为零,表示颗粒既不下沉,也不上浮,这种颗粒不能用重力分离的方法去除。

从式(5-4)还可以看出,沉速u与颗粒直径d的平方成正比,因此加大颗粒的粒径有助于提高沉淀效率。

污水的动力黏滞系数μ与颗粒的沉速呈反比关系。μ值与污水本身的性质有关,水温是其主要决定因素之一,一般来说,水温上升,μ值下降,因此提高水温有助于提高颗粒的沉淀效率。

第二节　沉砂池

沉砂池的功能是去除比重较大的无机颗粒,如泥沙、煤渣等,以免这些杂质影响后续处理构筑物的正常运行。沉砂池去除比重 >2.65 g/cm^3、粒径 >0.2 mm 的砂粒。沉砂池一般设于泵站、倒虹管或初次沉淀池前,用来减轻机械、管道的磨损,以及减轻沉淀池负荷,改善污泥处理条件。常用的沉砂池有平流式沉砂池、曝气沉砂池和钟式沉砂池。

沉砂池的一般规定如下:

(1)城市污水处理厂一般均应设置沉砂池。

(2)沉砂池设计参数按去除比重 >2.65 g/cm^3、粒径 >0.2 mm 的砂粒确定。

(3)沉砂池个数和分格数不应少于 2 个,并宜按并联系列设计。当污水量较小时,可考虑一格工作,一格备用。

（4）生活污水的沉砂量按每人每天 0.01 ~ 0.02 L 计,城市污水可按每 10 万 m^3 污水沉砂 30 m^3 计,其含水率为 60% ,容重为 1 500 kg/m^3,合流制污水的沉砂量应根据实际情况确定;砂斗容积按不大于 2 d 的沉砂量计,斗壁与水面的倾角为 55° ~ 60°。

（5）除砂一般宜采用机械方法,并设贮砂池和晒砂场。采用人工排砂时,排砂管直径不应小于 200 mm。

（6）当采用重力排砂时,沉砂池和贮砂池应尽量靠近,以缩短排砂管长度,并设排砂闸门于管的首端,使排砂管道畅通,易于维护管理。

（7）沉砂池超高不宜小于 0.3 m。

一、平流式沉砂池

（一）基本构造

平流式沉砂池由入流渠、出流渠、闸板、水流部分、沉砂斗和排砂管组成,其工艺布置图见图 5-3。沉砂池的水流部分实际上是一个加宽的明渠,两端设有闸板,以控制水流。池的底部设有两个贮砂斗,下接排砂管,开启贮砂斗的闸阀将砂排出。平流式沉砂池具有工作稳定、构造简单、截留无机颗粒效果较好、排砂方便等优点。

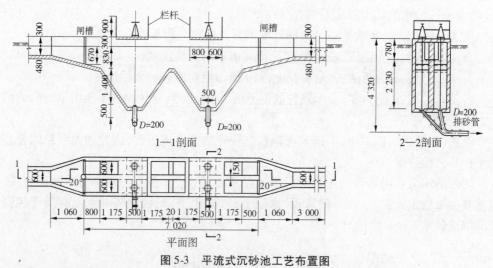

图 5-3 平流式沉砂池工艺布置图

（二）排砂方式

平流式沉砂池常用的排砂方式有重力排砂与机械排砂两种。

图 5-4 为重力排砂方式,在砂斗下部加底阀,排砂管直径为 200 mm。在砂斗下部加装贮砂罐和底阀,旁通管将贮砂罐的上清液挤回到沉砂池,所以排砂的含水率低,排砂量容易计算,但沉砂池需要高架或挖小车通道才能满足要求。

图 5-5 为机械排砂方式的一种单口泵吸式排砂机。沉砂池为平底,在行走桁架上安装砂泵、真空泵、吸砂管、旋流分离器等。桁架沿池长方向往返行走排砂,经旋流分离的水又回流到沉砂池。沉砂可用小车、皮带输送器等运送。这种方式自动化程度高,排砂含水率低,工作条件好。中、大型污水处理厂应采用机械排砂方式。机械排砂方式还有链板刮砂法、抓斗排砂法等。

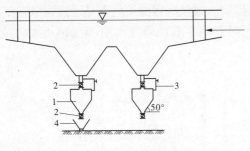

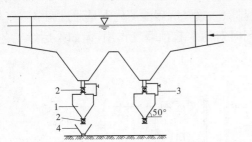

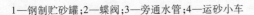

1—钢制贮砂罐；2—蝶阀；3—旁通水管；4—运砂小车

1—桁架；2—砂泵；3—桁架行走装置；
4—回转装置；5—真空泵；6—旋流分离器；
7—吸砂管；8—齿轮；9—操作台

图5-4　平流式沉砂池重力排砂方式

图5-5　平流式沉砂池机械排砂方式

(三)设计计算

1. 设计参数

平流式沉砂池的设计参数,按照去除砂粒粒径大于 0.2 mm、比重为 2.65 确定。

(1)设计流量。当污水自流入池时,按最大设计流量计算;当污水用泵抽升入池时,按工作水泵的最大组合流量计算;合流制系统,按降雨时的设计流量计算。

(2)水平流速。应基本保证无机颗粒被沉淀去除,而有机物不能下沉。最大流速为 0.3 m/s,最小流速为 0.15 m/s。

(3)停留时间。最大设计流量时,污水在池停留时间一般不少于 30 s,一般为 30~60 s。

(4)有效水深。设计有效水深不大于 1.2 m,一般采用 0.25~1.0 m,每格池宽不宜小于 0.6 m。

(5)沉砂量。生活污水按 0.01~0.02 L/(人·d)计;城市污水按 1.5~3.0 m³/(10⁶ m³ 污水)计,沉砂含水率约为 60%,容重为 1.5 t/m³,贮砂斗的容积按 2 d 的沉砂量计,斗壁与水面的夹角为 55°~60°。

(6)沉砂池超高不宜小于 0.3 m。

2. 平流式沉砂池的计算

平流式沉砂池的计算公式见有关设计手册。

二、曝气沉砂池

(一)基本构造

平流式沉砂池的主要缺点是沉砂中约夹杂有 15% 的有机物,使沉砂的后续处理难度增大。采用曝气沉砂池,可以克服这一缺点。

　　图 5-6 为曝气沉砂池剖面图。池表面呈矩形,曝气装置设在集砂槽侧池壁的整个长度上,距池底 0.6~0.9 m,池底一侧有 0.1~0.5 的坡度坡向另一侧的集砂槽。压缩空气经空气管和空气扩散装置释放到水中,上升的气流使池内水流作旋流运动,无机颗粒之间的互相碰撞与摩擦机会增加,把表面附着的有机物淘洗下来。由于旋流产生的离心力,把相对密度较大的无机物颗粒甩向外层而下沉,相对密度较小的有机物始终处于悬浮状态,当旋至水流的中心部位时被水带走。沉砂中的有机物含量低于 10%。集砂槽中的砂可采用机械刮砂、空气提升器或泵吸式排砂机排除。曝气沉砂池的优点是通过调节曝气量,控制污水的旋流速度,使除砂效率较稳定,同时对污水起预曝气作用,但如果后续工艺为厌氧处理,则具有一定的局限性。

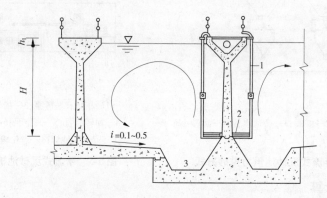

1—压缩空气管;2—空气扩散板;3—集砂槽

图 5-6　曝气沉砂池剖面图

(二)设计计算

1. 设计参数

(1)最大旋流速度为 0.25~0.30 m/s,水平前进流速为 0.06~0.12 m/s。

(2)最大设计流量时的停留时间为 1~3 min。

(3)有效水深 2~3 m,宽深比为 1.0~1.5,长宽比为 5。

(4)曝气装置:采用压缩空气竖管连接穿孔管,孔径为 2.5~6.0 mm,曝气量每立方米污水为 0.1~0.2 m^3。

2. 曝气沉砂池的计算

曝气沉砂池的计算公式参见有关设计手册。

三、钟式沉砂池

　　图 5-7 为钟式沉砂池,是利用机械力控制水流流态,加速砂粒的沉淀并使有机物随水流带走的沉砂装置。沉砂池由流入口、流出口、沉砂区、砂斗、砂提升管、排砂管、压缩空气输送管、带变速箱的电动机组成。污水由流入口沿切线方向流入沉砂区,利用电动机及传动装置带动转盘和斜坡式叶片,在离心力的作用下,污水中密度较大的砂粒被甩向池壁,掉入砂斗,有机物则留在污水中。调整转速,可获得最佳沉砂效果。沉砂用压缩空气经砂

提升管、排砂管清洗后排出,清洗水回流至沉砂池。

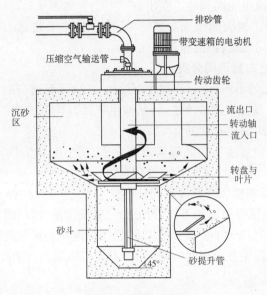

图 5-7 钟式沉砂池

目前,对于中小污水处理厂,此类旋流沉砂池广泛应用,并已形成产品,详见《给水排水设计手册》第 2 册。

第三节 沉淀池

沉淀池是以沉淀分离有机固体为主的装置。

一、沉淀池的类型

(一)按沉淀池水流方向不同分类
按沉淀池水流方向的不同,可分为平流式沉淀池、竖流式沉淀池、辐流式沉淀池等,见图 5-8。

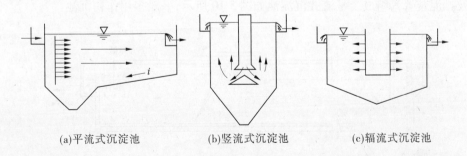

(a)平流式沉淀池　　　　(b)竖流式沉淀池　　　　(c)辐流式沉淀池

图 5-8 按水流方向不同划分的沉淀池

(1)平流式沉淀池。被处理水从池的一端流入,按水平方向在池内向前流动,从另一端溢出。池表面呈长方形,在进口处底部设有污泥斗。

（2）竖流式沉淀池。表面多为圆形，也有方形、多角形。水从池中央下部进入，由下向上流动，沉淀后上清液由池面和池边溢出。

（3）辐流式沉淀池。池表面呈圆形或方形，水从池中心进入，沉淀后从池的四周溢出，池内水流呈水平方向流动，但流速是变化的。

（二）按沉淀池工艺布置不同分类

按沉淀池工艺布置的不同，可分为初次沉淀池、二次沉淀池（简称二沉池，余同）。

（1）初次沉淀池。设置在沉砂池之后，某些生物处理构筑物之前，主要去除有机固体颗粒，可降低生物处理构筑物的有机负荷。

（2）二次沉淀池。设置在生物处理构筑物之后，用于沉淀生物处理构筑物出水中的微生物固体，与生物处理构筑物共同构成处理系统。

（三）按沉淀池截留颗粒沉降距离不同分类

按沉淀池截留颗粒沉降距离的不同，可分为一般沉淀池、浅层沉淀池。斜板或斜管沉淀池的沉降距离仅为 30～200 mm，是典型的浅层沉淀池。斜板沉淀池中的水流方向可以布置成同向流（水流与污泥方向相同）、异向流（水流与污泥方向相反）、侧向流（水流与污泥方向垂直），见图5-9。

(a)同向流   (b)异向流   (c)侧向流

图 5-9　斜板或斜管沉淀池

二、几种沉淀池

（一）平流式沉淀池

1. 平流式沉淀池的基本构造

平流式沉淀池构造简单，为一长方形水池，由流入装置、流出装置、沉淀区、缓冲层、污泥区及排泥装置等组成。平流式沉淀池如图5-10所示，一般多用作初沉池。

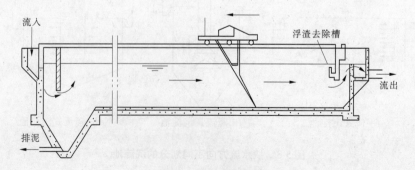

图 5-10　平流式沉淀池

1）流入装置

流入装置的作用是使水流均匀地分布在整个进水断面上，并尽量减少扰动。处理原水时，一般与絮凝池合建，设置穿孔墙，水流通过穿孔墙（见图5-11），直接从絮凝池流入沉淀池，均匀分布于整个断面上，保护形成的矾花。沉淀池的水流一般采用直流式，避免产生水流的转折。一般孔口流速不宜大于 $0.15 \sim 0.2$ m/s，孔洞断面沿水流方向渐次扩大，以减小进水口射流，防止絮凝体破碎。

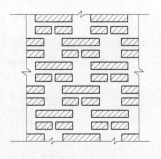

图 5-11　穿孔墙

在污水处理中，沉淀池入口一般设置配水槽和挡流板，目的是消能，使污水能均匀地分布到整个池子的宽度上，如图5-12所示。挡流板入水深度小于 0.25 m，高出水面 $0.15 \sim 0.2$ m，距流入槽 $0.5 \sim 1.0$ m。

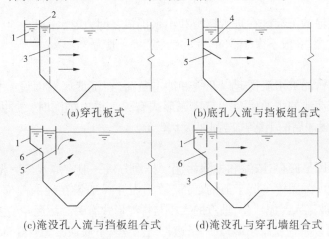

(a)穿孔板式　　　　　(b)底孔入流与挡板组合式

(c)淹没孔入流与挡板组合式　　(d)淹没孔与穿孔墙组合式

1—进水槽；2—溢流堰；3—有孔整流墙壁；4—底孔；5—挡流板；6—潜孔

图 5-12　平流式沉淀池入口的整流措施

2）流出装置

流出装置一般由流出槽与挡板组成，如图5-13所示。流出槽设自由溢流堰、锯齿形堰或孔口出流等，溢流堰要求严格水平，既可保证水流均匀，又可控制沉淀池水位。出流装置常采用自由堰形式，堰前设挡板，挡板入水深 $0.3 \sim 0.4$ m，距溢流堰 $0.25 \sim 0.5$ m。也可采用潜孔出流以阻止浮渣，或设浮渣收集排除装置。孔口出流流速为 $0.6 \sim 0.7$ m/s，孔径 $20 \sim 30$ mm，孔口在水面下 $12 \sim 15$ cm，堰口最大负荷：初次沉淀池不宜大于 10 $m^3/(h \cdot m)$，二次沉淀池不宜大于 7 $m^3/(h \cdot m)$，混凝沉淀池不宜大于 20 $m^3/(h \cdot m)$。

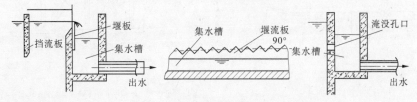

图 5-13　平流式沉淀池的出水堰形式

为了减少负荷,改善出水水质,可以增加出水堰长。目前,采用较多的方法是指形槽出水,即在池宽方向上均匀设置若干条集水槽,以增加出水堰长度和减小单位堰宽的出水负荷。常用增加出水堰长度的措施见图5-14。

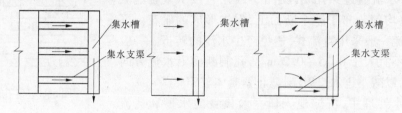

图5-14 增加出水堰长度的措施

3) 沉淀区

平流式沉淀池的沉淀区在进水挡板和出水挡板之间,长度一般为30~50 m。深度从水面到缓冲层上缘,一般不大于3 m。沉淀区宽度一般为3~5 m。

4) 缓冲层

为避免已沉污泥被水流搅起以及缓冲冲击负荷,在沉淀区下面设有0.5 m左右的缓冲层。平流式沉淀池的缓冲层高度与排泥形式有关。重力排泥时,缓冲层的高度为0.5 m,机械排泥时,缓冲层的上缘高出刮泥板0.3 m。

5) 污泥区

污泥区的作用是储存、浓缩和排除污泥。排泥方法一般有静水压力排泥和机械排泥。

沉淀池内的可沉固体多沉于池的前部,故污泥斗一般设在池的前部。池底的坡度必须保证污泥顺底坡流入污泥斗中,坡度的大小与排泥形式有关。污泥斗的上底可为正方形,边长同池宽;也可以设计成长条形,其一条边长同池宽。下底通常为400 mm×400 mm的正方形,泥斗斜面与底面夹角不小于60°。污泥斗中的污泥可采用静水压力排泥方法。

静水压力排泥是依靠池内静水压力(初沉池为1.5~2.0 m,二沉池为0.9~1.2 m),将污泥通过污泥管排出池外。排泥装置由排泥管和泥斗组成,见图5-15。排泥管管径为200 mm,池底坡度为0.01~0.02。为减少池深,可采用多斗排泥,每个斗都有独立的排泥管,如图5-16所示。也可采用穿孔管排泥。

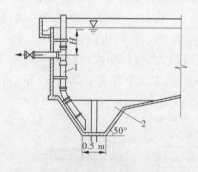

1—排泥管;2—泥斗

图5-15 沉淀池静水压力排泥

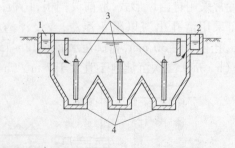

1—进水槽;2—出水槽;3—排泥管;4—污泥斗

图5-16 多斗式平流沉淀池

目前,平流式沉淀池一般采用机械排泥。机械排泥是利用机械装置,通过排泥泵或虹吸将池底积泥排至池外。机械排泥装置有桁车式刮泥机、链带式刮泥机、泵吸式排泥装置和虹吸式排泥装置等。图5-17为设有桁车式刮泥机的平流式沉淀池。工作时,刮泥桁车沿池壁的轨道移动,刮泥机将污泥推入贮泥斗中,不用时,将刮泥设备提出水外,以免腐蚀。图5-18为设有链带式刮泥机的平流式沉淀池。工作时,链带缓缓地沿与水流方向相反的方向滑动。将刮泥板嵌于链带上,滑动时将污泥推入贮泥斗中。当刮泥板滑动到水面时,又将浮渣推到出口,从出口集中清除。链带式刮泥机的各种机件都在水下,容易腐蚀,养护较为困难。

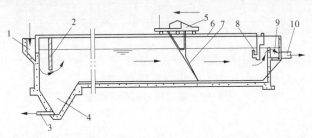

1—进水槽;2—挡流板;3—排泥管;4—泥斗;5—刮泥桁车;6—刮渣板;
7—刮泥板;8—浮渣槽;9—出水槽;10—出水管

图5-17　设有桁车式刮泥机的平流式沉淀池

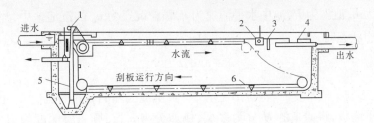

1—集渣器驱动;2—浮渣槽;3—挡板;4—可调节的出水槽;5—排泥管;6—刮板

图5-18　设有链带式刮泥机的平流式沉淀池

当不设存泥区时,可采用吸泥机,使集泥与排泥同时完成。常用的吸泥机有多口式和单口扫描式,且又分为虹吸和泵吸两种。图5-19为多口虹吸式吸泥装置。刮泥板1、吸口2、吸泥管3、排泥管4成排地安装在桁架5上,整个桁架利用电动机和传动机构6通过滚轮架设在沉淀池壁的轨道上行走,在行进过程中,利用沉淀池水位所能形成的虹吸水头,将池底积泥吸出并排入排泥沟10。

平流式沉淀池由于配水不易均匀,排泥设施复杂,因而不易管理。

2.平流式沉淀池的设计计算

1)设计参数

沉淀池进出水口处设置的挡流板,应高出池内水面0.1~0.15 m,淹没深度不小于0.25 m,距流入槽0.5 m,距溢流堰0.25~0.5 m;溢流堰最大负荷不宜大于2.9 L/(m·s)(初次沉淀池)、1.7 L/(m·s)(二次沉淀池);池底纵坡坡度一般采用0.01~0.02;刮泥机的行进速度不大于1.2 m/min,一般采用0.6~0.9 m/min。

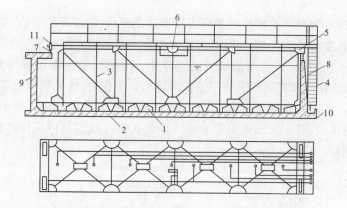

1—刮泥板;2—吸口;3—吸泥管;4—排泥管;5—桁架;6—电动机和传动机构;
7—轨道;8—梯子;9—沉淀池壁;10—排泥沟;11—滚轮

图 5-19　多口虹吸式吸泥装置

2)设计计算

沉淀池的设计内容包括流入、流出装置,沉淀区、污泥区、排泥和排浮渣设备的选择等。有关平流式沉淀池设计参数计算方法及计算公式参见《给水排水设计手册》。

(二)斜板(管)沉淀池

1.斜板(管)沉淀池的理论基础

在池长为 L,池深为 H,池中水平流速为 v,颗粒沉速为 u_0 的沉淀池中,当水在池中的流动处于理想状态时,有

$$L/H = \frac{v}{u_0}$$

可见,在 L 与 v 值不变时,池深 H 越浅,可被沉淀去除的颗粒的沉速 u_0 也越小。如在池中增设水平隔板,将原来的 H 分为多层,例如分为 3 层,则每层深度为 $H/3$,见图 5-20(a),在 v 与 u_0 不变的条件下,则只需 $L/3$,就可将沉速为 u_0 的颗粒去除,即池的总容积可减小到原来的 1/3。如果池的长度不变,见图 5-20(b),由于池深为 $H/3$,则水平流速 v 增大 $3v$,仍可将沉速为 u_0 的颗粒沉淀到池底,即处理能力可提高 3 倍。在理想条件下,将沉淀池分成 n 层,就可将处理能力提高 n 倍,这就是浅池沉淀原理。

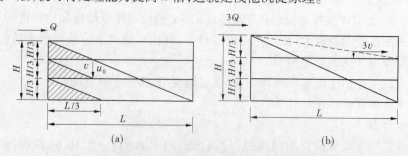

图 5-20　浅池沉淀原理

2.斜板(管)沉淀池的基本构造

斜板(管)沉淀池是根据浅池沉淀原理,在池内安装一组并排叠成的有一定坡度的平

板或管道,被处理水从管道或平板的一端流向另一端,相当于很多个浅且小的沉淀池组合在一起。由于平板的间距和管道的管径较小,故水流在此处为层流状态,当水在各自的平板或管道间流动时,各层隔开互不干扰,为水中固体颗粒的沉降提供了十分有利的条件,大大提高了水处理的效果和能力。

从改善沉淀池水力条件的角度来分析,由于斜板(管)沉淀池水力半径大大减小,从而使 Re 数降低,而 Fr 数大大提高。斜板沉淀池中的水流基本上属层流状态,而斜管沉淀池的 Re 数多在 200 以下,甚至低于 100;斜板沉淀池的 Fr 数一般为 $10^{-3} \sim 10^{-4}$,斜管的 Fr 数更大。因此,斜板(管)沉淀池能够满足水流的紊动性和稳定性的要求。

按水流与污泥的相对方向,沉淀池可分为异向流、同向流和侧向流三种形式,以异向流应用得最广。异向流斜板(管)沉淀池,因水流向上流动,污泥下滑,方向各异而得名。图 5-21 为异向流斜管沉淀池。

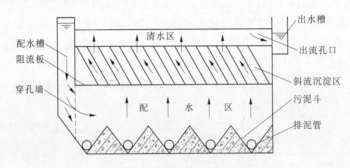

图 5-21 异向流斜管沉淀池

当斜板换成斜管后,就成为斜管沉淀池,其基本原理相同。

斜板(管)倾角一般为60°,长度为 $1 \sim 1.2$ m,板间垂直间距为 $80 \sim 120$ mm,斜管内切圆直径为 $25 \sim 35$ mm。板(管)材要求轻质、坚固、无毒、价廉。目前,板(管)材较多采用聚丙烯塑料或聚氯乙烯塑料。如图 5-22 所示为塑料片正六角形斜管黏合示意图。塑料薄板厚 $0.4 \sim 0.5$ mm,块体平面尺寸通常不大于 1 m × 1 m,热轧成半六角形,然后黏合。

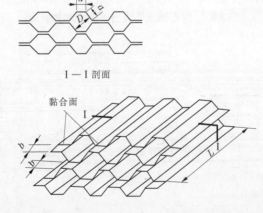

I—I 剖面

D—斜管内切圆直径;a—斜管边长;b—错距;L—斜管的长度

图 5-22 塑料片正六角形斜管黏合示意图

横向排列的斜板沉淀池入流区位于沉淀区的下面,高度为 1.0~1.5 m。出流区位于沉淀区的上面,高度一般采用 0.7~1.0 m。缓冲区位于斜板上面,深度≥0.05 m。出水槽一般采用淹没孔出流,或者采用三角形锯齿堰。

3.斜板(管)沉淀池的设计计算

斜板(管)沉淀池的设计仍可采用表面负荷来计算。根据水中的悬浮物沉降性能资料,由确定的沉淀效率找到相应的最小沉速和沉淀时间,从而计算出沉淀区的面积。沉淀区的面积不是平面面积,而是所有的澄清单元的投影面积之和,它要比沉淀池实际平面面积大得多。有关设计参数、设计方法和计算公式参见《给水排水设计手册》。

(三)辐流式沉淀池

1.辐流式沉淀池的基本构造

辐流式沉淀池利用污水从沉淀池中心管进入,沿中心管四周花墙流出,污水由池中心向池四周流动,流速由大变小,水中的悬浮物在重力作用下下沉至沉淀池底部,然后用刮泥机将污泥推至污泥斗排走,或用吸泥机将污泥吸出排走。辐流式沉淀池由进水装置、中心管、穿孔花墙、沉淀区、出水装置、污泥斗及排泥装置组成。

按进、出水的布置方式,辐流式沉淀池可分为中心进水周边出水、周边进水中心出水、周边进水周边出水三种,见图 5-23~图 5-25。

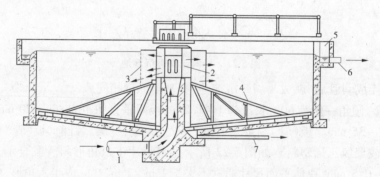

1—进水管;2—中心管;3—穿孔挡板;4—刮泥机;5—出槽;6—出水管;7—排泥管

图 5-23 中心进水周边出水的辐流式沉淀池

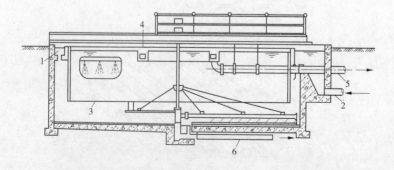

1—进水槽;2—进水管;3—挡板;4—出水槽;5—出水管;6—排泥管

图 5-24 周边进水中心出水的辐流式沉淀池

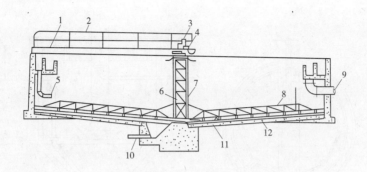

1—过桥;2—栏杆;3—传动装置;4—转盘;5—进水下降管;6—中心支架;7—传动器罩;

8—桁架式耙架;9—出水管;10—排泥管;11—刮泥板;12—可调节的橡皮刮板

图 5-25　周边进水周边出水的辐流式沉淀池

辐流式沉淀池适用于大水量的沉淀处理,池型为圆形,直径在 20 m 以上,一般在 30 ~ 50 m,最大可达 100 m,池周边水深 2.5 ~ 3.5 m。池径与水深比宜为 6 ~ 12,池底坡度不小于 0.05。在进水口周围应设置整流板,其开孔面积为过水断面面积的 6% ~ 20%。排泥方法有静水压力排泥和机械排泥。一般用周边传动的刮泥机,其驱动装置设在桁架的外缘。刮泥机桁架的一侧装有刮渣板,可将浮渣刮入设于池边的浮渣箱。池径或边长小于 20 m 时,采用多斗静水压力排泥。采用机械排泥,池径小于 20 m 时,一般用中心传动的刮泥机,其驱动装置设在池子中心走道板上。

2. 辐流式沉淀池的设计计算

有关辐流式沉淀池各部分尺寸的确定、进出水方式以及排泥装置的选择,参见《给水排水设计手册》。

(四)竖流式沉淀池

1. 基本构造

竖流式沉淀池可采用圆形或正方形。为了池内水流分布均匀,池径应不大于 10 m,一般采用 4 ~ 7 m。沉淀区呈柱形,污泥斗为截头倒锥体,见图 5-26。

污水从中心管自上而下,通过反射板折向上流,沉淀后的出水由设于池周的锯齿溢流堰溢入出水槽。如果池径大于 7 m,一般可增设辐射方向的流出槽。流出槽前设挡渣板,隔除浮渣。污泥依靠静水压力从排泥管排出池外。

竖流式沉淀池的水流流速 v 方向是向上的,而颗粒的沉速 u 方向则是向下的,颗粒的实际沉速是 v 与 u 的矢量和,只有 $u \geq v$ 的颗粒才能被沉淀去除。如果颗粒具有絮凝性,则由于水流向上,微颗粒在上升的过程中,互相碰撞、接触,促进絮凝,颗粒变大,u 值也随之增大,去除的可能性增加。因此,竖流式沉淀池作为二次沉淀池是可行的。

竖流式沉淀池的中心管内的流速不宜大于 30 mm/s,当设置反射板时,可不大于 100 mm/s。污水从喇叭口与反射板之间的间隙流出的流速不应大于 40 mm/s。具体尺寸关系见图 5-27。

竖流式沉淀池具有排泥容易、不需设机械刮泥设备、占地面积较小等优点。缺点是造

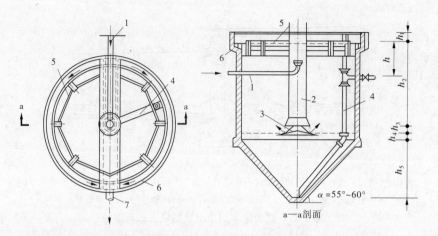

1—进水管;2—中心管;3—反射板;4—排泥管;5—挡渣板;6—流出槽;7—出水管

图 5-26　圆形竖流式沉淀池

价较高,单池容量小,池深大,施工较困难。因此,竖流式沉淀池适用于处理水量不大的小型污水处理厂(站)。

2.竖流式沉淀池的设计计算

有关竖流式沉淀池各部分尺寸的确定、进出水方式以及排泥装置的选择,参见《给水排水设计手册》。

三、沉淀池的选用

选用沉淀池时,一般应考虑以下几个方面的因素。

(一)地形、地质条件

不同类型沉淀池选用时会受到地形、地质条件的限制,有的平面面积较大而池深较小,有的池深较大而平面面积较小。例如,平流式沉淀池一般布置在场

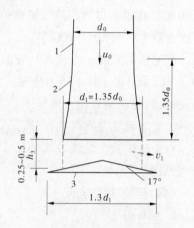

1—中心管;2—喇叭口;3—反射板

图 5-27　中心管和反射板的结构尺寸

地平坦、地质条件较好的地方。沉淀池一般占生产构筑物总面积的 25% ~ 40%。当占地面积受限时,平流式沉淀池的选用就会受到限制。

(二)气候条件

寒冷地区冬季时,沉淀池的水面会形成冰盖,影响处理和排泥机械运行,将面积较大的沉淀池建于室内进行保温会提高造价,因此以选用平面面积较小的沉淀池为宜。

(三)水质、水量

原水的浊度、含砂量、砂粒组成、水质变化直接影响沉淀效果。例如,斜管沉淀池积泥区相对较小,原水浊度高时,会增加排泥困难。根据技术经济分析,不同的沉淀池常有其不同的适用范围。例如,平流式沉淀池的长度仅取决于停留时间和水平流速,而与处理规模无关,水量增大时,仅增加池宽即可。单位水量的造价指标随处理规模的增加而减小,所以平流式沉淀池适用于水量较大的场合。

(四)运行费用

不同的原水水质对不同类型沉淀池的混凝剂消耗量不同;排泥方式的不同会影响到排泥水浓度和厂内自用水的耗水率;斜板(管)沉淀池板材需要定期更新等,会增加日常维护费用。

各种类型的沉淀池在其适宜的条件下都能获得最佳效果。因此,在污水处理的设计中,首先要了解各种类型沉淀池的特点和使用条件,选用适合具体情况的沉淀池,然后再按上述设计方法进行设计。各种类型沉淀池的主要优缺点和适用条件见表5-1。

表5-1 各种类型沉淀池的主要优缺点和适用条件

类型	主要优缺点	适用条件
平流式沉淀池	沉淀效果好,对冲击负荷和温度变化的适应能力较强,施工简易,造价较低。但占地面积大,配水不易均匀,多斗排泥操作量大,链带式刮泥机易锈蚀	地下水位高及地质条件差的地区,大、中、小型污水处理厂
竖流式沉淀池	占地面积小,管理简单,排泥方便。但池深大,施工难,对冲击负荷和温度变化的适应能力较差,池径不宜过大,否则布水不均匀	水量不大的小型污水处理厂(站)
辐流式沉淀池	采用机械排泥,运行效果较好,管理较简单。但机械排泥设备复杂,对施工质量要求高	地下水位较高的地区,大、中型污水处理厂
斜流式沉淀池	沉淀效率高,占地面积小,水力负荷高。但斜板、斜管造价高,需定期更换,且易堵塞	小型污水处理厂(站)

第四节　澄清池

一、澄清池的工作原理

澄清池集混凝和沉淀两个水处理过程于一体,在一个处理构筑物内完成。如前所述,原水通过加药混凝,水中脱稳杂质通过碰撞结成大的絮凝体;而后在沉淀池内下沉去除。澄清池利用池中活性泥渣层与混凝剂以及原水中的杂质颗粒相互接触、吸附,把脱稳杂质阻留下来,使水澄清。活性泥渣层接触介质的过程,就是絮凝过程,常称为接触絮凝。在絮凝的同时,杂质从水中分离出来,清水在澄清池的上部被收集。

污泥池中泥渣层的形成,主要是在澄清池开始运转时,在原水中加入较多的混凝剂,并适当降低负荷,经过一定时间运转后,逐步形成的。当原水浊度较低时,为加速形成泥渣层,可人工投加黏土。为了保持稳定的泥渣层,必须控制池内活性泥渣量,不断排除多余的泥渣,使泥渣层处于新陈代谢状态,保持接触絮凝的活性。

二、常见澄清池的类型及特点

根据池中泥渣运动的情况,澄清池可分为泥渣悬浮型和泥渣循环型澄清池两大类。前者有悬浮澄清池和脉冲澄清池,后者有机械搅拌澄清池和水力循环澄清池。

(一)泥渣悬浮型澄清池

泥渣悬浮型澄清池又称为泥渣过滤型澄清池。加药后的原水由下而上通过悬浮状态的泥渣层,水中脱稳杂质与高浓度的泥渣颗粒碰撞发生凝聚,同时被泥渣层拦截。这种状态类似于过滤作用。通过悬浮层的浑水即达到澄清目的。

常用的泥渣悬浮型澄清池有悬浮澄清池和脉冲澄清池两种。

1. 悬浮澄清池

图 5-28 为悬浮澄清池剖面图。

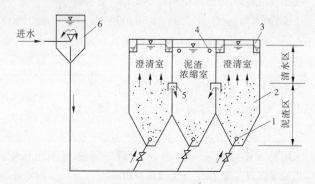

1—穿孔配水管;2—泥渣悬浮层;3—穿孔集水槽;4—强制出水管;
5—排泥窗口;6—气水分离器

图 5-28　悬浮澄清池剖面图

悬浮澄清池的工艺流程是:加药后的原水经过气水分离器 6 从穿孔配水管 1 流入澄清室,水流自下而上通过泥渣悬浮层 2,水中杂质则被泥渣悬浮层截留,清水从穿孔集水槽 3 流出。泥渣悬浮层中不断增加的泥渣,在自行扩散和强制出水管 4 的作用下,由排泥窗口 5 进入泥渣浓缩室,经浓缩后定期排除。强制出水管收集泥渣浓缩室内的上清液,并在排泥窗口两侧造成水位差,从而使澄清室内的泥渣流入泥渣浓缩室。气水分离器使水中的空气在其中分离出来,以免进入澄清室后扰动悬浮层。

悬浮澄清池一般用于小型水厂。

2. 脉冲澄清池

脉冲澄清池的特点是通过脉冲发生器,使澄清池的上升流速发生周期性的变化。当上升流速小时,泥渣悬浮层收缩、浓度增大而使颗粒排列紧密;当上升流速大时,泥渣悬浮层膨胀。悬浮层不断产生周期性的收缩和膨胀,不仅有利于微絮凝颗粒与活性泥渣的接触絮凝,还可以使悬浮层的浓度分布在全池内趋于均匀,并防止颗粒在池底沉积。

脉冲发生器有多种型式。采用真空泵脉冲发生器的澄清池剖面如图 5-29 所示。真空泵脉冲发生器的工作原理是:原水通过进水管 4 进入进水室 1,由于真空泵 2 造成的真空而使进水室内水位上升,此为充水过程。当水面达到进水室的最高水位时,进气阀 3 自动开启,使进水室与大气相通。这时,进水室内水位迅速下降,向澄清池放水,此为放水过程。当水位下降到最低水位时,进气阀3又自动关闭,真空泵则自动启动,再次使进水室变成真空,进水室内水位又上升,如此反复进行脉冲工作,从而使悬浮层产生周期性的膨胀和收缩。

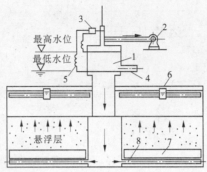

1—进水室;2—真空泵;3—进气阀;4—进水管;
5—水位电极;6—集水槽;7—稳流板;8—配水管

图 5-29 采用真空泵脉冲发生器的澄清池剖面

泥渣悬浮型澄清池由于受原水水量、水质、水温等因素的变化影响比较明显,因此目前设计中应用较少。

(二)泥渣循环型澄清池

如果促使泥渣在池内进行循环流动,可以充分发挥泥渣接触絮凝作用。泥渣循环可借机械抽升或水力抽升造成。

1. 机械搅拌澄清池

利用转动的叶轮使泥渣在池内循环流动,完成接触絮凝和澄清过程。机械搅拌澄清对水质、水量变化的适应性强,处理效率高,应用也最多,适用于大中型水厂。

如图 5-30 所示,机械搅拌澄清池由第一絮凝室、第二絮凝室、导流室及分离室组成。整个池体上部是圆筒形,下部是截头圆锥形。加过药剂的原水由进水管 1 通过三角配水槽 2 的缝隙均匀流入第一絮凝室Ⅰ,由提升叶轮 6 提升至第二絮凝室Ⅱ。在第一、二絮凝室内与高浓度的回流泥渣相接触,达到较好的絮凝效果,结成大而重的絮凝体,经导流室Ⅲ流入分离室Ⅳ沉淀分离。清水向上经集水槽 7 流至出水管 8,向下沉降的泥渣沿锥底的回流缝再进入第一絮凝室,重新参加絮凝,一部分泥渣则排入泥渣浓缩室 9,浓缩至适当浓度后经排泥管排除。

根据实际情况和运转经验确定混凝剂加注点,可加在水泵吸水管内,亦可由投药管 4 加入澄清池进水管 1、三角配水槽 2 等处,并可数处同时加注。透气管 3 的作用是排除三角配水槽中原水可能含有的气体,放空管 11 进口处的排泥罩 12,可使池底积泥沿罩的四周排除,使排泥彻底。

搅拌设备由提升叶轮 6 和搅拌桨 5 组成,提升叶轮装在第一和第二絮凝室的分隔处。搅拌设备一方面提升叶轮,将回流水从第一絮凝室提升至第二絮凝室,使回流水中的泥渣不断地在池内循环;另一方面,搅拌桨使第一絮凝室内的水和进水迅速混合,泥渣随水流处于悬浮和环流状态。因此,搅拌设备使接触絮凝过程在第一、二絮凝室内得到充分

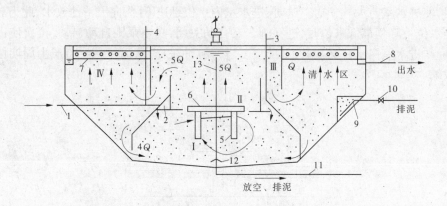

1—进水管;2—三角配水槽;3—透气管;4—投药管;5—搅拌桨;6—提升叶轮;7—集水槽;
8—出水管;9—泥渣浓缩室;10—排泥阀;11—放空管;12—排泥罩;13—搅拌轴;
Ⅰ—第一絮凝室;Ⅱ—第二絮凝室;Ⅲ—导流室;Ⅳ—分离室

图 5-30　机械搅拌澄清池剖面图

发挥。

第二絮凝室设有导流板,用以清除因叶轮提升所引起的水的旋转,使水流平稳地经导流室流入分离室。分离室下部为泥渣层,上部为清水层,清水向上经集水槽流至出水槽。清水层一般应有 1.5～2.0 m 的深度,以便在排泥不当而导致泥渣层厚度发生变化时,仍然可以保证出水水质。

机械搅拌澄清池的设计计算参数如下:

(1)水在澄清池内总的停留时间为 1.2～1.5 h。

(2)原水进水管流速一般在 1 m/s 左右。由于进水管进入环形配水槽后向两侧环流配水,所以三角配水槽断面按设计流量的一半计算,配水槽和缝隙流速为 0.5～1.0 m/s。

(3)清水区上升流速一般为 0.8～1.1 mm/s,低温低浊水可采用 0.7～0.9 mm/s,清水区高度为 1.5～2.0 m。

(4)叶轮提升流量一般为进水流量的 3～5 倍。叶轮直径为第二絮凝室内径的 70%～80%。

(5)第一絮凝室、第二絮凝室(包括导流室)和分离室的容积比,一般控制在 2∶1∶7 左右。第二絮凝室和导流室内流速为 40～60 mm/s。

(6)小池可用环形集水槽,池径较大时应增设辐射式水槽。池径小于 6 m 时,可用4～6 条辐射槽,直径大于 6 m 时可用 6～8 条辐射槽。环形槽和辐射槽壁开孔,孔眼直径为 20～30 mm,流速为 0.5～0.6 m/s。集水槽计算流量应考虑 1.2～1.5 的超载系数,以适应今后流量的增大要求。

(7)当池径较小,且进水悬浮物量经常小于 1 000 mg/L 时,可采用人工排泥。池底锥角在 45°左右。当池径较大,或进水悬浮物含量较高时,须有机械刮泥装置。安装刮泥装置部分的池底可做成平底或球壳形。

(8)污泥浓缩斗容积为澄清池容积的 1%～4%,根据池的大小设 1～4 个污泥斗。

计算公式参见有关设计手册。

机械搅拌澄清池处理效率较高,对原水水质、水量的变化适应性强,操作运行较为方便,适用于大、中型水厂,进水悬浮物浓度应小于 1 000 mg/L,短时允许 3 000 ~ 5 000 mg/L。但能耗大,设备维修工作量大。

2.水力循环澄清池

图 5-31 为水力循环澄清池剖面图。

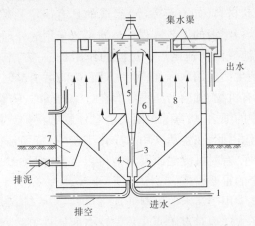

1—进水管;2—喷嘴;3—喉管;4—喇叭口;
5—第一絮凝室;6—第二絮凝室;7—泥渣浓缩室;8—分离室

图 5-31　水力循环澄清池剖面图

水力循环澄清池的工作原理是:原水从池底进水管 1 经过喷嘴 2 高速喷入喉管 3,在喉管下部喇叭口 4 附近形成真空而吸入回流泥渣。原水与回流泥渣在喉管 3 中剧烈混合后,被送入第一絮凝室 5 和第二絮凝室 6,从第二絮凝室流出的泥水混合液,在分离室 8 中进行泥水分离,清水上升,由集水渠收集并经出水管排出,泥渣则一部分进入泥渣浓缩室 7,一部分被吸入到喉管重新循环,如此周而复始地工作。

水力循环澄清池结构简单,不需要机械设备,但泥渣回流量难以控制,由于絮凝室容积较小,絮凝时间较短,回流泥渣接触絮凝作用发挥不好。水力循环澄清池处理效果较机械搅拌澄清池的差,耗药量大,对原水水量、水质、水温的适应性差,并且池体直径和高度要有一定的比例,直径大,高度就大,故水力循环澄清池一般适用于中、小型水厂。由于水力循环澄清池的局限性,目前已较少设计。

第六章 过 滤

过滤一般是指由粒状材料(如石英砂等)组成的具有一定孔隙率的滤料层来截留水中悬浮杂质,从而使水获得澄清的工艺过程。过滤工艺采用的处理构筑物称为滤池。

滤池通常设在沉淀池或澄清池之后。过滤的作用是:一方面,进一步降低了水的浊度,使滤后水的浊度达到生活饮用水标准;另一方面,为滤后消毒创造良好条件,这是因为水中附着于悬浮物上的有机物、细菌乃至病毒等在过滤的同时,随着水的浊度降低被部分去除,而残存于滤后水中的细菌、病毒等也因失去悬浮物的保护或依附,将在滤后消毒过程中容易被消毒剂杀灭。因此,在生活饮用水净化工艺中,特别是在地表水的处理中,过滤是极为重要的净化工序,有时沉淀池或澄清池可以省略,但过滤是不可缺少的,它是保证生活饮用水卫生、安全的重要措施。

在污水处理中,过滤常用于污水的深度处理,以进一步去除污水中细小的悬浮颗粒,降低浊度。此外,过滤还常作为对水质浊度要求较高的处理工艺,如活性炭吸附、离子交换除盐等的预处理单元。

第一节 过滤原理

一、过滤机制

以单层石英砂滤池为例,简要介绍其过滤机制。石英砂滤料粒径通常为0.5~1.2 mm,滤料层厚度一般为700 mm 左右。石英砂滤料新装入滤池后,经高速水流反洗,向上流动的水流使砂粒处于悬浮状态,从而使滤料粒径自上而下大致按由细到粗的顺序排列,称为滤料的水力分级。这种水力分级作用,使滤层中孔隙尺寸也由上而下逐渐增大。设表层滤料粒径为0.5 mm,并假定以球体计,则表层细滤料颗粒之间的孔隙尺寸约为80 μm。而经过混凝沉淀后的悬浮物颗粒尺寸大部分小于30 μm,这些悬浮颗粒进入滤池后却仍然能被滤层截留下来,且在孔隙尺寸大于80 μm 的滤层深处也会被截留。这个事实说明,过滤显然不是机械筛滤作用的结果。众多研究者研究认为,过滤主要是悬浮颗粒与滤料颗粒之间黏附作用的结果。

悬浮颗粒与滤料颗粒之间的黏附包括颗粒迁移和颗粒附着两个过程。过滤时,水在滤层孔隙中曲折流动,被水流挟带的悬浮颗粒,依靠颗粒尺寸较大时产生的拦截作用、颗粒沉速较大时产生的沉淀作用、颗粒惯性较大时产生的惯性作用、较小颗粒的布朗运动产生的扩散作用及非球体颗粒由于速度梯度产生的水动力作用,脱离水流流线而向滤料颗粒表面靠近接触,此种过程称为颗粒迁移。当水中悬浮颗粒迁移到滤料表面上时,则在范德华引力、静电力、某些化学键和某些特殊的化学吸附力、絮凝颗粒的架桥作用下,附着在滤料颗粒表面上,或者附着在滤料颗粒表面原先黏附的杂质颗粒上,此过程称为颗粒附着。

事实证明,当水中的悬浮物颗粒未经脱稳时,其过滤效果很差。因此,过滤效果主要取决于滤料颗粒和水中悬浮颗粒的表面物理化学性质,而与水中悬浮颗粒的尺寸无关。相反,若水中悬浮颗粒尺寸过大,会形成机械筛滤而造成表层滤料很快堵塞。在过滤过程中,特别是过滤后期,当滤层中孔隙尺寸逐渐减小时,表层滤料的筛滤作用也不能完全排除,在快滤池运行中应尽量避免这种现象出现。

根据上述过滤机制,在水处理技术中出现了直接过滤工艺。所谓直接过滤,是指原水不经沉淀而直接进入滤池过滤。

在生产中,直接过滤工艺的应用方式有两种:

(1)接触过滤。原水加药后不经任何絮凝设备直接进入滤池过滤的方式称接触过滤。

(2)微絮凝过滤。原水加药混合后先经过简易微絮凝池(絮凝时间通常为几分钟),待形成粒径为 $40 \sim 60 \ \mu m$ 的微絮粒后,即刻进入滤池过滤的方式称微絮凝过滤。

采用直接过滤工艺时要求:

(1)原水浊度较低(一般要求常年原水浊度低于 50 度)、色度不高、水质较为稳定。

(2)滤料应选用双层、三层或均质滤料,且滤料粒径和厚度要适当增大,以提高滤层含污能力。

(3)需投加高分子助凝剂(如活化硅酸等)以提高微絮粒的强度和黏附力。

(4)滤速应根据原水水质决定,一般在 5 m/h 左右。

二、滤层内杂质分布规律

在过滤过程中,水中悬浮颗粒与滤料颗粒黏附的同时,还因孔隙中水流剪力作用不断增大而从滤料表面上脱落。在过滤的初期阶段,滤料层比较干净,孔隙率较大,孔隙流速较小,水流剪力也较小,因而黏附作用占优势。由于滤料在反洗以后形成粒径上小下大的自然排列,滤层中孔隙尺寸由上而下逐渐增大,所以大量杂质将首先被表层的细滤料所截留。随着过滤时间的延长,滤层中杂质逐渐增多,孔隙率逐渐减小,表层的细滤料中的水流剪力亦随之增大,脱落作用占优势,最后被黏附上的颗粒将首先脱落下来,或者被水流挟带的后续颗粒不再有黏附现象,于是,悬浮颗粒便向下层移动并被下层滤料截留,下层滤料的截留作用才逐渐得到发挥。但是,下层滤料的截留作用还没有得到完全发挥时,过滤就被迫停止。这是由于表层滤料粒径最小,黏附比表面积最大,截留悬浮颗粒量最多,而滤料颗粒间孔隙尺寸又最小,因而过滤到一定阶段后,表层滤料颗粒间的孔隙将逐渐被堵塞,严重时,会产生筛滤作用而形成"泥膜",见图 6-1(a)。其结果是:在一定过

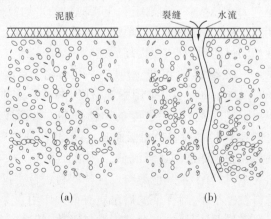

图 6-1 滤池"泥膜"示意图

滤水头下,滤速急剧减小;或者在一定滤速下,水头损失达到极限值;或者因滤层表面受力不均匀而使泥膜产生裂缝,水流自裂缝中流出,造成短流而使出水水质恶化,见图6-1(b)。当上述一种情况出现时,过滤就将被迫停止,从而造成整个滤层的截留悬浮固体能力未能发挥出来,使滤池工作周期大大缩短。

过滤时,杂质在滤料层中的分布如图6-2所示,其分布不均匀的程度与进水水质、水温、滤料粒径、形状和级配、滤速、凝聚微粒强度等多种因素有关。衡量滤料层截留杂质能力的指标通常有滤层截污量和滤层含污能力等。单位体积滤层中所截留的杂质量称为滤层截污量。在一个过滤周期内,整个滤层单位体积滤料中的平均含污量称为滤层含污能力,单位为 g/cm^3 或 kg/m^3。图6-2中曲线与坐标轴所包围的面积除以滤层

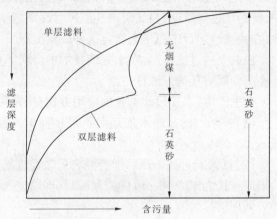

图6-2　滤料层杂质分布

总厚度即为滤层含污能力。在滤层厚度一定时,此面积愈大,滤层含污能力愈大。

三、快滤池滤层的发展和利用

提高滤层含污能力的根本途径是尽量使杂质在滤层中均匀分布。为此,出现了"反粒度"过滤,即沿过滤水流方向滤料粒径逐渐由大到小。具有代表性的有双层滤料、三层滤料及均质滤料等,见图6-3。

双层滤料的组成:上层采用密度较小、粒径较大的轻质滤料(如无烟煤,密度约为1.5 g/cm^3,粒径为0.8~1.8 mm),下层采用密度较大、粒径较小的重质滤料(如石英砂,密度约为2.65 g/cm^3,粒径为0.5~1.2 mm),见图6-3(a)。由于两种滤料的密度差,在一定反冲洗强度下,经反冲洗水力分级后,粒径较大的轻质滤料(无烟煤)仍分布在滤层的上层,粒径较小的重质滤料(石英砂)则位于下层。虽然每层滤料粒径自上而下仍是由小到大,但对整个滤层来讲,上层滤料的平均粒径总是大于下层滤料的平均粒径。实践证明,双层滤料含污能力较单层滤料约高1倍以上。因此,在相同滤速下,可增长过滤周期;在相同过滤周期下,可提高滤速。

三层滤料的组成:上层采用小密度、大粒径的轻质滤料(如无烟煤,粒径为0.8~1.6 mm),中层采用中等密度、中等粒径的滤料(如石英砂,粒径为0.5~0.8 mm),下层采用小粒径、大密度的重质滤料(如石榴石、磁铁矿等,粒径为0.25~0.5 mm),见图6-3(b)。就整个滤层而言,各层滤料平均粒径由上而下递减。如果三种滤料经反冲洗后在整个滤层中适当混杂,则称混合滤料。尽管称之为混合滤料,但每层仍以其原有滤料为主,掺有少量其他滤料。这种滤料组合不仅可以提高滤层的含污能力,且因下层重质滤料粒径很小,对保证滤后水质有很大作用。

需说明的是,过多地增加滤料级数,其滤层含污能力增加并不明显。同时,滤料的填

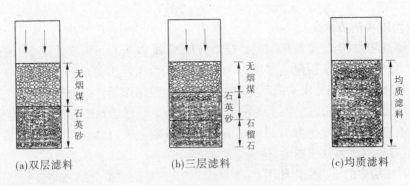

| (a)双层滤料 | (b)三层滤料 | (c)均质滤料 |

图 6-3　滤料组成示意图

装、级配困难,因此几乎不存在三层以上的滤料层。

均质滤料的组成:所谓均质滤料,是指沿整个滤层深度方向的任一横断面上,滤料组成和平均粒径均匀一致,见图 6-3(c)。它并非指整个滤层的粒径完全相同,滤料粒径仍存在一定程度的差别。采用均质滤料,反冲洗时要求滤料层不能膨胀,为此应采用气、水反冲洗。

无论是双层滤料、三层滤料,还是均质滤料,都是对滤层组成的变动,但其滤池构造和工作过程与单层滤料滤池基本相同。

四、过滤的水头损失

(一)清洁滤层水头损失

过滤刚开始时,滤层经过反洗比较干净,此时产生的过滤水头损失较小,称为清洁滤层水头损失或起始水头损失,以 h_0 表示。滤速为 8 ~ 10 m/h 时,单层砂滤池的起始水头损失为 30 ~ 40 cm。随着过滤的持续,其水头损失不断增加,当达到一定程度时,过滤结束,反冲洗开始。

(二)等速过滤与变速过滤

过滤开始以后,随着过滤时间的延续,滤层中截留的杂质越来越多,滤层的孔隙率逐渐减小。根据公式,当滤料形状、粒径、级配、厚度以及水温一定时,随着滤料孔隙率的减小,若水头损失保持不变,将引起滤速的逐渐减小;反之,在滤速保持不变时,将引起水头损失的增加。这样就产生了快滤池的两种基本过滤方式,即等速过滤和变速过滤。

1. 等速过滤

在过滤过程中,滤池过滤速度保持不变,亦即滤池流量保持不变的过滤方式,称为等速过滤。在等速过滤状态下,滤层水头损失增加值与过滤时间一般呈直线关系。随着过滤水头损失逐渐增加,滤池内水位随之升高,当水位升高至最高允许水位时,过滤停止以待冲洗,故等速过滤又称为变水头等速过滤。虹吸滤池和无阀滤池即属于等速过滤的滤池。

2. 变速过滤

在过滤过程中,滤池过滤速度随过滤时间的延续而逐渐减小的过滤方式称为变速过滤或减速过滤。在变速过滤状态下,过滤水头损失始终保持不变,由于滤层的孔隙率逐渐减小,必然使滤速也逐渐减小,故变速过滤又称为等水头变速过滤。移动罩滤池即属于变速过滤的滤池,普通快滤池可以设计成变速过滤,也可设计成等速过滤。

(三)滤层中的负水头

在过滤过程中,当滤层截留了大量杂质,以致砂面以下某一深度处的水头损失超过该处水深时,便出现负水头现象。滤层出现负水头后,由于压力减小,原来溶解在水中的气体会不断释放出来。释放出来的气体对过滤有两个破坏作用:一是增加滤层局部阻力,减小有效过滤面积,增加过滤时的水头损失,严重时会影响滤后水质;二是气体会穿过滤层,上升到滤池表面,有可能把部分细滤料或轻质滤料带上来,从而破坏滤层结构。在反洗时,气体更容易将滤料带出滤池,造成滤料流失。

过滤时滤层中的压力变化如图6-4所示。由于大量杂质被上层细滤料所截留,故在上层滤料中往往出现负水头现象。由图6-4可知,在 a 处和 c 处之间(如砂面以下 b 处),水头损失大于其相应位置的水深,于是在 $a \sim c$ 范围内出现负水头现象。要避免出现负水头现象,一般有两种解决方法:一是增加滤层上的水深,二是使滤池出水水位等于或高于滤层表面。虹吸滤池和无阀滤池由于其出水水位高于滤层表面,所以不会出现负水头现象。

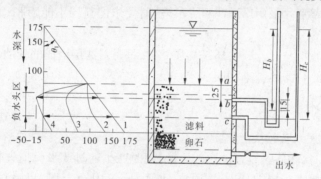

1—静水压强线;2—清洁滤料过滤时的水压线;

3—过滤时间为 t_1 时的水压线;4—过滤时间为 t_2 时的水压线;

H_b—b 点的水深;H_c—c 点的水深

图6-4　过滤时滤层中的压力变化

第二节　滤料与配水系统

在水处理中,过滤是利用具有一定空隙率的滤料层截留水中悬浮杂质的。给水处理中所用的滤料,必须符合以下要求:

(1)具有足够的机械强度,以免在冲洗过程中滤料出现磨损和破碎现象;

(2)具有足够的化学稳定性,以免滤料与水产生化学反应而恶化水质,尤其不能含有对人体健康和生产有害的物质;

(3)具有合适的粒径、良好的级配和适当的空隙率;

(4)货源充足,价格低廉,应尽量就地取材。

迄今为止,生产中使用最广泛的滤料仍然是石英砂。此外,随着双层和多层滤料的出现,常用的滤料还有无烟煤、磁铁矿、金钢砂、石榴石、钛铁矿、天然锰砂等。另外,还有聚苯乙烯及陶粒等轻质滤料。

一、滤料粒径级配

滤料颗粒都具有不规则的形状,其粒径是指正好可通过某一筛孔的孔径,见图6-5。滤料粒径级配是指滤料中各种粒径颗粒所占的质量比例。

生产中,滤料的粒径级配通常以最大粒径 d_{max}、最小粒径 d_{min} 和不均匀系数 K_{80} 来表示。这也是我国《室外给水设计规范》(GB 50013—2006)中所采用的滤料粒径级配法,见表6-1。

$$K_{80} = \frac{d_{80}}{d_{10}} \tag{6-1}$$

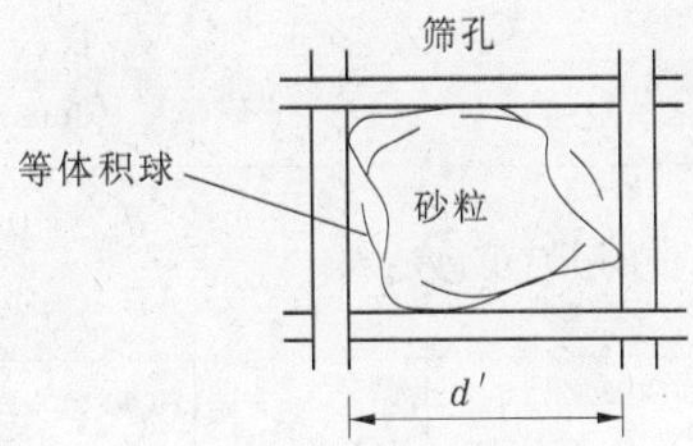

图6-5　校准孔径示意图

式中　d_{10}——通过滤料质量10%的筛孔孔径,mm;

　　　d_{80}——通过滤料质量80%的筛孔孔径,mm。

其中,d_{10} 又称为有效粒径,它反映滤料中细颗粒尺寸;d_{80} 反映滤料中粗颗粒尺寸。由此可见,K_{80} 的大小反映了滤料颗粒粗细不均匀的程度,K_{80} 越大,则粗细颗粒的尺寸相差越大,颗粒越不均匀,对过滤和反冲洗都会产生非常不利的影响。因为 K_{80} 较大时,滤层的孔隙率小、含污能力低,从而导致过滤时滤池工作周期缩短;反冲洗时,若满足细颗粒膨胀要求,粗颗粒将得不到很好的清洗;反之,若为满足粗颗粒膨胀要求,细颗粒可能被冲出滤池。K_{80} 越接近于1,滤料越均匀,过滤和反冲洗效果越好,但滤料价格越高。为了保证过滤和反冲洗效果,通常要求 $K_{80} < 2.0$。

滤料粒径级配除采用最大粒径、最小粒径和不均匀系数表示外,还可采用有效粒径 d_{10} 和不均匀系数 K_{80} 来表示。另外,在生产中也可用 K_{60}($K_{60} = d_{60}/d_{10}$)代替 K_{80} 来表示滤料不均匀系数。d_{60} 的含义与 d_{10} 或 d_{80} 相同。

二、双层及多层滤料级配

双层滤料经反冲洗以后,有可能出现部分混杂(在煤－砂交界面上),这主要取决于煤、砂的密度差、粒径差及煤和砂的粒径级配、滤料形状、水温及反冲洗强度等因素。生产经验表明,煤－砂交界面混杂厚度在5 cm左右,对过滤有益无害。我国常用的滤料粒径级配见表6-1。

三层滤料反冲洗后,滤层中也存在适当混杂,但上层仍然以煤粒为主,中层以石英砂为主,下层以重质矿石为主。就整个滤层而言,滤层孔隙尺寸由上而下递减。三层滤料粒径级配见表6-1。

三、滤料筛分

在实际工程中,要求滤料在一定粒径范围内,并满足级配指标要求,故应对滤料进行筛选。

以石英砂滤料为例,取某砂样300 g,洗净后于105 ℃恒温箱中烘干,待冷却后称取100 g,放于一组筛子中过筛,筛毕称出留在各个筛子上的砂量,并计算出通过相应筛子的砂量,填入表6-2中,然后据此表绘出筛分曲线,见图6-6。

表6-1　我国常用滤料级配及滤速

类别		滤料组成			滤速 （m/h）	强制滤速 （m/h）
		粒径 （mm）	不均匀系数 K_{80}	厚度 （mm）		
单层石英砂滤料		$d_{min} = 0.5$ $d_{max} = 1.2$	< 2.0	700	8 ~ 10	10 ~ 14
双层滤料	无烟煤	$d_{min} = 0.8$ $d_{max} = 1.8$	< 2.0	300 ~ 400	10 ~ 14	14 ~ 18
	石英砂	$d_{min} = 0.5$ $d_{max} = 1.2$	< 2.0	400		
三层滤料	无烟煤	$d_{min} = 0.8$ $d_{max} = 1.6$	< 1.7	450	18 ~ 20	20 ~ 25
	石英砂	$d_{min} = 0.5$ $d_{max} = 0.8$	< 1.5	230		
	重质矿石	$d_{min} = 0.25$ $d_{max} = 0.5$	< 1.7	70		

注:滤料密度一般为:石英砂 2.60 ~ 2.65 g/cm³;无烟煤 1.40 ~ 1.60 g/cm³;重质矿石 4.70 ~ 5.00 g/cm³。

表6-2　筛分试验记录

筛孔 （mm）	留在筛上的砂量		通过该号筛的砂量	
	质量（g）	%	质量（g）	%
2.362	0.1	0.1	99.9	99.9
1.651	9.3	9.3	90.6	90.6
0.991	21.7	21.7	68.9	68.9
0.589	46.6	46.6	22.3	22.3
0.246	20.6	20.6	1.7	1.7
0.208	1.5	1.5	0.2	0.2
筛底盘	0.2	0.2	—	—
合计	100.0	100.0		

根据图6-6筛分曲线,可求得 $d_{10} = 0.4$ mm, $d_{80} = 1.35$ mm,因此 $K_{80} = \dfrac{1.34}{0.4} = 3.35$。

由于 $K_{80} > 2.0$,故该滤料不符合级配要求,必须进行筛选。假定设计要求: $d_{10} = 0.55$ mm, $K_{80} = 2.0$,则 $d_{80} = 2.0 \times 0.55 = 1.10$(mm)。按此要求筛选滤料,步骤如下:

首先,自横坐标 0.55 mm 和 1.10 mm 两点分别作垂线与筛分曲线相交,自两交点作

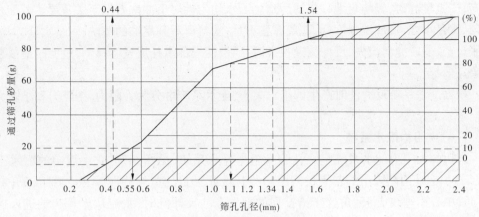

图6-6 滤料筛分曲线

横坐标轴平行线与右边纵坐标轴相交。然后,以两交点分别作为 10% 和 80%,并在 10% 和 80% 之间分 7 等份,以此向上下两端延伸,即得 0 和 100% 之点,重新建立新坐标,如图 6-6 右侧纵坐标所示。最后,再自新坐标原点和 100% 作平行线与筛分曲线相交,此两点以内即为所选滤料,其余部分应全部筛除(图中阴影部分)。由图 6-6 可知,粗颗粒($d > 1.54$ mm)约筛除 13%,细颗粒($d < 0.44$ mm)约筛除 13%,共计 26% 左右。

四、滤料层孔隙率的测定

滤料层孔隙率是指滤料层中的孔隙所占的体积与滤料层总体积之比,用 m 表示。滤料层孔隙率测定方法与步骤如下:

(1)取一定量的滤料,在 105 ℃下烘干、称重;

(2)用比重瓶测出其密度;

(3)将滤料放入过滤筒中,用清水过滤一段时间,待其压实后,量出滤层体积;

(4)按式(6-2)求出滤料孔隙率:

$$m = 1 - \frac{G}{\rho V} \tag{6-2}$$

式中　G——滤料质量,kg;

ρ——滤料颗粒密度,kg/m^3;

V——滤料层体积,m^3。

滤料层孔隙率的大小影响快滤池的过滤效率,一般来讲,孔隙率越大,滤层的含污能力越高,滤池的工作周期就越长。滤料层孔隙率与滤料颗粒的形状、粒径、均匀程度以及滤料层的压实程度等因素有关。形状不规则和粒径均匀的滤料,孔隙率较大。一般石英砂滤料层的孔隙率在 0.42 左右。

在过滤和反冲洗过程中,滤料由于碰撞、摩擦会出现破碎和磨蚀而变细,从而造成滤料层孔隙率减小,对过滤产生不利影响。因此,在生产中应根据具体情况更换滤料。

五、配水系统

配水系统位于滤池底部,其作用:一是反冲洗时,使反冲洗水在整个滤池平面上均匀分布;二是过滤时,能均匀地收集滤后水。配水均匀性对反冲洗效果至关重要。若配水不均匀,水量小处,反冲洗强度低,滤层膨胀不足,滤料得不到足够的清洗;水量大处,因滤层膨胀过甚,造成滤料流失,反冲流速很大时,还会使局部承托层发生移动,过滤时造成漏砂现象。

根据配水系统反冲洗时产生的阻力大小,配水系统可分为大阻力、中阻力和小阻力三种配水系统。

(一)大阻力配水系统

常用的大阻力配水系统是穿孔管大阻力配水系统,见图6-7。它由居中的配水干管(或渠)和干管两侧接出的若干根间距相等且彼此平行的支管构成。在支管下部开有两排与管中心铅垂线成45°角且交错排列的配水孔。反冲洗时,水流从干管起端进入后流入各支管,由各支管孔口流出,再经承托层自下而上对滤料层进行冲洗,最后流入排水槽。

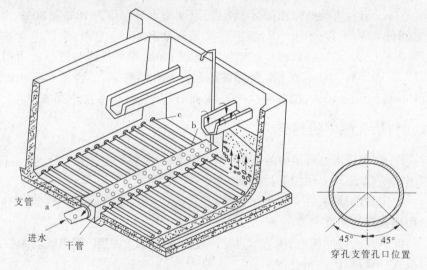

穿孔支管孔口位置

图6-7 穿孔管大阻力配水系统

在如图6-7所示的大阻力配水系统中,a孔和c孔分别是距进口最近和最远的两孔,因此也是孔口内压力水头相差最大的两孔。在配水系统中,如果a孔和c孔的出流量近似相等,则其余各孔口的出流量更相近,即可认为在整个滤池平面上冲洗水是均匀分布的。大阻力配水系统的干管和支管均可近似看作沿程均匀泄流管路,若假定干管及支管的沿程水头损失忽略不计且各支管进口局部水头损失又基本相等,则由水力分析可得a孔与c孔内的压力水头关系:

$$H_c = H_a + \frac{1}{2g}(v_1^2 + v_2^2) \tag{6-3}$$

式中　　H_a——a孔内的压力水头;

　　　　H_c——c孔内的压力水头;

　　　　v_1——干管起端流速;

　　　　v_2——支管起端流速。

a 孔和 c 孔内的压力水头与孔口流出后的终点水头之差,即为水流经孔口、承托层和滤料层的总水头损失,分别以 H'_a 和 H'_c 表示。由于反冲洗排水槽上缘水平,可以认为冲洗时自各孔口流出后的终点水头相同。式(6-3)中 H_a 和 H_c 均减去同一终点水头,可得:

$$H'_c = H'_a + \frac{1}{2g}(v_1^2 + v_2^2) \tag{6-4}$$

由于水头损失与流量的平方成反比,则有:

$$H'_a = (S_1 + S'_2)Q_a^2 \tag{6-5}$$

$$H'_c = (S_1 + S''_2)Q_c^2 \tag{6-6}$$

式中 Q_a——a 孔的出流量;

Q_c——c 孔的出流量;

S_1——孔口阻力系数,各孔口尺寸和加工精度相同时,其阻力系数均相同;

S'_2、S''_2——a 孔和 c 孔处承托层及滤料层阻力系数之和。

由式(6-5)、式(6-6)可得:

$$Q_c = \sqrt{\frac{S_1 + S'_2}{S_1 + S''_2}Q_a^2 + \frac{1}{S_1 + S''_2} \cdot \frac{v_1^2 + v_2^2}{2g}} \tag{6-7}$$

分析式(6-7)可知,两孔口出流量不可能相等。但如果减小孔口面积以增大孔口阻力系数 S_1,就可以削弱承托层和滤料层阻力系数 S'_2、S''_2 及配水系统压力不均匀的影响,从而使 Q_a 接近 Q_c,实现配水均匀。这就是大阻力配水系统的基本原理。

一般来讲,滤池冲洗时,承托层和滤料层对配水均匀性影响较小,当配水系统配水均匀性符合要求时,基本上可达到均匀反冲洗目的。通常要求 $Q_a/Q_c \geqslant 0.95$,以保证配水系统中任意两孔口出流量之差不大于 5%。由此得出,大阻力配水系统构造尺寸应满足下式:

$$\left(\frac{f}{\omega_1}\right)^2 + \left(\frac{f}{n\omega_2}\right)^2 \leqslant 0.29 \tag{6-8}$$

式中 f——配水系统孔口总面积,m^2;

ω_1——干管截面面积,m^2;

ω_2——支管截面面积,m^2;

n——支管根数。

式(6-8)表明,反冲洗配水的均匀性只与配水系统构造尺寸有关,而与反冲洗强度和滤池面积无关。但实际上,当单池面积过大时,影响配水均匀性的其他因素也将对冲洗效果产生影响,故单池面积一般不宜大于 $100~m^2$。

穿孔管大阻力配水系统的构造尺寸可根据设计参数来确定,见表 6-3。

大阻力配水系统的优点是配水均匀性较好,但系统结构较复杂,检修困难,而且水头损失很大(通常在 3.0 m 以上),冲洗时需要专用设备(如冲洗水泵),动力耗能多,故不能用于反冲洗水头有限的虹吸滤池和无阀滤池。此时,应采用中、小阻力配水系统。

表 6-3　穿孔管大阻力配水系统设计参数

类别	设计参数	类别	设计参数
干管起端流速	1.0 ~ 1.5 m/s	配水孔口直径	9 ~ 12 mm
支管起端流速	1.5 ~ 2.0 m/s	配水孔间距	75 ~ 300 mm
孔口流速	5.0 ~ 6.0 m/s	支管中心间距	0.2 ~ 0.3 m
开孔比	0.2% ~ 0.25%	支管长度与直径比	<60

注：1. 开孔比(a)是指配水孔口总面积与滤池面积之比；

　　2. 当干管(渠)直径大于 300 mm 时，干管(渠)顶部也应开孔布水，并在孔口上方设置挡板；

　　3. 干管(渠)的末端应设直径为 40 ~ 100 mm 的排气管，管上安装阀门。

(二)中、小阻力配水系统

由此可知，如果将干管起端流速 v_1 和支管起端流速 v_2 减小至一定程度，配水系统压力不均匀的影响就会大大削弱，此时即使不增大孔口阻力系数 S_1，也可以实现均匀配水，这就是小阻力配水系统的基本原理。

在生产中，小阻力配水系统不再采用穿孔管系统而通常采用较大的底部配水空间，其上铺设钢筋混凝土穿孔滤板，见图 6-8(a)、(c)。由于水流进口断面面积大、流速较小，底部配水室内压力将趋于均匀，从而达到均匀配水的目的。

另外，滤池采用气、水反冲洗时，还可以采用长柄滤头，见图 6-8(b)。

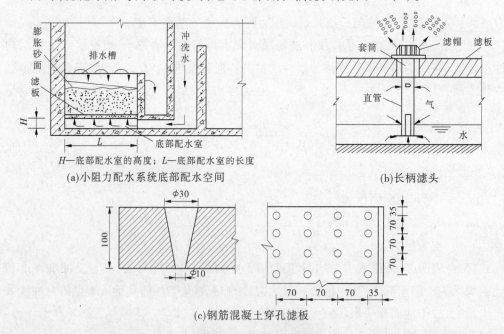

(a)小阻力配水系统底部配水空间　　　　　　(b)长柄滤头

H—底部配水室的高度；L—底部配水室的长度

(c)钢筋混凝土穿孔滤板

图 6-8　小阻力配水系统

小阻力配水系统的配水均匀性取决于开孔比的大小，开孔比越大，则孔口阻力越小，配水均匀性越差。小阻力配水系统的开孔比通常都大于 1.0%，水头损失一般小于 0.5 m。由于其配水均匀性较大阻力配水系统差，故使用有一定的局限性，一般多用于单格面积不大于 20 m² 的无阀滤池、虹吸滤池等。

由于孔口阻力与孔口总面积或开孔比成反比,故开孔比愈大,孔口阻力愈小。大阻力配水系统如果增大开孔比到 0.60% ~ 0.80%,就可以减小孔眼中的流速,从而减小配水系统的阻力。所谓中阻力配水系统,就是指其开孔比介于大、小阻力配水系统之间,水头损失一般为 0.5 ~ 3.0 m。中阻力配水系统的配水均匀性优于小阻力配水系统。常见的中阻力配水系统有穿孔滤砖等,见图 6-9。

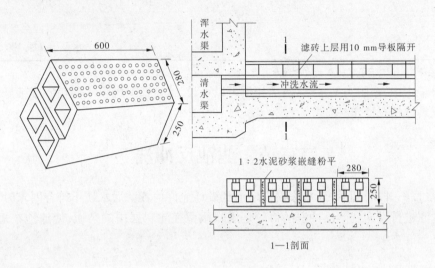

图 6-9 穿孔滤砖

六、承托层

承托层设于滤料层和底部配水系统之间。承托层的作用:一是支承滤料,防止过滤时滤料通过配水系统的孔眼流失,为此要求反冲洗时承托层不能发生移动。二是反冲洗时,均匀地向滤料层分配反冲洗水。滤池的承托层一般由一定级配天然卵石或砾石组成,铺装承托层时应严格控制好高程,分层清楚,厚薄均匀,且在铺装前应将黏土及其他杂质清除干净。采用大阻力配水系统时,单层或双层滤料滤池的承托层粒径和厚度见表 6-4。

表 6-4 单层或双层滤料滤池的承托层粒径和厚度

层次(自上而下)	粒径(mm)	厚度(mm)
1	2 ~ 4	100
2	4 ~ 8	100
3	8 ~ 16	100
4	16 ~ 32	本层顶面高度至少应高出配水系统孔眼 100

对于三层滤料滤池,考虑到下层滤料粒径小、重度大,承托层上层应采用重质矿石,以免反冲洗时承托层移动。三层滤料滤池的承托层材料、粒径和厚度见表 6-5。

表6-5　三层滤料滤池承托层材料、粒径与厚度

层次(自上而下)	材料	粒径(mm)	厚度(mm)
1	重质矿石(如石榴石、磁铁矿等)	0.5~1	50
2	重质矿石(如石榴石、磁铁矿等)	1~2	50
3	重质矿石(如石榴石、磁铁矿等)	2~4	50
4	重质矿石(如石榴石、磁铁矿等)	4~8	50
5	砾石	8~16	100
6	砾石	16~32	本层顶面高度应至少高出配水系统孔眼100

注:配水系统如用滤砖且孔径为4 mm时,第6层可不设。

如果采用中、小阻力配水系统,承托层可以不设,或者适当铺设一些粗砂或细砾石,视配水系统具体情况而定。

第三节　滤池反冲洗

滤池过滤一段时间后,当水头损失增加到设计允许值或滤后水质不符合要求时,滤池须停止过滤进行反冲洗。反冲洗的目的是清除截留在滤料层中的杂质,使滤池在短时间内恢复过滤能力。

一、滤池的反冲洗方法

快滤池的反冲洗方法有三种:高速水流反冲洗,气、水反冲洗,表面辅助冲洗加高速水流反冲洗。

高速水流反冲洗是当前我国广泛采用的一种冲洗方法,其操作简便,滤池结构和设备简单,故作为本节的重点介绍。

(一)高速水流反冲洗

高速水流反冲洗是利用高速水流反向通过滤料层时,产生的水流剪力和流态化滤层造成滤料颗粒间碰撞摩擦的双重作用,把截留在滤料层中的杂质从滤料表面剥落下来,然后被冲洗水带出滤池。为了保证反冲洗达到良好效果,必须有一定的反冲洗强度、适宜的滤层膨胀度和足够的冲洗时间,这些称为冲洗三要素。在生产中,反冲洗强度、滤层膨胀度和冲洗时间应根据滤料层的类别来确定,见表6-6。

表6-6　反冲洗强度、滤层膨胀度和冲洗时间

序号	滤层	反冲洗强度(L/(s·m²))	滤层膨胀度(%)	冲洗时间(min)
1	石英砂滤料	12~15	45	7~5
2	双层滤料	13~16	50	8~6
3	三层滤料	16~17	55	7~5

注:1.设计水温按20 ℃计,水温每增减1 ℃,冲洗强度相应增减1%;
2.由于全年水温、水质有变化,应考虑有适当调整冲洗强度的可能;
3.选择反冲洗强度时,应考虑所用混凝剂品种;
4.膨胀度数值仅供设计计算使用。

1. 反冲洗强度

反冲洗强度是指单位面积滤层上所通过的冲洗流量,以 $L/(s \cdot m^2)$ 计。也可换算成反冲洗流速,以 cm/s 计。$1 cm/s = 10 L/(s \cdot m^2)$。

冲洗效果取决于反冲洗强度(即冲洗流速)。反冲洗强度过小时,滤层膨胀度不够,滤层孔隙中水流剪力小,截留在滤层中的杂质难以被剥落掉,滤层冲洗不净;反冲洗强度过大时,滤层膨胀度过大,由于滤料颗粒过于离散,滤层孔隙中水流剪力降低,滤料颗粒间相互碰撞摩擦的概率减小,滤层冲洗效果差,严重时还会造成滤料流失。因此,反冲洗强度过大或过小,冲洗效果均会降低。

在生产中,反冲洗强度的确定还应考虑水温的影响。夏季水温较高,水的黏度较小,所需反冲洗强度较大;冬季水温低,水的黏度大,所需的反冲洗强度较小。一般来说,水温增减 $1 ℃$,反冲洗强度相应增减 1%。

2. 滤层膨胀度

滤层膨胀度是指反冲洗时滤层膨胀后所增加的厚度与滤层膨胀前厚度之比,用 e 表示:

$$e = \frac{L - L_0}{L_0} \times 100\% \qquad (6-9)$$

式中　L_0——滤层膨胀前厚度,cm;

　　　L——滤层膨胀后厚度,cm。

3. 冲洗时间

冲洗时间的长短也影响滤池的冲洗效果。当反冲洗强度和滤层膨胀度都满足要求但冲洗时间不足时,滤料颗粒表面的杂质因碰撞摩擦时间不够而不能得到充分清除。同时,反冲洗废水也因排除不彻底导致污物重返滤层,覆盖在滤层表面而形成"泥膜",或进入滤层形成"泥球"。因此,足够的冲洗时间也是保证冲洗效果的关键。冲洗时间可按表6-6选用,也可根据冲洗废水的允许浊度决定。

对于非均匀滤料,在一定的反冲洗强度下,粒径小的滤料膨胀度大,粒径大的滤料膨胀度小。因此,要同时兼顾粗、细滤料膨胀度要求是不可能的。理想的膨胀度应该是截留杂质的那部分滤料恰好完全膨胀起来而下层最大颗粒滤料刚刚开始膨胀,以获得较好的冲洗效果。因此,在设计或操作中,可以最粗滤料刚开始膨胀作为确定反冲洗强度的依据。如果由此而导致上层细滤料膨胀度过大甚至引起滤料流失,滤料级配应加以调整。

(二)气、水反冲洗

高速水流反冲洗虽然操作方便,滤池和设备较简单,但冲洗耗水量大,水力分级现象明显,而且,未被反冲洗水流带走的大块絮体沉积于滤层表面后,极易形成"泥膜",妨碍滤池正常过滤。因此,为了改善反冲洗效果,需要采取一些辅助冲洗措施,如气、水反冲洗等。

气、水反冲洗的原理是:利用压缩空气进入滤池后,上升空气气泡产生的振动和擦洗作用,将附着于滤料表面杂质清除下来并使之悬浮于水中,然后再用水反冲把杂质排出池外。空气由鼓风机或空气压缩机和储气罐组成的供气系统供给,冲洗水由冲洗水泵或冲洗水箱供应,配气、配水系统多采用长柄滤头。气、水反冲洗操作方式有以下几种:

(1)先进入压缩空气擦洗,再进入水反冲。

（2）先进入气、水同时反冲,再进入水反冲。

（3）先进入压缩空气擦洗,再进入气、水同时反冲,最后进入水反冲。

确定冲洗程序、冲洗时间和反冲洗强度时,应考虑滤池构造,滤料种类、密度,粒径级配及水质、水温等因素。目前,我国还没有气、水反冲洗控制参数和要求的统一规定。在生产中,多根据经验选用。

采用气、水反冲洗有以下优点:空气气泡的擦洗作用能有效地使滤料表面污物破碎、脱落,故冲洗效果好,节省冲洗水量;冲洗时,滤层不膨胀或微膨胀,不产生或不明显产生水力分级现象,从而提高滤层含污能力。但气、水反冲洗需增加气冲设备(鼓风机或空气压缩机和储气罐),滤池结构及冲洗操作也较复杂。国外采用气、水反冲洗比较普遍,我国近年来气、水反冲洗也日益增多。

一般而言,气冲强度为 $10 \sim 20$ L/(s·m²)。水冲强度:①气水同时反冲时,强度一般为 $3 \sim 4$ L/(s·m²);②单独水冲,低速反冲时,强度为 $4 \sim 6$ L/(s·m²);高速反冲时,强度为 $6 \sim 10$ L/(s·m²)。反冲洗时间一般为 $6 \sim 10$ min。相同技术方法详见《室外给水设计规范》(GB 50013—2006)。

二、反冲洗水的供给

普通快滤池反冲洗水供给方式有两种:水塔(箱)冲洗和水泵冲洗。水泵冲洗建设费用低,冲洗水头变化较小,但由于冲洗水泵是间隙工作且设备功率大,在冲洗的短时间内耗电量大,使电网负荷极不均匀;水塔(箱)冲洗操作简单,补充冲洗水的水泵较小,并允许在较长的时间内完成,耗电较均匀,但水塔造价较高。若有地形,采用水塔(箱)冲洗较好。

(一)水塔(箱)冲洗

水塔(箱)冲洗如图6-10所示,为避免冲洗过程中冲洗水头相差太大,水塔(箱)内水深不宜超过 3 m。水塔(箱)容积(m³)按单格滤池所需冲洗水量的1.5倍计算:

$$W = \frac{1.5qFt \times 60}{1\,000} = 0.09Fqt \tag{6-10}$$

式中　W——水塔(箱)容积,m³;

　　　F——单格滤池面积,m²;

　　　t——冲洗历时,min;

　　　q——反冲洗强度,L/(s·m²)。

水塔(箱)底高出滤池冲洗排水槽顶高度 H_0(m),可按式(6-11)计算:

$$H_0 = h_1 + h_2 + h_3 + h_4 + h_5 \tag{6-11}$$

式中　h_1——从水塔(箱)至滤池的管道中总水头损失,m;

　　　h_2——滤池配水系统水头损失,m,大阻力配水系统按孔口平均水头损失计算;

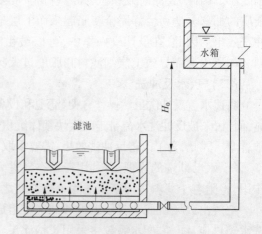

图6-10　水塔(箱)冲洗

$$h_2 = \frac{1}{2g}\left(\frac{q}{10\alpha\mu}\right)^2 \tag{6-12}$$

α——配水系统开孔比;

μ——孔口流量系数;

h_3——承托层水头损失,m;

$$h_3 = 0.022qZ \tag{6-13}$$

q——反冲洗强度,L/$(s \cdot m^2)$;

Z——承托层厚度,m;

h_4——滤料层水头损失,m;

h_5——备用水头,一般取 1.5 ~ 2.0 m。

(二)水泵冲洗

水泵冲洗如图 6-11 所示,冲洗水泵要考虑备用,可单独设置冲洗泵房,也可设于二级泵站内。水泵流量按冲洗强度和滤池面积计算:

$$Q = qF \tag{6-14}$$

式中　q——反冲洗强度,L/$(s \cdot m^2)$;

　　　F——单格滤池面积,m^2。

水泵扬程为:

$H = H_0 + h_1 + h_2 + h_3 + h_4 + h_5$
$$\tag{6-15}$$

式中　H_0——排水槽顶与清水池最低水

　　　　　位高差,m;

　　　h_1——清水池至滤池的管道中总

　　　　　水头损失,m。

快滤池冲洗水的供给除采用上述冲

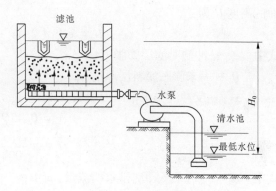

图 6-11　水泵冲洗

洗水泵和冲洗水塔(箱)两种方式外,虹吸滤池、移动罩滤池、无阀滤池等则是利用同组其他格滤池的出水及其水头进行反冲洗,而无须设置冲洗水塔(箱)或冲洗水泵。

三、冲洗废水的排除

滤池冲洗废水的排除设施包括反冲洗排水槽和废水渠。反冲洗时,冲洗废水先溢流入反冲洗排水槽,再汇集到废水渠后排入下水道(或回收水池),见图 6-12。

(一)反冲洗排水槽

为了及时、均匀地排除冲洗废水,反冲洗排水槽设计应符合以下要求:

(1)冲洗废水应自由跌落进入反冲洗排水槽,再由反冲洗排水槽自由跌落进入废水渠,以避免形成壅水,使排水不畅而影响冲洗均匀。为此,要求反冲洗排水槽内水面以上保持 7 cm 左右的超高,废水渠起端水面低于反冲洗排水槽底 20 cm。

(2)反冲洗排水槽口应力求水平一致,以保证单位槽长的溢入流量相等。在施工时,其误差应限制在 2 mm 以内。

(3)反冲洗排水槽总平面面积一般应小于滤池面积的 25%,以免影响上升水流的均匀性。

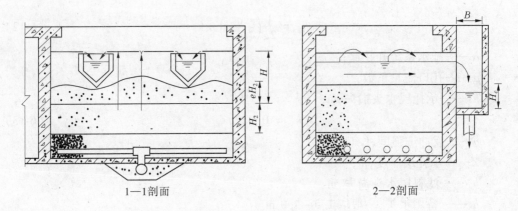

1—1剖面   2—2剖面

图 6-12　反冲洗废水排除示意图

（4）相邻两槽中心距一般为 1.5～2.0 m，间距过大会影响排水的均匀性。

（5）反冲洗排水槽高度要适当。槽口太高，废水排除不净；槽口太低，会使滤料流失。

为避免冲走滤料，滤层膨胀面应控制在槽底以下。反冲洗排水槽顶距未膨胀滤料表面的高度 H 为：

$$H = eH_2 + 2.5x + \delta + 0.07 \tag{6-16}$$

式中　e——冲洗时滤层膨胀度（%）；

H_2——未膨胀滤料层厚度，m；

x——反冲洗排水槽断面模数，m；

$$x = 0.45Q_1^{0.4} \tag{6-17}$$

$$Q_1 = \frac{1}{1\,000n}qF \tag{6-18}$$

式中　Q_1——每条反冲洗排水槽流量，m^3/s；

q——反冲洗强度，$L/(s \cdot m^2)$；

F——单格滤池面积，m^2；

n——单格滤池的反冲洗排水槽条数；

δ——反冲洗排水槽底厚度，m；

0.07——反冲洗排水槽超高，m。

反冲洗排水槽底可以水平设置，也可以设置一定坡度。

（二）废水渠

废水渠为矩形断面，沿滤池池壁一侧布置。当滤池面积很大时，为使排水均匀，废水渠也可布置在滤池中间。

废水渠底距反冲洗排水槽底高度（m）可按下式计算：

$$H_c = 1.73\sqrt[3]{\frac{Q^2}{gB^2}} + 0.2 \tag{6-19}$$

式中　Q——滤池总冲洗流量，m^3/s；

B——废水渠宽度，m；

g——重力加速度，取 9.81 m/s^2；

0.2——废水渠起端水面低于反冲洗排水槽底高度,m。

第四节 普通快滤池工作过程

一、快滤池的类型

人类早期使用的滤池称为慢滤池,其主要是依靠滤层表面因藻类、原生动物和细菌等微生物生长而生成的滤膜去除水中的杂质。慢滤池能较为有效地去除水中的色度、臭和味,但由于滤速太慢(滤速仅为 0.1～0.3 m/h)、占地面积太大而被淘汰。快滤池就是针对慢滤池这些缺点而发展起来的,其中以石英砂作为滤料的普通快滤池使用历史最久。在此基础上,为了增加滤层的含污能力以提高滤速和延长工作周期、减少滤池阀门以方便操作和实现自动化,人们从不同的工艺角度进行了改进和革新,出现了其他形式的快滤池,大致分类如下:

(1)按滤料层的组成不同可分为单层石英砂滤料、双层滤料、三层滤料、均质滤料、新型轻质滤料滤池等;

(2)按阀门的设置不同可分为普通快滤池、双阀滤池、单阀滤池、无阀滤池、虹吸滤池、移动冲洗罩滤池等;

(3)按过滤的水流方向不同可分为下向流、上向流、双向流滤池等;

(4)按工作的方式不同可分为重力式滤池、压力式滤池;

(5)按滤池的冲洗方式不同可分为高速水流反冲洗滤池,气、水反冲洗滤池,表面助冲加高速水流反冲洗滤池。

二、快滤池的工作过程

滤池形式各异,但过滤原理基本一样,基本工作过程也相同,即过滤和冲洗交替进行。以普通快滤池为例,以下简要介绍快滤池的基本构造和工作过程。

普通快滤池又称四阀滤池,其构造剖视图见图6-13。小型水厂滤池的格数较少时,宜采用单行排列的布置形式。而大、中型水厂由于滤池的个数较多,则宜采用双行对称排列,两排滤池中间布置管渠和阀门,称为管廊。普通快滤池本身包括浑水渠(进水渠)、冲洗排水槽、滤料层、承托层和配水系统五个部分。管廊内主要是进水、清水、冲洗水、冲洗排水(或废水渠)等五种管渠及其相应的控制阀门。

过滤时,关闭冲洗水支管 4 上的阀门与排水阀 5,开启进水支管 2 与清水支管 3 上的阀门,原水经进水总管 1、进水支管 2 由浑水渠 13 流入冲洗排水槽 6 后,从槽的两侧溢流进入滤池,经过滤料层 7、承托层 8 后,由底部配水系统的配水支管 9 汇集,再经配水干管 10、清水支管 3,进入清水总管 12 流往清水池。原水流经滤料层时,水中杂质即被截留在滤料层中。随着过滤的进行,滤料层中截留的杂质越来越多,滤料颗粒间孔隙逐渐减少,滤料层中的水头损失也相应增加。当滤层中的水头损失增加到设计允许值(一般小于2.0～2.5 m)以致滤池产水量减少,或水头损失不大但滤后水质不符合要求时,滤池须停止过滤进行反冲洗,从过滤开始到过滤结束所经历的时间称为过滤周期。

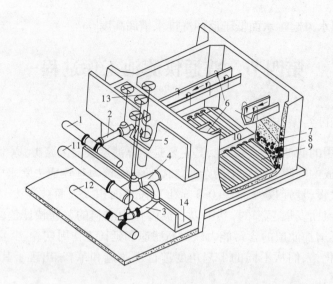

1—进水总管;2—进水支管;3—清水支管;4—冲洗水支管;5—排水阀;
6—冲洗排水槽;7—滤料层;8—承托层;9—配水支管;10—配水干管;
11—冲洗水总管;12—清水总管;13—浑水渠;14—废水渠

图 6-13 普通快滤池构造剖视图

反冲洗时,关闭进水支管 2 与清水支管 3 上的阀门,开启排水阀 5 与冲洗水支管 4 上的阀门,冲洗水(即滤后水)由冲洗水总管 11、冲洗水支管 4,经底部配水系统的配水干管 10、配水支管 9 及支管上均匀分布的孔眼中流出,均匀地分布在整个滤池平面上,自下而上穿过滤料层 7 及承托层 8。滤层在均匀分布的上升水流中处于悬浮状态,滤层中截留的杂质在水流剪力和滤料颗粒间的碰撞摩擦作用下从滤料颗粒表面剥离下来,随反冲洗废水进入冲洗排水槽 6,再汇集入浑水渠 13,最后经排水管和废水渠 14 排入下水道或回收水池。冲洗一直进行到滤料基本洗干净为止。冲洗结束后,即可关闭冲洗水支管 4 上的阀门与排水阀 5,开启进水支管 2 与清水支管 3 上的阀门,过滤重新开始。

从过滤开始到冲洗结束所经历的时间称为快滤池工作周期。工作周期的长短涉及滤池的实际工作时间和反冲洗耗水量,因而直接影响到滤池的产水量。工作周期过短,滤池日产水量减少。快滤池工作周期一般为 12 ~ 24 h,但最长不宜超过 48 h(防控藻类暴发)。

快滤池的产水量受诸多因素影响,其中最主要的是滤速。滤速相当于滤池负荷,是指单位时间、单位表面积滤池的过滤水量,单位为 $m^3/(m^2 \cdot h)$,通常化简为 m/h。根据《室外给水设计规范》规定:当滤池的进水浊度在 10 度以下时,单层石英砂滤料滤池的正常滤速可采用 8 ~ 10 m/h,双层滤料滤池的正常滤速宜采用 10 ~ 14 m/h,三层滤料滤池的正常滤速宜采用 18 ~ 20 m/h。

三、普通快滤池的设计

普通快滤池设有四个阀门,即进水阀门、排水阀门、反冲洗阀门、清水阀门,故又称为四阀滤池。如果用虹吸管代替进水阀门和排水阀门,则又称为双阀滤池。双阀滤池与普通快滤池的构造和工艺过程完全相同,仅以排水虹吸管和进水虹吸管分别代替排水阀门和进水阀门而已。

(一)滤池总面积及单池面积

如前所述,滤速相当于滤池负荷,是指单位时间、单位表面积滤池的过滤水量。由此可得出滤池总面积 $F(\text{m}^2)$ 为:

$$F = \frac{Q}{v} \tag{6-20}$$

式中　Q——设计流量(水厂供水量与水厂自用水量之和),m^3/h;

　　　v——设计滤速,m/h。

在设计流量一定时,设计滤速愈高,滤池面积愈小,滤池造价愈低;反之亦然。设计滤速的确定应以保证滤后水质为前提,同时考虑经济影响和运行管理。一般情况下,当水源水质较差、滤前处理效果难以保证及从总体规划考虑,需要适当保留滤池生产潜力时,设计滤速宜低一些。

单池面积(m^2)可根据滤池总面积与滤池个数确定:

$$F' = \frac{F}{n} \tag{6-21}$$

式中　F'——单池面积,m^2;

　　　n——滤池个数。

滤池个数直接涉及滤池造价、冲洗效果和运行管理。滤池个数多时,单池面积小、冲洗效果好、运转灵活、强制滤速低(强制滤速是指 1 个或 2 个滤池停产检修时,其余滤池在超过正常负荷下的滤速,用 v_n 表示),但滤池总造价高,操作管理较麻烦。滤池个数过少,一方面,因单池面积过大,布水均匀性差,冲洗效果欠佳;另一方面,当某个滤池反冲洗或停产检修时,对水厂生产影响较大,且强制滤速高,安全性差。在设计中,滤池个数应通过技术、经济指标的比较确定,但不得少于 2 个。单池面积与滤池总面积的关系参考表 6-7。

表 6-7　单池面积与滤池总面积的关系　　　　　　　　　　　　　(单位:m^2)

滤池总面积	单池面积	滤池总面积	单池面积
60	15 ~ 20	250	40 ~ 50
120	20 ~ 30	400	50 ~ 70
180	30 ~ 40	600	60 ~ 80

(二)滤池长宽比

单个滤池平面既可为正方形,也可为矩形。滤池长宽比取决于处理构筑物总体布置,同时与造价也有关系,应通过技术、经济指标比较确定。单个滤池的长宽比可参考表 6-8。

表 6-8　单个滤池长宽比

单个滤池面积(m^2)	长:宽
≤30	1:1
>30	1.25:1 ~ 1.5:1
选用旋转式表面冲洗时	1:1、2:1、3:1

(三)滤池总深度

滤池总深度包括以下参数。

(1)滤池保护高度:0.20~0.30 m;

(2)滤层表面以上水深:1.5~2.0 m;

(3)滤层厚度:单层砂滤料一般为0.70 m,双层及多层滤料一般为0.70~0.80 m;

(4)承托层厚度:见表6-4和表6-5。

考虑配水系统的高度,滤池总深度一般为3.0~3.5 m。

(四)管(渠)设计流速

快滤池管(渠)断面应根据设计流速来确定,见表6-9。

表6-9　快滤池管(渠)设计流速　　　　　　　　　(单位:m/s)

管渠	设计流速	管渠	设计流速
进水	0.8~1.2	冲洗水	2.0~2.5
清水	1.0~1.5	排水	1.0~1.5

注:考虑到处理水量有可能增大,流速不宜取上限值。

(五)管廊布置

管廊中包含滤池的管(渠)、配件及闸阀。管廊中的管道一般采用金属材料,也可用钢筋混凝土渠道。

管廊布置应力求紧凑、简捷;要有良好的防水、排水、通风及照明设备;要留有设备及管配件安装、维修的必要空间;要便于与滤池操作室联系。设计时,往往根据具体情况提出几种布置方案,进行比较后决定。当滤池个数少于5个时,宜采用单行排列,管廊设置于滤池一侧;超过5个时,宜采用双行排列,管廊设置于两排滤池中间。

(六)设计中注意的问题

(1)滤池底部应设排空管,其入口处设栅罩,池底应有一定的坡度,坡向排空管。

(2)每个滤池宜装设水头损失计及取样管。

(3)各种密封渠道上应设人孔,以便检修。

(4)滤池壁与砂层接触处应拉毛成锯齿状,以免过滤水在该处形成"短路"而影响水质。

(5)滤池清水管上应设置短管,管径一般采用75~200 mm,以便排放初滤水。

第五节　几种常用滤池

一、虹吸滤池

(一)虹吸滤池构造和工作过程

虹吸滤池是由6~8格单元滤池组成的一个过滤整体,称为一组(座)滤池,其构造如图6-14所示。由于每格单元滤池的底部配水空间通过清水渠相互连通,故单元滤池之间存在着一种连锁的运行关系。一组(座)虹吸滤池的平面形状多为矩形,呈双排布置,两排中间为清水渠,在清水渠的一端设有清水出水堰以控制清水渠内水位。每格单元滤池都设有排水虹吸管和进水虹吸管,分别用来代替排水阀门和进水阀门,依靠这两个虹吸管可控制虹吸滤池的过滤和反冲洗。排水虹吸管和进水虹吸管的虹吸形成与破坏均借用真空系统的作用。

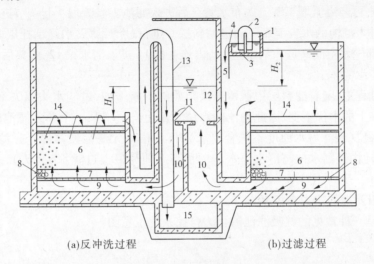

(a)反冲洗过程　　　　　　　　(b)过滤过程

1—进水总渠;2—进水虹吸管;3—进水槽;4—溢流堰;5—布水管;
6—滤料层;7—承托层;8—配水系统;9—底部配水空间;10—清水室;
11—连通孔;12—清水渠;13—排水虹吸管;14—排水槽;15—排水渠

图 6-14　虹吸滤池过滤及反冲洗过程

1. 反冲洗过程

图 6-14(a)为虹吸滤池的反冲洗过程,反冲洗时,应先破坏该格单元滤池的进水虹吸,使该格单元滤池停止进水,但过滤仍在进行,故滤池水位逐渐下降。当滤池内水位下降速度显著变慢时,利用真空系统抽出排水虹吸管 13 中的空气使之形成虹吸,滤池内剩余待滤水被排水虹吸管 13 迅速排入滤池底部排水渠 15,滤池内水位迅速下降。待池内水位低于清水渠 12 中的水位时,反冲洗正式开始,滤池内水位继续下降。当滤池内水面降至冲洗排水槽 14 顶端时,反冲洗水头达到最大值。在反冲洗水头的作用下,5(或 7)格单元滤池的滤后水源源不断地从清水渠 12 经连通孔 11、清水室 10 进入该格单元滤池的底部配水空间 9,清水经小阻力配水系统 8、承托层 7 沿着与过滤时相反的方向自下而上通过滤料层 6,对滤料层进行反冲洗。冲洗废水经排水槽 14 收集后由排水虹吸管 13 排入滤池底部排水渠 15,经排水水封井溢流进入下水道。待反冲洗废水变清(废水浊度 20度左右)后,破坏排水虹吸管 13 中的真空,冲洗停止。然后再用真空系统使进水虹吸管 2恢复工作,过滤重新开始。在运行中,6(或 8)格单元滤池将轮流进行反冲洗,应避免两格以上单元滤池同时冲洗。

反冲洗时,清水出水堰堰顶与反冲洗排水槽顶高差即为最大冲洗水头(H_7),冲洗水头一般采用 1.0~1.2 m。由于冲洗水头的限制,虹吸滤池只能采用小阻力配水系统。冲洗强度和冲洗历时与普通快滤池相同。

为了适应滤前水水质的变化和调节冲洗水头,通常在清水渠出水堰上设置可调节堰板,以便根据运转的实际情况进行调节。

2. 过滤过程

图6-14(b)为虹吸滤池的过滤过程,待滤水由进水总渠1借进水虹吸管2流入单元滤池进水槽3,再经溢流堰4溢流入布水管5后进入滤池。溢流堰4起调节进水槽3中水位的作用。进入滤池的水自上而下通过滤料层6进行过滤,滤后水经承托层7、小阻力配水系统8、底部配水空间9进入清水室10,由连通孔11进入清水渠12,汇集后经清水出水堰溢流进入清水池。

在过滤过程中,随着滤料层中截留悬浮杂质的不断增加,过滤水头损失不断增大,由于清水出水堰上的水位不变,因此滤池内水位不断上升。当某一个单元滤池的水位上升到最高设计水位(或滤后水浊度不符合要求)时,该格单元滤池便需停止过滤,进行反冲洗。此时,滤池内最高水位与清水出水堰堰顶高差即为最大过滤水头(H_8),亦即期终允许水头损失值,一般采用1.5~2.0 m。

(二)虹吸滤池的水力自控系统

图6-15是一种常见的虹吸滤池的水力自控系统示意图。

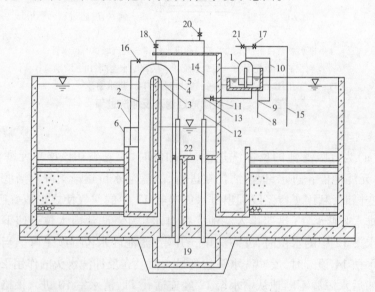

1—进水虹吸管;2—排水虹吸管;3—排水虹吸辅助管;4、9、13—水射器;5、10、14—抽气管;6—计时水槽;
7—排水虹吸破坏管;8—进水虹吸辅助管;11—强制虹吸辅助管阀门;12—强制虹吸辅助管;
15—进水虹吸破坏管;16—计时调节阀门;17—破坏管封闭阀门;18—强制操作阀门;
19—排水渠;20、21—强制破坏阀门;22—清水渠

图6-15 虹吸滤池的水力自控系统示意图

1. 水力自控运行

水力自控运行工作过程为:虹吸滤池的过滤后期,由于滤池内水位上升至最高水位,排水虹吸辅助管3的管口被淹没,水开始由排水虹吸辅助管3溢流进排水渠19。此时,在水射器4处产生负压抽气作用,通过抽气管5使排水虹吸管2形成虹吸,滤池内水位快

速下降,当降至滤池清水渠 22 的水位以下时,冲洗自动开始。由于进水虹吸破坏管 15 的管口与大气相通,空气进入进水虹吸管 1 后,进水虹吸被破坏,进水停止。池中水位继续下降,当水位下降到计时水槽 6 缘口以下时,排水虹吸管 2 在排水的同时,通过排水虹吸破坏管 7 抽吸计时水槽 6 中的水,直至将水吸完(吸空时间可通过计时调节阀门 16 控制),使排水虹吸破坏管 7 的管口露出,空气进入排水虹吸管,虹吸即被破坏,冲洗结束。由于各格单元滤池底部相通,池内水位回升,封住进水虹吸破坏管 15 的管口,并借进水虹吸辅助管 8、水射器 9 和抽气管 10 抽出进水虹吸管 1 内的空气,形成虹吸,进水重新开始。此时,滤池内水位继续上升,当超过清水渠内的水位时,过滤又自动重新开始,最终实现了虹吸滤池的过滤与反洗自动交替进行。

2. 强制操作

(1)强制冲洗:打开强制虹吸辅助管阀门 11 及抽气管 14 上的强制操作阀门 18,就可以依靠水力作用使排水虹吸管形成虹吸,进行反洗。冲洗结束后,应关闭阀门 11 和 18。

(2)强制破环:打开阀门 21,可以破坏进水虹吸;关闭阀门 11,打开阀门 18 和 20 可以破坏排水虹吸。

(三)虹吸滤池的设计要点

1. 单元滤池的格数

由于虹吸滤池的冲洗水是由同组其他格单元滤池的滤后水通过清水渠直接供给的,因此当一格单元滤池反冲洗时,其所需的反冲洗水量不能大于同组其他格单元滤池的过滤水量之和,即:

$$3.6qF \leqslant (n-1)v_n F \tag{6-22}$$

式中 n——单元滤池的格数;

F——单元滤池的面积,m^2;

q——反冲洗强度,$L/(s \cdot m^2)$;

v_n——强制滤速,m/h。

强制滤速是指在进水量不变的条件下,一格单元滤池反冲洗时,同组其他格单元滤池的滤速。由于 1 格单元滤池冲洗时,滤池总进水流量仍保持不变,即:

$$Q = nvF = (n-1)v_n F \tag{6-23}$$

故

$$v_n = \frac{n}{n-1}v \tag{6-24}$$

式中 v——设计滤速,m/h。

将式(6-24)代入式(6-22)得:

$$n \geqslant \frac{3.6q}{v} \tag{6-25}$$

以单层石英砂滤料虹吸滤池为例,按设计规范,若选用的反冲洗强度 $q = 15$ $L/(s \cdot m^2)$,$v = 9$ m/h,则 $n \geqslant 6$ 格。分格数少时,一方面,反冲洗强度不能保证;另一方面,在滤池总面积一定时单元滤池面积大,因虹吸滤池采用的是小阻力配水系统,冲洗均匀性差。分格数越多,滤池的造价就越高。因此,在我国规范规定的滤速和反冲洗强度下,虹吸滤池分格数一般为 6~8 格。

2.虹吸滤池的总深度 H(m)

$$H = H_1 + H_2 + H_3 + H_4 + H_5 + H_6 + H_7 + H_8 + H_9 \qquad (6\text{-}26)$$

式中 H_1——滤池底部配水空间高度,一般取 0.3 m;

H_2——小阻力配水系统的高度,一般取 0.1~0.2 m;

H_3——承托层厚度,一般取 0.2 m;

H_4——滤料层厚度,一般取 0.7~0.8 m;

H_5——反冲洗时滤层的膨胀高度,m, $H_5 = H_4 \times e$(e 为膨胀度);

H_6——反冲洗排水槽高度,m;

H_7——清水出水堰堰顶与反冲洗排水槽顶高差,即为最大冲洗水头,采用 1.0~1.2 m;

H_8——滤池内最高水位与清水出水堰堰顶高差,即为最大过滤水头,采用 1.5~2.0 m;

H_9——滤池保护高度,一般取 0.15~0.3 m。

虹吸滤池的总深度一般为 4.5~5.5 m。

3.虹吸管

通常,排水虹吸管流速宜采用 1.4~1.6 m/s,进水虹吸管流速宜采用 0.6~1.0 m/s。为了防止排水虹吸管进口端形成涡旋挟带空气,影响排水虹吸管工作,可在该管进口端设置防涡栅。

虹吸滤池的主要优点是:

(1)无需大型阀门及相应的开闭控制设备,不设管廊,操作管理方便,易于实现自动化;

(2)利用同组其他单元滤池的出水及其水头进行反冲洗,不需要设置冲洗水塔(箱)或冲洗水泵;

(3)出水水位高于滤料层,过滤时不会出现负水头现象。

虹吸滤池存在的主要问题是:

(1)由于虹吸滤池的构造特点,池深比普通快滤池大且池体构造复杂;

(2)反冲洗水头低,只能采用小阻力配水系统,冲洗均匀性较差;

(3)冲洗强度受其余几格滤池的过滤水量影响,故冲洗效果不像普通快滤池那样稳定。

二、重力式无阀滤池

(一)重力式无阀滤池的构造及工作过程

重力式无阀滤池的构造如图 6-16 所示。过滤时,待滤水经进水分配槽 1,由 U 型进水管 2 进入虹吸上升管 3,再经伞形顶盖 4 下面的配水挡板 5 整流和消能后,均匀地分布在滤料层 6 的上部,水流自上而下通过滤料层 6、承托层 7、小阻力配水系统 8 进入底部配水空间 9,然后清水从底部集水空间经连通渠 10 上升到冲洗水箱 11,冲洗水箱水位开始逐渐上升,当水箱水位上升到出水渠 12 的溢流堰顶后,溢流入渠内,最后经滤池出水管进入清水池。冲洗水箱内储存的滤后水即为无阀滤池的冲洗水。

过滤开始时,虹吸上升管内水位与冲洗水箱中水位的高差 H_0 称为过滤起始水头损失,一般为 0.2 m 左右。

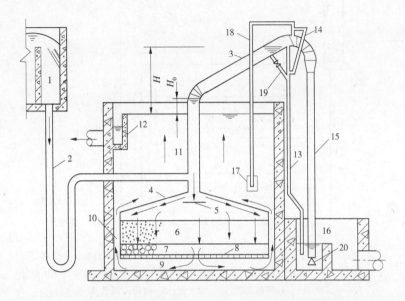

1—进水分配槽;2—进水管;3—虹吸上升管;4—顶盖;5—配水挡板;6—滤料层;
7—承托层;8—小阻力配水系统;9—底部配水空间;10—连通渠;11—冲洗水箱;
12—出水渠;13—虹吸辅助管;14—抽气管;15—虹吸下降管;16—水封井;
17—虹吸破坏斗;18—虹吸破坏管;19—压力水管;20—锥形挡板

图 6-16　重力式无阀滤池的构造

在过滤的过程中,随着滤料层内截留杂质的逐渐增多,过滤水头损失也逐渐增加,从而使虹吸上升管 3 内的水位逐渐升高。当水位上升到虹吸辅助管 13 的管口时(这时的虹吸上升管内水位与冲洗水箱中水位的高差 H 称为终期允许水头损失,一般采用 1.5~2.0 m),水便从虹吸辅助管 13 中不断向下流入水封井 16 内,依靠下降水流在抽气管 14 中形成的负压和水流的挟气作用,抽气管 14 不断将虹吸管中的空气抽出,使虹吸管内的真空度逐渐增大。其结果是虹吸上升管 3 中水位和虹吸下降管 15 中水位都同时上升,当上升管中的水越过虹吸管顶端下落时,下落水流与下降管中上升水柱汇成一股并冲出管口,把管中残留空气全部带走,形成虹吸。此时,由于伞形顶盖内的水被虹吸管排出池外,造成滤料层上部压力骤降,从而使冲洗水箱内的清水沿着与过滤时相反的方向自下而上通过滤料层,对滤料层进行反冲洗。冲洗后的废水经虹吸管进入排水水封井 16 并排出。冲洗时水流方向见图 6-17。

在冲洗过程中,冲洗水箱内水位逐渐下降。当水位下降到虹吸破坏斗 17 缘口以下时,虹吸管在排水的同时,通过虹吸破坏管 18 抽吸虹吸破坏斗中的水,直至将水吸完,使管口与大气相通,空气由虹吸破坏管进入虹吸管,虹吸即被破坏,冲洗结束,过滤自动重新开始。

在正常情况下,无阀滤池冲洗是自动进行的。但是,当滤层水头损失还未达到最大允

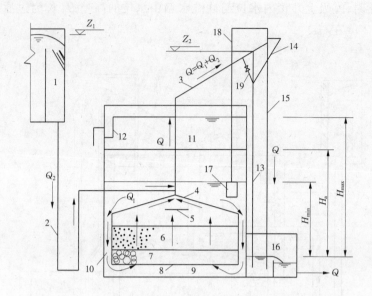

1—进水分配槽;2—进水管;3—虹吸上升管;4—顶盖;5—配水挡板;6—滤料层;
7—承托层;8—小阻力配水系统;9—底部配水空间;10—连通渠;11—冲洗水箱;
12—出水渠;13—虹吸辅助管;14—抽气管;15—虹吸下降管;16—水封井;
17—虹吸破坏斗;18—虹吸破坏管;19—强制冲洗管

图 6-17 重力式无阀滤池冲洗过程

许值而因某种原因(如周期过长、出水水质恶化等)需要提前冲洗时,可进行人工强制冲洗。强制冲洗设备是在虹吸辅助管与抽气管相连接的三通上部接一根压力水管,夹角为15°,并用阀门控制。当需要人工强制冲洗时,打开阀门,高速水流便在抽气管与虹吸辅助管连接三通处产生强烈的抽气作用,使虹吸很快形成,进行强制反冲洗。

(二)重力式无阀滤池的设计要点

1. 冲洗水箱

重力式无阀滤池冲洗水箱与滤池整体浇制,位于滤池上部。水箱容积按冲洗一次所需水量确定:

$$V = 0.06qFt \tag{6-27}$$

式中 V——水箱容积,m^3;

q——冲洗强度,$L/(s \cdot m^2)$;

F——滤池面积,m^2;

t——冲洗时间,min,一般取 $4 \sim 6$ min。

考虑到反冲洗时冲洗水箱内水位是变化的,为减小反冲洗强度的不均匀程度,应两格以上滤池合用一个冲洗水箱,以减小冲洗水箱水深。

设 n 格滤池合用一个冲洗水箱,则水箱平面面积应等于单格滤池面积的 n 倍。水箱有效水深 ΔH(m) 为:

$$\Delta H = \frac{V}{nF} = \frac{0.06qFt}{nF} = \frac{0.06}{n}qt \tag{6-28}$$

由此可见,合用一个冲洗水箱的滤池格数越多,所需冲洗水箱深度便越小,滤池总高度可以降低。这样,不仅可以降低造价,也有利于与滤前处理构筑物在高程上的衔接,同时冲洗强度的不均匀程度也可降低。一般情况下,多以2格滤池合用一个冲洗水箱。实践证明,若合用水箱的滤池过多,当其中1格滤池的冲洗即将结束时,虹吸破坏管刚露出水面,由于其余数格滤池不断向冲洗水箱大量供水,管口很快又被水封,致使虹吸破坏不彻底,造成该格滤池时断时续地不停冲洗。

考虑到1格滤池检修时不影响其他格滤池生产,通常在冲洗水箱内根据滤池分格情况设置隔墙,其间用连通管相连,管上设闸板,平时开启,以便反冲洗时,水经连通管冲洗另1格滤池。检修时关闭,以便将滤池放空。

2. 虹吸管计算

无阀滤池在冲洗过程中,因冲洗水箱内水位不断下降,反冲洗水头(水箱内水位与排水水封井堰口水位差)由大变小,从而使冲洗强度也由高变低,一般初始反冲洗强度为12 $L/(s \cdot m^2)$,终期反冲洗强度为8 $L/(s \cdot m^2)$。因此,在设计中通常以平均冲洗水头 H_a(即最大冲洗水头 H_{max} 与最小冲洗水头 H_{min} 的平均值)作为计算依据,来选定冲洗强度,称之为平均冲洗强度 q_a。由 q_a 计算所得的冲洗流量称为平均冲洗流量,以 Q_1 表示。冲洗时,若滤池继续进水(进水流量以 Q_2 表示),则虹吸管中的计算流量应为平均冲洗流量与进水流量之和(即 $Q = Q_1 + Q_2$)。其余部分(包括连通渠、配水系统、承托层、滤料层)所通过的计算流量仍为冲洗流量 Q_1。冲洗水头即为水流在整个流程中(包括连通渠、配水系统、承托层、滤料层、挡水板及虹吸管等)的水头损失之和,总水头损失为:

$$\sum h = h_1 + h_2 + h_3 + h_4 + h_5 + h_6 \tag{6-29}$$

式中　h_1——连通渠水头损失,m;

　　　h_2——小阻力配水系统水头损失,m,视所选配水系统型式而定;

　　　h_3——承托层水头损失,m;

　　　h_4——滤料层水头损失,m;

　　　h_5——挡水板水头损失,一般取0.05 m;

　　　h_6——虹吸管沿程和局部水头损失之和,m。

按平均冲洗水头和计算流量即可求得虹吸管管径。管径一般采用试算法确定,即初步选定管径,算出总水头损失 $\sum h$,当 $\sum h$ 接近 H_a 时,所选管径适合,否则重新计算。

在有地形可利用的情况下(如丘陵、山地),降低排水水封井堰口标高,可以增加可资利用的冲洗水头,减小虹吸管管径,节省建设费用。无阀滤池在运行过程中,由于实际运行条件的改变或季节的变化,往往需要调整反冲洗强度。为此,应在虹吸下降管管口处设置反冲洗强度调节器,见图6-18。反冲洗强度调节器由锥形挡板和螺杆组成。后者可使锥形挡板上、下移动以控制出口开启度。当需要增大反冲洗强度时,可降低锥形挡板高度,增大出口面积,减小出口阻力;当需要减小反冲洗强度时,可升高锥形挡板高度,从而减小出口面积,增大出口阻力。

3. 进水分配槽

进水分配槽的作用是通过槽内堰顶溢流使各格滤池独立进水,并保持进水流量相等。

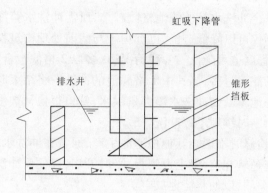

图 6-18 反冲洗强度调节器

分配槽堰顶标高应等于虹吸辅助管和虹吸上升管连接处的管口标高加进水管水头损失，再加 10 ~ 15 cm 富余高度，以保证堰顶自由跌水。槽底标高应考虑气、水分离效果，若槽底标高较高，大量空气会随水流进入滤池，无法正常进行过滤或反洗。通常，将槽底标高降至滤池出水渠堰顶以下约 0.5 m。

4. 反冲洗时自动停止进水装置

无阀滤池因不设置进水阀门，而往往造成反冲洗时不能停止进水。这样不仅浪费水量，而且使虹吸管管径增大。为此，应考虑设置反冲洗时自动停止进水装置。

虹吸式反冲洗时自动停止进水装置见图 6-19。其工作原理是：过滤开始前，进水总渠 1 中的水由连通管 6 流出，借虹吸抽气管 4 抽吸进水虹吸管 2 中的空气，使进水虹吸产生，滤池进水过滤。反冲洗时，由于排水虹吸管的抽吸作用，U 型存水弯水面将迅速下降至冲洗水箱水面以下，故虹吸破坏管 5 的管口很快露出水面，空气进入，破坏虹吸，进水很快停止。反冲洗完毕后，由于其他滤池的过滤没有停止，滤后水充满冲洗水箱，U 型存水弯中水面上升，使虹吸破坏管口重新被水封，进水虹吸管又形成虹吸，滤池进水恢复，过滤重新开始。

5. U 型进水管

为防止滤池冲洗时空气经进水管进入虹吸管，造成虹吸被破坏，应在进水管上设置 U 型存水弯。为了安装方便，同时也为了水封更加安全，常将存水弯底部置于水封井的水面以下。

（三）重力式无阀滤池的运行管理

（1）滤池初次运行时，应排除滤料层中的空气。

（2）滤池刚投入试运行时，应待冲洗水箱充满后连续进行多次的人工强制冲洗，到滤料洗净为止，然后再用漂白粉溶液或液氯进行消毒处理。

（3）滤池在试运行期间，应对冲洗历时、虹吸形成时间、滤池冲洗周期、滤池工作周期等指标进行测定，并校核到正常状态。平时正常运转时，只需对进水、出水浊度及各种特殊情况进行记录。

（4）滤池初次反冲洗前，应将反冲洗强度调节器调整到相当于虹吸下降管管径 1/4 的开启度，然后逐渐加大开启度到额定反冲洗强度为止。

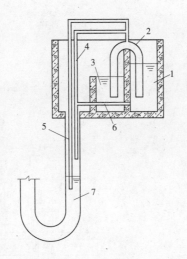

1—进水总渠;2—进水虹吸管;3—进水虹吸水封;4—虹吸抽气管;

5—虹吸破坏管;6—连通管;7—U 型进水管

图 6-19　虹吸式反冲洗时自动停止进水装置

(5)滤池运行后,每隔半年左右应打开人孔进行检查。

重力式无阀滤池的优点是:

(1)运行全部自动,操作管理方便。

(2)节省大型阀门,造价较低。

(3)出水面高出滤层,在过滤过程中滤料层内不会出现负水头。

重力式无阀滤池的主要缺点是:

(1)冲洗水箱建于滤池上部,滤池的总高度较大。

(2)出水水位较高,相应抬高了滤前处理构筑物(如沉淀池或澄清池)的标高,从而给水厂总体高程布置带来困难;滤料处于封闭结构中,装、卸困难。

(3)池体结构较复杂。

重力式无阀滤池多适用于 1 万 m^3/d 以下的小型水厂。单池平面面积一般不大于 16 m^2,少数也有达 25 m^2 以上的。

三、移动罩滤池

移动罩滤池因设有可以移动的冲洗罩而命名,故又称为移动冲洗罩滤池。它是由若干滤格($n>8$)为一组构成的滤池,滤料层上部相互连通,滤池底部配水区也相互连通,故一座滤池仅有一个公用的进水和出水系统。在运行中,移动罩滤池利用机电装置驱动和控制移动冲洗罩顺序对各滤格进行冲洗。考虑到检修,滤池不得少于 2 座。

虹吸式移动罩滤池的构造见图 6-20。过滤时,待滤水由进水管 1 经中央配水渠 2 及两侧渠壁上配水孔 3 进入滤池,水流自上而下通过滤料层 4 进行过滤,滤后水由底部配水室 5 流入钟罩式虹吸管 6 的虹吸中心管 7 内。当虹吸中心管 7 内水位上升到管顶且溢流时,

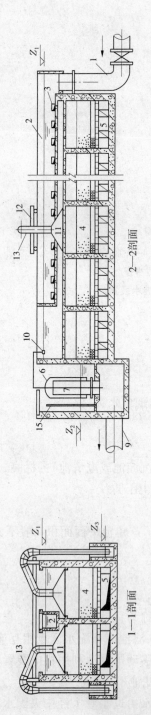

2—2剖面

1—1剖面

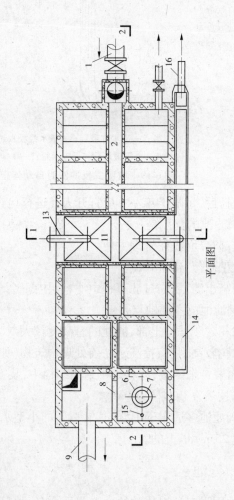

平面图

1—进水管;2—中央配水渠;3—配水孔;4—滤料层;5—底部配水室;6—钟罩式虹吸管;
7—虹吸中心管;8—出水堰;9—出水管;10—水位恒定器;11—冲洗罩;
12—桁车;13—虹吸虹吸管;14—排水渠;15—排气管;16—排水管

图 6-20 虹吸式移动罩滤池的构造

带走钟罩式虹吸管和中心管间的空气,达到一定真空度时,虹吸形成,滤后水便从钟罩式虹吸管与中心管间的环形空间流出,经出水堰8、出水管9进入清水池。滤池内水面标高 Z_1 和出水堰上水位标高 Z_2 之差即为过滤水头,一般取 1.2～1.5 m。

钟罩式虹吸管6上装有水位恒定器10,它由浮筒和针形阀组成。当滤池出水流量低于进水流量时,滤池内水位升高,水位恒定器的浮筒随之上升并促使针形阀封闭进气口,使钟罩式虹吸管6中真空度增加,出水量随之增大,滤池水位随之下降。当滤池出水流量超过进水流量时(例如滤池刚冲洗完毕投入运行时),滤池内水位下降,水位恒定器的浮筒随之下降,使针形阀打开,空气进入钟罩式虹吸管,真空度减小,出水流量随之减小,滤池水位复又上升,防止清洁滤池内滤速过高而引起出水水质恶化。因此,浮筒总是在一定幅度内升降,使滤池水面基本保持一定。当滤格数多时,移动罩滤池的过滤过程就接近等水头减速过滤。

反冲洗时,冲洗罩11由桁车12带动移动到需要冲洗的滤格上面定位,并封住滤格顶部,同时用抽气设备抽出排水虹吸管13中的空气。当排水虹吸管真空度达到一定值时,虹吸形成,冲洗开始。冲洗水为同座滤池的其余滤格滤后水,经小阻力配水系统的底部配水室5进入滤池,自下而上通过滤料层4,对滤料层进行反冲洗。冲洗废水经排水虹吸管13排入排水渠14。出水堰上水位标高 Z_2 和排水渠中水封井的水位标高 Z_3 之差即为冲洗水头,一般取 1.0～1.2 m。当滤格数较多时,在一格滤池冲洗期间,滤池仍可继续向清水池供水。冲洗完毕,破坏冲洗罩11的密封,该格滤池恢复过滤。冲洗罩移至下一滤格,准备对下一滤格进行冲洗。

移动罩滤池冲洗时,冲洗水来自同座其他滤格的滤后水,因而具有虹吸滤池的优点;移动冲洗罩的作用是使滤格处于封闭状态,和无阀滤池伞形顶盖相同,又具有无阀滤池的某些特点。冲洗罩的移动、定位和密封是滤池正常运行的关键。移动速度、停车定位和定位后密封时间等均根据设计要求用程序控制或机电控制。设计中务求罩体定位准确、密封良好,控制设备安全可靠。

移动罩滤池的反冲洗排水装置除采用上述虹吸式外,还可以采用泵吸式,称作泵吸式移动罩滤池,见图6-21。泵吸式移动罩滤池是靠水泵的抽吸作用克服滤料层及沿程各部分的水头损失进行反冲洗,不仅可以进一步降低池高,还可以利用冲洗泵的扬程,直接将冲洗废水送往絮凝沉淀池回收利用。冲洗泵多采用低扬程、吸水性能良好的水泵。

移动罩滤池的优点是:

(1)无大型阀门,管件;

(2)能自动连续运行;

(3)无需冲洗水泵或水塔;

(4)采用泵吸式冲洗罩时,池深较浅,造价低;

(5)滤池分格多,单格面积小,配水均匀性好;

(6)一格滤池冲洗水量小,对整个滤池出水量无明显影响。

移动罩滤池的缺点是:

(1)移动罩滤池增加了机电及控制设备;

(2)自动控制和维修较复杂;

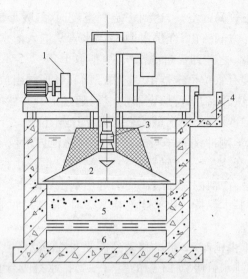

1—传动装置;2—冲洗罩;3—冲洗水泵;4—排水槽;5—滤层;6—底部空间

图 6-21　泵吸式移动罩滤池

(3)与虹吸滤池一样无法排除初滤水。

移动罩滤池一般较适用于大、中型水厂,以便充分发挥冲洗罩使用效率。

四、V 型滤池

V 型滤池是由法国德格雷蒙公司设计的一种快滤池,其命名是因滤池两侧(或一侧)进水槽设计成 V 字型。

V 型滤池构造简图见图 6-22。通常一组滤池由数只滤池组成。每只滤池中间设置双层中央渠道,将滤池分成左、右两格。渠道的上层为排水渠 7,作用是排除反冲洗废水;下层为中央气、水分配渠 8,其作用:一是过滤时收集滤后清水,二是反冲洗时均匀分配气和水。在中央气、水分配渠 8 上部均匀布置一排配气小孔 10,下部均匀布置一排配水方孔 9。滤板上均匀布置长柄滤头 19,每平方米布置 50～60 个,滤板下部是底部空间 11。在 V 型进水槽底设有一排小孔 6,既可作为过滤时进水用,又可在冲洗时供横向扫洗布水用,这是 V 型滤池的一个特点。

过滤时,打开进水气动隔膜阀 1 和清水阀 16,待滤水由进水总渠经进水气动隔膜阀 1 和方孔 2 后,溢过堰口 3,再经侧孔 4 进入 V 型进水槽 5,然后待滤水通过 V 型进水槽底的小孔 6 和槽顶溢流均匀进入滤池,自上而下通过砂滤层进行过滤,滤后水经长柄滤头 19 流入底部空间 11,再经配水方孔 9 汇入中央气、水分配渠 8 内,由清水支管流入管廊中的水封井 12,最后经出水堰 13、清水渠 14 流入清水池。

冲洗时,关闭进水气动隔膜阀 1 和清水阀 16,但两侧方孔 2 常开,故仍有一部分水继续进入 V 型进水槽 5 并经槽底小孔 6 进入滤池。而后开启排水阀 15,滤池内浑水从中央渠道的上层排水渠 7 中排出,待滤池内浑水面与 V 型槽顶相平,开始反冲洗操作。冲洗操作过程如下:

(1)进气:启动鼓风机,打开进气阀 17,空气经中央渠道下层的中央气、水分配渠 8 的

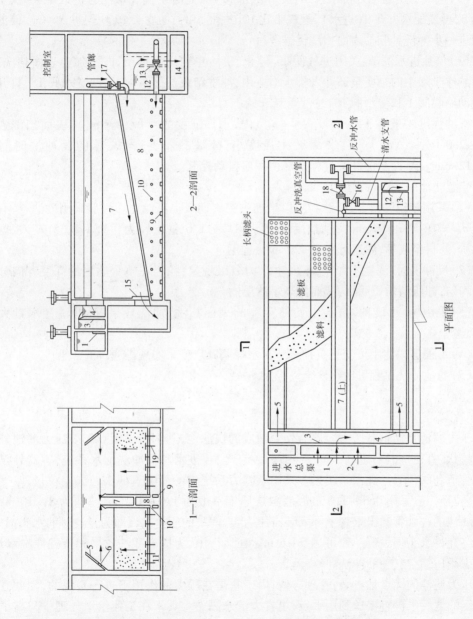

图 6-22　V 型滤池构造简图

1—进水气动隔膜阀;2—方孔;3—堰口;4—侧孔;5—V 型进水槽;6—小孔;7—排水渠;8—中央气、水分配渠;9—配水方孔;
10—配气小孔;11—底部空间;12—水封井;13—出水堰;14—清水渠;15—排水渠;16—清水阀;17—进气阀;18—冲洗水阀;19—长柄滤头;

上部配气小孔10均匀进入滤池底部,由长柄滤头19喷出,将滤料表面杂质擦洗下来并使杂质悬浮于水中。此时V型进水槽底小孔6继续进水,在滤池中产生横向水流的表面扫洗作用下,将杂质推向中央渠道上层的排水渠7。

(2)进气、水:启动冲洗水泵,打开冲洗水阀18,此时空气和水同时进入中央气、水分配渠8,再经配水方孔9(进水)、配气小孔10(进气)和长柄滤头19均匀进入滤池,使滤料得到进一步冲洗,同时,表面扫洗仍继续进行。

(3)单独进水漂洗:关闭进气阀17停止气冲,单独用水再反冲洗,加上表面扫洗,最后将悬浮于水中的杂质全部冲入排水渠7内,冲洗结束。停泵,关闭冲洗水阀18,打开进水气动隔膜阀1和清水阀16,过滤重新开始。

气冲强度一般在 $14 \sim 17$ L/(s·m²)内,水冲强度约 4 L/(s·m²),表面扫洗强度 $1.4 \sim 2.0$ L/(s·m²)。因水流反冲强度小,故滤料不会膨胀,总的反冲洗时间为 $10 \sim 12$ min。V型滤池冲洗过程全部由程序自动控制。

V型滤池的主要特点如下:

(1)采用较粗滤料、较厚滤料层以增加过滤周期或提高滤速。一般采用砂滤料,有效粒径 $d_{10} = 0.95 \sim 1.50$ mm,不均匀系数 $K_{60} = 1.2 \sim 1.6$,滤层厚为 $0.95 \sim 1.35$ m。根据原水水质、滤料组成等,滤速可在 $7 \sim 20$ m/h 选用。

(2)反冲洗时,滤层不膨胀,不发生水力分级现象,粒径在整个滤层的深度方向分布基本均匀,即所谓均质滤料,从而提高了滤层的含污能力。

(3)采用气、水反冲,再加上始终存在的表面扫洗,冲洗效果好,冲洗耗水量大大减少。

(4)可根据滤池水位变化自动调节出水蝶阀开启度来实现等速过滤。

(5)滤池冲洗过程可由程序自动控制。

五、压力滤池

压力滤池是用钢制压力容器为外壳制成的快滤池,其构造见图6-23。压力滤池外形呈圆柱状,直径一般不超过3 m。容器内装有滤料、进水和反冲洗配水系统,容器外设置各种管道和阀门等。配水系统大多采用小阻力系统中的缝隙式滤头。滤层粒径、厚度都较大,粒径一般采用 $0.6 \sim 1.0$ mm,滤料层厚度一般为 $1.0 \sim 1.2$ m,滤速为 $8 \sim 10$ m/h。压力滤池的进水管和出水管上都安装有压力表,两表的压力差值即为过滤时的水头损失,其期终允许水头损失值一般可达 $5 \sim 6$ m。在运行中,为提高冲洗效果和节省冲洗水量,可考虑用压缩空气辅助冲洗。

压力滤池的优点是:运转管理方便;由于它是在压力的作用下进行过滤的,因此有较高余压的滤后水被直接送到用水点,可省去清水泵站。其常在工业给水处理中与离子交换器串联使用,也可作为临时性给水使用。其缺点是耗用钢材多,滤料进出不方便。

六、滤池运行中常见问题及解决方法

(一)滤池运行前的准备

检查所有管道和阀门是否完好,各管口标高是否符合设计要求,排水槽面是否严格水

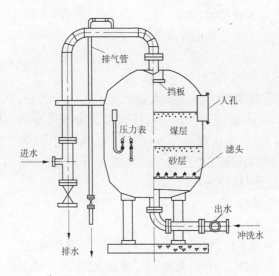

图 6-23　压力滤池的构造

平。初次铺设滤料应比设计厚度多 5 mm 左右。清除杂物,保持滤料平整,然后放水检查,排除滤料内空气。放水检查结束后,对滤料进行连续冲洗,直至清洁。

(二)滤池运行常见问题及解决方法

1. 滤料中结泥球

(1)主要危害。砂层阻塞,砂面易发生裂缝,泥球往往腐蚀发酵,直接影响滤池的正常运转和净水效果。

(2)主要原因。冲洗强度不够,长时间冲洗不干净;进入滤池的水浊度过高,使滤池负担过重;配水系统不均匀,部分滤池冲洗不干净。

(3)解决方法。①改善冲洗条件,调整冲洗强度和冲洗历时;②降低进水浊度;③检查承托层有无移动,配水系统是否堵塞;④用液氯或漂白粉溶液等浸泡滤料,情况严重时要大修翻砂。

2. 冲洗时大量气泡上升

(1)主要危害。滤池水头损失增加很快,工作周期缩短;滤层产生裂缝,影响水质或大量漏砂、跑砂。

(2)主要原因。滤池发生滤干后,未经反冲排气又再过滤使空气进入滤层;工作周期过长,水头损失过大,使砂面上的作用水头小于滤料水头损失,从而产生负水头,使水中逸出空气存于滤料中;当用水塔供给冲洗水时,因冲洗水塔存水用完,空气随水夹带进滤池;水中溶气量过多。

(3)解决方法。加强操作管理,一旦出现上述情况,可用清水倒滤;调整工作周期,提高滤池内水位;检查产生水中溶气量大的原因,消除溶气的来源。

3. 滤料表面不平,出现喷口现象

(1)主要危害。过滤不均匀,影响出水水质。

(2)主要原因。滤料凸起,可能是滤层下面承托层及配水系统有堵塞;滤料凹陷,可能是配水系统局部有碎裂或排水槽口不平。

（3）解决方法。查找凸起和凹下的原因,翻整滤料层和承托层,检修配水系统和排水槽。

4. 漏砂、跑砂

（1）主要危害。影响滤池正常工作,使清水池和出水中带砂,影响水质。

（2）主要原因。冲洗时大量气泡上升;配水系统发生局部堵塞;冲洗不均匀,使承托层移动;反冲洗式阀门开放太快或冲洗强度过高,使滤料跑出;滤水管破裂。

（3）解决方法。解决冲洗时产生的大量气泡上升问题;检查配水系统,排出堵塞物;改善冲洗条件;注意操作;检修滤水管。

5. 滤速逐渐降低,周期减短

（1）主要危害。影响滤池正常生产。

（2）主要原因。冲洗不良,滤层积泥;滤料强度差,颗粒破碎。

（3）解决方法。改善冲洗条件;刮除表层滤砂,换上符合要求的滤砂。

第七章　消　毒

　　水经混凝沉淀、过滤处理后,可以去除绝大多数病原微生物,但还难以达到生活饮用水的细菌学指标。消毒的目的主要是杀灭水中的病原微生物,以防止其对人类及禽畜的健康产生危害和对生态环境造成污染。对于医疗机构污水和屠宰工业、生物制药等行业所排废水,国家环保部门在制定的污水排放标准中都规定了必须达到的细菌学指标。近年来,实施较多的污水深度处理资源化回用和中水回用中,消毒已成为不可缺少的工艺步骤之一。

　　消毒方法可以分为物理方法和化学方法两类。物理方法主要有机械过滤、加热、冷冻、辐射、微电解、紫外线和微波消毒等方法;化学方法是利用各种化学药剂进行消毒,常用的化学消毒剂主要有氯及其化合物、臭氧、卤素、重金属离子等。

第一节　物理法消毒

一、紫外线消毒

　　紫外线消毒是一种利用紫外线照射污水进行杀菌消毒的方法。紫外线的消毒机制是利用波长 254 nm 及其附近波长区域对微生物的遗传物质核酸（RNA 或 DNA）破坏而使细菌灭活。由于紫外线具有对隐孢子虫的高效杀灭作用和不产生副产物等特点,其在给水处理中显示了很好的市场潜力。现在在世界各地已有 3 000 多座市政污水处理厂安装、使用了紫外线消毒系统。

　　紫外线消毒是一种物理方法,它不向水中添加任何物质,没有副作用,这是它优于氯消毒法的地方。它通常与其他物质联合使用,常见的联合工艺有 UV + H_2O_2、UV + H_2O_2 + O_3、UV + TiO_2,联合工艺的消毒效果会更好。

　　紫外线杀菌效果是由微生物所接受的照射剂量决定的,照射剂量越大,消毒效率越高。同时,也与紫外灯的类型、光强和使用时间有关。随着紫外灯的老化,它将丧失 30% ~ 50% 的强度。紫外照射剂量是指达到一定的细菌灭活率时,需要特定波长紫外线的量:

$$照射剂量(J/m^2) = 照射时间(s) \times UVC 强度(W/m^2)$$

　　目前,能够输出足够的 UVC 强度用于工程消毒的只有人工汞(合金)灯光源。紫外线杀菌灯灯管由石英玻璃制成,汞灯根据点亮后的灯管内汞蒸气压的不同和紫外线输出强度的不同,分为三种:低压低强度汞灯、中压高强度汞灯和低压高强度汞灯。由于设备尺寸要求,一般照射时间只有几秒,因此灯管的 UVC 输出强度就成了衡量紫外光消毒设备性能最主要的参数。在城市污水消毒中,一般平均照射剂量在 300 J/m^2 以上。低于此值,有可能出现光复活现象,即病菌不能被彻底杀死,当从渠道中流出接受可见光照射后,重新复活,降低了杀菌效果。

　　紫外线消毒的优点如下:

（1）紫外线消毒无需化学药品，不会产生消毒副产物。

（2）杀菌作用快，效果好。

（3）无臭味、无噪声、不影响水的口感。

（4）容易操作、管理简单、运行和维修费用低。

紫外线消毒存在的问题如下：

（1）紫外线消毒法不能提供剩余的消毒能力，当处理水离开反应器之后，一些被紫外线杀伤的微生物在光复活机制下会修复损伤的 DNA 分子，使细菌再生。因此，要进一步研究光复活的原理和条件，确定避免光复活发生的最小紫外线照射强度、时间或剂量。

（2）石英套管外壁的清洗工作是运行和维修的关键。当污水流经紫外线消毒器时，其中有许多无机杂质会沉淀、黏附在套管外壁上。尤其当污水中有机物含量较高时，更容易形成污垢膜，而且微生物容易生长形成生物膜，这些都会抑制紫外线的透射，影响消毒效果。因此，必须根据不同的水质采用合理的防结垢措施和清洗装置，采用具有自动清洗功能的紫外线消毒器。清洗方式有人工清洗、在线机械清洗、在线机械加化学清洗等。

（3）污水达到 GB 18918 中二级标准和一级 B 标准时，SS 不超过 20 mg/L，考虑紫外灯管结垢影响后所能达到的紫外线有效剂量不应低于 15 MJ/cm^2；为保证一级 A 标准，SS 不高于 10 mg/L 时，紫外线有效剂量不应低于 20 MJ/cm^2。在作为生活饮用水主要消毒手段时，其有效剂量不应低于 40 MJ/cm^2；再生利用时，不应低于 80 MJ/cm^2。

（4）在我国目前污水处理厂紫外消毒系统招标中，有些污水处理厂由于大量工业污水的导入，使得排放的污水色度加深，但招标文件中的污水紫外透射率参数仍采用国外提供的数值，造成与国内污水实际情况差别很大，为将来紫外线消毒设备的运行达到消毒要求，留下了难以克服的障碍。

（5）低压灯系统：单根紫外灯的紫外能输出为 30~40 W，紫外灯运行温度在 40 ℃左右。低压高强灯系统：单根紫外灯的紫外能输出在 100 W 左右，紫外灯运行温度在 100 ℃左右。中压灯系统：单根紫外灯的紫外能输出在 420 W 以上，紫外灯运行温度在 700 ℃左右。

经过紫外线消毒的污水可以在很多领域再利用，以实现污水资源化。将其用于灌溉农田、林地和草坪等，可避免化学消毒剂对植物的损伤；用于地下水回灌，可以防止微生物对化学消毒剂产生适应性而再度繁殖造成的地层堵塞。随着对紫外线消毒机制的深入研究、紫外线技术的不断发展以及消毒装置在设计上的不断完善，紫外线消毒法有望成为代替传统氯化消毒法的主要方法之一。

二、加热消毒

通过对水加热实现灭菌消毒，加热消毒效果好。另外，由于水的比热大，加热过程能耗高，且能耗中用于灭菌的比例极低，绝大部分耗于水温的增加。因此，费用很高，消毒处理费用是紫外线、液氯、臭氧清毒的十几倍以上。其适用于特殊情况下的少量水处理。

三、辐射消毒

辐射是利用高能射线，如电子射线，γ 射线，β 射线等来实现对微生物的灭菌消毒。

对某结核病医院的污水经高压灭菌后,分别接种大肠菌、草分支杆菌,然后采用 γ 射线 (平均能量为 1.25 MeV)进行辐射试验。结果表明,当照射总剂量为 25.8 C/kg 时,可全部杀死大肠菌、草分支杆菌。由于射线有较强的穿透能力,可穿透微生物的细胞壁和细胞质,瞬时完成灭菌作用,一般情况下不受温度、压力和 pH 等因素的影响。采用辐射法对污水灭菌消毒是有效的,控制照射剂量,可以任意程度地杀死微生物,而且效果稳定。但该法设备投资大,需有辐照源以及安全防护设施,目前应用较少。

第二节 化学法消毒

在水处理中常用的是氯消毒法。氯消毒法具有经济、有效、使用方便等优点,应用历史最久。常用的化学药剂有液氯、漂白粉、氯片等。但自从 20 世纪 70 年代发现受污染水源经氯化消毒会产生三氯甲烷等小分子的卤代烃类和卤代酸类致癌物以后,氯消毒的副作用便引起了广泛重视。目前,氯消毒法仍是使用最广泛的一种消毒方法,而其他消毒方法也日益受到重视。消毒不仅应用于饮用水在污(废)水处理过程中同样也需要消毒。城市污(废)水经一级或二级处理后,水质大大改善,细菌含量也大幅度减少,但细菌的绝对值仍很可观,并存在有病原菌的可能。因此,在排放水体前或中水回用、农田灌溉时,应进行消毒处理。污水消毒应连续进行,特别是在城市水源地的上游、旅游区、夏季流行病流行季节,应严格进行连续消毒。非上述地区或季节,在经过卫生防疫部门的同意后,也可考虑采用间歇消毒或酌减消毒剂的投加量。污(废)水的消毒方法及原理同饮用水。

一、氯消毒

(一)氯消毒原理

氯在水中的消毒作用根据水质不同可分为以下两种情况。

1. 原水中不含氨氮

易溶于水的氯溶解在水中,几乎瞬时发生下列反应:

$$Cl_2 + H_2O \longrightarrow HClO + HCl \tag{7-1}$$

$$HClO \longrightarrow H^+ + ClO^- \tag{7-2}$$

HClO (次氯酸)和 ClO^- (次氯酸根)都具有氧化能力,统称为有效氯,亦称为自由氯。近代消毒作用观点认为:次氯酸 HClO 是很小的中性分子,可以扩散到带负电的细菌表面,并渗入到细菌内部,氧化破坏细菌体内的酶,而使细菌死亡。而次氯酸根 ClO^- 虽具有氧化作用,但因其带负电,难以靠近带负电的细菌,故较难起到消毒作用。

HClO 和 ClO^- 的相对比例取决于温度和 pH。从图 7-1 可以看出:在相同水温下,水的 pH 越低,所含 HClO 越多,当 pH < 6 时,HClO 接近 100%;当 pH > 9 时,ClO^- 接近 100%;当 pH = 7.54 时,HClO 和 ClO^- 大致相等。生产实践表明,在相同条件下,pH 越低,消毒效果越好,也证明 HClO 是消毒的主要因素。

2. 原水中含有氨氮

原水中,由于受到有机污染而含有一定量的氨氮。将氯加入含有氨氮成分的水中,发生如下反应:

$$NH_3 + HClO \longrightarrow NH_2Cl + H_2O \qquad\qquad (7-3)$$

$$NH_2Cl + HClO \longrightarrow NHCl_2 + H_2O \qquad\qquad (7-4)$$

$$NHCl_2 + HClO \longrightarrow NCl_3 + H_2O \qquad\qquad (7-5)$$

NH_2Cl、$NHCl_2$ 和 NCl_3 分别叫作一氯胺、二氯胺和三氯胺,它们统称为化合性氯或结合氯。它们在平衡状态下的含量比例取决于氯、氨的相对浓度、pH 和温度。一般当 pH 大于 9 时,一氯胺占优势;当 pH 为 7.0 时,一氯胺和二氯胺同时存在,近似等量;当 pH 小于 6.5 时,主要是二氯胺;当 pH 小于 4.5 时,三氯胺才存在,自来水中一般不可能形成三氯胺。

就消毒效果来说,水中有氯胺时,起消毒作用的仍然是 HClO,这些 HClO 由氯胺与水反应生成(见式(7-3)~式(7-5)),因此氯胺消毒比较缓慢。试验证明,用氯消毒 5 min 内可杀灭 99% 以上的细菌;在相同条件下,用氯胺消毒 5 min 内仅可杀灭 60%;要达到 99% 以上的灭菌效果,需要将水与氯胺的接触时间延长到十几个小时。三种氯胺消毒效果,$NHCl_2$ 要胜过 NH_2Cl,但 $NHCl_2$ 有臭味。NCl_3 的消毒效果最差,且有恶臭味,但因其在水中溶解度很低,不稳定且易气化,所以三氯胺的恶臭味并不会引起严重问题。一般情况下,水的 pH 较低时,$NHCl_2$ 所占比例大,消毒效果较好。

(二)加氯量与余氯量

氯化法消毒所需的加氯量,应满足两方面的要求:一是在规定的反应结束时,应达到指定的消毒指标;二是出水要保持一定的余氯,使那些在反应过程中受到抑制而未杀死的致病菌不能复活。通常将满足上述两方面要求而投加的氯量分别称为需氯量和余氯量。用于水处理中消毒的加氯量应是需氯量与余氯量之和。加氯量一般应经试验确定。

加氯量是指用于杀死细菌、氧化有机物和还原性物质所消耗的氯量。余氯量是指为了抑制水中残存细菌的再度繁殖而在消毒处理后水中维持的剩余氯量。我国《生活饮用水卫生标准》(GB 5749—2006)规定,加氯接触 30 min 后,游离性余氯不应低于 0.3 mg/L,集中式给水出厂水除应符合上述要求外,管网末梢水不应低于 0.05 mg/L。余氯仍具有杀菌能力,但对再次污染的消毒尚不够,可作为预示再次受到污染的信号。余氯量对管网较长而死水端及设备陈旧,且间隙运行的水厂尤为重要。余氯量及余氯种类与加氯量、水中杂质种类及含量等有密切关系。

(1)水中无细菌、有机物和还原性物质等,则需氯量为零,加氯量等于余氯量。如图 7-2 所示的虚线①,该虚线与坐标轴成 45°。

(2)事实上,天然水特别是地表水源多少已受到有机物和细菌污染,虽然经澄清过滤处理,但仍然有少量细菌和有机物残留水中,氧化有机物和杀死细菌要消耗一定的氯量,即需氯量。加氯量必须超过需氯量,才能保证有一定的氯剩余。如果水中有机物较少,而且主要不是游离氨和含氮化合物,需氯量 OM 满足以后就会出现余氯,如图 7-2 中的实线②所示。此曲线与横坐标轴的夹角小于 45°,其原因:一是水中有机物与氯作用的速度有快慢,在测定余氯时,有一部分有机物尚在继续与氯作用中;二是水中有一部分氯在水中某些杂质或光线的作用下会自行分解。

(3)当水中的有机物主要是氨和氮的化合物时,情况比较复杂。加氯量与余氯量之

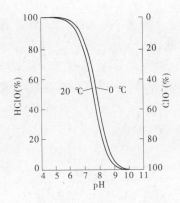

图 7-1　不同 pH 和水温时水中 HClO 和 ClO⁻ 的比例

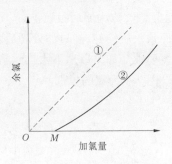

图 7-2　加氯量与余氯量的关系

间的关系曲线如图 7-3 所示。当起始的需氯量 OA 满足以后,加氯量增加,余氯量也增加(曲线 AH 段),但余氯增加得慢一些。超过 H 点加氯量后,虽然加氯量增加,余氯量反而下降(HB 段),H 点称为峰点。此后随着加氯量的增加,余氯量又上升(BC 段),B 点称为折点。

图 7-3 中,曲线 $AHBC$ 与斜虚线间的纵坐标值 b 表示需氯量;曲线 $AHBC$ 的纵坐标 a 表示余氯量。曲线可分为以下 4 区:

在 1 区即 OA 段,余氯量为零,需氯量为 b_1,1 区消毒效果不可靠。

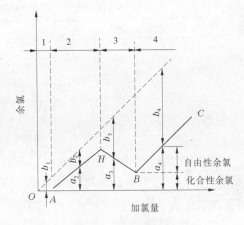

图 7-3　折点加氯

在 2 区 AH 段,加氯后,氯与氨反应,有化合性余氯产生(主要为一氯胺),具有一定消毒效果。

在 3 区 HB 段,仍然产生化合性余氯,随着加氯量增加,产生下列不具有消毒作用的化合物;余氯反而减少,直至折点 B 为止,折点余氯量最少。

$$2NH_2Cl + HClO \longrightarrow N_2 \uparrow + 3HCl + H_2O$$

在 4 区 BC 段,水中已没有消耗氯的物质,故随着加氯量增加,水中余氯量也增加,而且是自由性余氯,此区消毒效果最好。

生产实践表明,当原水中游离氨在 0.3 mg/L 以下时,控制在折点后,称为折点加氯;原水游离氨在 0.5 mg/L 以上时,峰点以前的化合性余氯量已够消毒,通常加氯量控制在峰点前,以节约加氯量;原水游离氨在 0.3 ~ 0.5 mg/L 时,加氯量难以掌握。缺乏资料时,一般的地表水经混凝、沉淀和过滤后或清洁的地下水,加氯量可采用 1.0 ~ 1.5 mg/L;一般的地表水经混凝沉淀未经过滤时可采用 1.0 ~ 1.5 mg/L。对于污(废)水,加氯量可参考下列数值:一级处理水排放时,加氯量为 20 ~ 30 mg/L;不完全二级处理水排放时,加氯量为 10 ~ 15 mg/L;二级处理水排放时,加氯量为 5 ~ 10 mg/L。

(三) 投氯点

一般采用滤后投氯,即把氯投在滤池出水口或清水池进口处,或滤池至清水池的连接管(渠)上,称为滤后投氯消毒。滤后消毒为饮用水处理的最后一步。这种方法一般适用于原水水质较好,经过滤处理后水中有机物和细菌已被大部分除去,投加少量氯即能满足余氯要求。如果以地下水作水源,无混凝、沉淀、过滤等净化工艺,则需在泵前或泵后投加。图7-4为氯的投加。

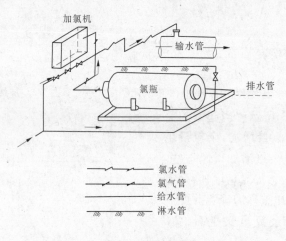

图 7-4 氯的投加

当处理含腐殖质的高色度原水时,在投加混凝剂的同时投氯,以氧化水中有机物,可提高混凝效果。这种氯化法称为滤前氯化或预氯化。预氯化也可用硫酸亚铁作为混凝剂(将亚铁氯化为三价铁,促进硫酸亚铁的混凝效果)。预氯化还能防止水厂内各类构筑物中滋长青苔和延长氯胺消毒的接触时间,使加氯量维持在图7-3中的 AH 段,以节省加氯量。

当城市管网延伸很长,管网末梢的余氯难以保证时,需要在管网中途补充投氯。这样既能保证管网末梢的余氯,又不致使水厂附近的余氯过高。管网中途投氯的位置一般都设在加压泵站及水库泵站中。

一般在投氯点后可安装静态混合器,使氯与水均匀混合,提高杀菌效果,并节省氯量。同时,应加强余氯的连续监测;有条件时,投氯地点宜设置余氯连续测定仪。

(四) 加氯设备及选择

加氯设备通常都采用加氯机。最常用的有转子加氯机和真空加氯机两种。图7-5所示是ZJ型转子加氯机示意图。其工作原理是:来自氯瓶的氯气首先进入旋风分离器1,再通过弹簧膜阀2和控制阀3进入转子流量计4和中转玻璃罩5,经水射器7与压力水混合,溶解于水中被送至加氯点。各部分作用如下:旋风分离器用于分离氯气中可能存在的悬浮杂质,如铁锈、油污等,其底部有旋塞可定期打开以清除杂质;弹簧膜阀系减压阀门,能保证氯瓶内安全压力大于 0.1 MPa,如小于此压力,该阀即自动关闭,并起到稳压作用;控制阀和转子流量计用来控制和测定加氯量;中转玻璃罩用以观察加氯机的工作情况,同时起稳定加氯量、防止压力水倒流和当水源中断时破坏罩内真空的作用;平衡水箱6可以补充和稳定中转玻璃罩内水量,当水流中断时自动暴露单向阀口,吸入空气使中转玻璃罩真空破坏;水射器的作用是从中转玻璃罩内抽吸所需的氯,使其与水混合并溶解,同时使玻璃罩内保持负压状态。

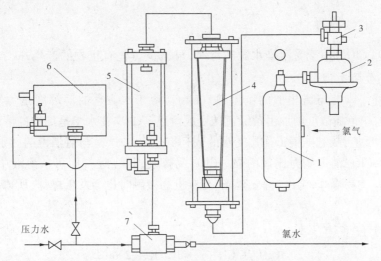

1—旋风分离器;2—弹簧膜阀;3—控制阀;
4—转子流量计;5—中转玻璃罩;6—平衡水箱;7—水射器

图 7-5 ZJ 型转子加氯机示意图

具体操作应按产品说明书的规定。因氯有毒,故氯的运输、储存及使用应特别小心,确保安全。加氯设备的安装位置应尽量靠近加氯点。加氯设备应结构坚固、防冻保温、通风良好,并备有检修和抢修设备。

(五)加氯量计算

加氯量计算公式如下:

$$q = Qb$$

式中　q——每天的加氯量,g/d;

　　　Q——设计水量,m^3/d;

　　　b——加氯量,g/m^3,一般采用 0.5 ~ 1.0 g/m^3。

【例 7-1】　已知某水厂设计水量为 10.5 万 m^3/d,加氯量取 1.0 g/m^3,试确定每日加氯量为多少。

解　$q = Qb = 10.5 \times 10\ 000 \times 1.0 = 105(kg/d)$

(六)加氯间和氯库

加氯间是安置加氯设备的操作间。氯库是储备氯瓶的仓库。加氯间和氯库可以合建,也可分建。采用加氯间与氯库合建的方式,中间用墙分开,但应留有供人通行的小门。

由于氯气是有毒气体,加氯间在设计时应注意以下内容:

(1)加氯间和氯库位置应设于主导方向下方,且需与经常有人值班的工作间隔开。

(2)氯瓶中的氯气气化时,需吸收热量,一般用自来水喷淋在氯瓶上,以供给热量。设计中,在氯库内位于氯瓶上方设置 $DN = 25$ mm 的自来水管,以帮助液氯气化。

(3)加氯间和氯库的通风、照明、防火、保温等应特别注意,还应设置一系列安全报警、事故处理设施等。有关加氯间和氯库设计要求可参阅设计规范和《给水排水设计手册》第3册。

二、二氧化氯消毒

二氧化氯(ClO_2)用于受污染水源消毒时,可减少氯化有机物的产生,故二氧化氯作为消毒剂日益受到重视。

二氧化氯气体有与氯相似的刺激性气味,易溶于水。它的溶解度是氯气的5倍。ClO_2水溶液的颜色随浓度增加由黄绿色转变成橙色。ClO_2在水中是纯粹的溶解状态,不与水发生化学反应,故它的消毒作用受水的pH影响极小,这是与氯消毒的区别之一。在较高的pH下,ClO_2消毒能力比氯的强。ClO_2易挥发,稍一曝气即可从溶液中逸出。气态和液态ClO_2均易爆炸,温度升高、曝光、与有机物接触时也会发生爆炸,所以ClO_2通常在现场制备。

ClO_2的制取方法主要是:

$$2NaClO_2 + Cl_2 \longrightarrow 2ClO_2 + 2NaCl \tag{7-6}$$

由于亚氯酸钠较贵,且ClO_2生产出来即须使用,不能储存,所以只有水源污染严重(尤其是氨或酚的含量达每升几毫克),而一般氯消毒有困难时,才采用ClO_2消毒。

ClO_2对细胞壁的穿透能力和吸附能力都较强,从而可有效地破坏细菌内含硫基的酶,它可控制微生物蛋白质的合成,因此ClO_2对细菌、病毒等有很强的灭活能力;ClO_2消毒时,如在制备过程中不产生自由氯,则受有机物污染的水也不会产生THMs。ClO_2仍可保持其全部杀菌能力。此外,ClO_2还有很强的除酚能力,且消毒时不产生氯酚臭味。

ClO_2消毒虽具有一系列优点,但生产成本高,且生产出来后即须使用,不能储存,故目前我国生产上应用很少。但由于ClO_2处理受污染水具有独特的优点,目前已受到专家们的重视。

三、漂白粉消毒

漂白粉由氯气和石灰加工而成,分子式为$Ca(ClO)_2$,有效氯约为60%。二者均为白色粉末,有氯的气味,易受光、热和潮气作用而分解,使有效氯降低,故必须放在阴凉、干燥和通风良好的地方。漂白粉加入水中发生如下反应:

$$2Ca(ClO)_2 + 2H_2O \longrightarrow 2HClO + Ca(OH)_2 + CaCl_2 + O_2 \tag{7-7}$$

反应后生成HClO,因此消毒原理与氯气相同。

漂白粉需配制成溶液加注,溶解时先调成糊状物,然后再加水配成1.0%~2.0%(以有效氯计)浓度的溶液。当投加在滤后水中时,溶液必须经过4~24 h澄清,以免杂质带进清水中;若加入浑水中,则配制后可立即使用。

(一)漂白粉用量

漂白粉用量计算公式如下:

$$W = \frac{Qa}{C}$$

式中 W——漂白粉用量,kg/d;

　　Q——设计水量,m^3/d;

　　a——最大加氯量,kg/m^3,根据水质不同,一般采用 0.001 5 ~ 0.005 kg/m^3;

　　C——有效氯含量,一般为 20% ~ 25%。

(二)溶解池设计

溶解池的容积计算公式如下:

$$V_1 = \frac{W}{bn}$$

式中 V_1——溶解池的容积,m^3;

　　b——溶解后漂白粉溶液浓度(%);

　　n——每日药剂配制次数,一般要小于 3 次。

(三)溶液池设计

溶解池内调制好的漂白粉溶液进入溶液池,进一步加水稀释,配成浓度为 1% 的溶液,则可计算出溶液池的容积 V_2 为:

$$V_2 = 10V_1$$

四、次氯酸钠消毒

电解食盐水可得到次氯酸钠(NaClO):

$$NaCl + H_2O \longrightarrow NaClO + H_2 \uparrow \tag{7-8}$$

$$NaClO + H_2O \longrightarrow HClO + NaOH \tag{7-9}$$

次氯酸钠的消毒作用依然靠 HClO,但其消毒作用不及氯强。

因次氯酸钠易分解,故通常采用次氯酸钠发生器现场制取,就地投加,不宜贮运。其常用于小型水厂。

五、氯胺消毒

采用氯胺消毒,由于作用时间长,杀菌能力比自由氯弱,目前我国已较少应用,但氯胺消毒具有以下优点:

(1)当水中含有有机物和酚时,氯胺消毒不会产生氯臭和氯酚臭,同时大大减少 THMs 产生的可能;

(2)能保持水中的余氯较长时间存在,适用于供水管网较长的情况。

人工投加的氨可以是液氨、硫酸氨或氯化铵。液氨投加方法与液氯相似,化学反应式见式(7-3) ~ 式(7-5)。硫酸铵和氯化铵应先配成溶液,然后投加到水中。氯和氨的投加量视水质不同而采用不同比例,一般采用氯:氨 = 3:1 ~ 6:1。当以防止氯臭为主要目的时,氯和氨之比可小些;当以杀菌和维持余氯为主要目的时,氯和氨之比应大些;采用氯胺消毒时,一般先投氨,待其与水充分混合后再投氯,这样可减少氯臭,特别是当水中含酚时,这种投加顺序可避免产生氯酚恶臭。但当主要为了维持余氯持久时(管网较长时),则对采用进厂水投氯消毒,出厂水投氨减臭并稳定余氯。

六、臭氧消毒

臭氧杀菌的优点是：臭氧能氧化和破坏微生物的细胞膜、细胞质、酶系统及核酸，从而迅速杀死细菌及病毒，对肠杆菌、肠道病菌、结核病菌、芽孢和蠕虫卵都有很强的杀灭能力。此外，还能去除水中的色、臭、味、溶解性铁、锰盐类及酚等。

臭氧消毒受污水 pH 及温度的影响较小，能杀死抗氯性很强的病菌及芽孢，不会产生残留的二次污染，可氧化分解难以生物降解的有机物及"三致"物质，增加水中溶解氧，改善水质。

臭氧消毒设备投资及运行费用高。臭氧半衰期短，在水中不稳定，容易消失，不能在管网中持续保持杀菌能力。在臭氧消毒后，往往需要投加少量氯，来维持水中一定的余氯量。另外，由于尾气处理不当造成空气污染，管理维护复杂。目前，我国用得较少。

臭氧（O_3）是一种强氧化剂，其氧化能力仅次于氟，比氧、氯及高锰酸盐等常用的氧化剂都强。臭氧在空气中会自动分解为氧气，分解速度随温度升高而加快。浓度为 1% 的臭氧，在常温常压下，其半衰期为 16 h，所以臭氧不易储存，需边生产边使用。臭氧在纯水中的分解速度比在空气中快得多，水中臭氧 3 mg/L 在常温常压下，半衰期为 5～30 min。臭氧还有一定的毒性和腐蚀性，一般从事臭氧处理工作的人员所在的环境中，臭氧的浓度允许值定为 0.1 mg/L。臭氧氧化法在水处理中主要是使污染物氧化分解，用于降低 BOD、COD，脱色、除臭、除味、杀菌、杀藻，除铁、锰、氰、酚等。目前，其已成功应用于印染、含氰、含酚、炼油废水的处理。现举例如下。

（一）印染废水的处理

臭氧氧化法处理印染废水，主要用来脱色。一般认为，染料的颜色是由于染料分子中有不饱和原子团存在，能吸收一部分可见光的缘故。这些不饱和的原子团称为发色基团。重要的发色基团有：乙烯基、偶氮基、氧化偶氮基、羰基、硫羰基、硝基和亚硝基等。它们有不饱和键，臭氧能将不饱和键打开，最后生成有机酸和醛类等较小分子的物质，使之失去显色能力。采用臭氧氧化法脱色，能将含活性染料、阳离子染料、酸性染料、直接染料等水溶性染料的废水几乎完全脱色，对不溶于水的分散染料也能获得良好的脱色效果，但对硫化、还原性等不溶于水的染料，脱色效果差。

（二）含氰废水的处理

在电镀铜、锌、镉过程中会排出含氰废水。臭氧与氰的反应式为

$$KCN + O_3 \longrightarrow KCNO + O_2 \uparrow \qquad (7\text{-}10)$$

$$2KCNO + H_2O + 3O_3 \longrightarrow 2KHCO_3 + N_2 + 3O_2 \uparrow \qquad (7\text{-}11)$$

按上述反应，处理到第一阶段，每去除 1 mg CN^- 需臭氧 1.84 mg，生成的 CNO^- 的毒性为 CN^- 的 1%。氧化到第二阶段的无害状态时，每去除 1 mg CN^- 需臭氧 4.6 mg。应用臭氧、活性炭同时处理含氰废水，活性炭能催化臭氧的氧化，可降低臭氧消耗量。向废水中投加微量的铜离子，也能促进氰的分解。

臭氧用于含氰废水的处理，不加入其他化学物质，所以处理后的水质好，操作简单，但由于臭氧发生器电耗较高，设备投资较大等原因，目前应用很少。但有人认为，从总体的

综合经济效益上讲,臭氧氧化法优于碱性氯化法。

(三)含酚废水的处理

臭氧对酚的氧化作用与氯和二氧化氯相同,但臭氧的氧化能力为氯的两倍,而且不产生氯酚。例如,苯酚被臭氧氧化首先生成邻苯二酚,继续氧化生成邻苯醌,强烈氧化条件下,邻苯醌的苯环断裂,成为己二酸。己二酸的双键在大量臭氧的强烈氧化下断裂,分解成丁烯二酸和乙二酸,丁烯二酸进一步分解为乙二酸,并最终氧化为二氧化碳。将酚完全氧化为二氧化碳是不经济的,通常只氧化到邻苯醌即可。将水中的酚和邻苯二酚氧化到邻苯酚时,氧化 1 mol 酚理论需臭氧为 2 mol,即酚与臭氧的质量比为 94:96≈1:1。实际上,处理含酚废水所需的臭氧量随工厂种类不同而有很大差别,一般为 1:1.5～1:2.0。在化工和石油炼制工厂,一般为 1:1～1:1.4。臭氧处理含酚废水 pH = 12 最适宜,pH 越高,臭氧消耗量越少。

(四)臭氧对水中有机微污染物的氧化

臭氧能有效去除原水中的臭味物质 2 - 甲基异莰醇(2 - MIB),还可以起到一定的微絮凝作用,提高混凝的效果。臭氧氧化能力强,能与水中的大多数有机污染物和微生物迅速反应,并能完全氧化分解有机物,其本身不产生任何副产物。但有研究表明,臭氧可与天然有机物(NOM)产生包括醛类、醛(酮)类和小分子有机酸类在内的氧化副产物,如果水中含有溴离子,还可以产生包括 BrO_3^-、溴仿、溴代乙酸类、三溴硝基甲烷和溴代乙腈类等在内的溴化副产物。大量的研究和工程实践证明,单独的臭氧化对原水中的有机污染物质的去除率比较低,只有与其他方法联合作用如活性炭吸附等才能广泛地用于工程实践,有效地去除水中的有机污染物。臭氧—生物活性炭(O_3/Biological Activated Carbon,简称 O_3/BAC)工艺采取先氧化后活性炭吸附,可以增加有机物的可吸附性和可生物降解性,是饮用水深度净化的核心工艺,也是水源污染严重的城市饮用水处理设施的中心。以臭氧—生物活性炭工艺为主的深度净化技术已经广泛地推广应用于欧洲国家如法、德、意、荷等上千座水厂中;O_3/BAC 工艺在我国也正在逐步推广应用,该工艺不仅仅是将臭氧氧化、活性炭吸附、微生物降解合为一体,而且适量的臭氧氧化所产生的中间产物有利于活性炭的吸附去除。实践证明,O_3/BAC 工艺可以使水中的 TOC、高锰酸盐指数、A_{254}、THMFP、$NH_4^+ - N$、$NO_2^- - N$ 等都有显著的降低,出水水质良好。对其生产成本进行分析,水厂规模在 5 万～40 万 t/d 时,采用 O_3/BAC 工艺增加的制水成本在 0.10～0.15 元/t。根据我国各自来水厂的供水状况,从提高水质和人们的生活水平考虑,这种工艺是完全可以接受的。

臭氧消毒的特点如下:

(1)反应快、投量少。能迅速杀灭扩散在水中的细菌、芽孢、病毒,且在很低的浓度时就有杀菌灭活作用。

(2)适应能力强。在 pH 5.6～9.8,水温 0～37 ℃的范围内,对臭氧的消毒性能影响很小。

(3)臭氧的半衰期很短,仅 20 min,因此一般现场制备。

(4)能破坏水中的有机物,改善水的物理性质和器官感觉,进行脱色和去臭、味,使水呈蔚蓝色,而又不改变水的自然性质。

(5)在水中不产生持久性残余,无二次污染。

臭氧消毒的缺点如下:

(1)因臭氧不稳定,故其无持续消毒功能,应与氯消毒配合使用。

(2)臭氧有毒性,池水中不允许超过 0.01 mg/L,空气中不允许超过 0.001 mg/L。

(3)臭氧消毒法设备费用高、耗电量大,这是限制或影响臭氧消毒广泛使用的主要原因。

(4)会产生溴酸盐污染。

常用的消毒剂性能见表7-1。

表7-1　常用的消毒剂性能

性能	氯、漂白粉	氯胺	二氧化氯	臭氧	紫外线辐射
消毒、杀灭细菌	优良(HClO)	适中,较氯差	优良	优良	良好
杀灭病毒	优良(HClO)	差(接触时间长时,效果好)	优良	优良	良好
pH 的影响	消毒效果随 pH 增大而下降,在 pH=7 左右时加氯较好	受 pH 的影响小,pH≤7 时主要为二氯胺,pH≥7 时为一氯胺	pH 的影响比较小,pH>7 时,效果稍好	pH 的影响小,pH 小时,剩余 O_3 残留较久	对 pH 变化不敏感
在配水管网中的剩余消毒作用	有	可保持较长时间的余氯量	比氯有更长的剩余消毒时间	无,需补加氯	无,需补加氯
生成副产物 THMs	可生成	不大可能	不大可能	不大可能	不大可能
其他中间产物	产生氯化和氧化中间产物,如氯胺、氯酚、氯化有机物等,某些中间产物会产生臭味	产生的中间产物不详,不会产生氯臭味	产生的中间产物为氯化芳香族化合物,氯酸盐、亚氯酸盐等	中间产物为醛、芳香族羧酸、酞酸盐等	产生何种中间产物不详
国内应用情况	应用广泛	应用较少	尚未在城市水厂中应用	应用较少	应用不多,且只限于处理小水量
一般投加量(mg/L)	2～20	0.5～3.0	0.1～1.5	1～3	
接触时间	30 min	2 h		数秒至 10 min	
适用条件	绝大多数水厂用氯消毒,漂白粉只用于小水厂	原水中有机物较多和供水管线较长时,用氯胺消毒较适宜	适用于有机物如酚污染严重时,需现场制备	制水成本高,适用于有机物污染严重时。因无持续消毒作用,在进入管网的水中还应加少量氯消毒	管网中没有持续消毒作用。适用于工矿企业等集中用户用水处理

第八章 好氧生化处理法

第一节 概 述

污水中所含的污染物质复杂多样,往往用一种处理方法很难将污水中的污染物质去除殆尽,一般需要用几种方法组合成一个处理系统,才能完成处理功能。生物处理是利用微生物的特征在溶解氧充足和温度适宜的情况下,对污水中的易于被微生物降解的有机污染物质进行转化,达到无害化处理的目的。

微生物根据生化反应中对氧气的需求与否,可分为好氧微生物、厌氧微生物和兼性微生物三类。

一、污水生物处理法的分类

迄今为止,生物处理法仍然是去除污水中有机污染物质的有效和常用方法。目前,较常用的生物处理法如图8-1所示。

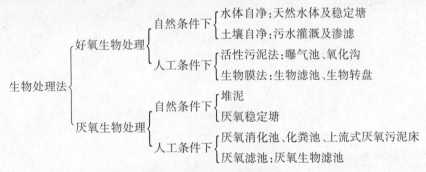

图 8-1 常用的生物处理法

二、好氧生物处理

污水的好氧生物处理,是利用好氧微生物,在有氧的条件下,将污水中的污染物质一部分分解后被微生物吸收并氧化分解成简单且稳定的无机物(如有机物中的碳被氧化成二氧化碳、氢与氧化合成水,氮被氧化成氨、亚硝酸盐和硝酸盐,磷被氧化成磷酸盐,硫被氧化成硫酸盐等),同时释放出能量,用来作为微生物自身生命活动的能源,这一过程称为分解代谢;另一部分有机物被微生物所利用,作为本身的营养物质,通过一系列生化反应合成新的细胞物质,这一过程称为合成代谢。生物体合成所需的能量来自于分解代谢。在微生物的生命活动过程中,分解代谢与合成代谢同时存在,二者相互依赖:分解代谢为合成代谢提供物质基础和能量来源,而通过合成代谢又使微生物本身不断增加,两者存在使得生命活动得以延续。

微生物对有机物的分解代谢可用下列化学方程式表示：

$$C_xH_yO_z + (x + \frac{y}{4} - \frac{z}{2})O_2 \longrightarrow xCO_2 + \frac{y}{2}H_2O + 能量$$

式中 $C_xH_yO_z$——有机污染物。

微生物对有机物的合成代谢可用下列化学方程式表示：

$$nC_xH_yO_z + nNH_3 + n(x + \frac{y}{4} - \frac{z}{2} - 5)O_2 \xrightarrow{\text{酶}} (C_5H_7NO_2)_n + n(x - 5)CO_2 +$$

$$\frac{n}{2}(y - 4)H_2O - 能量$$

式中 $C_5H_7NO_2$——微生物细胞组织的分子式。

因此,当污水中微生物的营养物质充足时,在一定的条件下(氧气和温度),微生物可以大量合成新的原生物质,增长迅速;反之,当污水中的营养物质缺乏时,微生物只能依靠分解细胞内储存的物质,甚至把原生物质也作为营养物质利用,以获得保证生命活动最低限度的能量。这时,微生物的质量和数量均在减少。

微生物分解代谢和合成代谢及其产物的模式如图 8-2 所示。

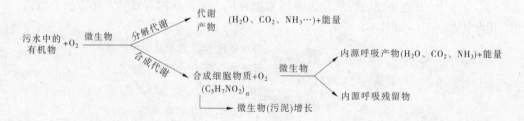

图 8-2 微生物分解代谢和合成代谢及其产物的模式

三、厌氧生物处理

污水中有机污染物质的厌氧生物分解可分为三个阶段。第一阶段是在厌氧细菌(水解细菌与发酵细菌)作用下,碳水化合物、蛋白质、脂肪、水结合并发酵转化成单糖、氨基酸、甘油、脂肪酸以及低分子无机物(二氧化碳和氢)等;第二阶段是在厌氧细菌(产氢、产乙酸菌)作用下,把第一阶段的产物转化成氢、二氧化碳和乙酸。第三阶段是通过两组生理上完全不同的产甲烷菌(又称甲烷菌)的作用产生甲烷,一组厌氧菌能把氢和二氧化碳转化成甲烷,另一组厌氧菌能使乙酸脱去羧基产生甲烷。

由于产甲烷阶段产生的能量大部分用于维持细菌生命活动,只有很少部分能量用于细菌繁殖,所以细菌的增殖量很少;再则,由于在厌氧分解过程中,溶解氧缺乏,且氧作为氢的受体,因而对有机物分解不彻底,代谢产物中含有许多的简单有机物。

第二节 活性污泥及其处理工艺

一、活性污泥及其组成

(一)活性污泥

在向生活污水中注入空气进行曝气,以维持水中有足够的溶解氧,并持续一段时间之后,污水中就能生成一种黄褐色絮凝体,这种絮凝体易于沉淀分离,并使污水得到净化、澄清。将这种絮凝体放在显微镜下观察,能够看到里面充满各种微生物,这就是活性污泥。

活性污泥结构疏松、表面积大,对有机污染物有着较强的吸附凝聚和氧化分解能力,并易于沉淀分离,能使污水得到净化、澄清。

(二)活性污泥的形态

活性污泥是人工培养的生物絮凝体,外观上呈黄褐色的绒絮状颗粒,其颗粒尺寸一般为 $0.02 \sim 0.2$ mm,表面积为 $20 \sim 100$ cm^2/mL。活性污泥的含水率为 99%,其比重为 $1.002 \sim 1.006$,含水率小则比重偏高,反之偏低。活性污泥中的固体物质占 1%,这些固体物质由有机污染物和无机污染物组成,其比例因原水的性质而异,城市污水中有机物成分占 $75\% \sim 85\%$,其余为无机成分。

(三)活性污泥的组成

活性污泥主要由细菌、真菌、原生动物、后生动物等微生物组成。此外,活性污泥内还夹杂着一些微生物自身氧化残留物、惰性有机物及一定数量的无机物。这些具有活性的微生物群体在温度适宜且溶解氧充足的条件下,其新陈代谢功能可使污水中易于被微生物降解的有机污染物转化为稳定的无机物。

活性污泥中固体物质的有机成分主要由栖息在活性污泥上的微生物群体所构成。此外,微生物自身氧化残留物,难以被微生物降解的有机物也存在于活性污泥的固体物质中。另外,还含有一部分无机成分,主要由原污水挟入。

因此,要想准确反映活性污泥的成分,应从下列四个方面考虑:

(1)具有代谢功能的微生物群体(Ma);

(2)微生物内源代谢、自身氧化残留物(Me);

(3)难以被微生物降解的惰性有机物(Mi);

(4)吸附在活性污泥表面的无机物(Mii)。

二、活性污泥法处理工艺

活性污泥法处理工艺由曝气池、二次沉淀池、曝气系统、污泥回流系统等组成。活性污泥法的基本流程如图 8-3 所示。

污水经过初次沉淀池去除大量漂浮物和悬浮物后,进入曝气池内。与此同时,从二次沉淀池沉淀回流的活性污泥连续回流到曝气池,作为接种污泥,二者均在曝气池首端同时进入池体。曝气系统的空压机将压缩空气通过管道和铺放在曝气池底部的空气扩散装置以较小气泡的形式进入污水中,向曝气池混合液供氧,保证活性污泥中微生物的正常代谢

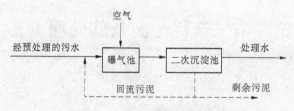

图 8-3　活性污泥法的基本流程

反应。另外,通入的空气还能使曝气池内的污水和活性污泥处于混合状态。活性污泥与污水互相混合、充分接触,使得生化反应得以正常进行。曝气池内的污水、回流污泥和空气互相混合形成的液体称为曝气池混合液。

在曝气池内,活性污泥和污水进行生化反应,反应结果是污水中的有机物得到降解、去除,污水得到净化。同时,微生物得以繁殖增长,活性污泥量也在增加。

曝气池混合液由曝气池末端流出,进入二次沉淀池进行泥水分离,澄清后的污水作为处理水排出。二次沉淀池是活性污泥法处理污水的重要组成部分,它的主要作用是使曝气池混合液固液分离。但在二次沉淀池底部的泥斗可以将活性污泥浓缩,经浓缩后,一部分活性污泥作为接种污泥回流到曝气池,另一部分则作为剩余污泥排出系统。剩余污泥与在曝气池内增长的污泥,在数量上保持平衡,使曝气池内污泥浓度相对保持在恒定的范围内。

活性污泥法处理系统实质上是水体自净的人工强化过程。

第三节　活性污泥净化的阶段与影响因素

一、活性污泥净化过程

活性污泥能够连续从污水中去除有机污染物,是由以下几个净化阶段完成的。

(一)初期吸附作用

在生物反应器——曝气池中,污水与活性污泥从池首共同流入,充分混合接触,在较短的时间(5～10 min)内,污水中呈悬浮和胶体状态的有机物被大量去除。产生这种现象的主要原因是活性污泥具有很强的吸附性,包括物理吸附和生物吸附作用。

由于活性污泥具有较大的比表面积,据试验测试,每立方米曝气池混合液的活性污泥表面积为 2 000～10 000 m^2,在其表面上富集着大量的微生物。这些微生物表面覆盖着一种多糖类的黏质层。当活性污泥与污水接触时,污水中的有机污染物即被活性污泥吸附和凝聚而被去除。吸附过程能够在 30 min 内完成。污水中的 BOD 的去除率可达70%。吸附速度的快慢取决于微生物的活性和反应器内水力扩散程度。

被吸附在活性污泥表面的有机物并没有实际上被去除,而是要经过数小时降解后,才能够被摄入微生物体内,转化成稳定的无机物。应当指出,有机物被初期吸附后,经过一段时间被降解成无机物的过程中,要求反应器中有充足的溶解氧,且温度适宜。

(二)微生物的代谢作用

污水中的有机污染物,被活性污泥吸附,而活性污泥中含有大量的微生物,有机物与微生物的细胞表面接触,在微生物透膜酶的催化作用下,一些小分子有机物能够穿过细胞壁进入微生物细胞体内,完成生物降解过程;而一些大分子有机物,则应在细胞水解酶的作用下,被水解为小分子后,再被微生物摄入体内,才能得以降解。

微生物降解有机物分为合成代谢和分解代谢两个过程,无论是分解代谢还是合成代谢,都能去除污水中的有机污染物,但产物不同。分解代谢的产物是无机小分子(CO_2和H_2O),可直接排入受纳水体中;合成代谢的产物是新生的微生物细胞,应以剩余污泥的方式排出处理系统,并加以处置。

二、微生物的特征及生长规律

(一)活性污泥中的微生物相

活性污泥中的微生物主要由细胞、真菌、原生动物和后生动物组成。其中,细菌是降解有机物的主要微生物。经试验检测,可在活性污泥上形成优势的细菌有产碱杆菌属、芽孢杆菌属、黄杆菌属、动胶杆菌属、假单胞菌属等。这些细菌都具有较高的增殖速率,在环境适宜的条件下,其世代时间一般为20~30 min,并且都有较强的分解有机物并将其转化为无机物的功能。活性污泥中存活的原生动物有肉足类、鞭毛类和纤毛类。原生动物摄食对象是细菌。因此,原生动物能够起到进一步净化水质的作用。后生动物在活性污泥系统中不经常出现,一般出现在完全氧化型的活性污泥系统中,轮虫和线虫是后生动物的代表。后生动物的出现,标志着处理水质非常稳定。

(二)微生物的增殖规律

微生物的增殖规律一般用增殖曲线来表示,如图8-4所示。在微生物学中,对纯菌种的增殖规律已取得较成熟的结论。而活性污泥法处理系统中细菌为多种微生物群体,其增殖规律较复杂,但增殖的总趋势基本上与纯菌种的相同。

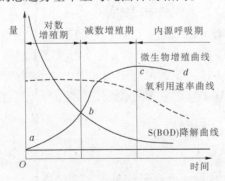

图 8-4 活性污泥微生物增殖曲线及其和
有机底物降解、氧利用速率的关系
(间歇培养、底物一次性投加)

微生物的增殖曲线可分为四个阶段,即适应期、对数增殖期、减数增殖期和内源呼吸期。在温度适宜、溶解氧充足,而且不存在抑制物质的条件下,活性污泥微生物的增殖速率主要取决于有机物量(F)与微生物量(M)的比值(F/M)。它也是有机物降解速率、氧利用速率和活性污泥的凝聚、吸附性能的重要影响因素。

1. 适应期

适应期也称延迟期、调整期。这是微生物培养的初始阶段。在这个时期,微生物刚接入新鲜培养液中,对新环境有一个适应过程。因此,在此阶段微生物不繁殖,微生物的数量不增加,生长速度接近于零。这一过程一般出现在活性污泥培养和驯化阶段,能够适应污水水质的微生物就能生存下来,不能适应的微生物则被淘汰。

2. 对数增殖期

经过适应期的调整,生存下来的微生物适应了新的培养环境。污水中含有大量的适合微生物生存的营养物质,此时,F/M 很高,有机物非常充分,微生物的生长、繁殖不受有机物浓度的限制,其生长速度最大。菌体数量以几何级数的速度($2^0 \rightarrow 2^1 \rightarrow 2^2 \rightarrow 2^3 \rightarrow \cdots \rightarrow 2^n$)增加,菌体数量的对数与反应时间成直线关系,故本期也称为等速增长期。增长速度的大小取决于微生物自身的生理机能。

在对数增殖期,微生物的营养丰富、活性强、降解有机物速度快、污泥增长不受营养条件的限制,但此时的污泥含能水平高、凝聚性能差、难于重力分离,因而处理效果不好。对数增长期出现在反应器推流式曝气池的首端。

3. 减速增殖期

减速增殖期又称减衰增殖期、稳定期和平衡期,由于微生物的大量繁殖,污水中的有机物逐渐被降解,混合液中的有机物与微生物的数量比(F/M)逐渐降低,即培养液中的底物逐渐被消耗,从而改变了微生物的环境条件,致使微生物的增长速度逐渐减慢。

4. 内源呼吸期

内源呼吸期又称衰亡期。污水中有机物持续下降,达到近乎耗尽的程度,F/M 比值随之降至很低的程度。微生物由于得不到充足的营养物质,而开始大量地利用自身体内储存的物质或衰亡菌体,进行内源代谢以维持生命活动。

在此期间,微生物的增殖速率低于自身氧化的速率,致使微生物总量逐渐减少,并走向衰亡,增殖曲线呈显著下降趋势。实际上,由于内源呼吸的残留物多是难于降解的细胞壁和细胞膜等物质,因此活性污泥不可能完全消失。在本期初始阶段,絮凝体形成速率提高,吸附、沉淀性能提高,易于重力分离,出水水质好,但污泥活性降低。

三、活性污泥净化过程的影响因素

(一)溶解氧(DO)含量

活性污泥法处理污水的微生物是以好氧菌为主的微生物群体。因此,在曝气池中必须有足够的溶解氧,一般控制曝气池溶解氧量出口不低于 2 mg/L。溶解氧来自于生物反应器的曝气装置。在曝气池的首端,有机物含量高,耗氧速度快,溶解氧量可能会低于 2 mg/L,但不能低于 1 mg/L;溶解氧过高,能使降解有机物速度加快,使微生物营养不良,活性污泥易老化、密度变小、结构松散。另外,溶解氧过高,电耗也高,运行管理造价高,不经济。

(二)水温

好氧生物处理的污水温度应维持在 15 ~ 25 ℃。温度适宜,能促进微生物的生理活动;反之,破坏微生物的生理活动。温度过高或过低,可能导致微生物生理形态和生理特性的改变,甚至导致微生物死亡。因此,在寒冷地区应考虑将曝气池建在室内,如果建在室外,应考虑采用适当的保温和加热措施。

（三）pH

在活性污泥法处理系统中的曝气池内,pH 为 6.5 ~ 8.5 最佳,pH 过高或过低,都会影响微生物的活性,甚至导致微生物死亡。因此,要想取得良好的处理效果,应控制生物反应器的 pH。如果污水的 pH 变化较大,应设调节池,使污水的 pH 调节到最佳范围,再进入曝气池。

（四）营养物质平衡

参与活性污泥处理污水的各种微生物,其体内的元素和需要的营养元素基本相同。碳是构成微生物细胞的重要物质。生活污水或城市污水的碳源非常充足,某些工业废水中可能含碳量较低,应补充碳源,一般可投加生活污水。氮是微生物细胞内蛋白质和核酸的重要元素,一般来自于 N_2、NH_3、NO_3^- 等物质,生活污水中的氮元素丰富,勿需投加,某些工业废水中氮量如果不足,可投加尿素、硫酸铵等。磷是合成核蛋白、卵磷脂的重要元素,在微生物的代谢和物质转化过程中作用重大。所以,微生物降解有机物过程中,应保证 $BOD_5 : N : P = 100 : 5 : 1$,如果处理污水的 BOD_5 与氮、磷不能构成上述比例,应投加所缺元素,以便调整微生物的营养平衡。

（五）有毒物质

有毒物质是指对微生物生理活动具有抑制作用的某些物质。主要毒物有重金属离子（如锌、铜、镍、铅、镉、铬等）和一些非金属化合物（如酚、醛、氰化物、硫化物等）。重金属离子可以和微生物细胞的蛋白质结合,使其变性或沉淀;酚类能促进微生物体内蛋白质凝固;醛类能与蛋白质的氨基相结合,使蛋白质变性。所以,被处理污水中含有有毒物质,应逐渐增加在反应器内的有毒物质浓度,以便使微生物得到变异和驯化。

（六）有机物负荷

有机物负荷也称 BOD 负荷,通常有两种不同的表示方法。

1. BOD—污泥负荷（N_s）

BOD—污泥负荷是指单位质量活性污泥在单位时间内所能承受的有机物污染物的量,单位是 kg BOD_5/(kg MLSS·d)。从 BOD—污泥负荷的定义不难看出,BOD—污泥负荷实质是指混合液中有机物量与微生物量的比值（F/M）。计算公式如下:

$$F/M = N_s = \frac{QS_a}{XV} \tag{8-1}$$

式中　Q——污水流量,m^3/d;

　　　S_a——原污水中有机污染物（BOD）的浓度,mg/L;

　　　V——曝气池容积,m^3;

　　　X——混合液中悬浮固体的浓度,mg/L。

2. BOD—容积负荷（N_V）

BOD—容积负荷是指单位曝气池有效容积在单位时间内所承受的有机污染物量,单位是 kg BOD/(m^3·d)。计算公式如下:

$$N_V = \frac{QS_a}{V} \tag{8-2}$$

式中　N_V——BOD—容积负荷；

其他字母含义同前。

N_s 与 N_V 之间的关系为：

$$N_V = N_s \cdot X$$

F/M 值是影响活性污泥增长速率、有机物降解速率、氧的利用率以及污泥吸附凝聚性能的重要因素。当 $F/M \geq 2.2$ 时，活性污泥微生物处于对数增殖期，有机污染物去除较快，活性污泥的含能水平高，呈分散状态，污泥不宜沉降；随着有机物被降解及微生物的增长，F/M 值逐渐降低，污泥增长进入减速增殖期。在这期间，微生物增长受营养物质的控制，增长速度减慢，这时的微生物含能水平较低、活力差，容易形成絮凝物。当曝气池中营养物质几乎耗尽，F/M 值很低，并维持一个常数时，即进入内源呼吸期。在此时期，微生物由于得不到充足的营养物质，从而开始利用自身储存的物质或死亡菌体，进行内源代谢以维持生命活动。进入内源呼吸期，活性污泥含能水平极低，沉降性能好。在此时间，曝气池内溶解氧含量较高、原生动物大量吞食细菌，因此可以得到澄清的处理水。

四、活性污泥的性能评价指标

活性污泥的性能决定污水处理的效果。活性污泥法处理系统的生物反应器（曝气池）中混合液的浓度，微生物活性、污泥密度、降解性能，直接影响活性污泥降解有机物的速度和处理效果。因此，对活性污泥的性能评价应从反应器中混合液中活性污泥微生物量和活性污泥的沉降性能方面考虑。

（一）混合液悬浮固体浓度（MLSS）

混合液悬浮固体浓度（MLSS）表示在曝气池单位容积混合液内所含有的活性污泥固体物的总质量，即

$$MLSS = Ma + Me + Mi + Mii$$

单位为 mg/L。

（二）混合液挥发性悬浮固体浓度（MLVSS）

混合液挥发性悬浮固体浓度（MLVSS）表示在曝气池混合液活性污泥中有机性固体物质的浓度，即

$$MLVSS = Ma + Me + Mi$$

单位为 mg/L。

此项指标在表示活性污泥活性部分数量上，排除了污泥中夹杂的无机物成分，在精确度方面是进了一步，但只是相对于 $MLSS$ 而言，在本项指标中还包含 Me、Mi 等自身氧化残留物和惰性有机物质。因此，此项指标也不能精确地表示活性污泥微生物量，仍然是活性污泥量的相对值。

一般情况下，$MLVSS$ 与 $MLSS$ 的关系可用下式表示：

$$f = \frac{MLVSS}{MLSS}$$

f 值比较固定,对于生活污水 $f = 0.75$,对生活污水占主体的城市污水也可取此值。

以上两项指标虽然不能准确地反映微生物量,但其测量方法简便,所以在活性污泥处理系统中应用广泛,对设计和运行有重要的指导作用。

(三)污泥沉降比(SV)

污泥沉降比是指混合液在量筒中静止沉淀 30 min 后所形成沉淀污泥的容积占原混合液容积的百分率,以% 表示。

活性沉降比反映污泥的沉淀性能,能及时发现污泥膨胀现象,防止污泥流失,是评定污泥数量和质量的指标。

(四)污泥容积指数(SVI)

污泥容积指数简称污泥指数,是指从曝气池出口处取出的混合液,经过 30 min 静止沉淀后,每克干污泥形成的沉淀污泥所占有的容积,以 mL/g 计。

污泥容积指数与污泥沉降比两项指标均表示污泥的沉降性能。从定义上可知二者的关系如下:

$$SVI = \frac{混合液(1 \text{ L})30 \text{ min 静止沉淀形成的活性污泥容积(mL)}}{混合液(1 \text{ L}) 中悬浮固体干重(g)} = \frac{SV(\text{mL/L})}{MLSS(\text{g/L})}$$

$$(8-3)$$

对于生活污水和城市污水,SVI 值以 70 ~ 100 为宜。SVI 值过低时,说明泥粒细小,无机物质含量较高,活性差;SVI 值过高时,说明污泥的沉降性能较差,可能产生污泥膨胀现象。活性污泥微生物群体处在内源呼吸期时,其含能水平较低,SVI 值也较低,沉淀性能好。

一般认为 SVI 在 100 ~ 200 时,污泥沉降性能良好。$SVI > 200$ 时,污泥沉降性差,污泥膨胀。

SVI 与 BOD—污泥负荷之间存在如图 8-5 所示的关系。由图 8-5 可见,当 BOD—污泥负荷介于 0.5 ~ 1.5 kg BOD/(kg MLSS·d)时,SVI 出现峰值,沉淀效果不好,工程设计中应避开这一区段的污水污泥负荷。

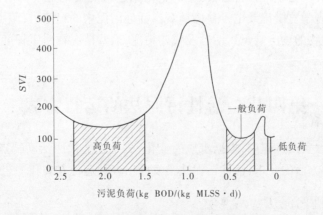

图 8-5　SVI 与 BOD—污泥负荷之间的关系

(五)污泥龄

在曝气池内,微生物从其生成到排出的平均停留时间,也就是曝气池内的微生物全部更新一次所需要的时间叫作污泥龄。从工程上来说,在稳定条件下,污泥龄就是曝气池内活性污泥总量与每日排放的剩余污泥量之比,即:

$$\theta_c = \frac{VX}{\Delta X} \tag{8-4}$$

式中　θ_c——污泥龄(生物固体平均停留时间),d;

　　　ΔX——曝气池内每日增长的活性污泥量,即应排出系统外的活性污泥量,kg/d;

　　　VX——曝气池内活性污泥总量,kg。

在活性污泥反应器内,微生物在连续增殖,不断有新的微生物细胞生成,又不断有一部分微生物老化,活性衰退。为了使反应器内经常保持具有高度活性的活性污泥和保持恒定的生物量,每天都应从系统中排出相当于增长量的活性污泥量。

这样,每日排出系统外的活性污泥量,包括作为剩余污泥排出的和随处理水流出的,其表示式为:

$$\Delta X = Q_W X_r + (Q - Q_W) X_e \tag{8-5}$$

式中　Q_W——作为剩余污泥排放的污泥量,m³/d;

　　　X_r——剩余污泥浓度,kg/m³;

　　　X_e——排放的处理水中悬浮固体的浓度,kg/m³。

因此,θ_c 值为:

$$\theta_c = \frac{VX}{Q_W X_r + (Q - Q_W) X_e} \tag{8-6}$$

一般条件下,X_e 值极低,可忽略不计,式(8-6)可简化为:

$$\theta_c = \frac{VX}{Q_W X_r} \tag{8-7}$$

除上述五个评价指标外,对活性污泥的生物相进行观察也是了解活性污泥性能的重要方法。通常用光学显微镜及电子显微镜观察活性污泥中的细菌、真菌、原生动物及后生动物等,了解微生物的种类、数量、活性及代谢情况,这些情况在一定程度上也可反映曝气系统的运行状况。

第四节　活性污泥法的运行方式

在长期的工程实践过程中,根据水质的变化,微生物的代谢活动特点以及运行管理、技术经济、排放等方面的要求,活性污泥法又发展出多种运行方式和工艺流程。

一、传统活性污泥法

传统活性污泥法是活性污泥处理系统最早的运行方式,又称普通活性污泥法,传统活性污泥法系统图如图8-6所示。

传统活性污泥法中,活性污泥反应器——曝气池的平面尺寸一般为矩形,且池长远远大于池宽。原污水从曝气池首端进入池内,与二次沉淀池回流的回流污泥同步进入曝气池。污水与回流污泥混合后呈推流形式流动至池末端,流出池外进入二次沉淀池,进行混合液泥水分离;二次沉淀池沉淀的污泥一部分回流到曝气池,另一部分作为剩余污泥排出系统。有机污染物在曝气池内经历了净化过程的吸附阶段和代谢阶段的完全过程,活性污泥经历了从池首端的对数增殖期、减速增殖期到池末端的内源呼吸期的全部生长周期。流出曝气池的混合液中的微生物活性减弱,凝聚和沉降性能好,有利于二次沉淀池的泥水分离。

　　传统活性污泥法的有机物去除率很高,可达90%以上,但传统活性污泥法也存在下列问题:

　　(1)由于混合液从池首端推流至池末端,微生物经历了对数增殖期、减速增殖期和内源呼吸期,其耗氧速度沿池首至池末是变化的,见图8-7。由于供氧往往是均匀的,所以在池内出现首端氧不足、末端氧过剩现象。为此,在对曝气池空气管路设计时可采用渐减供氧方式,能够在一定程度上解决供氧不均的问题。

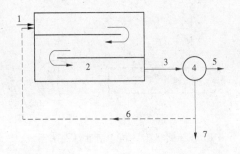

1—处理后的污水;2—活性污泥反应器(曝气池);
3—从曝气池流出的混合液;4—二次沉淀池;5—处理水;
6—回流污泥系统;7—剩余污泥

图8-6　传统活性污泥法系统图

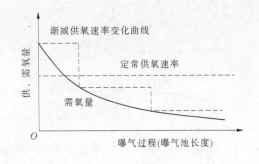

图8-7　传统法和渐减曝气工艺的
供氧速率与需氧量的变化

　　(2)曝气池首端耗氧速度高,为避免出现缺氧或厌氧状态,进水有机物不宜过高,即BOD负荷率较低,因此曝气池容积大,占用土地较多,基建费用较高。

　　(3)有毒有害物质浓度不宜过高,不能抗冲击负荷。

二、阶段曝气法

　　阶段曝气法也称为分段进水活性污泥法、多段进水活性污泥法。其工艺流程如图8-8所示。与传统活性污泥法的不同之处在于:污水沿曝气池长度分散、均匀地进入曝气池内。

　　阶段曝气法是为了克服传统活性污泥法的供氧不合理、体积负荷率低等缺点而改进的一种运行方式。由于分段多点进水,有机物负荷分布较均匀,从而均化了需氧量,避免了前段供氧不足、后段供氧过剩的问题。

与此同时,混合液中的活性污泥浓度沿池长逐渐降低,在池末端流出的混合液的浓度较低,减轻二次沉淀池的负荷,有利于二沉池固液分离。

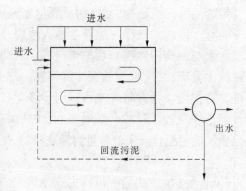

图 8-8　阶段曝气法工艺流程

三、吸附—再生活性污泥法

吸附—再生活性污泥法又称生物吸附活性污泥法或接触稳定法,是使活性污泥降解有机物的吸附和代谢过程分别在各自的反应池中进行。吸附池和再生池在结构上可分建,也可合建。吸附—再生活性污泥法系统图见图 8-9。在吸附池(吸附段)内,活性污泥与污水同时进入,充分接触 30~60 min,污泥吸附大部分呈悬浮、胶体状的和一部分溶解性有机物,然后混合液流入二沉池,由于初期吸附作用,污水中的 BOD 浓度大大降低,沉淀下来的污泥剩余部分排出池外,回流部分至再生池继续曝气,此时微生物对吸附在活性污泥上的有机物进行充分的氧化分解作用,待活性污泥再生后,重新恢复活性,再引至吸附池重新工作。

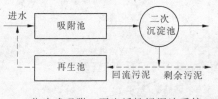
(a)分建式吸附—再生活性污泥法系统

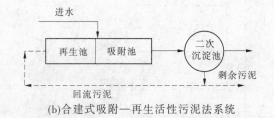
(b)合建式吸附—再生活性污泥法系统

图 8-9　吸附—再生活性污泥法系统图

吸附—再生法的吸附和再生过程,可分别在两个池子里或在一个池子的两个部分进行,二次沉淀池设在两者之间。由于在吸附池内污水与活性污泥的接触时间较短(30~60 min),因此吸附池的容积较小;由于再生池只接纳回流污泥,因此再生池的容积也较小。二者容积之和,仍低于传统活性污泥法的曝气池容积。所以,吸附—再生法节省了生物反应器的基建投资。吸附—再生法对水质、水量变化较大的冲击负荷具有一定的承受能力。吸附池内的污泥若遭到破坏,可由再生池内的污泥补救。

吸附—再生法的缺点在于:由于污水与活性污泥接触时间较短,处理效果不如传统活性污泥法。另外,由于此方法以生物吸附为主体,对处理有机溶解性较高的污水不适宜。

四、延时曝气法

延时曝气法又称为完全氧化活性污泥法,其主要特征是:污泥负荷率很低,曝气时间长,一般多在 24 h 以上,其微生物长时间处于内源呼吸期阶段,剩余污泥量少且稳定,不需要厌氧消化过程。因此,它是污水处理和污泥好氧处理的综合处理设备。

由于污泥氧化较彻底,故其脱水性能增强,而且无臭味,出水的稳定性也较高。由于延时曝气细胞物质氧化时释放出氮、磷,有利于缺少氮、磷的工业污水的处理。但是,延时曝气法池容量大,污泥龄长,基建费和动力费都较高,占地面积也较大,所以它只适用于要求较高而又不便于进行污泥处理的小型城镇污水和工业废水的处理,一般处理水量不超过 1 000 m³/d。

五、完全混合活性污泥法

完全混合活性污泥法主要是应用完全混合式曝气池,是目前较常用的一种方法。它与传统活性污泥法主要的区别在混合液的流型及曝气方法上。完全混合式曝气池可分为合建式和分建式。合建式曝气池一般为圆形,分建式曝气池一般为矩形。

在运行过程中,污水与回流污泥进入曝气池后,两者与池内混合液充分混合,在机械曝气的作用下,混合液在整个池内充分混合、循环流动,进行生物代谢活动。污水在曝气池内分布均匀,各部位的水质相同,F/M 值相等,微生物群体的组成和数量几乎相同,各部位有机物降解工况相同。与推流式曝气池(传统活性污泥法及其改进工艺均属于推流式曝气池)工作相比,推流式曝气池的工作点在污泥增殖曲线上的某一区段,如图 8-10 (a)所示,从 a 到 b,池首到池尾的 F/M 值和微生物都是不断变化的,而完全混合式曝气池的工作状态在污泥增长曲线上只是一个点,这个点的位置取决于 F/M 值的大小,可以通过控制 F/M 值,使其工作点处于污泥增长曲线上所期望的某一点,从而可以得到需要的某种出水水质。

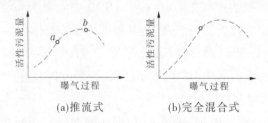

图 8-10　推流式和完全混合式的工作特点

由于进入曝气池的污水与池体内的混合液立即混合,污水污染物得到稀释,对进水水质的变化具有较强的缓冲能力,因此完全混合式曝气池能较好地承受冲击负荷,尤其适用于工业废水的处理。

完全混合曝气池内的混合液均匀,所以池内需氧均匀、动力消耗低于推流式曝气池,节省动力费用。

完全混合活性污泥液存在的主要问题是:处理水水质劣于推流式曝气池活性污泥法的;活性污泥较推流式曝气池产生的污泥易于膨胀;曝气池形状、曝气方法受到限制。

六、吸附—生物降解活性污泥法

吸附—生物降解活性污泥法简称 AB 法。其工艺流程共分 3 段,即预处理段、A 段和 B 段。AB 法污水处理工艺流程见图 8-11。

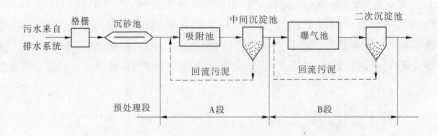

图 8-11　AB 法污水处理工艺流程

在预处理段只设格栅、沉砂池等简易设备,不设沉淀池;A 段由吸附池和中间沉淀池组成,B 段则由曝气池和二沉池组成;A 段和 B 段串联运行,污泥独立回流,形成与各自水质和运行条件相适应的完全不同的微生物群落。

由于不设初次沉淀池,A 段在直接接收城市排水系统中污水的同时,也接种和充分利用了经排水系统所优选的适应原污水的微生物种群;由于 A 段负荷高,能够成活的微生物种群只能是抗冲击负荷能力强的原核细菌,而原生动物和后生动物不能存活;A 段对污染物的去除主要依靠活性污泥的吸附作用,这样某些重金属、难降解有机物和氮、磷等都能通过 A 段得到一定程度的去除。

A 段的污泥负荷一般为 2 ~ 6 kg BOD/(kg MLSS·d);污泥龄 0.3 ~ 0.5 d;水力停留时间 30 min;池内溶解氧浓度 0.2 ~ 0.7 mg/L;BOD 去除率为 40% ~ 70%。经 A 段处理后的污水,可生化性得到改善,有利于后续 B 段的生物降解作用。

B 段接收 A 段的处理水,负荷较低,水质、水量也较稳定,许多原生动物可以很好地生长繁殖,由于不受冲击负荷影响,其净化功能得以充分发挥,较传统活性污泥处理系统,曝气池的容积可减少 40% 左右。

B 段的污泥负荷一般为 0.13 ~ 0.3 kg BOD/(kg MLSS·d);污泥龄 13 ~ 20 d;水力停留时间 2 ~ 3 h;池内溶解氧浓度 1 ~ 2 mg/L。

AB 法处理工艺在国内外得到较广泛的应用,处理水水质完全符合国家规定的排放标准。

七、间歇式活性污泥法

间歇式活性污泥法简称 SBR 工艺,又称序批式(间歇式)活性污泥法处理系统。由于 SBR 工艺在技术上具有某些独特的优越性以及曝气池混合液溶解氧浓度(DO)、pH、电导率、氧化还原电位(ORP)等都能通过自动检测仪表做到自控操作,使本工艺在污水处理领域得到较为广泛的应用。

(一)SBR 工艺工作原理与运行操作

SBR 工艺采用间歇运行方式,污水间歇进入系统并间歇排出。系统内只设一个处理单元,该单元在不同的时间发挥不同的作用,污水进入该单元后,按顺序进行不同的处理。

SBR 工艺的运行周期是由流入、反应、沉淀、排放、待机(闲置)等工序组成的,如图 8-12 所示。

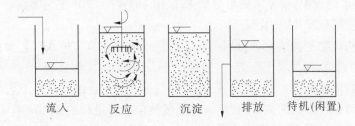

图 8-12 间歇式活性污泥法曝气池运行操作 5 个工序示意图

1. 流入工序

流入工序是反应池接纳污水的过程。在污水流入之前是前一周期的排水或待机状态,反应池内剩有高浓度的活性污泥混合液,相当于传统活性污泥法的回流污泥,此时反应池水位最低。

由于流入工序只流入污水,不排放处理水,反应池起到了调节作用,因此反应池对水质、水量的变动有一定的适应性。

污水流入,水位上升,可以根据其他工艺的要求,配合进行其他的操作过程,如曝气可取得预曝气的效果,又可使活性污泥再生恢复活性;也可以根据脱氮、释放磷等要求,进行慢速搅拌;又如根据限制曝气的要求,不采取其他技术措施,只单纯注水。不论采取哪种方式,都是根据工艺要求和污水的性质作为整体的处理目标来决定的,这是 SBR 工艺最大的特点。

流入工序所用时间根据实际排水情况和设备条件确定,从工艺效果上看,一般污水注入时间以短促为宜,瞬间最好。

2. 反应工序

污水注入达到预定容积后,就可开始进行反应操作。污水处理的目的不同,采取的措施不同。如 BOD 去除、硝化和磷的吸收采取的措施为曝气,反硝化脱氮则为慢速搅拌,并可根据需要达到的程度决定反应的延续时间。

为保证沉淀工序的效果,在反应工序后期,沉淀工序之前,还需进行短暂的微量曝气,吹脱附着在污泥上的氮气。如需排泥,也可在反应工序后期进行。

3. 沉淀工序

沉淀工序相当于传统活性污泥法的二次沉淀池,停止曝气和搅拌,使活性污泥与水在静止状态下分离,因而有更高的沉淀效率。

沉淀工序采取的时间与二次沉淀池的相同,一般为 1.3 ~ 2.0 h。

4. 排放工序

经过沉淀后产生的上清液,作为处理水排放至最低水位,反应池底部沉淀的活性污泥大部分作为下个处理周期的回流污泥使用,排出剩余污泥。

5. 待机工序

待机工序也称闲置工序,即在处理水排放后,等待下一个工作周期的阶段。此工序时间根据现场具体情况确定。

（二）SBR 工艺的特点

在实际污水处理中，根据需要可分别采用不同形式的 SBR 工艺系统。无论采用哪种形式，SBR 工艺都有其共同的特征。

（1）处理构筑物的构成简单，设备费、运行管理费较连续式进水工艺少；

（2）*SVI* 值较低，污泥易于沉淀，一般情况下，不产生污泥膨胀现象；

（3）大多数情况下，不需要流量调节池，曝气池容积较连续式进水工艺小；

（4）通过对运行方式的调节，在单一的曝气池内能够进行脱氮和除磷反应；

（5）运行管理得当，可获得比连续式进水工艺更好的处理水水质。

（三）SBR 工艺的形式

SBR 工艺仍属于发展中的污水处理技术。在基本 SBR 工艺基础上，通过工程应用实践，逐渐开发出了各具特色的新的工艺形式。

1. 间歇式循环曝气活性污泥工艺（ICEAS）

间歇式循环曝气活性污泥工艺的进水方式为连续进水（沉淀工序和排水工序仍保持进水）、间歇排水，在反应池的进水端增加了一个预反应区。在反应阶段，污水多次反复地经受曝气好氧和闲置缺氧状态，从而产生有机物降解、硝化、反硝化、吸收磷、释放磷等反应，能够比较彻底地去除 BOD、脱氮和除磷。

本工艺无污泥回流和混合液的内循环、能耗低；污泥龄长、沉降性能好、剩余污泥少。

2. 循环式活性污泥工艺（CAST）

循环式活性污泥工艺在进水区设置一个生物选择器，即一个容积较小的污水和污泥的接触区。活性污泥由反应池回流，在生物选择器内与进入的污水混合、接触，创造微生物种群在高负荷、高浓度环境下的竞争生存条件，从而选择出适应该系统生存的独特的微生物菌群，并能有效地抑制丝状菌的过分增殖，避免污泥膨胀，提高系统的稳定性。

活性污泥从反应池的回流率一般取值为 20%，混合液在生物选择器内的水力停留时间为 1 h。经过生物选择器后，混合液进入反应池内反应，并按顺序经过沉淀、排放等工序。本工艺沉淀工序不进水，使污泥沉降无水力干扰，保证系统有良好的分离效果。如需要脱氮、除磷，则将反应阶段设计成为缺氧—好氧—厌氧环境，污泥得到再生，并取得脱氮、除磷的效果。

八、氧化沟

氧化沟又称为连续循环反应器、循环混合式曝气池，属活性污泥法的一种改型和发展。污水和活性污泥混合液在氧化沟中循环流动而得到净化。以氧化沟为生物处理单元的污水处理工艺流程见图 8-13。

氧化沟是延时曝气池的改良，其曝气设备多采用转刷曝气器和曝气转盘。反应器一般呈封闭的环状沟渠形，池体狭长，池深较浅。通过曝气装置的转动，混合液在池内循环流动，完成了曝气和搅拌作用。氧化沟水力停留时间较长，一般为 10～40 h。

（一）氧化沟的工艺流程

氧化沟工艺流程较简单，运行管理方便。整个流程的处理构筑物较少，有时可以考虑

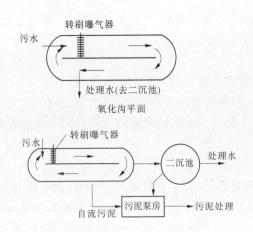

图 8-13　以氧化沟为生物处理单元的污水处理工艺流程

不设初次沉淀池。二次沉淀池也可不单设,氧化沟与二次沉淀池合建,可省去污泥回流装置。

氧化沟 BOD 负荷较低,一般为 0.05 ~ 0.11 g BOD_5/(kg MLSS · d),对污水的水温、水量、水质的变化有较强的适应性。污水在氧化沟内的流速为 0.3 ~ 0.5 m/s,当氧化沟总长为 100 ~ 500 m 时,污水流动完成一次循环需 4 ~ 20 min,由于其水力停留时间长,水流在沟渠内的循环次数多,因此氧化沟内的混合液的水质基本相同,氧化沟内的流态接近完全混合式。但是混合液在沟渠内循序定向流动,又具有某些推流的特征,如在曝气装置的下方,溶解氧浓度从高变低,有时可能出现缺氧段。氧化沟的这种独特的水流状态,有利于活性污泥的生物凝聚作用,而且可以将其区分为富氧区、缺氧区,用以进行硝化和反硝化,取得脱氮的效果。

在氧化沟内可以生长污泥龄较长的细菌,有时污泥龄可达 15 ~ 30 d,因此在氧化沟内可以繁殖世代时间长、增殖速度慢的微生物,有利于硝化反应,以及污水中氨氮的去除。

(二)氧化沟的构造

氧化沟一般是环形沟渠状,平面形状多为椭圆形、圆形或马蹄形,沟渠长度可达几十米,甚至百米以上。沟深一般 2 ~ 6 m,其取决于曝气装置。氧化沟的构造形式多样,运行较灵活。氧化沟既可采用单沟系统,也可采用多沟系统。单沟的进水装置简单,只配置一个进水管;多沟系统可以是一组同心的相互连通的渠道,也可以是相互平行、尺寸相同的一组沟渠。如采用双池以上平行工作,则应考虑均匀配水。出水一般采用溢流堰式,宜于采用可升降式,以调节池内水深。采用交替工作系统时,溢流堰应能自动启闭,并能与进水装置相呼应以控制沟内水流方向。

通过调节出水溢流堰的高度可以改变氧化沟的水深,进而改变曝气装置的淹没深度,使其充氧量适应运行的需要,并可对水的流速起一定的调节作用。

由于氧化沟内微生物的污泥龄长,污泥负荷率低,排出的剩余污泥已得到高度稳定,剩余污泥量较少,因此不需要进行厌氧硝化,只需要进行浓缩脱水处理。

虽然氧化沟工艺具有构造简单、处理效果好、剩余污泥量少、有生物脱氮功能等优点,但是,氧化沟工艺也存在下列缺点:

（1）占地面积大于活性污泥法的；

（2）机械曝气动力效率低；

（3）能耗较高。

氧化沟采用的曝气装置有曝气转刷（转刷曝气器）和曝气转盘。上述两种曝气装置安装在氧化沟的水面上，转动轴平行于水面，故也称横轴曝气装置。

氧化装置是氧化沟中最主要的机械设备，它对处理效率、能耗及运行稳定性有很大影响。其主要功能是：

（1）供氧；

（2）保证其活性污泥呈悬浮状态，使污水、空气和污泥三者充分混合与接触；

（3）推动水流以一定的流速（不低于 0.25 m/s）沿池长循环流动，这对保持氧化沟的净化功能具有重要的意义。

（三）常用的氧化沟系统

1.卡罗塞尔（Carrousel）氧化沟系统

卡罗塞尔氧化沟系统是由多沟串联氧化沟及二次沉淀池、污泥回流系统所组成的，见图 8-14。

如图 8-15 所示为六廊道并采用纵轴低速表面曝气器的卡罗塞尔氧化沟。在每组沟渠的转弯处安装一台表面曝气器，该表面曝气器单机功率大，其水深可达 5 m 以上。靠近曝气器的下游为富氧区，上游为低氧区，外环还可能成为缺氧区，这样的氧化沟能够形成生物脱氮的环境条件。

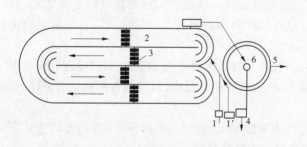

1—污水泵站；1′—回流污泥泵站；2—氧化沟；3—转刷曝气器；　　　1—进水；2—氧化沟；3—表面机械曝气器；

4—剩余污泥；5—处理水排放；6—二次沉淀池　　　　　　　　　4—导向隔墙；5—处理水

图 8-14　卡罗塞尔氧化沟（一）　　　　　　　　　　图 8-15　卡罗塞尔氧化沟（二）

卡罗塞尔氧化沟系统在国外得到了广泛应用。处理规模从 200 m³/d 到 650 000 m³/d，BOD 去除率达 95% ~ 99%，脱氮效果可达 90% 以上。卡罗塞尔氧化沟在我国昆明和桂林等城市得到了应用，处理对象为城市污水，但也可适用于某些有机工业废水。

2.交替工作氧化沟

交替工作氧化沟有两沟和三沟两种交替工作氧化沟系统。

两沟交替工作氧化沟如图 8-16 所示，由容积相同的 A、B 两池组成，串联运行，交替作为曝气池和沉淀池，无须设污泥回流系统。该系统处理水质较好，污泥也比较稳定。缺点是设备闲置率高,一般大于50%,曝气转刷的利用率低。

三池交替工作氧化沟如图8-17所示,应用较广,提高了设备利用率。两侧A、C两池交替地作为曝气池和沉淀池。中间池B则一直作为曝气池,原污水交替地进入A池或C池,处理水则相应地从作为沉淀池的C池和A池流出。经过适当运行,三池交替氧化沟不但能够去除BOD,还能够达到脱氮和除磷的目的。这种系统不需污泥回流系统。

交替工作的氧化沟系统的自动控制需求较高,以控制进、出水的方向,溢流堰的启闭以及曝气转刷的开动与停止。

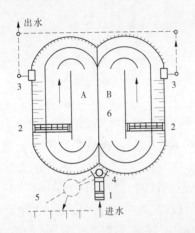

1—沉砂池;2—曝气转刷;3—出水堰;
4—排泥管;5—污泥井;6—氧化沟

图8-16　两沟交替工作氧化沟

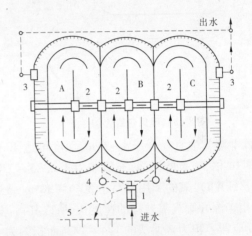

1—沉砂池;2—曝气转刷;
3—出水溢流堰;4—排泥管;5—污泥井

图8-17　三沟交替工作氧化沟

3. 奥贝尔氧化沟系统

如图8-18所示,奥贝尔氧化沟由多个呈椭圆形的同心沟渠组成,沟渠中安装有水平旋转的曝气转盘,用来充氧和混合。污水首先进入最外环的沟渠,在其中不断循环的同时,依次进入下一个沟渠,最后从中心沟渠流出进入二次沉淀池。

奥贝尔氧化沟多采用三层沟渠,外层的容积最大,一般为总容积的60%~70%,中间层一般为20%~30%,内层则仅占总容积的10%左右。

在运行时,应保持外、中、内3层沟渠混合液的溶解氧分别以0、1、2 mg/L的梯度分布,这样既有利于提高充氧效果,又有可能使沟渠具有脱氮、除磷的功能。

九、深井曝气活性污泥法

深井曝气活性污泥法也称超水深曝气活性污泥法。本工艺是英国ICT公司于20世纪70年代开发的一种活性污泥法。它是以深度为40~150 m的深井作为曝气池,是一种高效率、低能耗的活性污泥法。

深井曝气工作原理为:深井被分隔为下降管和上升管两部分,如图8-19所示。混合液沿下降管和上升管反复循环流动,使得有机污染物被降解,污水得到处理。

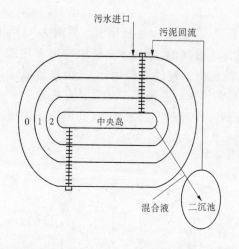

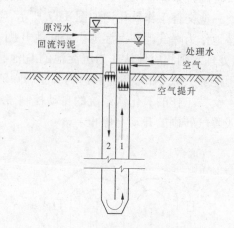

1—上升管;2—下降管

图 8-18 奥贝尔氧化沟

图 8-19 深井曝气活性污泥法系统

深井曝气池直径介于 1 ~ 6 m,深度可达 40 ~ 150 m,由于井深,氧转移推动力是常规的 6 ~ 14 倍,充氧能力强,充氧能力为 0.25 ~ 3.0 kg O_2/($m^3 \cdot h$),充氧动力效率为 3 ~ 6 kg O_2/(kWh),氧的利用率高达 50% ~ 90%(普通活性污泥法一般为 10%)。

由于深井曝气氧转移的速度快,所以其污泥负荷较高,池容积大大减小,占地面积也小,反应器容积为普通法的 1/4 ~ 1/7,面积约为 1/20。深井曝气法的设备结构简单,可减轻维修作业,不需要特殊的空气扩散装置,空气管不发生堵塞,维护管理方便。另外,混合液溶解度高,可抑制丝状细菌繁殖,不易产生污泥膨胀,且耐冲击负荷。由于充氧充足,池内各点都保持好氧状态,可减少恶臭,环境好。

十、纯氧曝气活性污泥法

纯氧曝气活性污泥法又称富氧曝气活性污泥法。在一般的活性污泥法中,由于供氧能力受到限制,生物反应器内能保持的 MLSS 浓度是有限的。由于 MLSS 浓度直接影响污水的净化能力,若要提高反应器内的 MLSS 浓度,就必须提高供氧能力,纯氧曝气法能满足这一要求。

空气中氧的含量为 21%,纯氧中氧的含量为 90% ~ 95%,纯氧的氧分压比空气的氧分压高 5 倍左右。因此,生物反应器内的溶解氧浓度可维持在 6 ~ 10 mg/L,MLSS 在反应器内可达 6 000 ~ 8 000 mg/L。尽管该方法单位 MLSS 的 BOD 去除量与空气曝气池差别不大,但因为其 MLSS 值高,远大于空气曝气法的,因此即使在 BOD 负荷相同的情况下,BOD 容积负荷远远大于空气曝气法的。所以,应用该方法可以缩短曝气时间,减小生物反应器容积,减小占地面积,节省反应器基本建设投资。

纯氧曝气系统氧利用率高达 80% ~ 90%,而鼓风曝气仅为 10% 左右,曝气混合液的污泥容积指数 SVI 较低,一般均低于 100,污泥密实,很少发生污泥膨胀现象。纯氧是由纯氧发生器制造的,其设备复杂,维持管理水平要求高,与空气曝气法相比,易发生故障。

纯氧曝气池较空气曝气池不同的是:纯氧曝气池多为有盖密闭式,一方面,防止氧气外泄;另一方面,可以防止可燃气体进入池内。曝气池内用隔墙分为 2 ~ 4 个隔间,污水与回流污泥自第一隔间进入曝气池。高浓度氧气送入液面上部的气室,通过设置在各隔间的表面曝气设备曝气后,混合液流入二次沉淀池。池内气压略高于池外,以防止空气的渗入;及时排出池体内产生的 CO_2 等气体。

十一、浅层曝气活性污泥法

浅层曝气池如图 8-20 所示。浅层曝气活性污泥法的原理是基于气泡只有在形成和破碎的一瞬间,氧的转移率最高。曝气池的空气扩散装置多为穿孔管制成的曝气栅,设置在曝气池的一侧,距水面一般为 $0.6 \sim 0.8$ m。为了在池内形成环流,在池中间设置导流板。

浅层曝气池可采用低压鼓风机,有利于节省电耗,充氧能力可达 $1.8 \sim 2.6$ kg $O_2/(kWh)$。

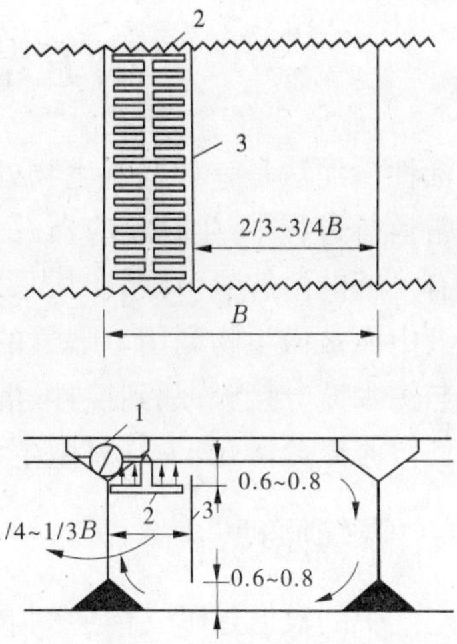

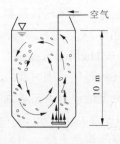

1—空气管;2—曝气栅;3—导流板

图 8-20　浅层曝气池

十二、深水曝气活性污泥法系统

采用深度在 7 m 以上的深水曝气池,由于水压增大,氧的转移速率加快,可以提高混合液的饱和溶解氧浓度,有利于活性污泥微生物的增殖和有机物的降解。同时,曝气池向竖向扩展,可以减少土地占用面积。深水曝气活性污泥法工艺主要有下列两种形式。

(一)深水中层曝气池

水深在 10 m 左右,空气扩散装置设在 4 m 左右处,为了使混合液在池内形成环流和减少底部水层的死区,一般在池内设导流板或导流筒,见图 8-21。

(二)深水底层曝气池

水深在 10 m 左右,空气扩散装置设在池底部,使用高压风机,不需要设导流装置,池内自然形成环流,见图 8-22。

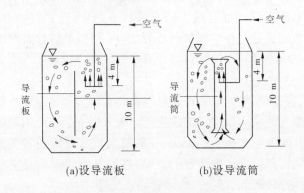

(a)设导流板　　　(b)设导流筒

图 8-21　深水中层曝气池

图 8-22　深水底层曝气池

第五节　曝气与曝气设备

　　活性污泥法是一种好氧生物处理法,是水体自净过程的人工强化过程。在活性污泥法正常运行过程中,生物反应器——曝气池内除有一定数量和性能良好的活性污泥外,还必须有足够的溶解氧。曝气时,采用相应的设备和技术措施,使空气中的氧转移到曝气池混合液中而被微生物利用。曝气的作用除向混合液供给氧气外,还能使混合液中的活性污泥与污水充分接触,起到搅拌、混合的作用,使活性污泥在曝气池内处于悬浮状态,污水和活性污泥充分接触,为好氧微生物降解有机物创造良好的条件。

一、曝气原理

　　空气中的氧通过曝气传递到混合液中,氧由气相向液相转移,最后被微生物所利用。这种转移通常以双膜理论为理论基础。双膜理论认为,在气—水界面上存在着气膜和液膜,当气液两相做相对运动时,气膜和液膜间属层流状态,而在其外的两相体系中均为紊流,氧的转移是通过气、液膜间进行的分子扩散和在膜外进行的对流扩散完成的。对于难溶于水的氧来说,分子扩散的阻力大于对流扩散的,传递的阻力主要集中在液膜上。因此,采用曝气搅拌是快速变换气—水界面克服液膜阻力的最有效方法。

二、曝气装置

　　曝气池内的溶解氧由曝气设备提供,目前采用的曝气方法有鼓风曝气、机械曝气和鼓风—机械曝气。鼓风曝气是将鼓风机提供的压缩空气通过一系列的管道系统送到曝气池中的空气扩散装置,空气以气泡的形式扩散到混合液中,使气泡中的氧转移到混合液中去。机械曝气是通过安装在曝气池水面上、下的叶轮高速转动,剧烈地搅动水面,使液体循环流动,不断更新液面,产生强烈的水跃现象,从而使空气中的氧与水滴充分接触,转移到液相中去。

　　曝气装置是曝气系统的重要设备,其性能好坏直接影响到曝气效果以及运行管理费用。曝气装置的主要技术性能指标有动力效率(E_P)、氧的利用效率(E_A)和氧的转移效率(E_L)。动力效率是每消耗 1 kW 电能转移到混合液中的氧量(kg/(kWh));氧的利用效率是通过鼓风曝气转移到混合液中的氧量占总供氧量的百分比(%);氧的转移效率也称充氧能力,是通过机械曝气装置,在单位时间内转移到混合液中的氧量(kg/h)。

(一) 鼓风曝气装置

　　鼓风曝气系统由鼓风机、曝气装置、空气扩散装置及空气管路系统等部分组成。鼓风机将空气通过管道输送到安装在曝气池底部的空气扩散装置。鼓风机安装在专用的鼓风机房中,为了减少管道系统的长度,减少空气压力的损失,一般鼓风机房设置在曝气池附近。空气管路系统是用来连接鼓风机和空气扩散装置的,一般在空气管路上设置空气过滤器和阀门,目的是防止扩散装置堵塞,调节空气量、检修管路系统等。

1. 鼓风机

　　鼓风机是鼓风曝气系统的主要组成设备,其主要类型有离心风机、罗茨风机和回转式风机等。

离心风机属于恒压风机,工作的主参数是风压,输出的风量随管道和负载的变化而变化,风压变化不大,噪声相对较小,效率较高。罗茨风机属于恒流量风机,工作的主参数是风量,输出的压力随管道和负载的变化而变化,风量变化很小,噪声大。为了使鼓风机产生的噪声符合《工业企业厂界环境噪声排放标准》,一般应采用消声和隔声设施。

通常根据鼓风机的设计风量和风压选择鼓风机。离心鼓风机的设计风量较大,适用于大中型污水处理厂。罗茨风机一般用于中小型污水处理厂(站)。对噪声要求比较高的小型污水处理站,如工业废水处理站等,可选用回转式鼓风机,回转式鼓风机同样属于恒流量风机。

由于各类鼓风机的压力范围、风量范围都不完全一样,在选用鼓风机时,还应参阅有关设备说明书,了解其性能、特点等。

2. 曝气装置

鼓风曝气系统的空气扩散装置分为微气泡、中气泡、大气泡和水力剪切等类型。对空气扩散装置的要求是构造简单,运行稳定,效率高,便于维护管理,不易堵塞,空气阻力小。

1)微气泡曝气器

微气泡曝气器也称多孔性空气扩散装置。这类扩散装置的特点是产生微小气泡,气、液接触面积大,氧利用率高;缺点是气压损失大,易堵塞,送入的空气一般应预先通过过滤处理。

(1)固定式平板型微孔曝气器。

平板型微孔曝气器主要包括扩散板、布气底盘、通气螺栓、配气管、三通短管、橡胶密封圈、压盖和连接池底的配件等。

常见的固定式平板型微孔曝气器有钛板微孔曝气器、微孔陶板、青刚玉和绿刚玉为骨料烧结成的曝气板。其主要技术参数为:平均孔径 $100 \sim 200 \ \mu m$,服务面积 $0.3 \sim 0.73 \ m^2/$个,动力效率 $4 \sim 6 \ kg \ O_2/(kWh)$;氧利用率 $20\% \sim 23\%$。

(2)固定式钟罩型微孔曝气器。

固定式钟罩型微孔曝气器有微孔陶瓷钟罩型盘、青刚玉骨料烧结成的钟罩型盘,技术参数与固定式平板型微孔曝气器基本相同。

(3)膜片式微孔曝气器。

膜片式微孔曝气器见图 8-23。该曝气器的底部为聚丙烯制作的底座,底座上覆盖着合成橡胶制成的微孔膜片,膜片被金属丝箍固定在底座上。在膜片上开有按同心圆形式布置的孔眼。鼓风时,空气通过底座上的通气孔进入膜片和底座之间,使膜片微微鼓起,孔眼张开,空气从孔眼逸出,达到布气扩散的目的。供气停止,压力消失,在膜片的弹性作用下,孔眼自动闭合,由于水压的作用膜片压实在底座之上。曝气池内的混合液不能倒流,因此不会堵塞膜片孔眼。这种曝气器可扩散出直径为 $1.3 \sim 3.0 \ mm$ 的气泡,即使空气中含有少量尘埃,也可以通过孔眼,不会堵塞,不需设除尘设备。

(4)管式微孔曝气器。

如图 8-24 所示为管式微孔曝气器,其主要由橡胶布气膜管、支承管(即衬管)、抱箍等构成,布气膜管平滑地包在支承管外表面,两端用抱箍锁紧。通过改进支承管的表面结

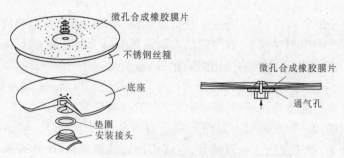

图 8-23　膜片式微孔曝气器

构,在支承管的两边或多边增加凹槽,气体可直接从进气管进入支承管表面凹槽的空气通道,与布气膜管之间形成整体周边的空气大通道,从而可大大降低空气的阻力损失。

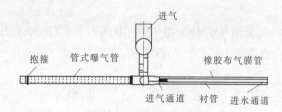

图 8-24　管式微孔曝气器

2)中气泡曝气装置

中气泡曝气装置产生的气泡直径为 3 ~ 6 mm,过去主要使用穿孔管。穿孔管由钢管或塑料管制成,直径 25 ~ 50 mm,在管壁两侧下部开直径 3 ~ 6 mm 的孔眼,间距 30 ~ 100 mm。穿孔管不易堵塞,构造简单,阻力小;但氧的利用率低,只有 4% ~ 6%,动力效率低,约 1 kg O_2/(kWh)。因此,目前在活性污泥曝气池中较少采用。

穿孔管扩散器组装图如图 8-25 所示。

WM – 180 型网状膜空气扩散装置如图 8-26 所示。它是由扩散装置、螺盖、主体、分配器、网状膜和密封垫组成的。该装置由底部进气,经分配器第一次切割并均匀分配到气室,然后通过网状膜进行二次分割,形成微小气泡扩散到混合液中。其特点是不易堵塞、布气均匀,构造简单,便于维护管理,氧的利用率较高;动力效率为 2.7 ~ 3.7 kg O_2/(kWh),服务面积为 0.5 m^2,氧的利用率为 12% ~ 15%。

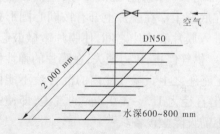

图 8-25　穿孔管扩散器组装图
(用于浅层曝气的曝气栅)

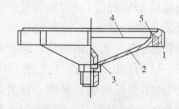

1—螺盖;2—扩散装置主体;
3—分配器;4—网状膜;5—密封垫

图 8-26　网状膜空气扩散装置

3）水力剪切式曝气装置

水力剪切式曝气扩散装置是利用其本身的构造特征,产生水力剪切作用,将大气泡切割成小气泡。

（1）固定螺旋曝气装置。

固定螺旋曝气装置根据其内部的螺旋叶片的数量不同,可分为固定单螺旋、固定双螺旋和固定三螺旋 3 种曝气装置。

如图 8-27 所示为固定双螺旋曝气装置,其是由圆形外壳和固定在壳内的螺旋叶片组成的。双螺旋空气扩散装置每节有两个圆柱形通道,三螺旋空气扩散装置则有 3 个圆柱形通道。每个通道内均有180°扭曲的固定螺旋叶片。同一节中,螺旋叶片的旋转方向相同;相邻两节中,螺旋叶片旋转方向相反。

空气从扩散装置底部进入,气泡经碰撞、径向混合、多次被切割,气泡直径不断变小,气液不断激烈掺混,接触面积不断增加,有利于氧的转移。因气水混合液密度较小,可形成较大的上升流速和提升作用,使空气扩散装置周围的水向池底扩散装置入口处流动,形成循环水流。

固定双螺旋曝气装置氧转移效率为 $9.5\% \sim 11\%$,动力效率为 $1.5 \sim 2.5$ kg $O_2/(kWh)$。三螺旋比双螺旋氧转移效率提高 $10\% \sim 15\%$。螺旋曝气装置的优点是设备简单,水中无转动部件,安装使用方便。固定双螺旋曝气装置可避免腐蚀和堵塞,维护运行较简便,氧转移效率较高。阻力小,提升和搅拌作用好,曝气均匀,不易产生沉淀。

（2）倒伞式曝气装置。

倒伞式曝气装置由盆形塑料壳体、橡胶板、塑料螺杆及压盖等组成。其构造如图 8-28 所示。

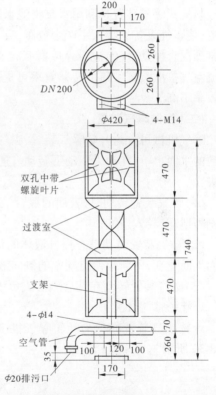

图 8-27　固定双螺旋曝气装置构造　（单位:mm）

空气由上部进气管进入,由伞形壳体和橡胶板间的缝隙向周边喷出,在水力剪切的作用下,空气泡被剪切成小气泡。停止供气,借助橡胶板的回弹力,使缝隙自行封口,防止混合液倒灌。

该曝气装置的服务面积为 $6 \times 2\ m^2$;氧的利用率为 $6.5\% \sim 8.8\%$;动力效率为 $1.75 \sim 2.88$ kg $O_2/(kWh)$,总氧转移系数为 $4.7 \sim 15.7$。

（3）射流式曝气装置。

射流式曝气装置由喷嘴、吸入室、吸入管、混合室及扩散管等部分组成,如图 8-29 所示。

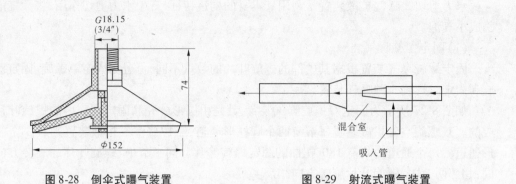

图 8-28　倒伞式曝气装置　　　　　图 8-29　射流式曝气装置

射流式曝气装置是利用水泵将泥水混合液打入射流器内,通过喷嘴射出时,产生高速水流,使曝气设备的吸入室产生负压,吸入管即吸入大量的空气,混合液和空气在混合室内剧烈混合搅动,气泡被粉碎成雾状,微细气泡进一步压缩,氧气迅速转移到混合液中。射流空气扩散装置中氧的转移效率可提高到 20% 以上,生化反应速率也有所提高,但动力效率不高。

(二)机械曝气装置

曝气机械可分为叶轮曝气装置、曝气转刷机和盘式曝气器。机械曝气装置安装在曝气池的水面上下,在动力驱动下转动。通过以下三方面的作用使空气中的氧转移到污水中去:

(1)曝气装置转动时,表面的混合液不断地从曝气装置周边抛向四周,形成水跃,液面剧烈搅动,卷入空气;

(2)曝气装置转动具有提升液体的作用,使池内混合液连续上下循环流动,气液接触界面不断更新,不断地使空气中的氧向液体内转移;

(3)曝气装置转动在其后侧形成负压区,吸入空气。

1. 叶轮曝气装置

叶轮曝气装置亦称为叶轮曝气机。常用的有泵型、倒伞型、平板型及 K 型 4 种,如图 8-30 所示。

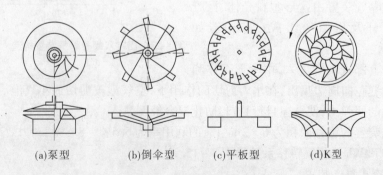

(a)泵型　　　(b)倒伞型　　　(c)平板型　　　(d)K 型

图 8-30　几种叶轮曝气装置

叶轮曝气机的轴与水面垂直安装,所以又称为竖轴式曝气机。

叶轮的充氧能力与叶轮的直径、线速度、池型和浸没深度有关。提高叶轮直径和线速度,充氧能力也将提高。叶轮线速度一般控制在 3.5 ~ 5.0 m/s。线速度过大,将打碎活性污泥,影响处理效果;线速度过小,则影响充氧能力。叶轮的浸没深度也要适当,如叶轮在临界浸没水深以下,不能形成负压区,甚至不能形成水跃,只起搅拌作用;反之,叶轮浸没过浅,提升能力将大为减弱,也会使充氧能力下降。一般叶轮浸没深度在 10 ~ 100 mm,视叶轮形式而异。表面曝气叶轮的动力效率一般在 3 kg O_2/(kWh)左右。

叶轮曝气机具有结构简单、运行管理方便、充氧效率较高等特点。

2. 曝气转刷机

曝气转刷机由水平转轴和固定在轴上的叶片所组成,如图 8-31 所示,一般转速在 20 ~ 120 r/min,动力效率在 1.7 ~ 2.4 kg O_2/(kWh)。安装时,转轴贴近液面,转刷部分浸在液体中,转动时,叶片把大量液滴抛向空中,并使液面剧烈波动,溅成水花,促使氧气的溶解。同时,推动混合液在池内流动,加速溶解氧的扩散。由于曝气转刷的轴水平安装,所以又称为卧轴式表面曝气机。

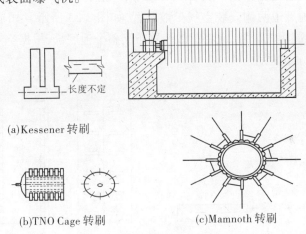

(a)Kessener 转刷

(b)TNO Cage 转刷　　　　(c)Mamnoth 转刷

图 8-31　几种水平曝气转刷机

3. 盘式曝气器

盘式曝气器简称曝气转盘或曝气碟。曝气转盘表面有大量的规则排列的三角突出物和不穿透小孔(曝气孔),用于增加推进混合和充氧效率。盘式曝气器主要用于氧化沟,它具有负荷调节方便、维护管理容易、动力效率高等优点。

三、曝气池

曝气池是活性污泥处理系统的主要设备。根据曝气池中污水与活性污泥的混合流动形态,曝气池可分为推流式、完全混合式和循环混合式 3 种类型;按平面几何形状可分为长方形、廊道形、圆形、方形和环状跑道形 5 种类型;按所采用的曝气方法可分为鼓风曝气池、机械曝气池和两种方法联合使用的机械—鼓风曝气池;按曝气池和二次沉淀池的关系可分为曝气 – 沉淀合建式和分建式 2 种类型。

(一)推流式曝气池

推流式曝气池的平面尺寸通常为长方形,混合液的流型为推流式。推流是指污水

（混合液）从池的一端流入，经过一定的时间和流程从池的另一端流出；污水与回流污泥在曝气池内，在理论上只有横向混合，无纵向混合。推流式曝气池通常采用鼓风曝气，因此推流式曝气池也称为鼓风曝气池。

推流式曝气池的结构一般由钢筋混凝土浇筑而成，一般与二次沉淀池分建。由于曝气池长度较长，可达 100 m，因此当污水厂的场地受限时，曝气池可以拆成多组廊道，如图 8-32 所示，用单数廊道时，入口和出口分设在池的两端；用双数廊道时，入口和出口设在池的同一端。采用何种形式，取决于污水处理厂总平面面积和运行方式，如生物吸附法常采用双廊道。

当采用鼓风曝气时，一般将空气扩散装置安装在曝气池廊道底部的一侧，这样布置时，扩散装置一侧因曝气使得混合液夹带较多气泡而比重减小，所以从廊道断面上看，池中混合液就有一侧上升、另一侧下降的现象。同时，加上混合液原有的前进运动，混合液在池中呈螺旋状前进，增加了气泡和污水的接触时间，使得曝气效果良好。

因此，曝气池廊道的宽深比一般要在 2 以下，一般为 1.0 ~ 1.5。若曝气池的宽度过大，应考虑在曝气池廊道两侧安装空气扩散装置，如图 8-33 所示。如果选用小气泡空气扩散装置如固定螺旋曝气装置，应将扩散装置布满整个池底部，根据空气扩散器的面积计算确定每个曝气设备的间距。

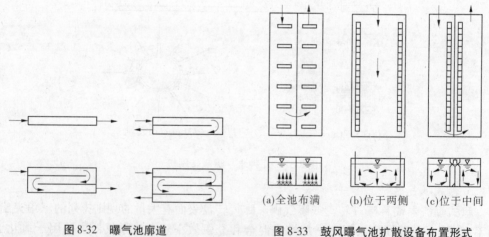

图 8-32　曝气池廊道　　　　图 8-33　鼓风曝气池扩散设备布置形式

由于曝气池长度较大，为防止水流出现短流现象，廊道长度与宽度之比应大于 10，池宽常在 4 ~ 6 m，廊道转弯折流处过水断面宽应等于池宽。池深与造价、动力费用有密切关系。池越深，氧的转移效率就越高，可降低供气量，但压缩空气的压力将提高；反之，池浅时，空气压力降低，氧转移效率也降低。因此，在设计中，常根据土建结构和池子的功能要求以及允许占用的土地面积等确定池深，一般选择池深在 3.0 ~ 5.0 m。曝气池进水口最好淹没在水面以下，以免污水进入曝气池后沿水面扩散，造成短流，影响处理效果。

布置在一侧的曝气池出水设备可用溢流堰或出水孔。通过出水孔的水流流速要小些（介于 0.1 ~ 0.2 m/s），以免污泥受到破坏。

在曝气池半深处或距池底 1/3 处以及池底处，应设置放水管，前者备间歇运行（如培养活性污泥)时用,后者备池子清洗时放空用。

(二)完全混合式曝气池

完全混合式曝气池多采用表面机械曝气装置。曝气叶轮安置在池表面中央。曝气池形状多为圆形,偶见多边形和方形。为了使池和叶轮所能作用的范围相适应,便于池中混合液得到充足的氧。改变叶轮的直径和转速,可以适应不同直径、深度或宽度的池子的需要。这种曝气池,污水和回流污泥一进入池中,即与池内原有混合液充分混合,参加池中混合液的大循环,故称之为完全混合式曝气池。

完全混合式曝气池与二次沉淀池有合建式与分建式两种。合建式又称为曝气沉淀池。如图 8-34 所示是一种采用表面曝气叶轮的圆形曝气沉淀池,它由曝气区、导流区、沉淀区、回流区 4 部分组成。污水从池底中心进入,在曝气区内,污水与回流污泥同混合液得到充分而迅速的混合,然后经导流区流入沉淀区,澄清水经周边出流堰排出,沉淀下来的污泥沿曝气区底部四周的回流缝回流入曝气区,剩余污泥从设于沉淀区底部的排泥管排出池外。导流区是在曝气区和沉淀区之间设置的缓冲区,其作用是使气液分离并使污泥产生凝聚,为沉淀创造条件。采用表面曝气时,从窗口流入导流区的混合液,进入沉淀区后,受惯性力的作用,仍有绕叶轮轴线旋转的倾向,这对气液分离和泥水分离不利,故在导流区中,常设径向障板,以消除不利影响。这种合建式的曝气沉淀池,布置紧凑,流程短,有利于新鲜污泥及时回流,并省去一套污泥回流设备。因此,近年来在小型城市污水处理厂和生产污水处理站得到广泛应用。但由于曝气和沉淀两部分合建在一起,池体构造复杂,需要较高的运行管理水平。

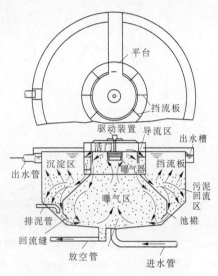

图 8-34　曝气沉淀池示意图

图 8-35 所示为长方形曝气沉淀池,一侧为曝气区,另一侧为沉淀区,采用鼓风曝气系统,原水从曝气区的一侧均匀进入池内,处理水均从沉淀区溢出。

完全混合式曝气沉淀池具有结构紧凑、流程短、占地少等优点,广泛应用于工业废水和生活污水处理。

虽然曝气沉淀池有上述优点,但其沉淀区在构造上有局限性,泥水分离、污泥浓缩等问题有待解决。因此,在工程实际中,完全混合式曝气池的曝气区与沉淀区分建,分建式完全混合曝气池如图 8-36 所示,采用表面曝气设备。这种曝气池与推流式曝气池不同之处除曝气设备外,其进水和回流污泥沿曝气池长均匀引入,由于是表面曝气设备,应将狭长的曝气池分成若干个方形单元,相互衔接,每个单元设一台机械曝气装置。分建式完全混合曝气池需设置污泥回流系统。

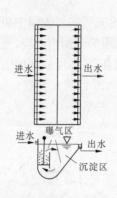

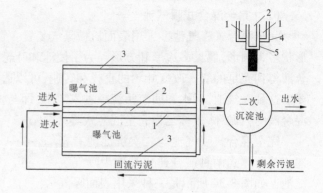

1—进水槽;2—进泥槽;3—出水槽;
4—进水孔口;5—进水泥口

图 8-35　长方形曝气沉淀池　　　　图 8-36　分建式完全混合曝气池

第六节　生化反应脱氮除磷

在自然界中,氮、磷等元素往往作为必要的营养物质保证生物生长,同时,这类元素一旦过量将使水生生物如藻类等快速增殖,从而造成水体富营养化的问题。氮以有机氮(Organic – N)和无机氮(Inorganic – N)两种形态存在。前者有蛋白质、多肽、氨基酸和尿素等,主要来源于生活污水、农业废弃物和某些工业废水。无机氮包括氨氮($NH_4^+ – N$)、亚硝酸氮($NO_2^- – N$)和硝酸氮($NO_3^- – N$),这三者又称为氮化合物。无机氮一部分是由有机氮经微生物的分解转化后形成的,还有一部分是来自施用氮肥的农田排水、地表径流以及某些工业废水。有机氮和无机氮统称为总氮(TN)。

水体中存在过量氨氮的危害如下:

(1)缓流水体的富营养化。表现在氮化合物会使藻类过度繁殖,使水具有色和气味,影响感官;如果排放到水源水体中会增加制水成本。一些氮化合物还对人和生物具有毒害作用。

(2)农业灌溉用水中,TN 含量如超过 1 mg/L,某些作物因过量吸收氮,会产生贪青倒伏现象。

一、脱氮原理

污水脱氮可以分为物理化学脱氮和生物脱氮两种技术。

物理化学脱氮包括吹脱法、折点加氯法、选择离子交换法、电渗析法、反渗透法、电解法等。

(一)氨的吹脱处理

水中氨氮以氨离子(NH_4^+)和游离氨(NH_3)两种形式保持平衡关系:

$$NH_3 + H_2O \Longrightarrow NH_4^+ + OH^-$$

这一关系受 pH 影响,当 pH 升高时,平衡向左移动,游离氨所占比例增加。在 25 ℃,

pH 为 7 时, 氨离子所占比例为 99.4%; 当 pH 上升至 11 左右时, 游离氨增高至 90% 以上。此时如果让污水流过吹脱塔, 便可以使氨从污水中逸出, 这就是吹脱法的基本原理。吹脱法是最经济的脱氮技术, 操作简便, 除氮效果稳定。缺点是逸出的氨氮会造成空气的二次污染。

(二)污水生物脱氮原理

传统活性污泥法对氮、磷的去除, 只能是去除细菌细胞由于生理上的需要而摄取的氮、磷, 氮的去除率为 20% ~40%, 而磷的去除率仅为 10% ~30%。

在污水生物处理中, 氮的转化包括同化、氨化、硝化和反硝化作用。

1. 同化作用

在污水生物处理过程中, 一部分氮(氨氮或有机氮)被同化成微生物细胞的组分。按细胞干重计算, 微生物细胞中氮的含量约为 12.5%。

2. 氨化作用

有机氮化合物在氨化菌的作用下, 分解、转化为氨氮, 这一过程称为氨化反应。以氨基酸为例, 其反应如下:

$$RCHNH_2COOH + O_2 \longrightarrow NH_3 + CO_2 + RCOOH$$

氨化菌为异养菌, 一般氨化过程与微生物去除有机物同时进行, 有机物去除结束时, 已经完成氨化过程。

3. 硝化作用

硝化作用是由硝化细菌经过两个过程, 将氨氮转化成亚硝酸氮和硝酸氮。

氨氮的细菌氧化过程为:

$$NH_4^+ + 1.5O_2 \longrightarrow NO_2^- + H_2O + 2H^+$$

亚硝酸氮的细菌氧化过程为:

$$NO_2^- + 0.5O_2 \longrightarrow NO_3^-$$

总反应为:

$$NH_4^+ + 2O_2 \longrightarrow NO_3^- + H_2O + 2H^+$$

硝化反应受下列因素影响。

1)温度

生物硝化可以在 4 ~45 ℃ 的范围内进行, 最佳温度大约是 30 ℃。

2)溶解氧

硝化细菌的好氧性强, 硝化反应必须在好氧条件下才能进行。为保证硝化速率和硝化细菌的生长, 一般硝化反应中的 DO 浓度大于 2 mg/L。

3)碱度和 pH

硝化细菌对 pH 非常敏感, 亚硝酸细菌和硝酸细菌分别在 7.7 ~8.1 和 7.0 ~7.8 时活性最强, 超出这个范围, 其活性就会急剧下降。

4)C/N 比

污水中的碳源来自于有机污染物, 由于其浓度较高, 只有在较低的 BOD 负荷下(0.15

kg BOD/（kg MLSS·d）），硝化反应才能正常进行。

5）有毒物质

某些重金属、络合离子和有毒有机物对硝化细菌有毒害作用。

4. 反硝化作用

反硝化作用是在缺氧（不存在分子态游离溶解氧）条件下，将亚硝酸氮和硝酸氮还原成气态氮 N_2 或 N_2O、NO。参与这一生化反应的是反硝化细菌，这类细菌在无分子氧条件下，将硝酸根和亚硝酸根作为电子受体。

反硝化的简化生物化学反应式如下：

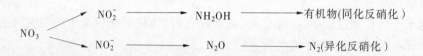

反硝化过程与硝化过程一样，也受温度、溶解氧、酸碱度、C/N 比和有毒物质的影响。需要说明的是，反硝化菌是异养兼性厌氧菌，只有 DO 在 $0 \sim 0.3$ mg/L 才能实现。

二、生物脱氮工艺技术

生物脱氮工艺中，由于在硝化和反硝化过程中，微生物对氧的需求不同，可以将处理构筑物分成好氧处理构筑物和缺氧处理构筑物。根据微生物在构筑物中的生长条件，可以分为悬浮生长型（活性污泥法、氧化沟）和附着生长型（生物滤池、生物转盘、生物流动床）两大类。

（一）传统活性污泥法脱氮工艺

传统活性污泥法脱氮是指污水连续经过三套生物处理装置，依次完成碳氧化、硝化、反硝化三个过程，分别在第一级的曝气池、第二级的硝化池、第三级的反硝化反应器内完成，其中每套系统都有各自的反应池、二沉池和污泥回流系统。

该工艺的优点是好氧菌、硝化菌和反硝化菌分别生长在不同的构筑物中，反应速度较快；并且，不同性质的污泥分别在不同的沉淀池中沉淀分离和回流，故运行管理较为方便，易于掌握，灵活性和适应性较大，运行效果较好。但是，该工艺处理构筑物较多，设备较多，管理复杂，目前已经很少应用了。

（二）二级生物脱氮系统

二级生物脱氮系统是在第一级中同时完成碳氧化和硝化等过程，经沉淀后在第二级中进行反硝化脱氮，然后混合液进入最终沉淀池，进行泥水分离。它具有与传统活性污泥法生物脱氮系统类似的优点，但是减少了一个中间沉淀池。

（三）单级生物脱氮系统

单级生物脱氮系统的特点是没有中间沉淀池（见图 8-37），仅有一个最终沉淀池。有机污染物的去除和氨化过程、硝化反应在同一反应器中进行，从该反应器流出的混合液不经沉淀，直接进入缺氧池，进行反硝化脱氮。所以，该工艺流程简单，处理构筑物和设备较少，克服了上述多级生物脱氮系统的缺点。但是，存在着反硝化的有机碳源不足，难以控制，以及出水水质难以保证等缺点。

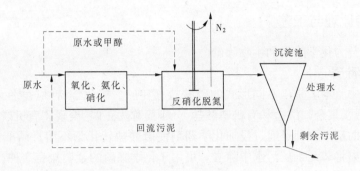

图 8-37　单级生物脱氮系统

(四)前置反硝化脱氮(A/O)工艺

以上三种脱氮系统都是遵循污水氧化、硝化、反硝化顺序进行的,且以上三种系统都需要在硝化阶段投加碱度,在反硝化阶段投加有机物。为了解决这个问题,在20世纪80年代后期产生了前置反硝化脱氮工艺,即将反硝化反应器放置在系统之首,如图8-38所示。

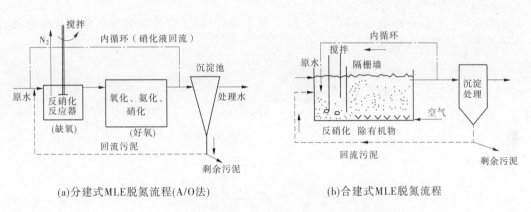

(a)分建式MLE脱氮流程(A/O法)　　　　(b)合建式MLE脱氮流程

图 8-38　MLE脱氮流程

A/O工艺的工作过程为:原污水、回流污泥同时进入系统之首反硝化的缺氧池,与此同时,后续反应器内已进行充分反应的硝化液的一部分回流至缺氧池,在缺氧池内将硝态氮还原为气态氮,完成生物脱氮。之后,混合液进入好氧池,完成有机物氧化、氨化、硝化反应。

由于原污水直接进入缺氧池,为缺氧池的硝态氮反硝化提供了足够的碳源有机物,不需外加。缺氧池在好氧池之前,由于反硝化消耗了一部分碳源有机物,有利于减轻好氧池的有机负荷,减少好氧池的需氧量。

另外,反硝化反应所产生的碱度可以补偿硝化反应消耗的部分碱度,因此一般情况下可不必另行投碱以调节 pH。

A/O工艺流程简单,省去了中间沉淀池,构筑物少,节省了基建费用,同时运行费用低,电耗低,占地面积小。

A/O脱氮系统的好氧池和缺氧池可以合建在同一构筑物内,用隔墙将两池分开,也可以建成两个独立的构筑物。

三、除磷原理与工艺

除磷技术分为化学除磷和生物除磷。

(一)化学除磷

磷在污水中基本上是以不同形式的磷酸盐存在的。按化学特性(酸性水解和酸化)可分成正磷酸盐、聚合磷酸盐和有机磷酸盐,分别简称为正磷、聚磷和有机磷。

化学除磷的基本原理是通过投加化学药剂使磷酸盐转化为不溶性磷酸盐沉淀物,然后通过固液分离将磷元素从污水中除去。可用于化学除磷的金属盐有 3 种:钙盐、铁盐和铝盐。最常用的是石灰($Ca(OH)_2$)、硫酸铝($Al_2(SO_4)_3 \cdot 18H_2O$)、铝酸钠($NaAlO_2$)、三氯化铁、硫酸铁、硫酸亚铁和氯化亚铁等。

(二)生物除磷

目前,生物除磷的机制还没有彻底研究清楚,一般认为,在生物除磷过程中,在好氧条件下细菌吸收大量的磷酸盐,磷酸盐作为能量的储备,在厌氧状态下用于吸收有机底物并释放磷。这是一个循环的过程,细菌交替释放和吸收磷酸盐。

(三)生物除磷工艺流程

弗斯特利普(Phostrip)除磷工艺于 1972 年开发,是将生物除磷和化学除磷相结合的一种工艺。其工艺流程如图 8-39 所示。

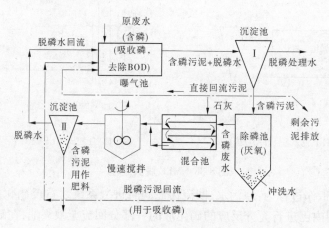

图 8-39 除磷工艺流程

将含磷污水和由除磷池回流的脱磷但含有聚磷菌的污泥同步进入曝气池。在好氧条件下,聚磷菌过量摄取磷,有机物得到降解,同时还可能出现硝化反应。之后,从曝气池流出的混合液进入沉淀池 I ,在这里进行泥水分离,含磷污泥沉淀至池底,已除磷的上清液作为处理水而排放,及时排放剩余污泥。

回流污泥的一部分(一般为进水流量的 10% ~20%)旁流入一个除磷池,除磷池处于厌氧状态,含磷污泥(聚磷菌)在这里释放磷。投加冲洗水,使磷充分释放,已释放磷的污泥沉于池底,然后回流至曝气池。含磷上清液从上部流出进入混合池。

含磷上清液进入混合池,同步向混合池投加石灰乳,经混合后再进行搅拌反应,磷与石灰反应,使溶解性磷转化为不溶性的磷酸钙($Ca_3(PO_4)_2$)固体物质。沉淀池 II 为混凝沉淀池,经过混凝反应形成的磷酸钙固体物质在这里与上清液分离,已除磷的上清液回流至曝气池,而含有大量 $Ca_3(PO_4)_2$ 的污泥排出。

除磷工艺是生物除磷与化学除磷相结合的工艺,除磷效果良好,处理水中含磷量一般都低于 1 mg/L。该工艺只适用于单纯除磷,不脱氮的废水处理。

本工艺流程复杂,运行管理比较复杂,投加石灰乳,运行费用也有所提高,修建费用高。

四、同步脱氮除磷工艺

同步脱氮除磷工艺目前有巴颠普(Bardenpho)法和 A-A-O 法,本节只介绍 A-A-O 法。

A-A-O 法同步脱氮除磷工艺亦称 A^2/O 工艺,工艺流程如图 8-40 所示,从实质意义来说,本工艺应称为厌氧—缺氧—好氧法。

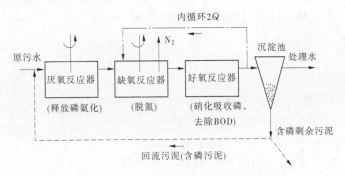

图 8-40　A-A-O 法同步脱氮除磷工艺流程

原污水与含磷回流污泥一起进入厌氧池。除磷菌在这里释放磷和摄取有机物。混合液从厌氧池进入缺氧池,本段的首要功能是脱氮,硝态氮是通过内循环由好氧池送来的,循环的混合液量较大,一般为 2 倍的进水量。

然后,混合液从缺氧池进入好氧池——曝气池,这一反应池单元是多功能的,去除BOD,硝化和吸收磷等反应都在本反应器内进行。

最后,混合液进入沉淀池,进行泥水分离,上清液作为处理水排放,沉淀污泥的一部分回流至厌氧池,另一部分作为剩余污泥排放。

A-A-O 工艺在系统上是最简单的同步脱氮除磷工艺,总的水力停留时间(HRT)少于其他同类工艺,而且在厌氧(缺氧)、好氧交替运行条件下,不易发生污泥膨胀。

本法也存在如下各项待解决的问题:除磷效果难以进一步提高,特别是当 P/BOD 值高时更是如此;脱氮效果也难以进一步提高,内循环量一般以 2Q 为限,不宜太高;沉淀池要保持一定浓度的溶解氧,以减少停留时间,防止产生厌氧状态和污泥释放磷的现象出现,但溶解氧浓度也不宜过高,以防止循环混合液对缺氧反应器的干扰。

第七节　活性污泥法的工艺设计

活性污泥法处理系统,主要生物反应器是曝气池,同时还有二次沉淀池、曝气设备、污泥回流设备等单元。其工艺设计包括下列内容:

(1)处理工艺流程的选定;

(2)曝气池(区)容积计算、曝气池工艺设计;

(3)需氧量、供氧量及曝气设备的设计与计算;

(4)二次沉淀池的选定及工艺设计计算;

(5)回流污泥量、剩余污泥量、污泥回流设备的选择与设计计算。

一、曝气池容积的设计计算

曝气池容积,常用的是有机负荷计算法,负荷有两种表示方法,即污泥负荷和容积负荷。一般采用污泥负荷,根据污泥负荷的定义:$N_s = QS_a/XV$,可以求得曝气池的容积

$$V = \frac{QS_a}{XN_s} \tag{8-8}$$

式中　V——曝气池容积,m^3;

　　　Q——污水流量,m^3/d;

　　　S_a——原污水中 BOD_5 浓度,mg/L 或 kg/m^3;

　　　X——混合液悬浮固体浓度,mg/L 或 kg/m^3;

　　　N_s——污泥负荷,$kg\ BOD_5/(kg\ MLSS \cdot d)$。

由式(8-8)可见,正确、合理和适度地确定污泥负荷 N_s 和混合液悬浮固体浓度 X 是正确确定曝气池容积的关键。

(一)污泥负荷和污泥浓度的确定

1. 污泥负荷的确定

污泥负荷一般根据经验确定,对于城市污水多取值为 $0.30 \sim 0.35\ kg\ BOD_5/(kg\ MLSS \cdot d)$,$BOD_5$ 去除率可达90%以上,污泥沉淀性较好,SUV 为 $80 \sim 150$。但为稳妥计,需加以校核,校核公式如下:

$$N_s = \frac{K_2 S_e f}{\eta} \tag{8-9}$$

式中　S_e——处理水中 BOD_5 浓度,mg/L 或 kg/m^3;

　　　f——曝气池混合液挥发性悬浮固体与混合液悬浮固体比值,即 MLVSS/MLSS,对于城市污水一般在 $0.73 \sim 0.83$;

　　　η——原污水 BOD_5 去除率(%),即 $\eta = (S_a - S_e)/S_a$;

　　　K_2——系数,对于城市污水一般在 $0.0168 \sim 0.0281$。

日本学者桥本奖也得到相关经验公式

$$N_s = 0.0129 S_e^{1.1918}$$

也可参考《室外排水设计规范》选取。

2.污泥浓度的确定

混合液中的污泥来自二次沉淀池的回流污泥,而回流污泥的浓度 $X_r(\mathrm{mg/L})$ 与污泥沉淀性能及其在二次沉淀池中浓缩的时间有关。一般回流污泥的浓度可近似地按下式计算:

$$X_r = \frac{10^6 r}{SVI} \tag{8-10}$$

式中　r——二次沉淀池中污泥综合系数,一般取值1.2左右。

将式(8-10)代入混合液污泥浓度(X)和污泥回流比(R)以及回流污泥的浓度(X_r)之间的关系式 $X = X_r \cdot \dfrac{R}{1+R}$,可得出估算混合液污泥浓度的公式:

$$X = \frac{R}{1+R} \cdot \frac{10^6}{SVI} \cdot r \tag{8-11}$$

(二)需氧量和供气量的计算

1.需氧量的计算

活性污泥法处理系统的需氧量一般可由式(8-12)求得,污水的 a'、b' 值可以从表8-1中选取。

$$O_2 = a'QS_r + b'VX_V \tag{8-12}$$

表 8-1　城市污水的 a'、b'、ΔO_2 值

运行方式	a'	b'	ΔO_2
完全混合法	0.42	0.11	0.7 ~ 1.1
生物吸附法			0.7 ~ 1.1
传统曝气法			0.8 ~ 1.1
延时曝气法	0.33	0.118	1.4 ~ 1.8

注:表中 $\Delta O_2 = O_2/QS_r$,为去除 1 kg BOD 的需氧量,kg/(kg·d)。

2.供气量

1)影响氧转移的因素

(1)氧的饱和浓度 C_s。氧转移效率与氧的饱和浓度成正比,不同温度下饱和溶解氧的浓度也不同,见表8-2。

表8-2　氧在蒸馏水中的溶解度(即饱和度)

水温(℃)	1	2	3	4	5	6	7	8	9	10
溶解度(mg/L)	14.23	13.84	13.48	13.13	12.80	12.48	12.17	11.87	11.39	11.33
水温(℃)	11	12	13	14	15	16	17	18	19	20
溶解度(mg/L)	11.08	10.83	10.60	10.37	10.13	9.93	9.74	9.34	9.33	9.17
水温(℃)	21	22	23	24	25	26	27	28	29	30
溶解度(mg/L)	8.99	8.83	8.63	8.33	8.38	8.22	8.07	7.92	7.77	7.63

（2）水温。在相同的气压下，温度对氧总转移系数（K_{La}）和 C_s 也有影响。温度升高，有利于氧分子的转移，K_{La} 值随着上升，而 C_s 值则下降。温度对 K_{La} 值的影响，一般可通过下式校正：

$$K_{La(T)} = K_{La(20\ ℃)}\theta^{T-20} \tag{8-13}$$

式中　$K_{La(20\ ℃)}$——20 ℃时的 K_{La}；

　　　$K_{La(T)}$——T ℃时的 K_{La}；

　　　θ——温度修正系数，其值介于 1.016 ~ 1.047，一般取 1.024。

（3）污水性质。

①污水中含有的各种杂质对氧的转移产生一定的影响，将适用于清水的 K_{La} 用于污水时，需要用系数 α 进行修正。

$$污水的\ K_{La} = \alpha \times 清水的\ K_{La} \tag{8-14}$$

修正系数 α 值可通过试验确定。一般 α 值为 0.80 ~ 0.83。

②污水中的盐类也影响氧在水中的饱和度，污水 C_s 值用清水 C_s 值乘以 β 值来修正，β 值一般介于 0.9 ~ 0.97。

③大气压影响氧气的分压，因此影响氧的传递，进而影响 C_s。气压增高，C_s 值升高。对于大气压力不是 1.013×10^5 Pa 的地区，C_s 值应乘以压力修正系数 ρ，ρ = 所在地区的实际气压 $/1.013 \times 10^5$。

④对于鼓风曝气池，空气压力还与池水深度有关。安装在池底的空气扩散装置出口处的氧分压最大，C_s 值也最大。但随着气泡的上升，气压逐渐降低，在水面时，气压为 1.013×10^5 Pa（即 1 标准大气压），气泡上升过程中一部分氧已转移到液体中。鼓风曝气池内的 C_s 值应是扩散装置出口和混合液表面两处溶解氧饱和浓度的平均值，按式（8-15）计算：

$$C_{sb} = C_s\left(\frac{p_b}{2.026 \times 10^5} + \frac{O_t}{42}\right) \tag{8-15}$$

式中　C_{sb}——鼓风曝气池内混合液溶解氧饱和浓度的平均值，mg/L；

　　　C_s——在 1.013×10^5 Pa 条件下氧的饱和浓度，mg/L；

　　　p_b——空气扩散装置出口处的绝对压力，Pa，$p_b = p + 9.8 \times 10^3 H$；

　　　p——标准大气压，$p = 1.013 \times 10^5$ Pa；

　　　H——空气扩散装置的安装深度，m；

　　　O_t——曝气池逸出气体中的含氧百分率，无量纲，$O_t = \dfrac{21 \times (1 - E_A)}{79 + 21 \times (1 - E_A)} \times 100\%$；

　　　E_A——空气扩散装置的氧转移效率，一般为 6% ~ 12%。

另外，氧的转移还和气泡的大小、液体的紊动程度、气泡与液体的接触时间有关。空气扩散装置的性能决定气泡直径的大小。气泡越小，接触面积越大，将提高 K_{La} 值，有利于氧的转移；但不利于紊动，从而不利于氧的转移。气泡与液体的接触时间越长，越有利于氧的转移。

氧从气泡中转移到液体中，逐渐使气泡周围液膜的含氧量饱和，因此氧的转移效率又取决于液膜的更新速度。紊流和气泡的形成、上升、破裂，都有助于气泡液膜的更新和氧的转移。

从上述分析可见,氧的转移效率取决于气相中氧的分压梯度、液相中氧的浓度梯度、气液之间的接触面积和接触时间、水温、污水的性质及水流的紊动程度等因素。

2) 供气量的计算

在标准条件下,转移到曝气池混合液的总氧量 R_o 为:

$$R_o = K_{La(20℃)} C_{s(20℃)} V \tag{8-16}$$

生产厂家提供空气扩散装置的氧转移参数是在标准状态下测定的,所谓标准状态是指:水温 20 ℃,大气压为 1.013×10^5 Pa,测定用水为脱氧清水。因此,必须根据实际条件对厂商提供的氧转移速度等数值加以修正。在式(8-16)中引入各项修正系数,可得在实际条件下,转移到曝气池混合液的总氧量 R:

$$R = \alpha K_{La(20℃)} [\beta\rho C_{sb(T)} - C] 1.024^{T-20} V \tag{8-17}$$

式中 C ——混合液中含有的溶解氧浓度,mg/L。

联立式(8-13)和式(8-16)可得:

$$R_o = \frac{RC_{s(20℃)}}{\alpha[\beta\rho C_{sb(T)} - C]1.024^{T-20}} \tag{8-18}$$

R 可以根据公式 $O_2 = a'QS_r + b'VX_V$ 求出。因此,R_o 值可以由式(8-18)求出。

在一般情况下,$R/R_o = 1.33 \sim 1.61$,即在实际工程中所需的空气量比标准条件下多 33% ~61%。

氧转移效率(氧利用效率)为:

$$E_A = \frac{R_o}{S} \times 100\% \tag{8-19}$$

式中 S ——供氧量,kg/h,$S = G_s \times 0.21 \times 1.43 = 0.3G_s$;

G_s ——供气量,m^3/h;

0.21——氧在空气中所占百分数;

1.43——氧的容重,kg/m^3。

对于鼓风曝气,各种空气扩散装置在标准状态下,E_A 是由厂商提供的,因此供气量可以通过式(8-20)计算,即:

$$G_s = \frac{R_o}{0.3E_A} \times 100\% \tag{8-20}$$

式中,R_o 值可以由式(8-18)确定。

对于机械曝气,各种叶轮的充氧量与叶轮直径和叶轮线速度的关系,也是由厂商通过实际测定确定并提供的。如泵型叶轮的充氧量可按下列经验公式计算:

$$Q_{os} = 0.379 K v^{2.8} D^{1.88} \tag{8-21}$$

式中 Q_{os} ——标准条件下(水温 20 ℃,大气压为 1.013×10^5 Pa)清水的充氧量,kg/h;

K ——池型结构对充氧量的修正系数,一般圆形池为 1,正方形池为 0.64,长方形池为 0.9;

v ——叶轮周边线速度,m/s;

D ——叶轮公称直径,m。

二、曝气系统的设计

(一)空气扩散装置的选择及计算

空气扩散装置的类型较多,目前应用较多的是微孔曝气器。该类型曝气器氧利用率高,阻力损失小,混合效果好,不易堵塞,并且连接部位具有可靠、有效的密封性能。

微孔曝气器直径为 213 ~ 260 mm,服务面积为 0.3 ~ 0.8 m^2/个。根据曝气池池底面积和曝气器的服务面积,可以计算出所需曝气器的数量,计算公式如下:

$$n = A/A_0 \tag{8-22}$$

式中　n —— 曝气器数量,个;

　　　A —— 曝气池池底面积,m^2;

　　　A_0 —— 曝气器服务面积,m^2/个。

微孔曝气器的曝气量为 1.3 ~ 3.0 m^3/(个·h),根据此数值可以计算出曝气池的工作气量。曝气池的工作气量应与按需氧量计算出的供气量相匹配,否则应进行调整。微孔曝气器一般安装于曝气池池底,膜片距池底 200 ~ 230 mm。

(二)曝气器管网的设计

曝气器一般采用回环式管网布置(见图 8-41),可使每个曝气器的进气压力相等,达到沿池面均匀曝气的效果。根据供气量和选取的流速计算空气管道的直径和阻力损失。空气干管流速一般取 10 ~ 13 m/s,支管流速取 3 m/s。曝气池外采用焊接钢管,池内宜采用 ABS 管连接。

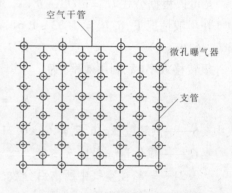

图 8-41　曝气器管网布置示意图

(三)鼓风机的选择

根据所需的供气量和空气管道的阻力损失选择鼓风机。鼓风机的升压(H)≥微孔曝气器的膜片距曝气池液面的距离(H_0) + 阻力损失($\sum h_f$)。在缺少数据的情况下,也可按 $H \geq H_0 + 1$ 估算。

中、小型污水处理厂(站)一般选用罗茨鼓风机,大、中污水处理厂还可选用离心鼓风机。在同一供气系统中,应尽量选择同一型号的鼓风机。当工作鼓风机≤3 台时,备用 1 台;当工作鼓风机≥4 台时,备用 2 台。鼓风机选好后,再按鼓风机的实际流量校核管网系统的流速和阻力,并进行适当调整。

三、污泥回流设备的选择与计算

(一)回流污泥量的计算

回流污泥量 Q_R 是关系到污水处理效果的重要设计参数,应根据不同的水质、水量和运行方式确定适宜的污泥回流比 R。

回流污泥量 Q_R 可以通过式(8-23)求定:

$$Q_R = RQ \tag{8-23}$$

污泥回流比 R 可以通过式(8-24)求定:

$$R = \frac{X}{X_r - X} \tag{8-24}$$

污泥回流比的大小取决于混合液污泥浓度和回流污泥浓度,而回流污泥浓度又与 SVI 有关。在曝气池的实际运行中,由于 SVI 值在一定范围内变化,并且需要根据进水负荷的变化调整混合液污泥浓度,因此在进行污泥回流设备的设计时,应按最大回流比设计,并使其具有在较小回流比时工作的可能性,以便使回流污泥量可以在一定幅度内变化。

(二)污泥回流设备的选择

活性污泥的回流设备有提升设备和输泥管渠等,常用的污泥提升设备是污泥泵和空气提升器。在选择回流设备时,应首先考虑的因素是不破坏污泥的特性,且运行稳定可靠等。污泥泵的型式主要有螺旋泵和轴流泵等,其运行效率较高,可用于各种规模的污水处理工程。空气提升器结构简单、管理方便,并可在提升过程中对污泥进行充氧,但效率较低,常用于小型污水处理厂(站)。

四、二次沉淀池的设计

二次沉淀池的作用是泥水分离,使混合液澄清,污泥浓缩,并且将分离的活性污泥回流到曝气池,由于水质、水量的变化,还要暂时储存污泥。其工作性能对活性污泥处理系统的出水水质和回流污泥浓度有直接的影响。初沉池的设计原则一般也适用于二次沉淀池,但由于进入二次沉淀池的活性污泥混合液浓度高,具有絮凝性,属于成层沉淀,并且密度小,沉速较慢,因此设计二次沉淀池时,最大允许水平流速(平流式、辐流式)或上升流速(竖流式)都应低于初沉池。由于二次沉淀池起着污泥浓缩的作用,所以需要适当地增大污泥区容积。

二次沉淀池设计的主要内容包括池型的选择,沉淀池面积、有效水深的计算,污泥斗容积的计算及污泥排放量的计算等。

(一)二次沉淀池池型的选择

带有刮吸泥设施的辐流式沉淀池,比较适合大、中型污水处理厂;小型污水处理厂则多采用竖流式沉淀池或多斗式平流式沉淀池。

(二)二次沉淀池面积和有效水深的计算

二次沉淀池面积和有效水深的计算公式如下:

$$A = \frac{Q}{q} = \frac{Q}{3.6u} \tag{8-25}$$

$$H = \frac{Qt}{A} = qt \tag{8-26}$$

式中　Q ——污水最大时流量,m^3/d;

　　　q ——表面负荷,$m^3/(m^2 \cdot h)$;

　　　u ——活性污泥成层沉淀时的沉速,mm/s;

　　　t ——水力停留时间,h,一般为 $1.3 \sim 2.3\ h$。

u 值变化范围一般在 0.2 ~ 0.3 mm/s。相应 q 值为 0.72 ~ 1.8 m³/(m² · h),该值的大小与污水水质和混合液污泥浓度有关。当污水中的无机物含量高时,可采用较高的 u 值;而当污水中的溶解性有机物含量较多时,u 值宜低。混合液污泥浓度对 u 值影响较大。表 8-3 所列举的是 u 值与混合液污泥浓度之间的关系,可供设计时参考。

表 8-3 u 值与混合液污泥浓度之间的关系

$MLSS$(mg/L)	u(mm/s)	$MLSS$(mg/L)	u(mm/s)
2 000	≤0.40	5 000	0.22
3 000	0.33	6 000	0.18
4 000	0.28	7 000	0.14

二次沉淀池面积以最大时流量作为设计流量,而不计回流污泥量。但中心管的计算,则应包括回流污泥量在内。

(三)污泥斗容积的计算

污泥斗的作用是储存和浓缩沉淀污泥,由于活性污泥因缺氧而失去活性和腐败,所以污泥斗容积不宜过大。对于分建式二次沉淀池,一般污泥斗的贮泥时间为 2 h,故可采用下列公式计算污泥斗容积。

$$V_s = \frac{4(1+R)QX}{(X+X_r) \times 24} = \frac{(1+R)QX}{(X+X_r) \times 6} \qquad (8\text{-}27)$$

式中　V_s——污泥斗容积,m³;

　　　Q——污水流量,m³/h;

　　　X——混合液污泥浓度,mg/L;

　　　X_r——回流污泥浓度,mg/L;

　　　R——污泥回流比。

(四)污泥排放量的计算

二次沉淀池中的污泥部分作为剩余污泥排放,其污泥排放量应等于污泥增长量(ΔX),可用下式确定去除单位 BOD 所产生的 VSS 量:

$$Y_{\text{obs}} = \frac{Y}{1 + K_d \theta_c} \qquad (8\text{-}28)$$

$$\Delta X = Y_{\text{obs}} Q(S_0 - S_e) \qquad (8\text{-}29)$$

式中　Y_{obs}——表观产率系数,kg MLVSS/kg BOD,用来估算每天的污泥量。

Y、K_d 值的确定是很重要的,以通过试验求得为宜。也可按经验参数进行计算。

污泥排放量也可根据公式 $\Delta X = aQS_r - bVX$ 计算。

五、活性污泥法工艺设计计算实例

【例 8-1】 某城镇的污水日排放量为 40 000 m³,时变化系数为 1.3,BOD₅ 为 330 mg/L,拟采用活性污泥法进行处理,要求处理后的出水 BOD₅ 为 20 mg/L,试设计计算该活性污泥法处理系统。

解 1.污水处理程度及运行方式

(1)污水处理程度。

污水的 BOD_5 为330 mg/L,经初次沉淀池处理后,其 BOD_5 按降低23%计,则进入曝气池的污水 BOD_5 的浓度(S_a)为:

$$S_a = 330 \times (1 - 23\%) = 254(mg/L)$$
$$\eta = (S_a - S_e) / S_a = (254 - 20)/254 = 92.1\%$$

(2)活性污泥法的运行方式。

根据提供的条件,考虑曝气池运行方式的灵活性和多样性,以传统活性污泥法系统作为基础,又可考虑阶段曝气法和生物吸附再生法运行的可能性。

2.曝气池的计算与各部位尺寸的确定

(1)污泥负荷的确定。

拟定采用的污泥负荷为0.3 kg BOD_5/(kg MLSS·d),但为稳妥计,需加以校核,校核公式如下:

$$N_s = \frac{K_2 S_e f}{\eta}$$

K_2 值取0.018 5, $f = MLVSS/MLSS = 0.75$,代入各值

$$N_s = \frac{0.018\ 5 \times 20 \times 0.75}{92.1\%} = 0.3(kg\ BOD_5/(kg\ MLSS \cdot d))$$

计算结果确证, N_s 值取0.3是适宜的。

(2)确定混合液污泥浓度(X)。

根据 N_s 值, SVI 值在80~130,取 $SVI = 120$(满足要求)。另取 $r = 1.2$, $R = 50\%$,曝气池的混合液污泥浓度为:

$$X = \frac{R}{1 + R} \cdot \frac{10^6}{SVI} \cdot r = \frac{0.5 \times 1.2}{1 + 0.5} \cdot \frac{10^6}{120} = 3\ 333(mg/L) \approx 3\ 300\ mg/L$$

(3)确定曝气池容积。

曝气池的容积为:

$$V = \frac{QS_a}{XN_s} = \frac{40\ 000 \times 254}{3\ 300 \times 0.3} \approx 10\ 300(m^3)$$

(4)确定曝气池各部尺寸。

曝气池面积:设两座曝气池($n = 2$),池深(H)取4.2 m,则每座曝气池面积为

$$F_1 = \frac{V}{nH} = \frac{10\ 300}{2 \times 4.2} = 1\ 230(m^2)$$

曝气池宽度:设池宽(B)为6 m, $B/H = 6/4.2 = 1.43$,在1~2,符合要求。

曝气池长度:曝气池长度 $L = F_1/B = 1\ 230/6 = 205(m)$, $L/B = 34.2$(大于10),符合要求。

曝气池的平面形式:设曝气池为三廊道式,则每廊道长 $L_1 = 205/3 = 68.3 \approx 68$(m)。具体尺寸见图8-42。

取曝气池超高为0.3 m,则曝气池的总高度为:4.2 m + 0.3 m = 4.5 m。

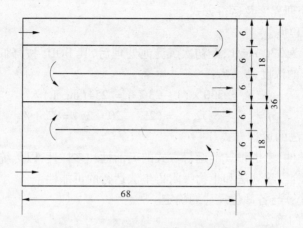

图 8-42　曝气池平面图 （单位:m）

进水方式设计:为使曝气池能按多种方式运行,将进水方式设计成既可在池首端集中进水,按传统活性污泥法运行;也可沿池长多点进水,按阶段曝气法运行;又可集中在池中部某点进水按生物吸附法运行。

3.曝气系统的计算与设计

(1)平均时需氧量的计算。

平均日需氧量按下式计算,即:

$$O_2 = a'QS_r + b'VX_V$$

选用 $a' = 0.5$,$b' = 0.15$,代入各值

$$O_2 = 0.5 \times 40\,000 \times \frac{254 - 20}{1\,000} + 0.15 \times 10\,300 \times \frac{3\,300 \times 0.77}{1\,000}$$

$$= 8\,605.8(\text{kg/d}) = 358.6(\text{kg/h})$$

(2)最大时需氧量

$$O_{2(\text{max})} = 0.5 \times 40\,000 \times 1.3 \times \frac{254 - 20}{1\,000} + 0.15 \times 10\,300 \times \frac{3\,300 \times 0.77}{1\,000}$$

$$= 10\,009.8(\text{kg/d}) = 417.1(\text{kg/h})$$

(3)每日去除 BOD_5 值

$$\frac{40\,000 \times (254 - 20)}{1\,000} = 9\,360(\text{kg/d})$$

(4)去除每千克 BOD 的需氧量

$$\Delta O_2 = \frac{8\,605.8}{9\,360} = 0.92(\text{kg } O_2/\text{kg BOD})$$

(5)最大时需氧量与平均时需氧量之比

$$\frac{O_{2(\text{max})}}{O_2} = \frac{417.1}{358.6} \approx 1.2$$

4.供气量的计算

采用微孔曝气器,敷设于距池底 0.2 m 处,淹没水深 4.0 m,计算温度按最不利条件

考虑,本设计定为 30 ℃。查表 8-2 得:水中溶解氧饱和度

$$C_{s(20)} = 9.17 \text{ mg/L}; \quad C_{s(30)} = 7.63 \text{ mg/L}$$

（1）空气扩散器出口处的绝对压力（p_b）

$$p_b = 1.013 \times 10^5 + 9.8 \times 10^3 H$$

代入各值,得:

$$p_b = 1.013 \times 10^5 + 9.8 \times 10^3 \times 4.0 = 1.405 \times 10^5 (\text{Pa})$$

（2）空气离开曝气池面时氧气的百分比（O_t）

$$O_t = \frac{21(1 - E_A)}{79 + 21(1 - E_A)} \times 100\%$$

微孔曝气器的氧转移效率（E_A）取 0.15,则

$$O_t = \frac{21 \times (1 - 0.15)}{79 + 21 \times (1 - 0.15)} \times 100\% = 18.43\%$$

（3）曝气池混合液中平均氧饱和度（$C_{sb(T)}$）

$$C_{sb(T)} = C_s \left(\frac{p_b}{2.026 \times 10^5} + \frac{O_t}{42} \right)$$

代入各值,得:

$$C_{sb(30)} = 7.63 \times \left(\frac{1.405 \times 10^5}{2.026 \times 10^5} + \frac{18.43}{42} \right) = 8.64 (\text{mg/L})$$

（4）换算为在 20 ℃ 条件下,脱氧清水的充氧量（R_o）

$$R_o = \frac{RC_{s(20\,℃)}}{\alpha [\beta\rho C_{sb(T)} - C] 1.024^{T-20}}$$

取其值 $\alpha = 0.82$；$\beta = 0.95$；$C = 2.0$；$\rho = 1.0$,代入各值,得:

$$R_o = \frac{358.6 \times 9.17}{0.82 \times (0.95 \times 1.0 \times 8.64 - 2.0) \times 1.024^{30-20}}$$
$$= 506 (\text{kg/h})$$

相应的最大时需氧量为:

$$R_{o(\max)} = \frac{417.1 \times 9.17}{0.82 \times (0.95 \times 1.0 \times 8.64 - 2.0) \times 1.024^{30-20}}$$
$$= 588 (\text{kg/h})$$

（5）曝气池平均时供气量（G_s）

$$G_s = \frac{R_o}{0.3 E_A} \times 100$$

代入各值,得:

$$G_s = \frac{506}{0.3 \times 15} \times 100 = 11\,244 (\text{m}^3/\text{h}) = 187 \text{ m}^3/\text{min}$$

（6）曝气池最大时供气量

$$G_s = \frac{588}{0.3 \times 15} \times 100 = 13\,067 (\text{m}^3/\text{h}) = 218 \text{ m}^3/\text{min}$$

（7）去除每千克 BOD_5 的供气量

$$\frac{11\ 244}{9\ 360} \times 24 = 28.8 (\text{m}^3 空气/\text{kg BOD})$$

(8)每立方米污水的供气量

$$\frac{11\ 244}{40\ 000} \times 24 = 6.7 (\text{m}^3 空气/\text{m}^3 污水)$$

(9)曝气系统

微孔曝气器的曝气量 g_0 取 2.5 m³/(个·h),服务面积 0.5 m²/个。

曝气器数量为:

$$n = \frac{13\ 067}{2.5} = 5\ 227 (个)$$

曝气器实际服务面积 $A_0 = \dfrac{A}{n} = \dfrac{1\ 230 \times 2}{5\ 227} \approx 0.5 (\text{m}^2/个)$,符合要求。

选择鼓风机:采用风量为 63 m³/min、静压力为 49 kPa 的罗茨鼓风机 6 台,其中 2 台备用。高负荷时 4 台工作,平时 3 台工作,低负荷时 2 台工作。

空气管道的直径根据管网布置情况计算。

第八节　生物膜法机制

生物膜法属于好氧生物处理方法,是依靠固着于固体介质表面的微生物来降解有机污染物质的。当含有大量有机污染物的污水连续不断地通过某种固体介质表面时,在介质的表面上会逐渐生长出各种微生物,当微生物的质(活性)与量(数量)积累到一定程度时,便形成了生物膜。生物膜内部主要由细菌、真菌、原生动物、后生动物和一些藻类组成。当污水与生物膜接触时,污水中的有机物,作为微生物的营养物质,被微生物所摄取,污水得到净化,微生物本身也在繁殖、生长。

生物膜法的实质是污水土壤自净的人工强化过程,这种方法既古老,又是发展中的生物处理技术。早在 1893 年,英国在实验室中成功地应用了生物膜技术,并于 1900 年应用于污水处理领域。利用生物膜净化污水的装置称为生物膜反应器。迄今为止,属于生物膜处理法的反应器有生物滤池(包括普通生物滤池、高负荷生物滤池、塔式生物滤池)、生物转盘、生物流化床及生物接触氧化等。

一、生物膜的构造及其净化原理

生物膜法净化污水的原理可用图 8-43 来说明。

污水流过固体介质(滤料)表面经过一段时间后,固体介质表面形成了生物膜,生物膜覆盖了滤料表面。这个过程是生物膜法处理污水的初始阶段,亦称挂膜。对于不同的生物膜法,污水处理工艺以及性质不同的污水,挂膜阶段需 15~30 天;一般城市污水,在20 ℃ 左右的条件下,需 30 天左右完成挂膜。

从图 8-43 中可以看出,固体介质(滤料)表面外,依次由厌氧层、好氧层、附着水层、流动水层组成了生物膜降解有机物的构造。降解有机物的过程实质就是生物膜与水层之间多种物质的迁移与微生物生化反应的过程。由于生物膜的吸附作用,其表面附着一层很薄的水层,称之为附着水层。它相对于外侧运动的水流——流动水层,是静止的。这层水膜中的有机物首先被吸附在生物膜上,被生物膜氧化。由于附着水层中有机物浓度比流动层中的低,根据传质理论,流动水层的有机物可通过水流的紊动和浓度差扩散作用进入附着水层,并进一步扩散到生物膜中,被生物膜吸附、分解、氧化。同时,空气中的氧气不断溶入水中,穿过流动水层、附着水层进入好氧层中,为好氧微生物降解有机物创造条件。微生物在分解有机物的过程中,本身的量不断增加,从而使生物膜不断变厚,传递进来的氧很快被表层微生物耗尽,内层的生物膜得不到氧的供应,厌氧微生物在生物膜内大量滋长,厌氧层便形成。好氧层

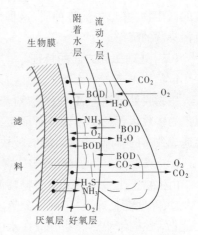

图 8-43 生物滤池滤料上生物膜的构造(剖面图)

的厚度一般在 2 mm 左右,有机物降解主要在好氧层内进行,好氧微生物的代谢产物(如水、二氧化碳)通过附着水层进入流动水层,并随其排走。当厌氧层的厚度逐渐增加,并达到一定程度后,厌氧微生物的代谢产物也逐渐增加,这些产物必须通过好氧层向外侧传递,由于气态产物的不断增加,大大减弱了生物膜在固体介质上的固着力,此时,生物膜已老化,容易从固体介质表面上脱落下来,并随水流流向固液分离设施;生物膜脱落后再重新形成新的生物膜,此过程交替进行。

生物膜法处理系统中的生物相较多,主要是各种细菌、真菌、原生动物、后生动物、藻类、昆虫等。藻类可以产生在生物滤池、生物转盘等生物膜法处理工艺设备能被阳光照射到的部位,但仅限于表面。藻类具有光合作用,具备净化污水的功能,但作用不大,而且藻类增殖能够生成新的有机物,从生物膜的净化机制来看,藻类的产生是不利的。

二、生物膜处理法的特征

(一)微生物相方面的特征

1. 参与净化反应的微生物多样化

生物膜固着在滤料或填料上,其生物固体平均停留时间(污泥龄)较长,因此在生物膜上能够生长世代时间较长、比增殖速度很小的微生物,如硝化菌等。在生物膜上还可能大量出现丝状菌,而且不会发生污泥膨胀。线虫类、轮虫类以及寡毛虫类的微型动物出现的频率也较高。在日光照射到的部位能够出现藻类,在生物滤池上,能够出现苍蝇这样的昆虫类生物。

2. 生物的食物链长

在生物膜上生长繁育的生物中,微型动物的存活率高。在生物膜上形成的食物链长于活性污泥上的食物链。正是这个原因,生物膜处理法产生的污泥量少于活性污泥处理系统。

3. 分段运行

生物膜处理法多分段运行,在正常运行条件下,每段都繁衍与进入本段污水水质相适

应的微生物,并形成优势种属,这种现象非常有利于微生物新陈代谢功能的充分发挥和有机污染物的降解。

(二)处理工艺方面的特征

1. 抗冲击负荷能力强

生物膜处理法的各种工艺,对流入污水水质、水量的变化都具有较强的适应性,这种现象为多数运行的实际设备所证实,即使有一段时间中断进水,对生物膜的净化功能也不会造成致命的影响,通水后能够较快地得到恢复。

2. 产泥量少、污泥沉降性好

由生物膜上脱落下来的生物污泥,所含动物成分较多,密度较大,而且污泥颗粒个体较大,沉降性能良好,易于固液分离。但生物膜内部形成的厌氧层过厚时,其脱落后将有大量非活性的细小悬浮物分散在水中,使处理水的澄清度降低。生物膜反应器中微生物附着生长,即使丝状菌大量生长,也不会导致污泥膨胀,相反还可利用丝状菌较强的分解氧化能力,提高处理效果。

3. 处理效能稳定、良好

生物膜反应器具有较高的生物量,不需要污泥回流,易于维护和管理。而且,生物膜中微生物种类丰富、活性较强,各菌群之间存在着竞争、互生的平衡关系,具有多种污染物质转化和降解途径,故生物膜反应器具有处理效能稳定、处理效果良好的特征。

4. 能够处理低浓度污水

活性污泥法处理系统不宜处理低浓度的污水,如原污水的 BOD_5 长期低于 $50 \sim 60$ mg/L,将影响活性污泥絮凝体的形成和增长,净化功能降低,处理水水质低下。但是,生物膜法对低浓度污水,也能够取得较好的处理效果,运行正常可使污水的 BOD_5 由 $20 \sim 30$ mg/L 降至 $5 \sim 10$ mg/L。

5. 易于维护运行

与活性污泥法处理系统相比,生物膜处理法中的各种工艺都比较易于维护管理,而且像生物滤池、生物转盘等工艺,运行费用较低,去除单位质量 BOD_5 的耗电量较少,能够节约能源。

6. 投资费用较大

生物膜法需要填料和支撑结构,投资费用较大。

第九节　生物膜法工艺

生物膜法处理污水是在 20 世纪初发展起来的,最初使用的装置为普通生物滤池,这种装置是将污水喷洒在由粒状介质(石子等)堆积起来的滤料上,污水从上部喷淋下来,经过堆积的滤料层,滤料表面的生物膜将污水净化,供氧由自然通风完成。此种方法净化效果好,但滤池的负荷较低,占地面积大,易于堵塞。1951 年,德国人舒尔兹又根据气体洗涤塔原理创立了塔式生物滤池,其单位体积填料去除有机物的能力大为提高,且设备占地面积大为减少。一般将生物滤池分为低负荷生物滤池、高负荷生物滤池和塔式生物滤池三种。

一、生物滤池的一般构造

生物滤池一般采用钢筋混凝土或砖石砌筑,池平面有方形、矩形或圆形,其中以圆形为主,主要部分是由滤料、池壁、布水系统和排水系统组成,其构造如图 8-44 所示。

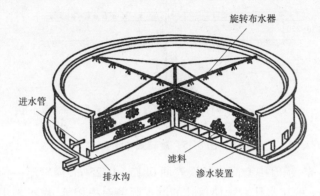

图 8-44　生物滤池

(一)滤料

滤料作为生物膜的载体,对生物滤池的净化功能影响较大。滤料表面积越大,生物量越大。但是,单位体积滤料所具有的表面积越大,滤料粒径必然越小,滤料间孔隙也会相应减少,这影响滤池通风,对滤池工作不利。

滤料粒径的选择应综合考虑有机负荷和水力负荷等因素,当有机物浓度高时,应采用较大的粒径。滤料应有足够的机械强度,能承受一定的压力;其容重应小,以减少支承结构的荷载;滤料应既能抵抗污水、空气、微生物的侵蚀,又不含影响微生物生命活动的杂质;滤料应就地取材、价格便宜、加工容易。

生物滤池以前常采用的滤料有碎石、卵石、炉渣、焦炭等,粒径为 25 ~ 100 mm,滤层厚度为 0.9 ~ 2.5 m,平均为 1.8 ~ 2.0 m。近年来,生物滤池多采用塑料填料,主要是由聚氯乙烯、聚乙烯、聚苯乙烯、聚酰胺等材料加工成波纹板、蜂窝管、环状及空圆柱等复合式滤料。这些滤料的比表面积高达 100 ~ 340 m^2/m^3,空隙率高达 90% 以上,从而改善了生物膜生长和通风条件,使处理能力大大提高。

(二)池壁

池体在平面上多呈方形、矩形或圆形;池壁起围挡滤料的作用,一些滤池的池壁上带有许多孔洞,用以促进滤层的内部通风。一般池壁顶应高出滤层表面 0.4 ~ 0.5 m,防止风力对池表面均匀布水的影响。池壁下部通风孔总表面积不应小于滤池表面积的 1%。

(三)布水系统

布水装置设在填料层的上方,用以均匀喷洒废水。早期使用的布水装置是间歇喷淋式的,每次喷淋的间隔时间为 20 ~ 30 min,让生物膜充分通风。后来发展为连续喷淋,使生物膜表面形成一层流动的水膜,这种布水装置布水均匀,能保证生物膜得到连续的冲刷。一般采用的连续式布水装置是旋转式布水器,如图 8-45 所示。

旋转式布水器通用于圆形或多边形生物滤池,主要由进水竖管和可转动的布水横管组成,固定的竖管通过轴承和配水短管联系,配水短管连接布水横管,并一起旋转。布水

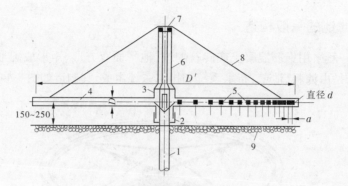

1—进水竖管;2—水封;3—配水短管;4—布水横管;5—布水小孔;
6—旋转竖管;7—上部轴承;8—钢丝拉绳;9—滤料

图 8-45 旋转式布水器

横管一般为 2~4 根,横管中心高出滤层表面 0.15~0.25 m,横管沿一侧的水平方向开设有直径 10~15 mm 的布水孔。为使每孔的洒水服务面积相等,靠近池中心的孔间距应较大,靠近池边的孔间距应较小。当布水孔向外喷水时,在反作用力推动下布水横管旋转。为了使废水能均匀喷洒到滤料上,每根布水横管上的布水位置应错开,或者在布水孔外设可调节角度的挡水板,使废水从布水孔喷出后能成线状,均匀地扫过滤料表面。

旋转式布水器所需水头一般为 0.25~1.0 m,旋转速度为 0.5~9 r/min。

(四)排水系统

排水系统用以排除处理水,支承滤料及保证通风。排水系统通常分为两层,即包括滤料下的渗水装置和底板处的集水沟和排水沟。常见的滤池支承渗水装置如图 8-46 所示。

渗水装置的排水面积应不小于滤池表面积的 20%,渗水装置同池底之间的间距应不小于 0.4 m。滤池底部可用 0.01 的坡度坡向池底集水沟,废水经集水沟汇流入总排水沟,总排水沟的坡度应不小于 0.005。

总排水沟及集水沟的过水断面应不大于沟断面面积的 50%,以保留一定的空气流通空间。沟内水流的设计流速应不小于 0.3~0.4 m/s。

如生物滤池的占地面积不大,池底可不设集水沟,而采用坡度为 0.005~0.01 的池底将水流汇向池内或四周的总排水沟。

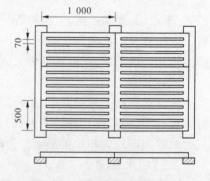

图 8-46 滤池支承渗水装置

二、生物滤池的分类和运行系统

(一)生物滤池的分类

生物滤池可根据设备形式不同分为普通生物滤池和塔式生物滤池,也可根据承受污水负荷大小分为普通生物滤池和高负荷生物滤池。

1.普通生物滤池

普通生物滤池又叫滴滤池,当处理对象为生活污水或以生活污水为主体的城市污水时,其水力负荷 q 为 1~3 m³ 污水/(m² 滤池·d),有机负荷 F_w 为 100~250

g BOD$_5$/(m^3 滤料·d),BOD$_5$ 的去除率为 80%～95%。滤池的滤料一般采用碎石等颗粒滤料,滤料的工作厚度为 1.3～1.8 m,粒径为 25～40 mm,承托层厚度为 0.2 m,粒径为 70～100 mm,滤料总厚度为 1.5～2.0 m。

普通生物滤池由于负荷率低,污水的处理程度较高。一般生活污水经滤池处理后,出水 BOD$_5$ 常小于 20～30 mg/L,并有溶解氧和硝酸盐存在于水中,出水中夹带的固体物量小,无机化程度高,沉降性好。这说明在普通生物滤池中,不仅进行着有机污染物的吸附、氧化,而且也进行着硝化反应。普通生物滤池缺点是水力负荷、有机负荷均较低,占地面积大,水力冲刷能力小,容易引起滤层堵塞,影响滤池通风。一般适用于处理每日污水量不高于 1 000 m^3 的小城镇污水。

普通生物滤池的特点为:

(1)出水水质好;运行管理方便;

(2)运行费用低;

(3)有机物负荷极低,处理设备占地面积大,但卫生条件差,滤池可孳生滤池蝇,影响环境。

为了提高生物滤池的处理效率,20 世纪中期,出现人工制造的滤料,由于其比表面积大,滤料之间的空隙大,质轻等优点,提高了生物滤池的负荷,减小了占地面积,高负荷生物滤池和塔式生物滤池工艺得到了发展。

2. 高负荷生物滤池

高负荷生物滤池所采用的滤料粒径和厚度都较普通生物滤池的大,水力负荷 q 较高,一般为 10～30 m^3 污水/(m^2 滤池·d),是普通生物滤池的 10 倍,有机负荷 F_w 为 800～1 200 g BOD$_5$/(m^3 滤料·d)。因此,滤池体积较小,占地面积省,但出水 BOD$_5$ 一般要超过 30 mg/L,BOD$_5$ 的去除率一般为 75%～90%。一般出水中很少有硝酸盐。

高负荷生物滤池滤料的直径一般为 40～100 mm,滤料层较厚,一般为 2～4 m;当采用自然通风时,滤料厚度一般不应大于 2 m,采用塑料或树脂制成的滤料时,可以增大滤料高度,并可采用自然通风。

提高了有机负荷后,微生物的代谢速度加快,生物膜的生长速度亦加快。由于同时提高了水力负荷,也使滤池的冲刷作用加强,滤池中的生物膜不再像普通生物滤池那样,主要由于生物膜老化和昆虫活动而呈周期性脱落,而是主要由于污水的冲刷而表现为经常性脱落。在脱落的生物膜中,新生物细胞较多,没有得到彻底的氧化,因此稳定性较普通生物滤池的生物膜差,产泥量大。

为了保证在提高有机负荷率的同时,又能保持一定的出水水质,并防止滤池的堵塞,高负荷生物滤池常采用回流的方式运行。将生物滤池的一部分出水回流到滤池之前与进水混合,这样既降低了进水浓度,又保证了需要的水力负荷,防止滤池堵塞,使出水达到要求的水质标准。

回流的方式很多,可以采用滤池出水直接回流或通过二次沉淀池后再回流的方式,见图 8-47,采用的回流比 r 一般为 0.5～3.0。

采用回流后,进入生物滤池的污水量为 $(1 + r)Q$。如果污水与回流水混合后的有机物浓度即滤池进水的有机物浓度为 L_1,则需满足下式:

回流(水)

原污水 → 初次沉淀池 → 生物滤池 → 二次沉淀池 → 进水

图 8-47　生物滤池的两种回流方式

$$L_1 = \frac{L' + rL_2}{1 + r} \tag{8-30}$$

式中　L'——原污水通过初次沉淀池后的有机物浓度，mg/L；

　　　L_2——滤池(二次沉淀池)出水的有机物浓度，mg/L；

　　　L_1——滤池进水的有机物浓度，mg/L，一般不应高于 200 mg/L(以 BOD_5 计)。

　　应该指出，虽然回流有时是必要的，但也会给生物滤池带来一些不利的因素。如增大水力负荷将缩短污水在池中的停留时间；稀释进水将降低生物膜吸附有机物的速度；通过回流，水中剩余的有机物大多较难降解，会使滤池去除有机物的百分率有所降低；冬季采用回流将会降低滤池温度，因而使工作效率降低。因此，在采用回流之前，应进行仔细考虑和充分的试验研究。

　　当对污水处理程度要求高时，可以将两个高负荷生物滤池串联起来，称之为两级生物滤池。在两级生物滤池中常常能进行硝化过程，有机物的去除率可达 90% 以上，出水中常会含有硝酸盐和溶解氧。

　　3. 塔式生物滤池

　　塔式生物滤池简称滤塔，属第三代生物滤池。塔式生物滤池在污水净化工艺方面与高负荷生物滤池相同。但塔式生物滤池有本身独特的特征。

　　1) 塔式生物滤池的特征

　　塔式生物滤池的外形如塔，一般高 8 ~ 24 m，直径 1 ~ 3.5 m；高度与直径比为 (6 ~ 8)∶1。由于构造特殊，因此在池内形成强大的拔风状态，通风良好，增加了氧的转移效果。另外，由于池体较高，再加上有机负荷与水力负荷的提高，塔内水流紊动剧烈，污水、空气和生物膜三相充分接触，传质效果良好，使得生物膜的生长和脱落速度加快，加快了生物膜的更新，增强了生物膜的活性。由于塔式生物滤池可认为是高负荷生物滤池在结构上为同池体串联运行，所以在不同的高度滤料层上存活着不同种群的微生物，这种情况有利于有机污染物的降解。

　　塔式生物滤池由于其负荷高、占地少、不用设置专用的供氧设备等优点，自 20 世纪 50 年代开发后，很快在东欧各国得到应用，尤其是 20 世纪 60 年代以后，由于新型滤料的出现，这些质轻、强度高、空隙大、比表面积大的塑料滤料的应用，更促进了塔式生物滤池的应用。我国从 20 世纪 70 年代引入塔式生物滤池，开展了广泛的试验研究工作，此种滤池得到了广泛的应用。

　　2) 塔式生物滤池的构造

　　(1) 池体。

　　塔式生物滤池平面多呈圆形或方形，外观呈塔状。池体主要起围挡滤料的作用，可采用砖砌,也可以现场浇筑混凝土或采用预制板构件现场组装,还可以采用钢框架结构,四周用塑料板或金属板围嵌,这种结构的池体质量可以大大减轻。如图 8-48 所示为塔式生物滤池的构造示意。

塔身沿高度分层建设,分层设格栅,格栅承托在塔身上,起承托滤料的作用。每层高度以不大于 2.5 m 为宜,以免强度较低的下层滤料被压碎,每层设检修器,以便检修和更换滤料。

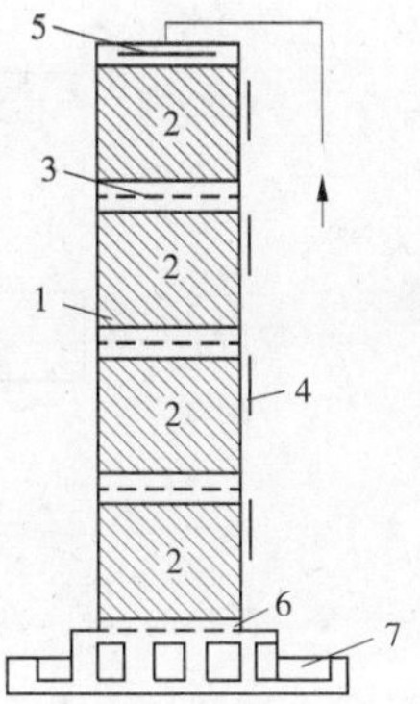

(2)滤料。

塔式生物滤池应采用质轻、高强、比表面积大、空隙率高的人工塑料滤料。国内常用滤料为环氧树脂固化的玻璃布蜂窝滤料,其特点为:比表面积大、质轻、构造均匀,有利于空气流通和污水均匀分布,不易堵塞。

1—塔身;2—滤料;3—格栅;4—检修口;
5—布水器;6—通风口;7—集水槽

图 8-48　塔式生物滤池的构造示意

(3)布水装置。

塔式生物滤池常使用的布水装置有两种:一是旋转布水器;二是固定布水器。旋转布水器可用水力反冲转动,也可用电机驱动,转速一般为 10 r/min 以下;固定式布水器多采用喷嘴,由于塔滤表面积较小,安装数量不多,布水均匀。

(4)通风孔。

塔式生物滤池一般采用自然通风,塔底有高度为 0.4 ~ 0.6 m 的空间,周围留有通风孔,有效面积不小于池面积的 7.5% ~ 10%。

当塔式生物滤池处理特殊工业废水时,为吹脱有害气体,可考虑机械通风,即在滤池的下部和上部设鼓、引风机加强空气流通。

(二)生物滤池的运行系统

生物滤池的运行系统基本上由初沉池、生物滤池、二沉池三部分组合而成。污水先进入初沉池,在去除可沉性悬浮固体后,进入生物滤池,经过生物滤池的污水与脱落的生物膜一起进入二沉池,再经过固液分离,净化后的污水进行排放。

生物滤池的组合形式有单级运行系统和多级运行系统。

1. 单级运行系统

单级运行系统如图 8-49 所示。图 8-49(a)为单级直流系统,多用于低负荷生物滤池;图 8-49(b)、(c)为单级回流系统,多用于高负荷生物滤池。图 8-49(b)的处理水回流至生物滤池前,用以加强水力负荷,又不加大初沉池的容积,但二次沉淀池要适当大些。图 8-49(c)不设二沉池,滤池出水回流到初沉池前,加强初沉池生物絮凝作用,促进沉淀效果。

2. 多级运行系统

原污水浓度较高,且对处理水的要求也较高时,常采用多级运行系统。依据试验和分析,在多级运行系统中,第一级生物滤池处理效率可达 70%,第二级处理效率可达 20%,而第三级、第四级的处理效率很低,仅为 5% 左右,所以一般采用二级生物滤池处理系统,如图 8-50 所示,有 3 种组合方式。二级串联工作的生物滤池滤层深度可适当减小,通风

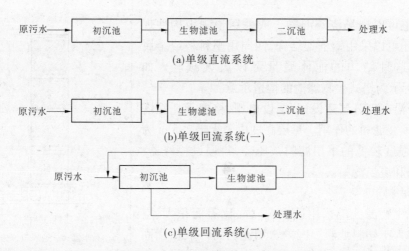

图 8-49 生物滤池的单级运行系统

条件好,两次洒水充氧,出水水质较好。但增加了提升泵,加大了占地面积。一般情况下,第一级生物滤池采用粒径较大的滤料,后一级采用粒径较小的滤料。

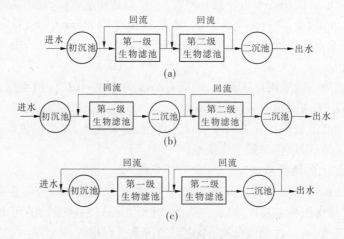

图 8-50 二级生物滤池处理系统

三、生物滤池的设计与计算实例

(一)生物滤池的设计

生物滤池的设计包括滤池的尺寸、布水系统和排水系统等。

1. 滤池

根据污水水量和需要处理的程度,可以利用有机负荷按下列公式计算出滤料的体积:

$$V = \frac{(L_1 - L_2)Q}{U} \tag{8-31}$$

$$V = \frac{L_1 Q}{F_w} \tag{8-32}$$

式中　V——滤料体积,m³;

Q ——流入滤池的污水设计流量,m^3/d,一般采用平均流量,但如果流量小或变化大时,可取最高流量,有回流时,还应包括回流量;

U ——以有机物去除量为基础的有机负荷,$g/(m^3 \cdot d)$;

F_w ——以进水有机物量为基础的有机负荷,$g/(m^3 \cdot d)$;

其他字母含义同前。

滤料体积求得后,即可按下式计算滤池的平面面积:

$$A = \frac{V}{H} \tag{8-33}$$

式中 A ——生物滤池的平面面积,m^2;

H ——生物滤池的滤料厚度,即滤池的有效深度,m。

求得滤池面积后,还应利用水力负荷进行校核:

$$q = \frac{Q}{A} \tag{8-34}$$

式中 q ——生物滤池的水力负荷,$m^3/(m^2 \cdot d)$。

对于普通生物滤池和高负荷生物滤池,上述计算方法基本相同,高负荷生物滤池需考虑回流的问题。

2. 旋转布水器的设计计算

旋转布水器的设计计算包括所需工作水头、布水横管的数目及其管径、布水横管的孔口数和任一孔口距滤池中心的距离,以及布水器的旋转周数等。

1) 所需工作水头计算

旋转布水器所需工作水头是用以克服竖管及布水横管的沿程阻力和布水横管出水孔口的局部阻力,同时还要考虑由于流量沿布水横管从池中心向池壁方向逐渐降低、流速逐渐减慢所形成的流速恢复水头,因此可写成:

$$H = h_1 + h_2 + h_3 \tag{8-35}$$

式中 H ——布水器所需的水头,m;

h_1 ——沿程阻力,m;

h_2 ——出水孔口局部阻力,m;

h_3 ——布水横管的流速恢复水头,m。

按水力学基本公式:

$$h_1 = \frac{q^2 294 D'}{K^2 \times 10^3} \tag{8-36}$$

$$h_2 = \frac{q^2 256 \times 10^6}{m^2 d^4} \tag{8-37}$$

$$h_3 = \frac{q^2 81 \times 10^6}{D''^4} \tag{8-38}$$

式中 q ——每根布水横管的污水流量,L/s;

m ——每根布水横管的孔口数;

d ——孔口直径,mm;

D'' ——布水横管的管径,mm;

D'——旋转布水器的直径,mm(滤池直径减去 200 mm);

K——流量模数,L/s,可按表 8-4 所列数值选用。

表 8-4　流量模数 K

D''(mm)	50	3.43	75	100	125	150	175	200	250
流量模数 K(L/s)	6	11.5	19	43	86.5	134	209	300	560
K^2	33.4	132	33.41	1 849	6 500	18 000	43 680	90 000	311 000

因此,旋转布水器所需工作水头的计算公式为:

$$H = q^2 \left(\frac{294D'}{K^2 \times 10^3} + \frac{256 \times 10^6}{m^2 d^4} + \frac{81 \times 10^6}{D''^4} \right) \tag{8-39}$$

实践证明,旋转布水器实际上所需要的水头大于上述计算结果。因此,在设计时采用的实际水头应比计算值增加 50% ~ 100%。

2)布水横管的数目及其管径

一般取 2~4 根布水横管,其管径以污水在管中的流速 $v = 0.5 ~ 1.0$ m/s 的条件下,经计算确定。

$$D'' = \sqrt{\frac{q}{4\pi v}} \tag{8-40}$$

式中　q ——每根布水横管的污水流量,m³/s。

3)布水横管的孔口数

假定每个孔口所喷洒的面积基本相等,布水横管的出水孔口数的计算公式为:

$$m = \frac{1}{1 - \left(1 - \frac{a}{D'}\right)} \tag{8-41}$$

式中　a ——最末端两个孔口间距的 2 倍,m,a 的取值大致为 80 mm。

4)任一孔口距滤池中心的距离 r_i

$$r_i = R \sqrt{\frac{i}{m}} \tag{8-42}$$

式中　R ——布水器半径,m;

i ——从池中心算起,任一孔口在布水横管上的排列顺序。

5)布水器的旋转周数

布水器每分钟的旋转周数 n 可以近似地按下列公式计算:

$$n = \frac{34.78 \times 10^6}{md^2 D'} q \tag{8-43}$$

式中　q ——布水器的流量,m³/s。

布水横管可以采用钢管或塑料管,管上的孔口直径在 10 ~ 15 mm,孔口间距从池中心向池周边逐步减小,一般从 300 mm 开始,逐渐减小到 40 mm,以满足均匀布水的要求。

旋转布水器的优点是布水较为均匀,所需水头较小,易于管理;缺点是必须将滤池修成圆形,不够紧凑,占地面积较大。

（二）生物滤池的计算实例

【例8-2】 某城镇的生活污水排放量为 8 000 m^3/d，通过初次沉淀池后的污水 BOD_5 浓度为 220 mg/L，处理后要求出水 BOD_5 达到 30 mg/L。试计算高负荷生物滤池的基本尺寸。

解 （1）回流比的确定。

进入高负荷生物滤池的一般不应大于 200 mg/L，现取 150 mg/L，则按式（8-30）有：

$$150 = \frac{220 + 30r}{1 + r}$$

则得 $r = 0.58 \approx 0.6$。

（2）滤池体积的计算。

采用碎石滤料。取滤池的有机负荷 $F_w = 800$ g $BOD_5/(m^3 \cdot d)$（取不利条件），推测此时出水的 BOD_5 可降至 30 mg/L。由式（8-32）得滤池总体积为：

$$V = \frac{8\ 000 \times (1 + 0.6) \times 150}{800} = 2\ 400(m^3)$$

（3）滤池面积计算。

取滤料厚度为 2 m，滤池总面积为：

$$A = 2\ 400/2 = 1\ 200(m^2)$$

校核水力负荷是否满足要求：

$$V = \frac{8\ 000 \times (1 + 0.6)}{1\ 200} = 10.7(m^3/(m^2 \cdot d))$$

校核结果，所得水力负荷略大于 10 $m^3/(m^2 \cdot d)$，满足要求。

（4）滤池直径计算。

采用 4 座圆形滤池，每座滤池的直径为：

$$D = \sqrt{\frac{4 \times 1\ 200}{\pi \times 4}} = 19.5(m)$$

共采用直径为 19.5 m，有效深度为 2 m 的高负荷生物滤池 4 座。

第十节　生物膜法新工艺

一、生物曝气滤池

生物曝气滤池是一种高负荷淹没式固定膜三相反应器。生物曝气滤池采用粒径较小的粒状材料为滤料，并将滤料浸没在水中，供氧采用鼓风曝气供氧。滤料层有两方面作用：一是作为固体介质，即微生物的载体；二是作为过滤介质。由于生物曝气滤池的滤料粒径较小，因此与一般生物滤池相比，其滤料的比表面积大，污水与生物膜的接触面积大，生化反应更为彻底，而且滤料之间由于有空隙，可直接截留进水中的悬浮固体和老化脱落的生物膜等生物固体，这一截留过程与普通快滤池相似，从而省去了其他生物处理法中的二沉池，出水水质好。

(一)生物曝气滤池的构造

生物曝气滤池是20世纪80年代新开发的一种污水生物处理技术。它是集生物降解、固液分离于一体的处理设备。生物曝气滤池主要由池体、滤料层、工艺用气布气系统、底部布气布水装置、反冲洗排水装置和出水口等部分组成,如图8-51所示。

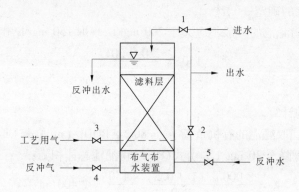

1—进水阀门;2—出水阀门;3—工艺用气阀门;4—反冲气阀门;5—反冲水阀门

图8-51 生物曝气滤池构造示意图

1.池体

池体的主要作用是维护滤料,一般可采用钢筋混凝土结构,也可用钢板焊制。生物曝气滤池的基本构造与矩形重力过滤池的相似。

2.滤料层

滤料的作用有两方面:一方面在其表面是生物膜载体,另一方面起过滤作用。生物曝气滤池选用的滤料一般以比重小的为好,主要是考虑反冲洗方便,比重较小的滤料在反冲洗时容易松动、反冲洗效果好,同时可节省反冲洗用水。滤料应满足如下要求:

(1)有足够的强度;

(2)耐磨,表面粗糙;

(3)耐水;

(4)耐腐蚀;

(5)要有一定的空隙率。

常用滤料有陶粒、无烟煤、石英砂、膨胀页岩等。陶粒空隙较多,吸水后比重约为1.1,无烟煤比重约为1.5,石英砂约为2.6,三者比较,陶粒比较理想,无烟煤次之。

与普通滤池相似,滤料的粒径关系到处理效果的好坏,以及运行过滤周期的长短。粒径小,比表面积大、生物量多、处理效果好,但孔隙小,运行中易堵塞,过滤周期短,反冲洗用水量高,给运行管理带来不便。滤料粒径的选择取决于进水水质和设计的反冲洗周期。一般反冲洗周期以24 h为宜。对于城市污水二级生物处理,采用粒径一般为4~6 mm;对于城市污水三级生物处理,采用粒径一般为3~5 mm。

滤料层的高度一般为1.8~3.0 m,常以2.0 m为宜。

3.工艺用气布气系统

工艺用气布气系统用来向滤池供氧。水流自上而下通过滤料层,由于工艺用鼓风机从底部鼓入空气,给微生物化学反应提供所需的氧。

工艺用气布气系统一般采用穿孔管布气系统。穿孔管应采用塑料或不锈钢材质,以防腐蚀,穿孔管布置在距滤料层底面以上约0.3 m处,使在滤料层的底部有一小段距离不进行曝气,不受空气泡的扰动,保证有良好的过滤效果,以便使处理水清澈。供气设备常选用风机,并应有备用设备。

4.底部布气布水系统

底部布气布水系统的主要作用是产生反冲洗水或气。目前,反冲洗有三种方式:

(1)单独采用压缩空气反冲;

(2)气水联合反冲洗;

(3)单独用水冲洗。

采用压缩空气反冲洗,能使黏附在滤料表面上的生物膜大量剥落;采用气水联合反冲洗,可以将剥落的生物膜带出池外,使滤料层略有膨胀,产生松动,使生物膜被水冲走,并可以减少反冲洗强度和冲洗水量;采用水反冲洗,可将滤料冲洗干净,但反冲洗水量较大。

生物曝气滤池底部反冲洗系统要求布气、布水均匀,常采用以下三种结构,如图8-52所示。

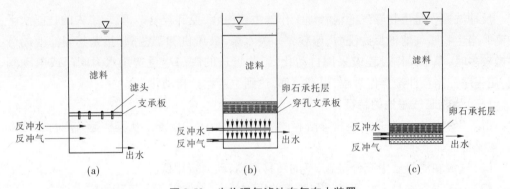

图8-52　生物曝气滤池布气布水装置

图8-52(a)是采用滤头进行布气、布水的装置。滤头固定在水平承重板上,每平方米板上设置约50个滤头。气和水通过滤头混合,从滤头的缝隙中均匀喷出。这种装置施工要求严格,造价高。

图8-52(b)是一种穿孔板布气装置。在水平承重板上均匀地开设许多小孔,板上铺设一层卵石作为承托层,承托层作用同给水滤池的。在穿孔板下设反冲气管和反冲水管。这种装置能起到良好的布气、布水作用。

图8-52(c)是大阻力配水系统,其构造同给水滤池的,反冲洗气管和反冲洗水管(可兼作出水管)埋在卵石承托层中。这种装置的水头损失大,施工方便,造价低。

5.反冲洗排水装置和出水口

反冲洗水自下向上穿过滤层,上层设排水槽,连续排出反冲水。为防止滤料损失,可采用翼形排水槽,也可采用虹吸管排水。出水口的最高标高应与滤料层的顶面持平或稍高,保证反冲洗完毕开始运行时滤料层上有0.15 m以上水深,避免滤料外露。

(二)生物曝气滤池的工艺流程

生物曝气滤池的工艺流程如图 8-53 所示,经初次沉淀池沉淀的污水进入生物滤池。水流下通过滤料层,有工艺用气底部鼓入空气,气水进入反冲水池后再排放,反冲水储存一次反冲一格滤池所需的反冲水池可兼作接触消毒。生物曝气滤池经过一段时间运行后,滤池中固体物质逐渐增多,引起水头损失增加,当达到一定程度时,需要对滤层进行反冲洗,以清除多余的固体物质。反冲洗强度由反冲洗形式而定,对于气的反冲洗强度一般采用 18 L/(m² · s);水的反冲洗强度一般采用 8 L/(m² · s)。

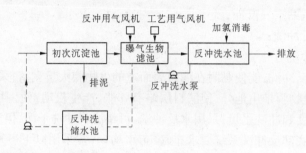

图 8-53　生物曝气滤池的工艺流程

反冲洗操作是生物曝气滤池管理工作的主要内容,控制较复杂,要求工人的技能水平较高。当生物曝气滤池反冲洗时,应频繁开关水泵、鼓风机和工艺阀门,尤其当滤池的分格数较多时,整个操作过程应采用自动化,工艺管道的阀门尽量选用水力阀门或电动阀门,用程序控制反冲洗操作过程,提高效率,达到生产运行自动化。

(三)生物曝气滤池的特征

由于生物曝气滤池是集生物降解和固液分离于一体的设备。从其构造及运行管理方面,主要特征如下:

(1)气液在滤料层中充分接触,氧的转移率高,动力费用低。

(2)由于设备本身有截留悬浮和脱落的生物污泥的功能,工艺流程所需占地小。

(3)池内滤料粒径较小、比表面积大,能保持大量的生物量,微生物附着力强,污水处理效果好。

(4)不产生污泥膨胀,不需回流设备,反冲如果是空气自动化,维护管理也方便。

(5)可作不同目的的污水的生物处理。若作二级生物处理可去除污水中的 BOD_5、COD、SS,还有一定的硝化功能;若作三级生物处理,主要是硝化去除氨氮,并能进一步深度去除污水中的有机物和悬浮固体;若同时在厌氧和好氧条件下运行,还可用作污水的脱氮和除磷功能。

(6)生物相分层。在距进水端较近的滤层,污水中的有机物浓度高,各种异养菌占优势,主要去除 BOD;在距出水口较近的滤料层中,污水中的有机物浓度较低,自养型的硝化菌将占优势,可进行氨氮的硝化反应。

(四)生物曝气滤池的工艺设计与计算

1. 容积负荷率

目前,生物曝气滤池的计算方法主要采用 BOD_5 容积负荷率法和氨氮容积负荷率法。

对于城市污水,要求处理后 $BOD_5 < 20$ mg/L 时,BOD_5 容积负荷一般选用 $2.5 \sim 4.0$ kg $BOD_5/(m^3 \cdot d)$,若污水中溶解性 BOD_5 的比例高,要求出水 BOD_5 浓度低,应选较低值,否则应选高值。

氨氮容积负荷率是单位体积滤料单位时间内去除氨氮的质量,对于城市污水,一般为 $0.6 \sim 1.5$ kg $NH_4 - N/(m^3 \cdot d)$。当出水要求氨氮小于 5 mg/L 时,容积负荷选低值;若出水要求氨氮值小于 15 mg/L,容积负荷取大值,即 1.5 kg $NH_4 - N/(m^3 \cdot d)$。

2. 滤池计算

1)滤料层体积

滤料层的体积计算公式如下:

$$V = \frac{QS_0}{1\,000N} \tag{8-44}$$

式中　V——滤料体积,m^3;

　　　Q——进水流量,m^3/d;

　　　S_0——进水 BOD_5 或氨氮浓度,mg/L;

　　　N——相应于 S_0 的 BOD_5 或氨氮容积负荷,kg $BOD_5/(m^3 \cdot d)$ 或 kg $NH_4 - N/(m^3 \cdot d)$。

2)单格滤池的面积

生物曝气滤池的分格一般不小于 3 格。每格的最大平面尺寸一般不大于 100 m^2,计算公式如下:

$$A = \frac{V}{nH_1} \tag{8-45}$$

式中　A——每格滤池的平面面积,m^2;

　　　n——分格数;

　　　H_1——滤料层高度,m。

3)滤池的总高度 H

滤池的总高度的计算公式如下:

$$H = H_1 + H_2 + H_3 + H_4 + H_5 \tag{8-46}$$

式中　H_2——底部布气水区高度,m;

　　　H_3——滤层上部最低水位,m,取 0.15 m;

　　　H_4——最大水头损失,m,一般取 0.6 m;

　　　H_5——超高,m,取 0.5 m。

二、生物转盘

生物转盘是生物膜法处理污水的反应器之一。它于 20 世纪 60 年代问世,并有效地用于城市污水和各种有机工业废水的处理,在欧美各国和日本应用广泛,在我国也得到一定的应用。生物转盘具有结构简单、运转安全、抗冲击负荷能力强、不易堵塞、运行费用低等特点。

（一）生物转盘的净化原理

生物转盘又称为浸没式生物滤池，是由普通生物滤池演变而来的。生物膜的形成、生长繁殖及其降解有机物的机制与生物滤池基本相同。主要区别是它以一系列转动的盘片代替固定的滤料。在接触反应槽内充满污水，盘片面积的40%左右浸没在槽内的污水中，当污水在槽内缓慢流动时，盘片在转动横轴的带动下缓慢转动。

盘片上面生长着厚1~4 mm的生物膜，当圆盘浸没于污水中时，污水中的有机物被盘片上的生物膜所吸附；当圆盘离开污水时，盘片表面形成一层薄薄的水膜。水膜从空气中吸氧，同时在生物酶的催化下，被吸附的有机物在生物膜上被氧化分解。这样，转盘每转动一圈，即进行一次吸附—吸氧—氧化分解过程。转盘不断转动，使污染物不断分解氧化。圆盘转出液面部分经过空气时，氧气就进入盘片上的液膜中达到过饱和状态，当这部分盘片再回到接触反应槽中时，使槽内污水中的溶解氧含量增加。此外，圆盘搅动造成的紊流，也将大气中的氧带入接触反应槽中。槽内的混合作用，使液体中的溶解氧相对均匀。

在运行过程中，生物膜逐渐增厚，在其内部形成厌氧层，并开始老化。老化的生物膜在污水与盘片之间产生的剪切力作用下剥落，从盘片上剥落下来的生物膜在二次沉淀池内被截留，生物膜脱落形成的污泥，密度较高，易于沉淀。

（二）生物转盘的构造

生物转盘设备由盘片、转轴、驱动装置和接触反应槽等部分组成，见图8-54。

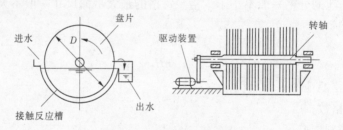

图8-54　生物转盘示意图

1. 盘片

盘片是生物转盘反应器的主要部件，其表面形状有平板、凹凸板、波纹板、二重波纹、同心圆波纹、放射形波纹。盘片的材质应具有质轻高强，耐腐蚀，耐老化，易于挂膜，不变形，比表面积大，安装加工方便，易就地取材等性质。目前，盘片所用材质有聚苯乙烯、聚乙烯、硬质聚氯乙烯、纤维增强塑料等；盘片的外周形状有圆形、多角形等，多见于圆形。盘片的直径以2.0~3.6 m居多，过大则不便于运输和安装，厚度为2~10 mm。

由于在运转过程中，片盘上的生物膜逐渐增厚，为了保证通风的效果，盘片的间距一般为30 mm。如果采用多级转盘，前级盘片的间距一般为30 mm，后极为10~20 mm。当生物转盘用于脱氮时，其盘片的间距应取大些。

所形成的生物膜的厚度与进水的BOD_5值有关，进水的BOD_5浓度越高，生物膜就越厚，但硝化过程的生物膜则较薄。

2. 转轴及驱动装置

转轴是用来固定盘片并带动其旋转的重要部件，一般采用实心钢轴或无缝钢管做材料,转轴的长度一般应控制在 0.5 ~ 7.0 m;过长则易于挠曲变形,加工同心度也较难,更换盘片工作量大;转轴的强度和刚度必须经过计算,否则盲目选材,易发生扭断或磨断。一般情况下,直径介于 50 ~ 80 mm。转轴中心至槽内水面的距离与转盘直径的比值在 0.05 ~ 0.15,一般取 0.06 ~ 0.1。

驱动装置主要设备有电动机和减速器,以及齿轮和链条传动装置。动力设备有电力机械传动、空气传动和水力传动。多轴多级生物转盘可分别由各自的驱动装置带动,也可以通过传动装置带动 3 ~ 4 级转盘转动。

转盘的转速直接影响处理效果,必须适度。转速过高对设备有磨损,并要保证足够的机械强度,耗电高,又因为转速过高,盘面产生的剪切力大,生物膜易剥落。因此,转盘转速以 0.8 ~ 3.0 r/min 为宜,外边缘线速度以 15 ~ 18 m/min 为宜。

3. 接触反应槽

接触反应槽又称氧化槽,一般用钢筋混凝土制成,也可用钢板或塑料板焊制。氧化槽为与盘片外形基本吻合的半圆形,各部分尺寸和长度应根据转盘的直径和轴长确定,盘片边缘与槽内面应留有不小于 150 mm 的间距。氧化槽底部设有排泥管和放空管,两侧的进出水设备多采用锯齿形溢流堰。多级生物转盘,氧化槽分为若干格,格与格之间设导流墙。

(三)生物转盘的特征

生物转盘作为污水处理反应器,具有以下特征:

(1)处理污水成本较低。

(2)接触反应时间短。

(3)生物相分级。

(4)产生的污泥量少。

(5)能够处理高浓度及低浓度的污水。

(6)具有除磷功能。

(7)易于维护管理。

(8)无不良气味。设计运行合理的生物转盘不生长滤池蝇,不产生恶臭和泡沫。

(9)由于没有曝气装置,噪声极低。

(四)生物转盘处理污水的流程

生物转盘处理污水的流程要根据污水的水质和处理后水质的要求确定。生物转盘处理系统基本工艺流程如图 8-55 所示。

根据转轴和盘片的布置形式,生物转盘可分为单轴单级、单轴多级和多轴多级,单轴多级(四级)生物转盘平面与剖面示意图见图 8-56,多轴多级(三级)生物转盘平面与剖面示意图见图 8-57。级数的多少主要根据污水性质、出水要求确定。

一般城市污水多采用四级转盘进行处理。应当注意,首级负荷高、供氧不足,应采取加大盘片面积、增加转速等措施来解决供氧不足的问题。

(五)生物转盘的计算与设计

生物转盘的计算与设计参见《给水排水设计手册》及有关规定。

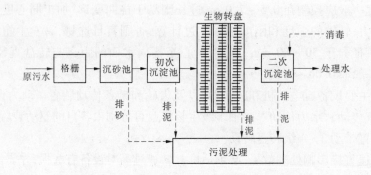

图 8-55　生物转盘处理系统基本工艺流程

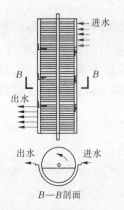

**图 8-56　单轴多级(四级)生物转盘
平面与剖面示意图**

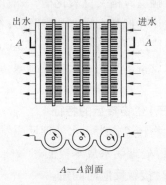

**图 8-57　多轴多级(三级)生物转盘
平面与剖面示意图**

(六)生物转盘处理技术的发展

为降低生物转盘处理技术的动力消耗、节省工程投资和提高处理设施的效率,近年来,生物转盘取得了一些新的进展。主要包括由空气驱动的生物转盘、与沉淀池合建的生物转盘和与曝气池组合的生物转盘等。

1. 由空气驱动的生物转盘

由空气驱动的生物转盘如图 8-58 所示,在盘片外缘周围设空气罩,在转盘下侧设曝气管,管上装有扩散器,空气从扩散器吹向空气罩,产生浮力,使转盘转动。它主要应用于城市污水的二级处理。

2. 与沉淀池合建的生物转盘

与沉淀池合建的生物转盘如图 8-59 所示,将平流沉淀池做成两层,上层设置生物转盘,下层是沉淀区。生物转盘用于初沉池可起生物处理作用,用于二沉池可进一步改善出水水质。

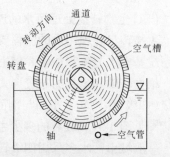

图 8-58　由空气驱动的生物转盘

3. 与曝气池组合的生物转盘

与曝气池组合的生物转盘如图 8-60 所示,在活性污泥曝气池中设生物转盘,以提高原有设备的处理效果和处理能力。

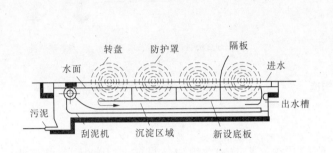

图 8-59　与沉淀池合建的生物转盘　　　　　图 8-60　与曝气池组合的生物转盘

三、生物接触氧化法

生物接触氧化法的反应器为接触氧化池,也称为淹没式生物滤池。生物接触氧化法就是在反应器中添加惰性填料,已经充氧的污水浸没并流经全部惰性填料,污水中的有机物与在填料上的生物膜充分接触,在生物膜上的微生物新陈代谢作用下,有机污染物质被去除。生物接触氧化法处理技术除上述的生物膜降解有机物机制外,还存在与曝气池相同的活性污泥降解机制,即向微生物提供所需氧气,并搅拌污水和污泥使之混合,因此这种技术相当于在曝气池内填充供微生物生长繁殖的栖息地——惰性填料,此方法又称为接触曝气法。

生物接触氧化法是一种活性污泥法与生物滤池两者结合的生物处理技术。因此,此方法兼具活性污泥法与生物膜法的特点。

(一)生物接触氧化法反应器的构造

生物接触氧化池主要由池体曝气装置、填料床及进出水系统组成,如图 8-61 所示。

池体的平面形状多采用圆形、方形或矩形,其结构由钢筋混凝土浇筑或用钢板焊制。池体的高度一般为 4.5~5.0 m,其中填料床高度为 3.0~3.5 m,底部布气高度为 0.6~0.7 m,顶部稳定水层为 0.5~0.6 m。填料是生物接触氧化池的重要组成部分,它直接影响污水的处理效果。由于填料是产生生物膜的固体介质,所以对填料的性能有如下要求:

(1)比表面积大、空隙率高、水流阻力小、流速均匀;

(2)表面粗糙、增加生物膜的附着性,并要求外观形状、尺寸均一;

(3)化学与生物稳定性较强,经久耐用,有一定的强度;

(4)要就近取材,降低造价,便于运输。

目前,生物接触氧化池中常用的填料有蜂窝状填料、波纹板状填料及软纤维填料等,如图 8-62 所示。

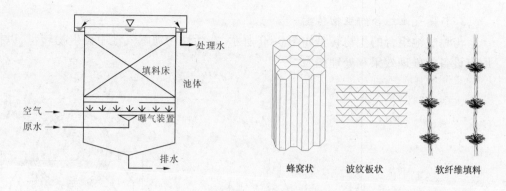

图 8-61　生物接触氧化池的构造　　　　图 8-62　生物接触氧化池内常用的填料

蜂窝状　　波纹板状　　软纤维填料

（二）曝气系统的组成

曝气系统由鼓风机、空气管路、阀门及空气扩散装置组成。目前,常用的曝气装置为穿孔管,孔眼直径为 5 mm,孔眼中心距为 10 cm 左右。布气管一般设在填料床下部,也可设在一侧。要求曝气装置布气均匀,并考虑到填料发生堵塞时能适当加大气量及提高冲洗能力。进水装置一般采用穿孔管进水,孔眼直径为 5 mm,间距为 20 cm 左右,水流出孔流速为 2 m/s。布水穿孔管可设在填料床的下部,也可设在填料床的上部,要求布水均匀。在填料床内,使污水、空气、微生物三者充分接触,以便生物降解。要考虑填料床发生填塞时,为冲洗填料加大进水量的可能。

（三）生物接触氧化池的形式

根据生物接触氧化池的进水与布气的形式不同,可将接触氧化池分为以下几种形式。

1. 表面曝气充氧式

如图 8-63 所示,生物接触氧化池与活性污泥法完全混合曝气池相类似。其池中心为曝气区,池上面安装表面机械曝气设备,污水从池底中心配入,中心曝气区的周围充满填料,称之为接触区。处理水自下向上呈上向流,处理水从池顶部出水堰流出,排出池外。

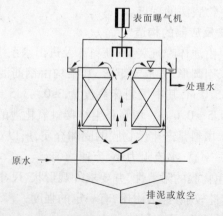

图 8-63　表面曝气充氧式生物接触氧化池的构造

2. 采用鼓风曝气、底部进水、底部进空气式

采用鼓风曝气、底部进水、底部进空气式生物接触氧化池如图 8-64 所示,处理水和空气均从池底部均匀布入填料床上,填料、污水在填料中产生上向流,填料表面的生物膜直接受水流和气流的冲击、搅拌,加快了生物膜的脱落与更新,使生物膜保持良好的活性,有利于水中有机污染物质的降解,同时上升流可以避免填料堵塞现象。此外,上升的气泡经填料床时被切割为更小的气泡,使得气泡与水的接触面积增加、氧的转移率增高。

3. 用鼓风曝气、空气管侧部进气、上部进水式

用鼓风曝气、空气管侧部进气、上部进水式生物接触氧化池如图 8-65 所示,填料设在池的一侧,另一侧通入空气为曝气区,原水先进入曝气区,经过曝气充氧后,缓缓流经填料区与填料表面的生物膜充分接触,污水反复在填料区和曝气区循环,处理水在曝气区排出池体。由于空气和污水没有直接冲击填料,填料表面的生物膜脱落和更新较慢,但经曝气区充氧的污水,以相对静态的形式流过填料区,有利于污水中有机污染物的氧化分解。

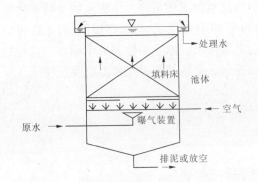

图 8-64　底部进水、进气式生物接触氧化池　　图 8-65　侧部进气、上部进水式生物接触氧化池

（四）生物接触氧化池的工艺流程

生物接触氧化池的工艺流程可分为一级处理流程（见图 8-66）、二级处理流程（见图 8-67）和多级处理流程。

1. 一级处理流程

由图 8-66 可以看出,原污水先经初次沉淀池处理后进入生物接触氧化池,经接触氧化后,水中的有机物被氧化分解,脱落或老化的生物膜与处理水进入二次沉淀池进行泥水分离,经沉淀后,沉泥排出处理系统,二沉池沉淀后的水作为处理水排放。

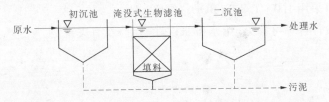

图 8-66　生物接触氧化技术一级处理流程

2. 二级处理流程

在二级处理流程中,两段接触氧化池串联运行,两个氧化反应池中间的沉淀池可以

设,也可以不设。在一段接触氧化池内有机污染物与微生物比值较高,即 $F/M > 2.2$,微生物处于对数增殖期,BOD 负荷率高,有机物去除较快,同时生物膜增长亦较快。在后段接触氧化池内 F/M 一般为 0.5 左右,微生物处于减速增殖期或内源呼吸期,BOD 负荷低,处理水水质提高。

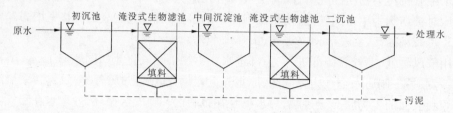

图 8-67　生物接触氧化技术二级处理流程

3. 多级处理流程

多级处理流程是连续串联 3 座或多座接触氧化池组成的系统。多级生物接触氧化池各池内的有机污染物的浓度差异较大,前级池内的 BOD 浓度高,后级则很低,因此在每个池内的微生物相有很大不同,前级以细菌为主,后级可出现原生动物或后生动物。这对处理效果有利,处理水水质非常稳定。另外,多级接触氧化池具有硝化和生物脱氮功能。

四、生物接触氧化池的设计与计算

生物接触氧化池设计应遵循以下原则:

(1)按平均污水量进行计算。

(2)池一般不应少于两座,并按同时工作考虑。

(3)填料层高度一般取 3.0 m,当采用蜂窝填料时,应分层装填,每层高 1.0 m,蜂窝内孔径不宜小于 25 mm。

(4)池中污水的溶解氧含量一般应维持在 2.5～3.5 mg/L,通常根据试验结果以气水比确定供气量。在处理城市污水时,气水比为(3～5):1;在处理一般工业废水时,气水比为(15～20):1。

(5)为了保证布气、布水均匀,每单元池面积一般不宜大于 25 m²。

(6)污水在池内的接触时间不得少于 2 h。

(7)设计时采用的 BOD 负荷率最好通过试验确定,也可审慎地采用经验数据。一般处理城市污水可采用 1.0～1.8 kg BOD$_5$/(m³·d)。

氧化池的设计计算可参见《给水排水设计手册》及有关规定。

第九章　其他生化处理法

第一节　厌氧生物处理的机制和影响因素

活性污泥法与生物膜法是在有氧条件下,由好氧微生物降解污水中的有机物,最终产物是水和二氧化碳,它们作为无害化和高效化的方法被推广应用。但当污水中有机物含量很高时,特别是对于有机物含量大大超过生活污水的工业废水,采用好氧法就显得能耗太多,很不经济了。因此,对于高浓度有机废水一般采用厌氧消化法,即在无氧的条件下,由兼性菌及专性厌氧细菌降解有机物,最终产物是二氧化碳和甲烷气体。厌氧生物处理具有高效、低耗的特点,因此比好氧生物处理技术更具优越性。

近年来,厌氧过程反应机制和新型高效厌氧反应技术的研究都取得重要进展,厌氧生物处理技术不仅用于处理有机污泥、高浓度有机废水,而且还能有效地处理诸如城市污水这样的低浓度污水,具有十分广阔的发展前景,在废水生物处理领域发挥着越来越大的作用。

一、厌氧生物处理的机制

废水的厌氧生物处理也称厌氧消化,是指在无分子氧条件下,通过厌氧微生物(包括兼性厌氧微生物)的新陈代谢作用,将污水中各种复杂的有机物分解转化为小分子物质(主要是 CH_4、CO_2、H_2S 等)的处理过程。厌氧消化涉及众多的微生物种群,并且各种微生物种群都有相应的营养物质和各自的代谢产物。各种微生物种群通过直接或间接的营养关系,组成了一个复杂的共生系统。

(一)两阶段厌氧消化理论

由于厌氧反应是一个极其复杂的过程,从 20 世纪 30 年代开始,有机物的厌氧消化过程被认为是由不产甲烷的发酵细菌和产甲烷的产甲烷细菌共同作用的两阶段厌氧消化过程,如图 9-1 所示。

第一阶段常被称作酸性发酵阶段,即由发酵细菌把复杂的有机物水解和发酵(酸化)成低分子中间产物,如形成脂肪酸(挥发酸)、醇类、CO_2 和 H_2 等;因为在该阶段有大量脂肪酸产生,使发酵液的 pH 降低,所以此阶段被称为酸性发酵阶段或产酸阶段。第二阶段常被称作碱性或甲烷发酵阶段,是由产甲烷菌将第一阶段的一些发酵产物进一步转化为 CH_4 和 CO_2 的过程。由于有机酸在第二阶段不断被转化为 CH_4 和 CO_2,同时系统中有 NH_4^+ 的存在,使发酵液的 pH 不断上升,所以此阶段被称为碱性发酵阶段或产甲烷阶段。

两阶段理论简要地描述了厌氧生物处理过程,但没有全面反映厌氧消化的本质。研究表明,产甲烷菌能利用甲酸、乙酸、甲醇、甲基胺类和 H_2/CO_2,但不能利用两个碳以上的脂肪酸和除甲醇外的醇类产生甲烷,因此两阶段理论难以确切地解释这些脂肪酸或醇类

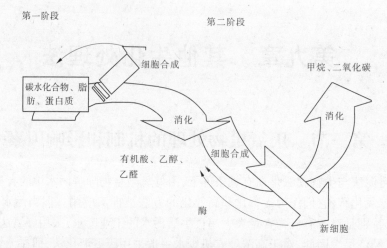

第一阶段　　　　　　　　　　　　第二阶段

图 9-1　两阶段厌氧消化过程示意图

是如何转化为 CH_4 和 CO_2 的。

（二）三阶段厌氧消化理论

随着对厌氧消化微生物研究的不断深入,厌氧消化中不产甲烷菌和产甲烷菌之间的相互关系更加明确。1979 年,布莱恩特（Bryant）等人根据微生物的生理种群,提出的厌氧消化三阶段理论,是当前较为公认的理论模式。该理论认为产甲烷菌不能利用除乙酸、H_2/CO_2 和甲醇等外的有机酸和醇类,长链脂肪酸和醇类必须经过产氢产乙酸菌转化为乙酸、H_2 和 CO_2 等后,才能被产甲烷菌利用。三阶段厌氧消化过程示意图如图 9-2 所示。

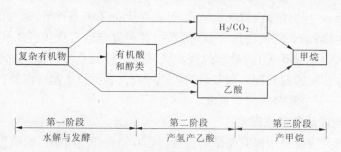

图 9-2　三阶段厌氧消化过程示意图

三阶段理论如下:

第一阶段为水解与发酵阶段。在该阶段,复杂的有机物在厌氧菌胞外酶的作用下,首先被分解成简单的有机物,如纤维素经水解转化成较简单的糖类,蛋白质转化成较简单的氨基酸,脂类转化成脂肪酸和甘油等。继而这些简单的有机物在产酸菌的作用下经过厌氧发酵和氧化转化成乙酸、丙酸、丁酸等脂肪酸和醇类等。参与这个阶段的水解发酵菌主要是专性厌氧菌和兼性厌氧菌。

第二阶段为产氢产乙酸阶段。在该阶段,产氢产乙酸菌把除乙酸、甲烷、甲醇外的第一阶段产生的中间产物,如丙酸、丁酸等脂肪酸和醇类等转化成乙酸和氢,并有 CO_2 产生。

第三阶段为产甲烷阶段。在该阶段，产甲烷菌把第一阶段和第二阶段产生的乙酸、H_2 和 CO_2 等转化为甲烷。

产酸菌有兼性的，也有厌氧的，而产甲烷菌则是严格的厌氧菌。产甲烷菌对环境的变化，如 pH、重金属离子、温度等的变化，较产酸菌敏感得多，细胞的增殖和产 CH_4 的速度都慢得多。因此，厌氧反应的控制阶段是产甲烷阶段，产甲烷阶段的反应速度和条件决定了厌氧反应的速度和条件。实质上，厌氧反应的控制条件和影响因素就是产甲烷阶段的控制条件和影响因素。

二、厌氧生物处理的影响因素

在工程技术上，研究产甲烷菌的通性是重要的，这将有助于打破厌氧生物处理过程分阶段的现象，从而最大限度地缩短处理过程的历时。因此，厌氧反应的各项影响因素也以对产甲烷菌的影响因素为准。

(一)温度

从液温看，消化可在中温(35~38 ℃)下进行(称中温消化)，也可在高温(52~55 ℃)下进行(称高温消化)。中温消化的时间(产气量达到总量的 90% 所需的时间)约为 20 d，高温消化的时间约为 10 d。因中温消化的温度与人体温度接近，故对寄生虫卵及大肠菌的杀灭率较低，高温消化对寄生虫卵的杀灭率可达 99%，但高温消化需要的热量比中温消化要高很多。

(二)pH

产甲烷菌适宜的 pH 应在 6.8~7.2。污水和泥液中的碱度有缓冲作用，如果有足够的碱度中和有机酸，其 pH 有可能维持在 6.8 以上，产酸菌和产甲烷菌两大类细菌就有可能共存，从而消除分阶段现象。此外，消化池池液的充分混合，对调整 pH 也是必要的。

(三)厌氧活性污泥

厌氧活性污泥主要由厌氧微生物及其代谢的产物和吸附的有机物、无机物组成。厌氧活性污泥的浓度和性能与厌氧消化的效率有密切的关系。性状良好的污泥是厌氧消化效率的基础保证。厌氧活性污泥的性质主要表现为它的作用效能与沉淀性能，前者主要取决于污泥中活微生物的比例及其对底物的适应性。活性污泥的沉淀性能是指污泥混合液在静止状态下的沉降速度，它与污泥的凝聚性有关，与好氧处理一样，厌氧活性污泥的沉淀性也用 *SVI* 衡量。研究发现，在上流式厌氧污泥床反应器中，当活性污泥的 *SVI* 为 15~20 时，污泥具有良好的沉淀性能。

厌氧处理时，污水中的有机物主要靠活性污泥中的微生物分解去除，故在一定的范围内，活性污泥浓度愈高，厌氧消化的效率也愈高。但至一定程度后，效率的提高不再明显。这主要是因为：

(1)厌氧污泥的生长率低、增长速度慢，积累时间过长后，污泥中无机成分比例增高，活性降低；

(2)污泥浓度过高时，易引起堵塞，从而影响正常运行。

(四)基质微生物比(COD/VSS)

与好氧生物处理相似，厌氧生物处理过程中的基质微生物比对其进程影响很大，在实用中常以有机负荷（COD/VSS）表示，单位为 kg/(kg·d)。

在有机负荷、处理程度和产气量三者之间，存在着平衡关系。一般来说，较高的有机负荷可获得较大的产气量，但处理程度会降低。由于厌氧消化过程中产酸阶段的反应速率比产甲烷阶段的反应速率高得多，必须十分谨慎地选择有机负荷，使挥发酸的生成及消耗不致失调，形成挥发酸的积累。为保持系统的平衡，有机负荷的绝对值不宜太高。随着反应器中生物量（厌氧污泥浓度）的增加，有可能在保持相对较低污泥负荷的条件下得到较高的容积负荷，这样，能够在满足一定处理程度的同时，缩短消化时间，减少反应器容积。总的来说，厌氧生物处理 COD 容积负荷率可以达到 5~10 kg/(m³·d)，有的甚至高达 50 kg/(m³·d)。

（五）搅拌与混合

厌氧消化是由细菌体的内酶和外酶与底物进行的接触反应，因此必须使两者充分混合。搅拌的方法一般有水射器搅拌法、消化气循环搅拌法和混合搅拌法。

（六）基质的营养比例

为了满足厌氧发酵微生物的营养要求，需要一定的营养物质，在工程中主要是控制进入厌氧反应器污水的碳、氮、磷的比例。一般来说，处理含天然有机物的污水时不用调节，在处理化工废水时特别要注意使反应器进水中的碳、氮、磷保持一定的比例。

碳、氮、磷这三种主要营养元素之间的比例，不论是好氧反应还是厌氧反应，氮与磷的比值都是很好确定的，即 N:P=5:1，但碳源与它们的比值则差异很大。一方面，厌氧反应与好氧反应之间存在差异，好氧反应的细胞合成率高，而厌氧反应的细胞合成率低，因此厌氧反应中所需的碳源就会高很多；另一方面，不同性质的污水中所含的碳的可生物利用性不同，因此不同性质的污水要求碳的比值不同。

大量试验表明，厌氧处理的碳:氮:磷宜控制在（200~300）:5:1（其中碳以 COD 表示，氮、磷以元素含量计）。在装置启动时，稍微增加氮素，有利于微生物的增殖，提高反应器的缓冲能力。

（七）有毒物质

与其他生物系统一样，厌氧处理系统也应当避免有毒物质的进入。一些含有特殊基团或者活性键的化合物对某些未经驯化的微生物常常是有毒的，但这些有毒的有机化合物本身也是可以被厌氧生物降解的，如三氯甲烷、三氯乙烯等。由于微生物对各种基质的适应能力是有一定限度的，一些化学物质超过一定浓度，就会对厌氧发酵产生抑制作用，甚至完全破坏厌氧过程。

1. 金属元素的影响

金属元素对产甲烷菌的影响按 $Cr > Cu > Zn > Cd > Ni$ 的顺序减小，也有资料介绍其顺序为 $Zn > Cu > Cd > Cr^{6+} > Cr^{3+} > Fe$。适量的碱金属和碱土金属有助于厌氧微生物的生命活动，可刺激微生物的活性。但含量过多，则会抑制微生物的生长。

重金属对细菌的毒害主要由溶解成离子状态的重金属所致。此外，可溶性重金属与硫化物结合形成不溶性盐类，对微生物无毒害影响。因此，重金属即使浓度很高，如同时存在与其结合的硫化物，也不致产生抑制作用。

2. 氨氮的影响

氨氮浓度为 50～200 mg/L 时,对厌氧反应器中的微生物有刺激作用;而氨氮浓度为 1 500～3 000 mg/L 时,则有明显的抑制作用。需要注意的是,反应器内的 pH 决定了水中氨和铵离子间的分配比例。当 pH 较高时,对产甲烷菌有毒性的游离氨的比例也会相应提高。

上述因素的影响和调控是厌氧生物处理技术中需要考虑的共性问题。同时,还必须关注不同处理工艺中的特殊因素。如在利用两相厌氧工艺的产酸相反应器处理硫酸盐废水时,硫酸盐转化为硫化物是生成碱度的反应,必然会使系统的碱度值与一般厌氧工艺有所区别,必须单独加以考察和分析。

第二节　厌氧生物处理工艺

厌氧生物处理法最早用于处理城市污水处理厂的沉淀污泥,即污泥消化,后来用于处理高浓度有机废水,采用的是普通厌氧生物处理法。普通厌氧生物处理法的主要缺点是水力停留时间长,污泥中温消化时,一般需 20～30 d。因为水力停留时间长,所以消化池的容积大,基本建设费用和运行管理费用都较高,这个缺点长期限制了厌氧生物处理法在各种有机废水处理中的应用。

20 世纪 60 年代以后,由于能源危机,能源价格猛涨,厌氧发酵技术日益受到人们的重视,人们对这一技术在废水领域的应用开展了广泛、深入的科学研究工作,开发了一系列高效率的厌氧生物处理工艺,这些新型高效厌氧反应器工艺与传统消化池有一个共同的特点:提高了厌氧反应负荷和处理效率,延长了污泥停留时间,提高了污泥浓度,改善了反应器内的流态。污泥停留时间的延长与污泥浓度的提高使厌氧生物处理系统更具有稳定性,有效增强了对不良因素(例如有毒物质)的适应性,因此几十年来,厌氧生物处理技术得以很快推广,成为水处理领域里一项有效的新技术。如厌氧接触法工艺、升流式厌氧污泥床(UASB)工艺、厌氧流化床(AFB)工艺、厌氧膨胀床(EGSB)工艺、厌氧生物滤池(AF)工艺、厌氧生物转盘等。

一、厌氧接触法工艺

对于悬浮固体浓度较高的有机污水,可以采用厌氧接触法,其流程见图 9-3。污水先进入混合接触池(消化池)与回流的厌氧污泥相混合,然后经真空脱气器流入沉淀池。接触池中的污泥浓度要求很高,在 12 000～15 000 mg/L,因此污泥回流量很大,一般是污水流量的 2～3 倍。

厌氧接触法实质上是厌氧活性污泥法,不需要曝气,而需要脱气。厌氧接触法对悬浮固体浓度高的有机污水(如肉类加工污水等)效果很好,悬浮颗粒成为微生物的载体,并且很容易在沉淀池中沉淀。在混合接触池中,要进行适当搅拌以使污泥保持悬浮状态。搅拌可以用机械方法,也可以用泵循环池水。据报道,肉类加工污水(BOD$_5$ 为 1 000～1 800 mg/L)在中温消化时,经过 6～12 h(以污水入流量计)的厌氧接触消化,BOD$_5$ 去除率可达 90% 以上。

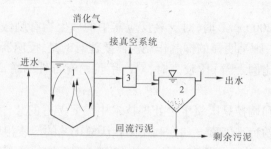

1—混合接触池;2—沉淀池;3—真空脱气器
图9-3　厌氧接触法工艺流程

厌氧接触法的特点如下:

(1)通过污泥回流(回流量一般为污水量的2~3倍),可以使消化池内保持较高的污泥浓度,一般可达10~15 g/L,因此该工艺耐冲击能力较强。

(2)消化池的容积负荷较普通消化池高,中温消化时,一般为2~10 kg COD/(m³·d),但不宜过高,在高的污泥负荷下,厌氧接触工艺也会产生类似好氧活性污泥法的污泥膨胀问题,一般认为接触反应器中的污泥容积指数(*SVI*)应为3.50~150。

(3)水力停留时间比普通消化池大大缩短,如常温下,普通消化池为15~30 d,而接触法小于10 d。

(4)该工艺不仅可以处理溶解性有机污水,而且可以用于处理悬浮物浓度较高的有机污水,但不宜过高,否则将使污泥的分离发生困难。

(5)混合液经沉淀后,出水水质好,但需增加沉淀池、污泥回流和脱气等设备,厌氧接触法还存在混合液难以在沉淀池中进行固液分离的缺点。

二、升流式厌氧污泥床(UASB)工艺

UASB工艺是由荷兰人在20世纪70年代开发的,他们在研究用升流式厌氧滤池处理马铃薯加工废水和甲醇废水时取消了池内的全部填料,并在池子的上部设置了气、液、固三相分离器,于是一种结构简单、处理效能很高的新型厌氧反应器便诞生了。UASB反应器一出现就获得广泛的关注与认可,并在世界范围内得到广泛的应用。到目前为止,UASB反应器是最为成功的厌氧生物处理装置。UASB反应器与其他厌氧生物处理装置的不同之处在于:

(1)废水由下向上流过反应器;

(2)污泥无需特殊的搅拌设备;

(3)反应器顶部有特殊的三相分离器。

UASB反应器突出的优点是处理能力大、处理效率高、运行性能稳定。

(一)UASB反应器的工作原理

图9-4是UASB反应器工作原理示意,污水尽可能均匀地引入反应器的底部,污水向上通过包含颗粒污泥或絮凝污泥床。厌氧反应发生在污水与污泥颗粒的接触过程,在厌氧状态下产生的沼气(主要是甲烷和二氧化碳)引起内部循环,这对颗粒污泥的形成和维

持有利。在污泥层形成的一些气体附着在污泥颗粒上，附着和没有附着的气体向反应器顶部上升，上升到表面的颗粒碰击气体发射板的底部，引起附着气泡的污泥絮体脱气。由于气泡释放，污泥颗粒将沉淀到污泥床的表面。附着和没有附着的气体被收集到反应器顶部的集气室。置于集气室单元缝隙之下的挡板的作用是气体反射器和防止沼气气泡进入沉淀区，否则将引起沉淀区的紊动，会阻碍颗粒沉淀，包含一些剩余固体和污泥颗粒的液体经过三相分离器缝隙进入沉淀区。

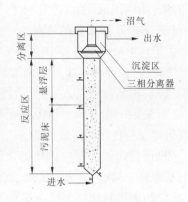

图9-4　UASB反应器工作原理示意

由于三相分离器的斜壁沉淀区的过流面积在接近水面时增加，因此上升流速在接近排放点时降低。由于流速降低，污泥絮体在沉淀区可以絮凝和沉淀。积累在相分离器上的污泥絮体在一定程度将超过其保留在斜壁上的摩擦力，其将滑回反应区，这部分污泥又可与进水有机物发生反应。

UASB系统的原理是在形成沉降性能良好的污泥絮凝体的基础上，并结合在反应器内设置污泥沉淀系统，使气相、液相和固相三相得到分离。形成和保持沉淀性能良好的污泥(可以是絮状污泥或颗粒污泥)是UASB系统良好运行的根本点。

（二）UASB反应器的构造

UASB反应器主要由下列几部分构成：

（1）进水配水系统。进水配水系统主要是将废水尽可能均匀地分配到整个反应器，并具有一定的水力搅拌功能。它是反应器高效运行的关键之一。

（2）反应区。反应区包括污泥床区和污泥悬浮层区，有机物主要在这里被厌氧菌分解，是反应器的主要部位。污泥床主要由沉降性能良好的厌氧污泥组成，SS质量浓度可达$50 \sim 100$ g/L或更高。污泥悬浮层主要靠反应过程中产生的气体的上升搅拌作用形成，污泥质量浓度较低，SS质量浓度一般为$5 \sim 40$ g/L。

（3）三相分离器。由沉淀区、回流缝和气封组成，其功能是把沼气、污泥和液体分开。污泥经沉淀区沉淀后由回流缝回流到反应区，沼气分离后进入气室。三相分离器的分离效果将直接影响UASB反应器的处理效果。

（4）出水系统。出水系统的作用是把沉淀区表层处理过的水均匀地加以收集，排出反应器。

（5）气室。气室也称集气罩，作用是收集沼气。

（6）浮渣清除系统。浮渣清除系统的功能是清除沉淀区液面和气室表面的浮渣。如浮渣不多可省略。

（7）排泥系统。排泥系统的功能是均匀地排除反应区的剩余污泥。

在UASB反应器中，最重要的设备是三相分离器，这一设备安装在反应器的顶部并将反应器分为下部的反应区和上部的沉淀区。为了在沉淀区中取得对上升流中污泥絮体或颗粒满意的沉淀效果，三相分离器的一个主要目的就是尽可能有效地分离从污泥床中产生的沼气，特别是在高负荷的情况下。集气室下面反射板的作用是防止沼气通过集气室之间的缝隙逸出沉淀室,还有利于减少反应室内高产气量所造成的液体紊动。

(三)UASB反应器的特点

由于在UASB反应器中能够培养得到一种具有良好沉降性能和高比产甲烷活性的颗粒厌氧污泥,因而相对于其他同类装置,UASB反应器具有一定的优势。其突出特点为:

(1)有机负荷较高,水力负荷能满足要求。

(2)提供一个有利于污泥絮凝和颗粒化的物理条件,并通过工艺条件的合理控制,使厌氧污泥保持良好的沉淀性能。

(3)通过污泥的颗粒化和流化作用,形成一个相对稳定的厌氧微生物生态环境,并使其与基质充分接触,最大限度地发挥生物的转化能力。

(4)污泥颗粒化后使反应器对不利条件的抗性增强。

(5)用于将污泥或流出液人工回流的机械搅拌一般维持在最低限度,甚至可完全取消,尤其是UASB反应器,由于颗粒污泥的密度比人工载体小,在一定的水力负荷下,可以靠反应器内产生的气体来实现污泥与基质的充分接触。因此,UASB可省去搅拌和回流污泥所需的设备和能耗。

(6)在反应器上部设置的三相分离器,使消化液挟带的污泥能自动返回反应区内,对沉降良好的污泥或颗粒污泥避免了附设沉淀分离装置、辅助脱气装置和回流污泥设备,简化了工艺,节约了投资和运行费用。

(7)在反应器内不需投加填料和载体,提高了容积利用率,避免了堵塞问题。

正因如此,UASB反应器已成为第二代厌氧生物处理反应器中发展最为迅速、应用最为广泛的装置。目前UASB反应器不仅用于处理高、中等浓度的有机废水,而且开始用于处理诸如城市污水这样的低浓度污水。但大量工程应用显示,以UASB为代表的第二代厌氧生物处理反应器还存在一些不足,当反应器布水系统等已经确定后,如果在低温条件下运行,或在启动初期(只能在低负荷下运行),或处理较低浓度有机废水,由于不可能产生大量沼气的较强扰动,反应器中混合效果较差,从而出现短流。如果提高反应器的水力负荷来改善混合状况,则会出现污泥流失等现象。

三、两相厌氧生物处理技术

厌氧生物处理也称厌氧消化,前已述及,其分为三个阶段,即水解与发酵阶段、产氢产乙酸阶段及产甲烷阶段。各阶段的菌种、消化速度、对环境的要求、分解过程及消化产物等都不相同,给运行管理造成了诸多不便。因此,近年来研究采用两相消化法,即根据消化机制,把第一、第二阶段与第三阶段分别放在两个消化池中进行,使各自都在最佳环境条件中进行消化,各相消化池具有更适合于消化过程三个阶段各自的菌种群生长繁殖的环境。

以两相厌氧消化为例,两相消化中第一相消化池容积的设计:投配率采用100%,即停留时间为1 d;第二相消化池容积的设计:投配率采用15%~17%,即停留时间为6~6.5 d。池型与构造完全同第一阶段,第二相消化池有加温、搅拌设备及集气装置,消化池的容积产气量为$1.0 \sim 1.3 \ m^3/m^3$,每去除1 kg有机物的产气量为$0.9 \sim 1.1 \ m^3/kg$。

两相消化池具有池容积小、加温与搅拌能耗少、运行管理方便及消化更彻底的特点。

(一)两相厌氧生物处理法的工艺流程

两相厌氧生物处理法工艺流程如图9-5所示。

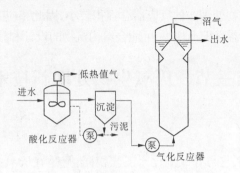

图9-5　两相厌氧生物处理法工艺流程

1. 酸化反应器

酸化反应器是有机物的水解、酸化部分,一般采用完全混合方式厌氧(或缺氧)反应器。这样不仅可使物料在反应器中均匀分布,而且即使进水中含一定量的悬浮固体时,也不至于影响反应器的正常运行。反应器出水经沉淀进行固液分离后,部分污泥回流至酸化罐,以保持罐中有一定的污泥浓度,剩余污泥排放。上清液由沉淀池上部流出,作为下一步反应器(气化罐)的进水。

2. 气化反应器

气化反应器是有机物经水解、酸化后,继续分解产气(沼气)的部分,一般采用升流式厌氧污泥床作为厌氧过滤床、膨胀床等。在这里,产甲烷菌利用有机物的酸化产物(低分子有机酸和醇类)为养料进行发酵产气,故称这一部分的反应器为气化反应器或甲烷反应器。在反应过程中产生的沼气,自气化罐顶部收集后引出利用。

(二)两相厌氧生物处理法的工艺特点

在两相厌氧生物处理法中,有机物的酸化和气化是分别在两个独立的反应器中进行的,该工艺的特点如下:

(1)可提供产酸菌和产甲烷菌各自最佳的生长条件,并获得各自较高的反应速率以及良好的反应器运行情况。

(2)当进水有机物负荷变化时,由于酸化罐存在的缓冲作用,对后续气化罐的运行影响不致过大。或者说,两相厌氧生物处理法具有一定的耐冲击负荷能力,运行稳定。

(3)两相厌氧生物处理法系统的总有机负荷率较高,致使反应器的总容积比较小。如在酸化反应器中,反应过程快,水力停留时间短,有机负荷率高。一般反应在30～35℃情况下,水力停留时间为10～24 h,有机负荷率为25～60 kg COD/(m³·d)(相当于厌氧产气反应器的3～4倍)。因此,有机物在酸化过程中所需的反应器容积是相当小的。而且,经过酸化过程后,废水的COD一般可被去除20%～25%,进入气化罐的有机物负荷量就可减少,相应地,所需的容积亦随之减少。

(4)采用两相厌氧生物处理法后,进入气化罐的废水水质情况有所改善,如有机物酸化降解为低分子有机酸,水中所含悬浮固体减少较多,使得气化罐运行条件良好。在这种情况下,反应器的 COD 去除率及产气率有所提高。一般在 30 ~ 35 ℃发酵情况下,COD 总去除可达 90%左右,总产气率达 3 m³/(m³·d)左右。

(5)由于两相厌氧生物处理法的反应器总容积较小,因此相应基本费用降低。不过,由于两相(酸化、气化)反应器容积不相等,可能会给构筑物的设计和施工带来一定的困难。

第三节　厌氧生物处理新技术

一、厌氧流化床

厌氧流化床(AFB)工艺与好氧流化床工艺相同,只是在厌氧条件下运行。这种工艺是借鉴流化态技术的一种生物反应装置。它以小粒径载体充满床体内作为流化粒子,污水作为流化介质。当污水从床体底部采用一定范围较高的上流速度通过床体时,载体粒子表面长满厌氧生物膜并不断上、下流动,形成流态化。厌氧流化床反应器由于使用较小的微粒,因此形成比表面积很大的生物膜,生物浓度高,流态化又充分改善了有机质向生物膜传递的传质速率,还克服了厌氧滤器中可能出现的短路和堵塞。为维持较高的上流速度,流化床反应器高度与直径的比例大于其他同类的反应器,同时它采用较大的回流比(即出水回流量与原废水进液量之比)。与好氧流化床相比,厌氧流化床不需设充氧设备。滤床一般多采用粒径为 0.2 ~ 1.0 mm 的细颗粒填料,如石英砂、无烟煤、活性炭、陶粒和沸石等,流化床密封并设有沼气收集装置,见图 9-6。该工艺可用来处理 COD 较高的工业生产有机废水,如酵母发酵废水、土霉素废水、豆制品废水、啤酒糖化废水、啤酒废水和屠宰废水等。由于填料处于流化状态,整个滤床的填料紊动、混合条件良好,床内生物膜微生物浓度可达 20 ~ 30 kg VSS/m³;基质与微生物的接触亦相当充分,致使单位容积滤床可承受较大的负荷。一般来说,在中温发酵条件下厌氧流化床的有机负荷率可达 10 ~ 40 kg COD/(m³·d)。

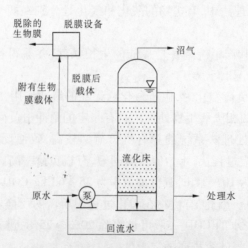

图 9-6　厌氧流化床示意

该工艺控制较困难,管理较复杂,技术要求较高,投资和运行成本高,而且一些流化床反应器还需要一个单独的预酸化反应器,这使其造价更高,因而尚未普遍推广。

二、厌氧膨胀床

(一)膨胀颗粒污泥床

膨胀颗粒污泥床(EGSB)是在 UASB 反应器的基础上于 20 世纪 80 年代后期在荷兰农业大学环境系开始研究的一种新的厌氧反应器。EGSB 反应器与 UASB 反应器的结构非常相似,所不同的是,在 EGSB 反应器中采用高达 2.5 ~ 6 m/h 的上流速度,这远远大于 UASB 反应器采用的 0.5 ~ 2.5 m/h 的上流速度。因此,在 EGSB 反应器中颗粒污泥床处于部分或全部"膨胀化"的状态,即污泥床的体积由于颗粒之间平均距离的增加而扩大。为了提高上流速度,EGSB 反应器采用较大的高度与直径比和大的回流比。在高的上流速度和产气的搅拌作用下,废水与颗粒污泥间的接触更充分,可允许废水在反应器中有很短的水力停留时间,因此 EGSB 可处理较低浓度的有机废水。一般认为,UASB 反应器更宜于处理浓度高于 1 500 mg COD/L 的废水,而 EGSB 在处理低于 1 500 mg COD/L 的废水时仍有很高的负荷和去除率。

EGSB 反应器也可以看作是对流化床反应器的一种改良,区别在于 EGSB 反应器不使用任何惰性的填料作为细菌的载体,细菌在 EGSB 中的滞留依赖于细菌本身形成的颗粒污泥;EGSB 反应器的上流速度小于流化床反应器,其中的颗粒污泥并未达到流态化的状态,只是有不同程度的膨胀而已,如图 9-7 所示。

(二)厌氧生物膜膨胀床

厌氧生物膜膨胀床是为优化污水处理甲烷发酵工艺于 1974 年研究和开发出来的。与生物流化床相似,厌氧生物膜膨胀床亦是在床内填充细小的固体颗粒作为微生物附着生长的载体,但污水从床底部流入时仅使填料层膨胀而非流化,一般其膨胀率仅为10% ~ 20%,此时,颗粒间仍保持互相接触。膨胀床的床体多为圆柱形结构,由钢

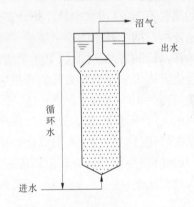

图 9-7 膨胀颗粒污泥床(EGSB)反应器

板或树脂强化玻璃辅以聚氯乙烯衬里而制成。载体多采用细小的固体颗粒填料,如石英砂、无烟煤、活性炭、陶粒和沸石等,其粒径一般介于 0.2 ~ 1.0 mm。当有厌氧菌形成的生物膜附着在载体上时,生物膜载体颗粒的粒径稍稍增大,一般为 0.3 ~ 3.0 mm。在污水处理的过程中,尽管污水以上升流的形式垂直流动而使载体颗粒膨胀,但床内每个载体颗粒仍保持在与其他颗粒邻近的位置上,而非像流化床内的载体那样无规则地自由流化。厌氧生物膜膨胀床单位反应器容积内微生物浓度一般可达 30 g/L,因而可承受的有机负荷达到 10 ~ 40 kg COD/(m³ · d);载体处于膨胀状态能防止滤床堵塞;床内微生物固体停留时间较长,从而可减少剩余污泥量。厌氧生物膜膨胀床工艺同膨胀颗粒污泥床工艺相似。

三、厌氧滤池

厌氧滤池(AF)是一种内部填充有微生物载体的厌氧生物反应器。厌氧微生物一部

分附着生长在填料上,形成厌氧生物膜,另一部分在填料空隙间处于悬浮状态,一般认为,厌氧滤池是在 McMcarty 和 Couler 等工作的基础上,由 Young 和 McMcarty 于 1969 年开发的厌氧工艺。厌氧滤池是在反应器内充填各种类型的固体填料,如炉渣、瓷环、塑料等来处理有机废水,污水在流动过程中保持与生长着厌氧细菌的填料相接触,细菌生长在填料上,不随出水流失,可以在较短的水力停留时间下取得较长的污泥龄,平均细胞停留时间可以长达 100 d 以上,厌氧滤池的优点如下:

(1)生物固体浓度高,因此可以获得较高的有机负荷;

(2)微生物固体停留时间长,因此可以缩短水力停留时间,耐冲击负荷能力也较强;

(3)启动时间短,停止运行后再启动比较容易;

(4)不需污泥回流,运行管理方便。

厌氧滤池在处理溶解性废水时,COD 负荷可高达 5 ~ 15 kg/(m³·d),是公认的早期高效厌氧生物反应器,作为高速厌氧反应器,其地位的确立在于它采用了生物固定化技术,使污泥在反应器的停留时间极大地延长。数十年来,经过众多研究者的努力,厌氧滤池已成为一种重要的生物处理工艺,在美国、加拿大等国已被广泛应用于处理不同类型的工业废水,最大的厌氧生物滤池容积达 12 500 m³。

厌氧滤池的缺点是载体相当昂贵,据估计,载体的价格与构筑物建筑价格相当;如采用的填料不当,在污水中悬浮物较多的情况下容易发生短路和堵塞,这是厌氧滤池工艺不能迅速推广的主要原因。

按水流的方向不同,厌氧生物滤池可分为两种主要形式,见图 9-8。废水向上流动通过反应器的厌氧滤池称为升流式厌氧滤池(AF),当有机物浓度和性质适宜时采用的有机负荷可高达 10 ~ 20 kg/(m³·d)。另外,还有降流式厌氧滤池,叫降流式厌氧固定膜反应器(DSFF)。不管采用什么形式,系统中的填料都是固定的,废水进入反应器内,逐渐被细菌水解酸化,转变为乙酸,最终被产甲烷菌矿化为 CH_4,废水组成随反应器高度不同而变化。因此,微生物种群分布也相应地发生着规律性的变化。在废水入口处,产酸菌和发酵菌占较大比例;随着水的流动,产乙酸菌和产甲烷菌逐渐增多并占居主导地位。

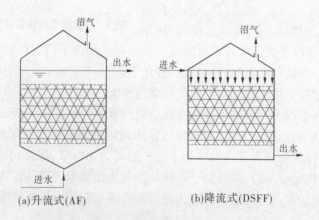

图 9-8　厌氧生物滤池的两种形式

升流式、降流式厌氧生物滤池的主要不同点是其内部液体的流动方向不同,在 AF

中,水从反应器底部进入,而在 DSFF 中,水从反应器顶部进入,两种反应器均可用于处理不同浓度的废水;DSFF 由于使用了竖直排放的填料,其间距宽,因此能处理浓度相当高的悬浮性固体,而 AF 则不能。另外,在 DSFF 反应器中,菌胶团以生物膜的形式附着在填料上,而在 AF 中,菌胶团截留在填料上,特别是复合厌氧床反应器,即在厌氧滤池内有两种方式的生物量,一是固定在填料表面的生物膜,二是在反应器空间内形成的悬浮细菌聚集体。

四、厌氧生物转盘

厌氧生物转盘在构造上类似于好氧生物转盘,主要由盘片、传动轴与驱动装置、反应槽等部分组成。在结构上,在一根水平轴上装一系列圆盘,若干圆盘为一组,称为一级。厌氧微生物附着在转盘表面,并在其上生长。附着在盘板表面的厌氧生物膜,代谢污水中的有机物,并保持较长的污泥停留时间。好氧生物转盘已经较普遍应用在生活污水、工业污水如化纤、石油化工、印染、皮革、煤气站等污水的处理中,而厌氧生物转盘还处于试验研究阶段。

厌氧生物转盘的构造见图 9-9。

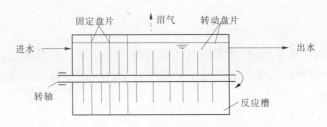

图 9-9　厌氧生物转盘的构造

生物转盘中的厌氧微生物主要是生物膜的附着生长方式适合于繁殖速度很慢的甲烷菌的生长。由于厌氧微生物代谢有机物的条件是在无分子氧条件下进行,所以在构造上有如下特点:

(1)由于厌氧生物转盘是在无氧条件下代谢有机物质,因此不考虑利用空气中的氧,圆盘在反应槽的废水中浸没深度一般都大于好氧生物转盘的,通常采用 70% ~ 100%,轴带动圆盘连续旋转,使各级转盘达到混合。

(2)为了在厌氧条件下工作,同时有助于收集沼气,一般将转盘加盖密封,在转盘上形成气室,以利于沼气收集和输送。

(3)相邻各级用隔板分开,以防止废水短流,并通过板孔使污水从一级流到另一级。

根据厌氧生物转盘工作原理,它属于膜法反应装置。在厌氧生物转盘反应器中,厌氧生物膜是与厌氧活性污泥共生的。因此,在这类反应器中,厌氧生物膜中的微生物和悬浮生长的厌氧活性污泥共同起作用。

为了防止盘片上的生物膜生长过厚,单靠水力冲刷剪切难以使生物膜脱落,使得生物膜过度生长,过厚的生物膜会影响基质和产物的传递,限制微生物的活性发挥,也会造成盘片间被生物膜堵塞,导致废水与生物膜的面积减少。研究者将转盘分为固定盘片和转动盘片相间布置,两种盘片相对运动,避免了盘片间生物膜黏结和堵塞的情况发生,并取得了很好的运行效果。

第四节　污水的自然生物处理法

自然生物处理法是利用自然环境的净化功能对污（废）水进行处理的一种方法，分为稳定塘处理和土地处理两大类，即利用水体和土壤净化污水。

一、污水稳定塘处理系统

（一）概述

稳定塘又称氧化塘、生物塘。它是自然的或经过人工适当修整，设围堤和防渗层的污水池塘，是一种构造简单、易于管理、处理效果稳定的污水自然生物处理设施。污水在塘内停留时间较长，其有机物通过微生物的代谢活动而被降解。

稳定塘能够有效地处理生活污水、城市污水和各种有机性工业废水。现多作为二级处理技术考虑，也可作为一级处理或二级处理后的深度处理技术。如将其串联应用，能够完成一级、二级及深度处理全系统的净化功能。稳定塘对污水的净化作用主要体现在以下六个方面。

1. 稀释作用

进入稳定塘的污水在风力、水流以及污染物的扩散作用下与塘水混合，使进水得到稀释，其中各项污染指标的浓度得以降低。稀释并没有改变污染物的性质，但为下一步的生物净化创造了条件。

2. 沉淀和絮凝作用

进入稳定塘的污水，由于流速降低，所挟带的悬浮物质沉于塘底。另外，塘水中的生物分泌物一般都具有絮凝作用，使污水中的细小悬浮颗粒产生絮凝作用，沉于塘底成为沉积层，导致污水的 SS、BOD、COD 等各项指标都得到降低。沉积层则通过厌氧微生物进行分解。

3. 好氧微生物的代谢作用

在好氧条件下，异养型好氧菌和兼性菌对有机污染物的代谢作用，是稳定塘内污水净化的主要途径。绝大部分有机污染物都是在这种作用下得以去除的，BOD 可去除 90% 以上，COD 去除率也可达 80%。

4. 厌氧微生物的代谢作用

在兼性塘的塘底沉积层和厌氧塘内，厌氧细菌对有机污染物进行厌氧发酵分解，厌氧发酵经历水解、产氢产乙酸和产甲烷 3 个阶段，最终产物主要是 CH_4、CO_2 及硫醇等。

CH_4 通过厌氧层、兼性层以及好氧层从水面逸走，厌氧反应生成的有机酸，有可能扩散到好氧层或兼性层，由好氧微生物或兼性微生物进一步加以分解。在好氧层或兼性层内的难降解物质，可能沉于塘底，在厌氧微生物的作用下，转化为可降解物质而得以进一步降解。

5. 浮游生物的作用

稳定塘内存活着多种浮游生物，它们各自对污水的净化从不同的方面发挥着作用。

藻类的主要功能是供氧,同时也可从塘水中去除一些污染物,如氮、磷等。

在稳定塘内的原生动物、后生动物及枝角类浮游动物的主要功能是吞食游离细菌和细小的悬浮污染物及污泥颗粒。此外,它们还分泌能够产生生物絮凝作用的黏液。

底栖动物能摄取污泥层中的藻类或细菌,使污泥数量减少。

鱼类等水生生物捕食微型水生动物和残留于水中的污物。

处于同一生物链的各种生物互相制约,其动态平衡有利于水质净化。

6. 水生植物的作用

水生植物能吸收氮、磷等营养,使稳定塘去除氮、磷的功能得到提高;其根部具有富集重金属的功能,可提高重金属的去除率;水生植物还有向塘水供氧的功能;其根和茎能吸附有机物和微生物,使去除 BOD 和 COD 的功能有所提高。

(二)稳定塘的分类

根据塘内微生物种类、供氧方式及功能、溶解氧的水平不同,稳定塘分为好氧塘、兼性塘、厌氧塘和曝气塘。

1. 好氧塘

好氧塘深度一般在 0.5 m 左右,以使阳光能够透入塘底。好氧塘主要由藻类供氧,塘表面也由于风力的搅动进行自然复氧,全部塘水都呈好氧状态,由好氧微生物对有机污染物起降解作用。在好氧塘内高效地进行着光合反应和有机物的降解反应。好氧塘内的溶解氧是充足的,但在一日内是变化的。在白天,藻类光合作用放出的氧远远超过细菌所需,塘水中氧的含量很高,可达到饱和状态;在晚间,光合作用停止,由于生物呼吸所耗,水中溶解氧浓度下降,在凌晨时最低。

随着 CO_2 浓度的变化,引起好氧塘内 pH 的变化。在白天 pH 上升,夜晚又下降。

好氧塘内的生物相在种类与种属方面比较丰富,有菌类、藻类、原生动物、后生动物等。在数量上是相当可观的,每 1 mL 水滴内的细菌可高达 $1 \times 10^8 \sim 5 \times 10^9$ 个。

好氧塘的优点是净化能力较高,有机污染物降解速率高,污水在塘内的停留时间短。但进水应进行比较彻底的预处理。好氧塘的缺点是占地面积大,处理水中含有大量的藻类,需进行除藻处理,对细菌的去除效果也较差。

根据有机物负荷率的高低,好氧塘还可以分为高负荷好氧塘、普通好氧塘和深度处理好氧塘 3 种。高负荷好氧塘的有机负荷率高,污水停留时间短,塘水中藻类浓度很高,这种塘仅适于气候温暖、阳光充足的地区采用。普通好氧塘的有机负荷率较前者低,以处理污水为主要功能。深度处理好氧塘以处理二级处理工艺出水为目的,有机负荷率很低,水力停留时间较长,处理水质良好。

深度处理塘设置在二级处理工艺之后或稳定塘系统的最后。其功能是进一步降低二级处理水中残余的有机污染物(BOD、COD)、SS、细菌以及氮磷等植物性营养物质等。深度处理塘又称为三级处理塘、熟化塘,在污水处理厂和接纳水体之间起到缓冲作用,以适应受纳水体或回用水对水质的要求。

深度处理塘一般多采用好氧塘的形式,采用大气复氧或藻类光合作用的供氧方式。也有采用曝气塘的形式,用兼性塘形式的则较少。

用深度处理塘处理的污水水质,一般 BOD 不大于 30 mg/L,COD 不大于 120 mg/L,而

SS 则介于 30 ~ 60 mg/L。

深度处理塘对 BOD 的去除率一般在 30% ~ 60%，残留的 BOD 值在 5 ~ 20 mg/L；COD 的去除率仅为 10% ~ 25%，出水的 COD 值一般在 50 mg/L 以上。

深度处理塘对细菌的去除效果受水温、光照强度、光照时间的影响。深度处理塘对大肠杆菌、结核杆菌、葡萄球菌属以及酵母菌等都有良好的去除效果。

深度处理塘对藻类的去除，效果比较好的方法就是在稳定塘内养鱼，通过养鱼使塘水中藻类含量降低，又可从养鱼中取得效益。

氮磷的去除，主要依靠塘水中藻类的吸收，其去除率与水温的高低有关。在夏季，氮的去除率可达 30% 左右，磷的去除率高达 70% 以上。在冬季，氮的去除率仅为 0 ~ 10%，磷的去除率也降至 2% ~ 27%。

2. 兼性塘

兼性塘水深在 1.2 ~ 2.5 m，在阳光能够照射透入的塘的上层为好氧层，与好氧塘相同，由好氧异养微生物对有机污染物进行氧化分解。由沉淀的污泥和衰死的藻类在塘的底部形成厌氧层，由厌氧微生物起主导作用进行厌氧发酵。在好氧层与厌氧层之间为兼性层，其溶解氧时有时无，一般在白天有溶解氧存在，而在夜间又处于厌氧状态，在这层里存活的是兼性微生物，它既能够利用水中游离的分子氧，也能够在厌氧条件下，从 NO_3^- 或 CO_3^{2-} 中摄取氧。在兼性塘内进行的净化反应是比较复杂的，生物相也比较丰富，其污水净化是由好氧、兼性、厌氧微生物协同完成的。

3. 厌氧塘

厌氧塘深度一般在 2.0 m 以上，有机负荷率高，整个塘水基本上都呈厌氧状态。厌氧塘是依靠厌氧菌的代谢功能使有机污染物得到降解，包括水解、产酸及甲烷发酵等厌氧反应全过程。净化速度低，污水停留时间长。

厌氧稳定塘一般作为高浓度有机废水的首级处理工艺，继之还设兼性塘、好氧塘甚至深度处理塘。该串联系统中，进入厌氧塘的污水勿需进行预处理，厌氧塘代替了初次沉淀池，其益处在于：

（1）有机污染物降解 30% 左右；

（2）使一部分难降解有机物转化为可降解物质，利于后续塘处理；

（3）厌氧反应污泥量少，减轻了污泥处理与处置工作。

4. 曝气塘

曝气塘是经过人工强化的稳定塘。塘深在 2.0 m 以上，塘内设曝气设备向塘内污水充氧，并使塘水搅动。曝气设备多采用表面机械曝气器，也可以采用鼓风曝气系统。在曝气条件下，藻类的生长与光合作用受到抑制。

曝气塘又可分为好氧曝气塘及兼性曝气塘两种。这两种曝气塘主要取决于曝气设备安设的数量及密度、曝气强度的大小等。好氧曝气塘与活性污泥处理法中的延时曝气法的曝气塘相近。

由于经过人工强化，曝气塘的净化效果及工作效率都明显地高于一般类型的稳定塘。污水在塘内的停留时间短，曝气塘所需容积及占地面积均较小，这是曝气塘的主要优点，但由于采用人工曝气措施，能耗增加，运行费用也有所提高。

二、污水土地处理系统

污水土地处理系统是在人工控制下，将污水投配在土地上，通过土壤—植物系统净化污水的一种处理工艺。

污水土地处理系统能够经济有效地净化污水，还能充分利用污水中的营养物质与水来满足农作物、牧草和林木对水、肥的需要，并能绿化大地、改良土壤。所以说，污水土地处理系统是一种环境生态工程。

(一)污水土地处理系统的组成

污水土地处理系统的组成包括：

(1)预处理系统；

(2)调节及储存设备；

(3)污水的输送、配布和控制系统；

(4)土地净化田；

(5)净化水收集、利用系统。

其中，土地净化田是污水土地处理系统的核心环节。

(二)净化机制

土壤净化作用是一个十分复杂的综合过程，其中包括物理及物化过程的过滤、吸附和离子交换，化学反应的化学沉淀及微生物的代谢作用下的有机物分解等。

过滤是靠土壤颗粒间的孔隙来截留、滤除水中的悬浮颗粒。土壤颗粒的大小、颗粒间孔隙的形状和大小、孔隙的分布，以及污水中悬浮颗粒的性质、多少与大小等都会影响土壤的过滤净化效果。悬浮颗粒过粗、过多以及微生物代谢产物过多等，会导致土壤颗粒的堵塞。

吸附是在非极性分子之间的范德华力的作用下，土壤中黏土矿物颗粒能够吸附土壤中的中性分子。污水中的部分重金属离子在土壤胶体表面，因阳离子交换作用而被置换吸附，并生成难溶性的物质被固定在矿物的晶格中。

金属离子与土壤中的无机胶体和有机胶体颗粒，由于螯合作用而形成螯合化合物；有机物与无机物的复合化而生成复合物；重金属离子与土壤颗粒之间进行阳离子交换而被置换吸附；某些有机物与土壤中重金属生成可吸附性螯合物而固定在土壤矿物的晶格中。

化学沉淀是污水中的重金属离子与土壤的某些组分进行化学反应生成难溶性化合物而沉淀。如果调整、改变土壤的氧化还原电位，能够生成难溶性硫化物。改变 pH，能够生成金属氢氧化物；某些化学反应还能够生成金属磷酸盐等物质，而沉积于土壤中。

在土壤中生存着的种类繁多、数量巨大的土壤微生物，对土壤颗粒中的有机固体和溶解性有机物具有强大的降解与转化能力，这也是土壤具有强大自净能力的主要原因。

(三)污水土地处理系统的工艺类型

目前，污水土地处理系统常用的工艺有下列几种。

1.慢速渗滤处理系统

慢速渗滤处理系统是将污水投配到种有作物的土地表面，污水缓慢地在土地表面流动并向土壤中渗滤，一部分污水直接被作物吸收，另一部分则渗入土壤中，而使污水得到净化。慢速渗滤处理系统示意见图 9-10。

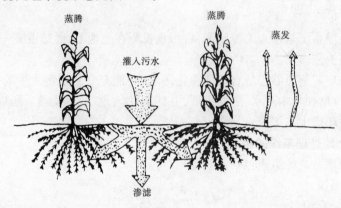

图 9-10　慢速渗滤处理系统示意

　　向土地布水可采用表面布水或喷灌布水。一般采用较低的投配负荷,减慢污水在土壤层的渗滤速度,使其在含有大量微生物的表层土壤中长时间停留,以保证水质净化效果。该系统一般不考虑处理水的流出。

　　当以处理污水为主要目的时,种植的作物可选择多年生牧草。因牧草的生长期长,对氮的利用率高,并可耐受较高的水力负荷。当以利用为主要目的时,可选种谷物。由于作物的生长受到季节及气候条件的限制,应加强对污水的水质及调蓄管理。

　　该工艺适用于渗水性能良好的土壤和蒸发量小、气候湿润的地区。其对 BOD_5 的去除率一般可达 95% 以上;对 COD 的去除率可达 85% ~ 90%;对氮的去除率则在 70% ~ 80%。

　　2. 快速渗滤处理系统

　　快速渗滤处理系统是周期性地向具有良好渗透性能的渗滤田灌水和休灌,使表层土壤处于淹水/干燥,即厌氧、好氧交替运行状态,在污水向下渗滤的过程中,通过过滤、沉淀、氧化、还原以及生物氧化、硝化、反硝化等一系列物理、化学及生物的作用,使污水得到净化。在休灌期,表层土壤恢复为好氧状态,被土壤层截留的有机物为好氧微生物所分解,休灌期土壤层的脱水干化有利于下一个灌水期水的下渗和排除。在灌水期,表层土壤转化为缺氧、厌氧状态,在土壤层形成的交替的厌氧、好氧状态有利于氮、磷的去除。

　　快速渗滤处理系统示意见图 9-11。

　　该系统的有机负荷率及水力负荷率高于其他类型的土地处理系统,如果严格控制灌水、休灌周期,仍能达到较高的净化效果。通常情况下,其 BOD 去除率可达 95%,COD 去除率达 91%;处理水 BOD < 10 mg/L,COD < 40 mg/L。该工艺还有较好的脱氮、除磷功能,氨氮去除率为 85% 左右,TN 去除率为 80%,磷去除率可达 65%。另外,该工艺具有较强的去除大肠菌的能力,去除率可达 99.9%,出水含大肠菌为 ≤40 个/100 mL。

　　进入快速渗滤处理系统的污水必须经过一定的预处理,一般经过一级处理即可。如场地面积有限,需加大滤速或需要较高质量的出水,则应以二级处理作为预处理。

　　处理水一般采用地下排水管或井群进行回收,可用于补给地下水。

　　灌水天数(淹水期)与休灌天数(干化期)的确定可参考表 9-1 选取。

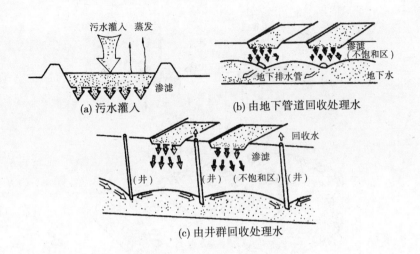

(a) 污水灌入　　　　　(b) 由地下管道回收处理水

(c) 由井群回收处理水

图9-11　快速渗滤处理系统示意

3. 地表漫流处理系统

地表漫流处理系统是将污水有控制地投配到有多年生牧草、坡度和缓、土壤渗透性差的土地上,污水以薄层方式沿土地缓慢流动,在流动的过程中得到净化,然后收集排放或利用。

表9-1　快速渗滤处理系统水力负荷周期(美国土地处理手册推荐值)

目标	预处理方式	季节	灌水天数(d)	休灌天数(d)
使污水达到最大的入渗土壤速率	一级处理	夏,冬	1~2,1~2	5~7,7~12
	二级处理		1~3,1~3	4~5,5~10
使系统达到最高的脱氮效率	一级处理	夏,冬	1~2,1~2	10~14,12~16
	二级处理		7~9,9~12	10~15,12~16
使系统达到最大的硝化率	一级处理	夏,冬	1~2,1~2	5~7,7~12
	二级处理		1~3,1~3	4~5,5~10

该系统以处理污水为主,兼行生长牧草,因此具有一定的经济效益。处理水一般采用地表径流收集,减轻了对地下水的污染。污水在地表漫流的过程中,只有少部分水量蒸发和渗入地下,大部分汇入建于低处的集水沟。

地表漫流处理系统如图9-12所示。

该系统适用于渗透性较差的黏土、亚黏土,最佳坡度为2%~8%。进水须经适当的预处理,如格栅、筛滤等,其出水水质则相当于传统的生物处理的出水水质。BOD_5去除率在90%左右,总氮去除率为70%~80%,悬浮物去除率一般达90%~95%。

4. 湿地处理系统

湿地处理系统是将污水投放到土壤经常处于水饱和状态且生长有芦苇、香蒲等耐水植物的沼泽地上,污水沿一定方向流动,在流动的过程中,在耐水植物和土壤的联合作用

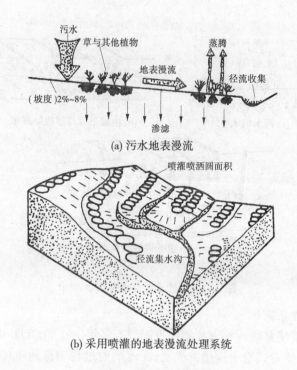

(a) 污水地表漫流

(b) 采用喷灌的地表漫流处理系统

图 9-12　地表漫流处理系统

下,污水得到净化。

　　该系统对污水净化的作用机制是多方面的。有物理的沉降作用、植物根系的阻截作用、某些物质的化学沉淀作用、土壤及植物的吸附与吸收作用、微生物的代谢作用等。此外,植物根系的某些分泌物对细菌和病毒有灭活作用,细菌和病毒也可能在其不适宜的环境中自然死亡。

　　在湿地处理系统中,以生长在沼泽地的维管束植物为主要特征。繁茂的维管束植物向其根部输送光合作用产生的氧,每一株维管束植物都是一部"制氧机",使其根部周围及水中保持一定浓度的溶解氧,为微生物提供了良好的栖息场所,使根区附近的微生物能够维持正常的生理活动。另外,植物也能够直接吸收和分解有机污染物。

　　5. 污水地下渗滤处理系统

　　污水地下渗滤处理系统是将经过化粪池或酸化水解池预处理后的污水有控制地通入设于地下距地面约 0.5 m 深处的渗滤田,在土壤的渗滤作用和毛细管作用下,污水向四周扩散,通过过滤、沉淀、吸附和在微生物作用下的降解作用,使污水得到净化。

　　该系统具有以下特征:

　　(1)整体处理系统都设于地下,地面上可种植绿色植物,美化环境。

　　(2)不受或较少受到外界气温变化的影响。

　　(3)易于建设,便于维护,不堵塞,建设投资省,运行费用低。

　　(4)对进水负荷的变化适应性较强,耐冲击负荷。

　　(5)运行得当,可回收到水质良好、稳定的处理水,用于农灌、浇灌城市绿化地、街心公园等。

污水地下渗滤处理系统以生态原理为基础,是一种节能、能减少污染、充分利用水资源的新型的小规模的污水处理工艺技术。该处理系统适用于处理居住小区、旅游点、度假村、疗养院等未与城市排水系统接通的分散建筑物排出的小流量的污水。

污水地下渗滤处理系统在一些发达国家受到重视。如在日本、美国得到了很大发展,其处理设备做到了定型化、系列化,并制定了相应的技术规范。我国近年来对这一技术也日益重视,但尚处于初步启动阶段。

第五节　污泥的处理与处置技术

在水处理过程中,必然产生一定数量的污泥。污泥通常是指主要由各种微生物以及有机、无机颗粒组成的絮状物。污泥来自原水中的杂质和在处理过程中投加的物质,污泥的成分与原水及处理方法密切相关。原水中的杂质是无机的,产生的污泥也是无机的;原水中的杂质是有机的,则产生的污泥一般也是有机的;物理方法产生的污泥与原水中杂质相同,化学及物理化学法产生的污泥一般与原水中的杂质不同,生物处理方法产生的污泥是生物性的。例如,以地表水为水源的净化处理中产生的主要是含铝或铁的无机污泥;以含铁锰地下水为水源的净化处理中产生的是含铁锰的无机污泥;在软化处理中,产生的是含钙镁的无机污泥;在生活污水物理处理中,产生的是非生物性有机污泥;在生活污水生化处理中,产生的是生物性有机污泥。

根据污泥中物质的成分,将污泥分为有机污泥和无机污泥两大类。有机污泥通常称为污泥,以有机物为主要成分,具有易腐化发臭、颗粒较细、比重较小、含水率高且不易脱水的特性,是呈胶状结构的亲水性物质。无机污泥通常称为沉渣,以无机物为主要成分,具有颗粒较粗、比重较大、含水率较低且易于脱水的特性。

要使水处理系统正常运行和保证处理效果,必须及时将污泥从系统中排出。但是,污泥如果直接排放到环境中,可能会造成环境污染,即二次污染。同时,污泥中的有用物质可以通过处理后回收利用,变害为利。因此,污泥的处理与处置已越来越受到人们的重视。

本节重点介绍城市污水处理中产生的有机性污泥的处理与处置方法。

一、污泥处理与处置的方法

在污水处理过程中,污泥的产生量占处理水量的 0.3% ~ 0.5%(以含水率为 97%计)。在污水处理厂的全部建设费用中,用于处理污泥的占 20% ~ 50%,甚至高达 70%。所以,污泥处理是污水处理系统的重要组成部分,必须予以充分重视。污泥处理的目的和原则有以下四个方面:

一是稳定化处理,通过稳定化处理消除恶臭;

二是无害化处理,通过无害化处理,杀灭污泥中的虫卵及致病微生物,去除或转化其中的有毒、有害物质,如合成有机物及重金属离子等;

三是减量化处理,使之易于运输处置;

四是利用,实现污泥的资源化。

污泥的处理与处置是两个不同的概念。污泥的处理方法主要包括浓缩、消化、脱水、干燥等,是为了实现污泥的稳定化、无害化和减量化;而污泥的处置方法主要包括填埋、肥料农用、焚烧等,是为了实现污泥的利用与资源化。从流程上看,处理在前,处置在后。污泥处理可供选择的方案大致有:

(1)生污泥→湿污泥池→最终处置;

(2)生污泥→浓缩→自然干化→堆肥→最终处置;

(3)生污泥→浓缩→消化→最终处置;

(4)生污泥→浓缩→消化→自然干化→最终处置;

(5)生污泥→浓缩→消化→机械脱水→最终处置;

(6)生污泥→浓缩→机械脱水→干燥焚烧→最终处置。

(1)、(2)方案以堆肥、农用为主。当污泥符合农用肥料条件及附近有农、林、牧或蔬菜基地时可考虑采用方案(1);符合农用条件的污泥,在附近无法直接利用湿污泥时,可采用方案(2)。(3)、(4)、(5)方案以消化处理为主,消化过程产生的生物能即沼气(或称消化气、污泥气)可作为能源利用。经消化后的熟污泥可直接处置,即方案(3);或进行脱水减容后处置,即方案(4)、(5)。(6)方案以干燥焚烧为主,当污泥不适于进行消化处理,或不符合农用条件,或受污水处理厂用地面积的限制等地区可考虑采用,焚烧产生的热能,可作为能源。

(1)~(6)方案的处理工艺由简到繁,工程投资和管理费用亦由低到高。选择污泥处理方案时,应根据污泥的性质与数量、资金情况与运行管理费用、环境保护要求及有关法律与法规、城市农业发展情况及当地气候条件等情况,进行综合考虑后选定。

二、污泥的分类

按污水的处理方法,即污泥从污水中分离的过程,污泥可分为以下几类:

(1)初沉污泥:指污水一级处理过程中从初沉池分离出来的沉淀物;

(2)剩余污泥:指活性污泥处理工艺二沉池产生的沉淀物;

(3)腐殖污泥:指生物膜法污水处理工艺中二沉池产生的沉淀物;

(4)化学污泥:指用化学沉淀法处理污水后产生的沉淀物。

生活污水污泥易于腐化,可进一步区分如下:

(1)生污泥:指从水处理系统沉淀池排出来的沉淀物;

(2)消化污泥:指生污泥经厌氧分解后得到的污泥;

(3)浓缩污泥:指生污泥经浓缩处理后得到的污泥;

(4)脱水干化污泥:指经脱水干化处理后得到的污泥;

(5)干燥污泥:指经干燥处理后得到的污泥。

三、表示污泥性质的指标

用于表示污泥性质的主要指标如下。

(一)污泥含水率

污泥中所含水分的质量与污泥总质量之比称为污泥含水率。污泥含水率一般都很高,比重接近于1。污泥的含水率、体积、质量及所含固体物浓度之间的关系可用下式表示：

$$\frac{V_1}{V_2} = \frac{W_1}{W_2} = \frac{100 - p_2}{100 - p_1} = \frac{C_2}{C_1} \tag{9-1}$$

式中　V_1, W_1, C_1——污泥含水率为 p_1 时的污泥体积、质量与固体物浓度；

V_2, W_2, C_2——污泥含水率为 p_2 时的污泥体积、质量与固体物浓度。

【例9-1】　污泥含水率从99%降低到96%时，计算污泥体积的变化。

解　由式(9-1)得

$$V_2 = V_1 \frac{100 - p_1}{100 - p_2} = V_1 \frac{100 - 99}{100 - 96} = \frac{1}{4} V_1$$

由此可见，污泥含水率从99%降低至96%时，体积减小了3/4。

式(9-1)适用于含水率大于65%的污泥。因含水率低于65%以后，污泥颗粒之间不再被水填满，污泥内有气体出现，体积与质量不再有以上关系。

（二）污泥的脱水性能与污泥比阻

污泥的脱水性能是指污泥脱水的难易程度，可用有关的过滤装置进行测算。污泥比阻也可反映污泥的脱水性能。

污泥比阻是指单位过滤面积上单位干重滤饼所具有的阻力。

$$r = \frac{2PA^2}{\mu} \cdot \frac{b}{\omega} \tag{9-2}$$

式中　r——比阻，m/kg，$1\ \text{m/kg} = 9.81 \times 10^3\ \text{S}^2/\text{g}$；

P——过滤压力，kg/m^2；

A——过滤面积，m^2；

μ——滤液的动力黏滞度，kg·s/m^2；

ω——滤过单位体积的滤液在过滤介质上截留的干固体质量，kg/m^3；

b——污泥性质系数，s/m^6。

（三）挥发性固体和灰分

挥发性固体可近似代表污泥中有机物含量，又叫灼烧减重；灰分代表无机物含量，又叫灼烧残渣。通过烘干、高温(550 ℃、600 ℃)焚烧称重求得。

（四）可消化程度

污泥中的有机物是消化处理的对象。有一部分易于被分解(或称可被气化、无机化)，另一部分不易或不能被分解，如纤维素、橡胶制品等。用可消化程度表示污泥中挥发性固体被消化降解的百分数。可消化程度用 R_d 表示，计算公式如下：

$$R_d = \left(1 - \frac{p_{V2} p_{S1}}{p_{V1} p_{S2}}\right) \times 100 \tag{9-3}$$

式中　R_d——可消化程度(%)；

p_{S1}, p_{S2}——生污泥及消化污泥的无机物含量(%)；

p_{V1}, p_{V2}——生污泥及消化污泥的有机物含量(%)。

（五）湿污泥比重与干污泥比重

湿污泥质量等于污泥所含水分质量与干固体质量之和。湿污泥比重等于湿污泥质量

与同体积的水质量之比值。由于水比重为 1,所以湿污泥比重 γ 可用下式计算:

$$\gamma = \frac{p + (100 - p)}{p + \dfrac{100 - p}{\gamma_s}} = \frac{100\gamma_s}{p\gamma_s + (100 - p)} \tag{9-4}$$

式中　γ——湿污泥比重;

　　　p——湿污泥含水率(%);

　　　γ_s——干污泥比重。

干固体物质由有机物(即挥发性固体)和无机物(即灰分)组成,有机物比重一般等于 1,无机物比重为 2.5 ~ 2.65,一般取 2.5,则干污泥平均比重 γ_s 为:

$$\gamma_s = \frac{250}{100 + 1.5p_V} \tag{9-5}$$

式中　p_V——污泥中有机物含量(%)。

确定湿污泥比重和干污泥比重,对于浓缩池的设计、污泥运输及后续处理都有实用价值。

【例 9-2】　已知初沉池污泥的含水率为 97%,有机物含量为 65%。求干污泥比重和湿污泥比重。

解　(1)干污泥比重

$$\gamma_s = \frac{250}{100 + 1.5p_V} = \frac{250}{100 + 1.5 \times 65} = 1.27$$

(2)湿污泥比

$$\gamma = \frac{100\gamma_s}{p\gamma_s + (100 - p)} = \frac{100 \times 1.27}{97 \times 1.27 + (100 - 97)} = 1.006$$

(六)污泥肥分

污泥中含有大量的植物营养素(氮、磷、钾)、微量元素及土壤改良剂(有机腐殖质),我国城市污水处理厂不同种类污泥所含肥分见表 9-2。

表 9-2　我国城市污水处理厂不同种类污泥所含肥分

污泥类别	总氮(%)	磷(以 P_2O_5 计)(%)	钾(以 K_2O 计)(%)	有机物(%)
初沉污泥	2 ~ 3	1 ~ 3	0.1 ~ 0.5	50 ~ 60
活性污泥(或剩余污泥)	3.3 ~ 7.7	0.78 ~ 4.3	0.22 ~ 0.44	60 ~ 70
消化污泥	1.6 ~ 3.4	0.6 ~ 0.8		25 ~ 30

(七)污泥的毒性与环境危害性

污泥的毒性和危害性主要来自其所含有的毒性有机物、致病微生物和重金属等。

污泥中含有的毒性有机物主要是难分解的有机氯杀虫剂、苯并芘、氯丹、多氯联苯等。由于这类污染物的浓度能在农作物中富集 10 倍以上,因此可能对环境和人类具有长期危害性。

污泥中含有比水中数量高得多的病原物,主要有细菌、病毒和虫卵等。常见的细菌有沙门氏菌、志贺细菌、致病性大肠杆菌、埃希氏杆菌、耶尔森氏菌和梭状芽包杆菌等;常见的病毒有肝类病毒、呼肠病毒、脊髓灰质炎病毒、柯萨奇病毒、轮状病毒等;常见的虫卵有蛔虫卵、绦虫卵等。因此,污泥必须在资源化利用之前进行消毒处理。

污泥中一般含有较大量的重金属物质,其含量的高低取决于城市污水中工业废水所占比例及工业性质。污水经二级处理后,污水中重金属离子约有50%以上转移到污泥中,所以污泥中的重金属离子含量一般都较高。因此,当污泥作为肥料使用时,要注意重金属离子含量是否超过《农用污泥中污染物控制标准》(GB 4284—84)。

(八)污泥的热值与可燃性

污泥的主要成分是有机物,可以燃烧,其可燃性用干基热值表示。干基热值是指单位质量的干固体所具有的燃烧热值。根据经验,有机固体的干基热值≥6 000 kJ/kg 时,可稳定燃烧供热或发电。而城市污水处理的各类污泥中,新鲜污泥的热值较高,消化污泥热值较低,但其干基热值均大大超过6 000 kJ/kg,所以干污泥具有很好的可燃性。然而,因为脱水后的湿污泥中所含水分一般在70%~80%,直接焚烧时去除水分还需消耗能量,所以湿污泥的焚烧性并不理想,一般需加入辅助燃料方可稳定燃烧。

四、污泥量计算

(一)经验数据估算

城市污水处理厂污泥量可按表9-3估算。

表9-3 城市污水处理厂污泥量

污泥种类		污泥量(L/m^3)	含水率(%)	密度(kg/L)
沉砂池		0.03	60	1.5
初沉池		14~25	95~97.5	1.015~1.02
二沉池	生物膜法	7~19	96~98	1.02
	活性污泥法	10~21	99.2~99.6	1.005~1.008

(二)公式估算

1.初沉污泥量

(1)根据污水中悬浮物浓度、去除率、污水流量及污泥含水率,用下式计算:

$$V = \frac{100C_0\eta Q}{1\ 000(100-p)\rho} \tag{9-6}$$

式中　V——初沉污泥量,m^3/d;

　　　Q——污水流量;m^3/d;

　　　η——去除率(%);

　　　C_0——进水悬浮物浓度,mg/L;

　　　p——污泥含水率(%);

　　　ρ——沉淀污泥密度,以1 000 kg/m^3 计。

(2)按每人每天产泥量计算:

$$V = \frac{NS}{1\ 000} \tag{9-7}$$

式中 N——城市人口数,人;

S——产泥量,L/(d·人)。

2. 剩余活性污泥量

式(9-6)适用于初次沉淀池,二次沉淀池的污泥量,也可近似地按该式计算,η 以 80%计。

一般剩余活性污泥量用以下公式计算,即:

$$Q_S = \frac{\Delta X}{f X_r} \tag{9-8}$$

式中 Q_S——每日排出剩余污泥量,m³/d;

ΔX——挥发性剩余污泥量(干重),kg/d;

f——污泥的 $MLVSS/MLSS$ 值,对于生活污水 $f=0.75$,工业废水的 f 值通过测定确定;

X_r——污泥浓度,g/L。

3. 消化污泥量

消化污泥量可用下式计算:

$$V_d = \frac{(100 - p_1) V_1}{100 - p_d} \left[\left(1 - \frac{p_{V1}}{100} \right) + \frac{p_{V1}}{100} \left(1 - \frac{R_d}{100} \right) \right] \tag{9-9}$$

式中 V_d——消化污泥量,m³/d;

p_d——消化污泥含水率(%),取周平均值;

V_1——生污泥量,m³/d,取周平均值;

p_1——生污泥含水率(%),取周平均值;

p_{V1}——生污泥有机物含量(%);

R_d——可消化程度(%),取周平均值。

五、污泥的输送

污泥在处理、最终处置或利用时都需要进行短距离或长距离(数百米至数十千米)的输送。

(一)污泥输送的方法

污泥输送的方法有管道、卡车、驳船以及它们的组合方法。采用何种方法取决于污泥的数量与性质、污泥处理的方案、输送距离与费用、最终处置与利用的方式等因素。这里重点介绍管道输送。

污泥管道输送是污水处理厂内或长距离输送的常用方法。对污泥进行长距离输送时,应考虑是否符合以下条件:

(1)污泥输送的目的地相当稳定;

(2)污泥的流动性能较好,含水率较高;

(3)污泥所含油脂成分较少,不会黏附于管壁而缩小管径,增加阻力;

(4)污泥的腐蚀性低,不会对管材造成腐蚀或磨损;

(5)污泥的流量较大,一般应超过 30 m³/h。

管道输送可分为重力管道与压力管道输送两种。重力管道输送时,距离不宜太长,管坡坡度一般采用0.01~0.02,管径不小于200 mm,中途应设置清通口,以便在堵塞时用机械清通或高压水(污水处理厂出水)冲洗。压力管道输送时,需要进行详细的水力计算。

管道输送具有卫生条件好,没有气味与污泥外溢,操作方便并利于实现自动化控制,运行管理费用低等优点。主要缺点是一次性投资大,一旦建成后,输送的地点固定,较不灵活。所以,污泥量大时一般考虑采用管道输送,对于中小型污水处理厂,可以考虑选用卡车、驳船等输送方式。

(二)污泥输送设备

污泥进行管道输送或装卸卡车、驳船时,需要抽升设备,可用污泥泵或渣泵。

输送污泥用的污泥泵,在构造上必须满足不易被堵塞与磨损、耐腐蚀等基本条件。已经有效地用于污泥抽升的设备有隔膜泵、旋转螺栓泵、螺旋泵、混流泵、柱塞泵、PW 型及 PWL 型离心泵等。

当需要扬程较高时,可选用 PW 型及 PWL 型离心泵,但当污泥中含砂量较高,含纤维状物较多时,叶轮易被磨损与堵塞,则不宜选用。隔膜泵没有叶轮,不存在磨损与堵塞问题。螺旋泵的特点是流量大、扬程低、效率稳定、不堵塞,为敞开式,常用于曝气池污泥回流、中途泵站等。

第六节　污泥处理工艺

一、污泥浓缩

降低污泥含水率,可减小污泥体积,并减小后续处理构筑物的容积和降低污泥后续处理费用。如进行厌氧消化,则可以缩小消化池的有效容积,减少加热和保温的费用;如进行机械脱水,则可减少混凝剂投加量和脱水设备数量。降低含水率的方法有:

(1)浓缩法,用于降低污泥中的空隙水。因空隙水所占比例最大,故浓缩是减容的主要方法。

(2)自然干化法和机械脱水法,可以脱除毛细水。

(3)干燥与焚烧,能够脱除吸附水与内部水。不同脱水方法的脱水效果见表9-4。

表9-4　不同脱水方法的脱水效果

脱水方法		脱水装置	脱水后含水率(%)	脱水后状态
浓缩法		重力浓缩、气浮浓缩、离心浓缩	95~97	近似糊状
自然干化法		自然干化场、晒砂场	70~80	泥饼状
机械脱水	真空吸滤法	真空转鼓、真空转盘	60~80	泥饼状
	压滤法	板框压滤机	45~80	泥饼状
	滚压带法	滚压带式压滤机	78~86	泥饼状
	离心法	离心机	80~85	泥饼状
干燥法		各种干燥设备	10~40	粉状、粒状
焚烧法		各种焚烧设备	0~10	灰状

污泥浓缩主要有重力浓缩法、气浮浓缩法、离心浓缩法等。

（一）重力浓缩法

重力浓缩法是利用自然的重力沉降作用，使污泥中的间隙水得以分离。重力浓缩构筑物称为重力浓缩池。根据运行方式的不同，可分为连续式重力浓缩池和间歇式重力浓缩池两种。前者主要用于大中型污水处理厂，后者多用于小型污水处理厂或工业企业的污水处理站等。

1.连续式重力浓缩池

1）基本构造

连续式重力浓缩池的基本构造见图9-13。

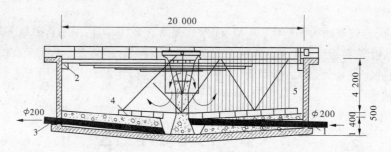

1—中心进泥管；2—上清液溢流堰；3—排泥管；4—刮泥机；5—垂直搅动栅

图9-13 连续式重力浓缩池的基本构造

池形及工作原理同辐流式沉淀池。污泥连续由中心进泥管 1 进入，经导流筒均匀布水进入泥水分离区，上清液由上清液溢流堰 2 排出，浓缩污泥由刮泥机 4 缓缓刮至池中心的污泥斗并从排泥管 3 排出，刮泥机 4 上装有垂直搅动栅 5 随着刮泥机转动，周边线速度为 1 m/min 左右。每条栅条后面，可形成微小涡流，有助于颗粒之间的絮凝，使颗粒逐渐变大，并可造成空穴，促使污泥颗粒的空隙水与气泡逸出，浓缩效果可提高 20% 以上。浓缩池池径一般为 5 ~ 20 m，底坡采用 1/12 ~ 1/100，一般取 1/20。

连续式重力浓缩池的其他形式有多层辐射式浓缩池，适用于土地紧缺地区；还有采用重力排泥的多斗连续式浓缩池。

2）设计计算

（1）池面积计算。

浓缩池面积通常采用固体通量法进行计算。固体通量即单位时间内，通过单位面积的固体物的质量，单位为 kg/(m² · h)。浓缩池面积按下式计算：

$$A \geqslant \frac{QC_0}{G_L} \tag{9-10}$$

式中　A——浓缩池面积，m²；

　　　Q——入流污泥量，m³/h；

　　　C_0——入流污泥固体浓度，kg/m³；

　　　G_L——极限固体通量，kg/(m² · h)。

固体通量应通过试验确定,如无试验数据,可参考表9-5选用。

表9-5　重力浓缩池生产运行数据表(入流污泥浓度 $C_0 = 2 \sim 6$ g/L)

污泥种类	污泥固体通量(kg/($m^2 \cdot h$))	浓缩污泥浓度(g/L)
生活污水污泥	1 ~ 2	50 ~ 70
初沉污泥	4 ~ 6	80 ~ 100
改良曝气活性污泥	3 ~ 5.1	70 ~ 85
活性污泥	0.5 ~ 1.0	20 ~ 30
腐殖污泥	1.6 ~ 2.0	70 ~ 90
初沉污泥与活性污泥混合	1.2 ~ 2.0	50 ~ 80
初沉污泥与改良曝气活性污泥混合	4.0 ~ 5.1	80 ~ 120
初沉污泥与腐殖污泥混合	2.0 ~ 2.4	70 ~ 90

(2)池深度计算。

浓缩池总深度由压缩区高度、上清液区高度、池底坡、超高4部分组成。压缩区高度的计算见《给水排水设计手册》,一般上清液区高度取1.5 m,超高取0.3 m。

2. 间歇式重力浓缩池

间歇式重力浓缩池的构造见图9-14。

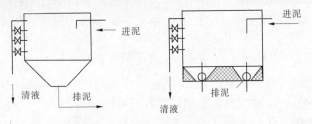

图9-14　间歇式重力浓缩池的构造

间歇式重力浓缩池的设计原理同连续式重力浓缩池的。运行时,应首先排除浓缩池中的上清液,腾出池容,再投入待浓缩的污泥。为此,在浓缩池深度方向的不同高度设上清液排出管。浓缩时间一般不宜小于12 h。

(二)气浮浓缩法

气浮浓缩与重力浓缩相反,该法是依靠大量微小气泡附着于悬浮污泥颗粒上,减小污泥颗粒的密度而强制上浮,使污泥颗粒与水分离的方法。因此,气浮浓缩法适用于颗粒易于上浮的疏水性污泥,或悬浮液很难沉降且易于凝聚的污泥。气浮浓缩法有加压溶气气浮、真空溶气气浮、散气气浮、电解气浮等多种方法,应用广泛的是加压溶气气浮法,多用于剩余污泥的浓缩。气浮浓缩的工艺流程见图9-15,分为无回流、有回流两种方式。

无回流方式是将压缩空气与入流污泥在一定压力的溶气罐中混合;有回流方式是用回流水与压缩空气在溶气罐中混合,使空气大量地溶解在回流水中。通过减压阀使加压溶气水减压至常压,进入进水室。进水室的作用是使减压后的溶气水大量释放出微细气

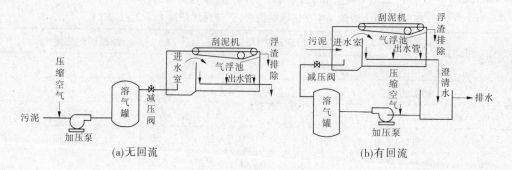

(a)无回流   (b)有回流

图9-15　气浮浓缩的工艺流程

泡,并迅速附着在污泥颗粒上。气浮池的作用是上浮浓缩,在池表面形成浓缩污泥层由刮泥机刮出池外。不能上浮的颗粒沉至池底,随设在池底的清液排水管一起排出。

二、污泥消化

污泥消化分为厌氧消化和好氧消化两种,一般说的污泥消化是指厌氧消化。污泥厌氧生物处理又称为污泥厌氧消化,是指在人工控制条件下,通过微生物的代谢作用,使污泥中的有机质稳定化的过程。

(一)厌氧消化

污泥中的有机物一般采用厌氧消化法,即在无氧的条件下,由兼性菌及专性厌氧菌降解有机物,使污泥得到稳定。其中,化粪池、堆肥等属于自然厌氧消化,消化池属于人工强化的厌氧消化。

1. 厌氧消化机制

污泥厌氧消化的过程极其复杂,如前所述可概括为三个阶段:第一阶段是水解与发酵阶段,第二阶段是产氢产乙酸阶段,第三阶段是产甲烷阶段。

参与厌氧消化第一阶段的微生物包括细菌、原生动物和真菌,统称为水解与发酵细菌,大多数为专性厌氧菌,也有不少兼性厌氧菌。根据其代谢功能可分为纤维素分解菌、碳水化合物分解菌、蛋白质分解菌、脂肪分解菌几大类。原生动物主要有鞭毛虫、纤毛虫和变形虫。真菌主要有毛霉、根霉、共头霉、曲霉等,真菌参与厌氧消化过程,并从中获取生活所需能量,但丝状真菌不能分解糖类和纤维素。

参与厌氧消化第二阶段的微生物是一群极为重要的菌种——产氢产乙酸菌以及同型乙酸菌。它们能够在厌氧条件下,将丙酮酸及其他脂肪酸转化为乙酸、CO_2,并放出 H_2。同型乙酸菌的种属有乙酸杆菌,它们能够将 CO_2、H_2 转化成乙酸,也能将甲酸、甲醇转化为乙酸。由于同型乙酸菌的存在,可促进乙酸形成甲烷的进程。

参与厌氧消化第三阶段的菌种是甲烷菌或称为产甲烷菌,是甲烷发酵阶段的主要细菌,属于绝对的厌氧菌,主要代谢产物是甲烷。常见的甲烷菌有甲烷杆菌、甲烷球菌、甲烷八叠球菌、甲烷螺旋菌四种类型。

2. 厌氧消化的影响因素

因甲烷菌对环境条件的变化最为敏感,其反应速度决定了整个厌氧消化的反应进程,因此厌氧反应的各项影响因素也以对甲烷菌的影响因素为准。

1）温度因素

甲烷菌对于温度的适应性,可分为两类,即中温甲烷菌(适应温度区为 30 ~ 36 ℃)和高温甲烷菌(适应温度区为 50 ~ 53 ℃)。两区之间的温度,反应速度反而减退。这说明消化反应与温度之间的关系是不连续的。温度与有机物负荷、产气量的关系见图 9-16。

利用中温甲烷菌进行厌氧消化处理的系统叫中温消化,利用高温甲烷菌进行消化处理的系统叫高温消化。从图 9-16 可知,在中温消化条件下,有机物负荷为 2.5 ~ 3.0 kg/(m^3·d),产气量 1 ~ 1.3 m^3/(m^3·d);而在高温消化条件下,有机物负荷为 6.0 ~ 7.0 kg/(m^3·d),产气量 3.0 ~ 4.0 m^3/(m^3·d)。

中温或高温厌氧消化允许的温度变动范围为 ±(1.5 ~ 2.0)℃。当有 ±3 ℃ 的变化时,就会抑制消化速率,有 ±5 ℃ 的急剧变化时,就会突然停止产气,使有机酸大量积累而破坏厌氧消化。温度与消化时间的关系见图 9-17。消化时间是指产气量达到总量 90% 时所需的时间。由图 9-17 可见,中温消化的时间为 20 ~ 30 d,高温消化的时间为 10 ~ 15 d。因中温消化的温度与人的体温接近,故对寄生虫卵及大肠菌的杀灭率较低;高温消化对寄生虫卵的杀灭率可达 99%。

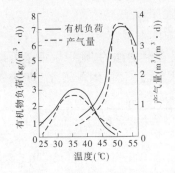

图 9-16　温度与有机物负荷、产气量的关系

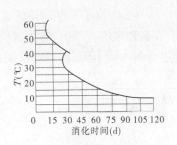

图 9-17　温度与消化时间的关系

2）污泥投配率

污泥投配率是指每日投加新鲜污泥体积占消化池有效容积的百分数。

投配率是消化池设计的重要参数,投配率过高,消化池内脂肪酸可能积累,pH 下降,污泥消化不完全,产气率降低;投配率过低,污泥消化完全,产气率较高,消化池容积大,基建费用增高。根据我国污水处理厂的运行经验,城市污水处理厂污泥中温消化的投配率以 5% ~ 8% 为宜,相应的消化时间为 12.5 ~ 20 d。

3）搅拌和混合

厌氧消化是由细菌体的内酶和外酶与底物进行的接触反应,所以必须使两者充分混合。搅拌的方法一般有消化气循环搅拌法、泵加水射器搅拌法和混合搅拌法等。

4）营养与 C/N 比

在厌氧消化池中,细菌生长所需营养由污泥提供。合成细胞所需的碳(C)源担负着双重任务:一是作为反应过程的能源,二是合成新细胞。污泥细胞质(原生质)的分子式是 $C_5H_7NO_2$,即合成细胞的 C/N 比约为 5:1。因此,要求 C/N 达到(10 ~ 20):1。如 C/N

太高,细胞的氮量不足,消化液的缓冲能力低,pH 易降低;C/N 太低,氮量过多,pH 可能上升,胺盐容易积累,会抑制消化进程。根据统计结果,各种污泥底物含量及 C/N 见表 9-6。

表 9-6 各种污泥底物含量及 C/N

底物名称	污泥种类		
	初次沉淀池污泥	活性污泥	混合污泥
碳水化合物(%)	32.0	16.5	26.3
脂肪、脂肪酸(%)	35.0	17.5	28.5
蛋白质(%)	39.0	66.0	45.2
C/N	(9.40~10.35):1	(4.60~5.04):1	(6.80~7.50):1

从 C/N 看,初次沉淀池污泥的营养成分比较合适,混合污泥次之,而活性污泥不大适宜单独进行厌氧消化处理。

5)有毒物质

所谓有毒是相对的,事实上任何一种物质对甲烷消化都有两方面的作用,即有促进与抑制甲烷细菌生长的作用。关键在于它们的浓度界限,即毒阈浓度。

表 9-7 列举了某些物质的毒阈浓度。低于毒阈浓度下限,对甲烷细菌生长有促进作用;在毒阈浓度范围内,有中等抑制作用,如果浓度是逐渐增加的,则甲烷细菌可被驯化,超过毒阈浓度上限,则对甲烷细菌有强烈的抑制作用。某些物质的毒阈浓度见表 9-7。

表 9-7 某些物质的毒阈浓度

物质名称	毒阈浓度界限(mol/L)	物质名称	毒阈浓度界限(mol/L)
碱金属和碱土金属 Ca^{2+},Mg^{2+},Na^+,K^+	$10^{-1}~10^6$	胺类	$10^{-5}~1$
重金属 Cu^{2+},Ni^{2+},Zn^{2+},Hg^{2+},Fe^{2+}	$10^{-5}~10^{-3}$	有机物质	$10^{-6}~1$
H^+ 和 OH^-	$10^{-6}~10^{-4}$		

在消化过程中,对消化有抑制作用的物质主要有重金属离子、S^{2-}、NH_3、有机酸等。

重金属离子对甲烷消化的抑制作用体现在两个方面:

(1)与酶结合,产生变性物质,使酶的作用消失。

(2)重金属离子及氢氧化物的絮凝作用,使酶沉淀。

但重金属的毒性可以用络合法降低。例如,当锌的浓度为 1 mg/L 时,具有毒性,用硫化物沉淀法,加入 Na_2S 后,产生 ZnS 沉淀,毒性得以降低。多种金属离子共存时,毒性有互相拮抗作用,允许浓度可提高。

阴离子的毒害作用主要是 S^{2-}。S^{2-} 的来源有两方面:一是由无机硫酸盐还原而来,二是由蛋白质分解释放。硫存在的有利方面是:低浓度硫是细菌生长所需要的元素,可促进消化进程;硫直接与重金属络合形成硫化物沉淀。硫存在的有害方面是:若重金属离子较少,则消化液中将产生过多的 H_2S 释放而进入消化气中,降低消化气的质量并腐蚀金属设备如管道、锅炉等。

氨来源于有机物的分解,可在消化液中离解成 NH_4^+,其浓度取决于 pH。有机酸积累时,pH 降低,NH_3 浓度减小,NH_4^+ 浓度增大。当 NH_4^+ 浓度超过 150 mg/L 时,消化即受到抑制。

6)酸碱度、pH 和消化液的缓冲作用

甲烷菌对 pH 的适应范围在 6.6~7.5,即只允许在中性附近波动。在消化系统中,如果第一、二阶段的反应速率超过产甲烷阶段,则 pH 会降低,影响甲烷菌的生活环境。但由于消化液的缓冲作用,在一定范围内可以避免发生这种情况。缓冲剂是在有机物分解过程中产生的,即消化液中的 CO_2(形成碳酸)及 NH_3(以 NH_3 和 NH_4^+ 的形式存在),NH_4^+ 一般以 NH_4HCO_3 存在。因此,要求消化液有足够的缓冲能力,应保持碱度在 2 000 mg/L 以上。

3. 厌氧消化池池形、构造与设计

1)池形

消化池的基本池形有圆柱形和蛋形两种,见图 9-18。

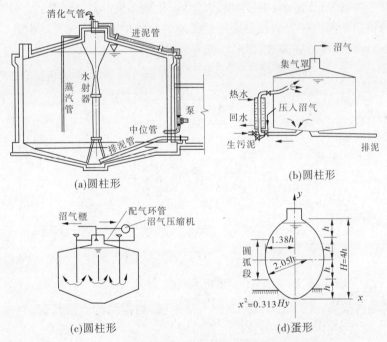

(a)圆柱形　　　　　　　　　　　(b)圆柱形

(c)圆柱形　　　　　　　　　　　(d)蛋形

图 9-18　消化池基本池形

圆柱形厌氧消化池的池径一般为 6~35 m,池总高与池径之比取 0.8~1.0,池底、池盖倾角一般取 15°~20°,池顶集气罩直径取 2~5 m,高 1~3 m。

大型消化池可采用蛋形,容积可达 10 000 m^3 以上。蛋形消化池在工艺与结构方面有如下优点:

(1)搅拌充分、均匀,无死角,污泥不会在池底固结;

(2)池内污泥的表面面积小,即使生成浮渣,也容易清除;

（3）在池容相等的条件下，池子总表面积比圆柱形小，故散热面积小，易于保温；

（4）蛋形的结构与受力条件最好，如采用钢筋混凝土结构，可节省材料；

（5）防渗性能好，聚集沼气效果好。

2）构造与设计

消化池的构造主要包括污泥的投配、排泥及溢流装置；沼气排出、收集与贮气设备；搅拌设备及加温设备等。

（1）污泥的投配、排泥与溢流装置。

①污泥的投配：生污泥需先排入污泥投配池，然后用污泥泵抽送至消化池。污泥投配池一般为矩形，至少设两个，池容根据生污泥量及投配方式确定，通常按 12 h 的贮泥量设计。投配池应加盖，设排气管及溢流管。如果采用消化池外加热生污泥的方式，则投配池可兼作污泥加热池。污泥管的最小管径为 150 mm。

②排泥：消化池的排泥管设在池底，依靠消化池内的静压将熟污泥排至污泥的后续处理装置。

③溢流装置：为避免消化池的投配过量、排泥不及时或沼气产量与用气量不平衡等情况发生时，沼气室内的气压增高致使池顶破坏。消化池必须设置溢流装置，及时溢流以保持沼气室压力恒定。溢流装置的设置原则是必须绝对避免集气罩与大气相通。溢流装置常用形式有倒虹管式、水封式及大气压式等，见图9-19。

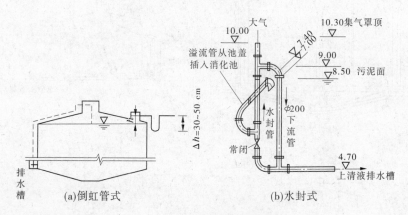

图9-19　消化池的溢流装置

倒虹管的池内端插入污泥面，池外端插入排水槽，均需保持淹没状态，当池内污泥面上升，沼气受压时，污泥或上清液可从倒虹管排出。

水封式溢流装置由溢流管、水封管与下流管组成。溢流管从消化池盖插入设计污泥面以下，水封管上端与大气相通，下流管的上端水平轴线标高高于设计污泥面，下端接入排水槽。当沼气受压时，污泥或上清液通过溢流管经水封管、下流管排入排水槽。

大气压式溢流装置中，当池内沼气受到的压力超过 Δh（Δh 为 U 型管内水层高度）时，即产生溢流。

溢流管的管径一般不小于 200 mm。

（2）沼气排出、收集与贮气设备。

由于产气量与用气量的不平衡,所以设贮气柜调节和储存沼气。沼气从集气罩通过沼气管道输送至贮气柜。沼气管的管径按日平均产气量计算,管内流速按 7~8 m/s 计,当消化池采用沼气循环搅拌时,则计算管径时应增加搅拌循环所需沼气量。

贮气柜有低压浮盖式与高压球形罐两种,见图 9-20。贮气柜的容积一般按平均日产气量的 25%~40%,即 6~10 h 的平均产气量计算。

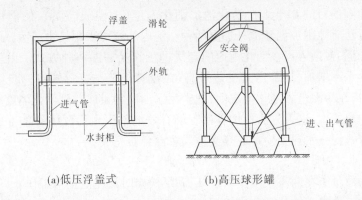

(a)低压浮盖式   (b)高压球形罐

图 9-20　贮气柜

低压浮盖式的浮盖重量决定了柜内的气压,柜内气压一般为 1 176~1 960 Pa(120~200 mmH$_2$O),最高可达 3 430~4 900 Pa(350~500 mmH$_2$O)。气压的大小可用盖顶加减铸铁块的数量进行调节。浮盖插入水封柜,以免沼气外泄。浮盖的直径与高度比一般采用 1.5∶1。

高压球形罐在需要长距离输送沼气时采用。

(3)搅拌设备。

搅拌的目的是使池内污泥温度与浓度均匀,防止污泥分层或形成浮渣层,均匀池内碱度,从而提高污泥分解速度。当消化池内各处污泥浓度相差不超过 10% 时,即认为混合均匀。

消化池的搅拌方法有沼气搅拌、泵加水射器搅拌、联合搅拌 3 种方式。可连续搅拌,也可间歇搅拌,即在 2~5 h 内将全池污泥搅拌一次。

①沼气搅拌:沼气搅拌的优点是没有机械磨损,搅拌比较充分,可促进厌氧分解,缩短消化时间。经空压机压缩后的沼气通过消化池顶盖上面的配气环管,通入每根立管,立管末端在同一标高上,距池底 1~2 m,或在池壁与池底连接面上。立管数量根据搅拌气量及立管内的气流速度决定。立管气流速度按 7~15 m/s 设计,搅拌气量按每 1 000 m³ 池容 5~7 m³/min 计,空气压缩机的功率按每立方米池容所需功率 5~8 W 计。

②泵加水射器搅拌:生污泥用污泥泵加压后,射入水射器,水射器顶端位于污泥面以下 0.2~0.3 m,泵压应大于 0.2 MPa,生污泥量与水射器吸入的污泥量之比为 1∶(3~5)。当消化池池径大于 10 m 时,水射器应设置 2 个或 2 个以上。如果需要,可以把加压后的部分污泥从中位管压入消化池进行补充搅拌。

③联合搅拌:联合搅拌的特点是把生污泥加温、沼气搅拌联合在一个热交换器装置内完成。经空气压缩机加压后的沼气以及经污泥泵加压后的生污泥分别从热交换器的下端

射入,并把消化池内的熟污泥抽吸出来,共同在热交换器中加热混合,然后从消化池的上部污泥面下喷入,完成加温搅拌过程。热交换器通过热量计算决定。如池径大于 10 m,可设 2 个或 2 个以上热交换器。推荐使用联合搅拌方法。其他搅拌方法如螺旋桨搅拌现已不常用。

(4)加温设备。

消化池加温的目的在于维持消化池的消化温度(中温或高温),使消化能有效地进行。加温的方法有池内加温和池外加温两种。池内加温可采用热水或蒸汽直接通入消化池进行直接加温,或通入设在消化池内的盘管进行间接加温两种方式。由于存在一些诸如使污泥的含水率增加、局部污泥受热过高、在盘管外壁结壳等缺点,故目前很少采用。池外加温,是指在污泥进入消化池之前,把生污泥加温到足以达到消化温度和补偿消化池壳体及管道的热损失,这种方法的优点在于可有效地杀灭生污泥中的寄生虫卵。池外加温多采用套管式泥—水热交换器或热交换器兼混合器完成。

(5)消化池容积计算。

消化池的数量应在两座或两座以上,以满足检修时消化池正常工作。

消化池的有效容积的计算公式如下:

$$V = \frac{Q_0}{n} \times 100$$

式中 Q_0——生污泥量,m^3/d;

n——污泥投配率(每日投加的新鲜污泥量与消化池有效容积的百分数)(%),中温消化一般取 5% ~ 8%;

V——消化池的有效容积,m^3。

4.两级厌氧消化

两级消化是污泥消化先后在两个消化池中进行。第一级消化池有加温、搅拌设备,并有集气罩收集沼气,消化温度为 33 ~ 35 ℃;第二级消化池没有加温与搅拌设备,依靠余热继续消化,消化温度为 20 ~ 26 ℃,消化气可收集或不收集。如不收集,可采用沼气燃烧器等控制沼气浓度。

两级消化是根据消化过程沼气产生的规律进行设计的。图 9-21 所示为中温消化的消化时间与产气率的关系,由此可见,在消化的前 8 d,产生的沼气量占全部产气量的80% 左右。因此,把消化池设计成两级,仅有约 20% 的沼气量没有收集,但是由于第二级消化池不需搅拌、加温,减少了能耗,且第二级消化池有浓缩污泥的功能。

两级消化池的设计主要是计算消化池的总有效容积,按容积比为一级:二级等于1:1、2:1或3:2,分成两个池子即可。常采用2:1的比值。

(二)好氧消化

1.好氧消化机制

污泥好氧消化反应式为:

$$C_5H_7NO_2 + 7O_2 \longrightarrow 5CO_2 + 3H_2O + H^+ + NO_3^-$$

从以上反应式可以看出,污泥中可降解物质完全被分解为无机物,反应彻底,氧化 1 kg 细胞物质需氧气约 2 kg。

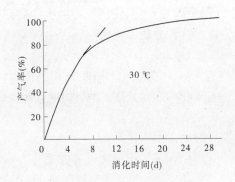

图9-21 消化时间与产气率的关系

在好氧消化中,池内溶解氧不得低于 2 mg/L,并应使污泥保持悬浮状态。搅拌强度必须充足,为利于搅拌,污泥的含水率一般在 95% 左右。另外,好氧消化池内的 pH 应维持在 7 左右,但在反应过程中,氨氮被氧化为硝氮,将引起 pH 的降低,故需要有足够的碱度来调节。

2. 好氧消化池的构造

好氧消化池的池型一般为圆形或方形,其构造类似于完全混合式活性污泥法曝气池。图 9-22 为圆形好氧消化池。其主要由曝气系统、好氧消化室、泥液分离室组成。生污泥进入好氧消化室,进行污泥好氧消化;好氧池内设曝气系统,采用表面曝气机或鼓风曝气方式,鼓风曝气系统由鼓风机、压缩空气管、空气扩散器、中心导流筒组成,曝气系统提供氧气并起搅拌作用;混合液进入泥液分离室,使污泥沉淀回流并把上清液排出;消化污泥由排泥管排出。

消化池底坡 i 不小于 0.25,水深一般采用 3~4 m,由鼓风机的风压所决定。

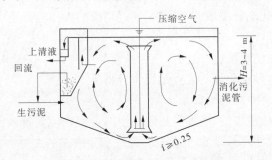

图9-22 圆形好氧消化池

好氧消化池的设计参见《给水排水设计手册》。

对于小城镇、生活小区的污水处理,常采用集污水沉淀与自然消化于一体的构筑物——化粪池。污水沉淀槽的设计基本同平流沉淀池,沉淀污泥落入下面的消化室,消化室的污泥在自然温度下消化,冬季约 6 ℃,夏季约 25 ℃,消化时间长达 60~210 d。

污泥的堆肥稳定就是利用嗜温菌、嗜热菌的作用,在有氧的条件下将污泥中的有机物分解,寄生虫卵、病菌杀灭,使污泥达到稳定。经堆肥后,污泥的肥效提高,并易于被农作物吸收,既可充分利用污泥,又可将污泥作最终处置。

污泥的石灰稳定是在污泥中投加石灰,使污泥中微生物受到抑制,防止污泥腐化而散发臭气,同时杀死病原微生物。这种方法并没有将污泥中的有机物分解,只是进行暂时的稳定处理,但有助于污泥的脱水处理。

污泥经浓缩、消化后,尚有 95%~97% 的含水率,体积仍很大。为了综合利用和最终处置,需进一步将污泥减量,进行干化和脱水处理。两者对脱除污泥的水分具有同等的效果。

三、污泥的干化与脱水

污泥的干化与脱水主要有自然干化、机械脱水等方法。

(一)污泥的自然干化

自然干化即利用自然下渗和蒸发作用脱除污泥中的水分,其主要构筑物是干化场。

1. 干化场的分类与构造

干化场分为自然滤层干化场与人工滤层干化场两种。前者适用于自然土质渗透性能好、地下水位低的地区。人工滤层干化场的滤层是人工铺设的,又可分为敞开式干化场和有盖式干化场两种。

人工滤层干化场的构造见图 9-23,它由不透水底板、排水系统、滤水层、输泥管、隔墙及围堤等部分组成。有盖式的,设有可移开(晴天)或盖上(雨天)的顶盖,顶盖一般用弓形复合塑料薄膜制成,移置方便。

滤水层的上层用细矿渣或砂层铺设,厚度为 200~300 mm;下层用粗矿渣或砾石铺设,层厚为 200~300 mm。排水管道系统用 100~150 mm 的陶土管或盲沟铺成,管道之间中心距 4~8 m,纵坡 0.002~0.003,排水管起点复土深(至砂层顶面)为 0.6 m。不透水底板由 200~400 mm 厚的黏土层或 150~300 mm 厚三七灰土夯实而成,也可用 100~150 mm 厚的素混凝土铺成,底板有 0.01~0.03 的坡度坡向排水管。

隔墙与围堤把干化场分隔成若干分块,通过切门的操作轮流使用,以提高干化场利用率。

在干燥、蒸发量大的地区,可采用由沥青或混凝土铺成的不透水层而无滤水层的干化场,依靠蒸发脱水。这种干化场的优点是泥饼容易铲除。

2. 干化场的脱水特点及影响因素

干化场脱水主要依靠渗透、蒸发与撇除。渗透过程在污泥排入干化场最初的 2~3 d 内完成,可使污泥含水率降低至 85% 左右。此后水分依靠蒸发脱水,经 1 周或数周(取决于当地气候条件)后,含水率可降低至 75% 左右。

影响干化场脱水的因素如下:

(1)气候条件:当地的降雨量、蒸发量、相对湿度、风速和年冰冻期。

(2)污泥性质:如初沉污泥或浓缩后的活性污泥,由于比阻较大,水分不易从稠密的污泥层中渗透下去,往往会形成沉淀,分离出上清液,故这类污泥主要依靠蒸发脱水,可在围堤或围墙的一定高度上开设撇水窗,撇除上清液,加速脱水过程。而消化污泥在消化池中承受着高于大气压的压力,污泥中含有许多沼气泡,排到干化场后,由于压力的降低,气体迅速释出,可把污泥颗粒挟带到污泥层的表面,使水的渗透阻力减小,提高了渗透脱水性能。

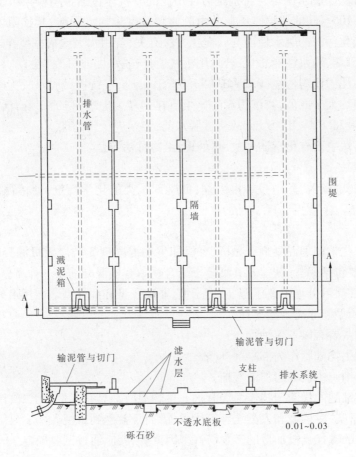

图 9-23 人工滤层干化场的构造

3. 干化场的设计

干化场设计的主要内容是确定干化场的总面积与分块数。

干化场总面积一般按面积污泥负荷进行计算。面积污泥负荷是指单位干化场面积每年可接纳的污泥量,单位为 $m^3/(m^2 \cdot a)$ 或 m/a。面积负荷的数值最好通过试验确定。

干化场的分块数最好大致等于干化天数,以使每次排入干化场的污泥有足够的干化时间,并能均匀地分布在干化场上以及方便铲除泥饼。如干化天数为 8 d,则分为 8 块,每天铲泥饼和进泥用 1 块,轮流使用。每块干化场的宽度与铲泥饼使用的机械和方法有关,一般采用 6 ~ 10 m。

(二) 污泥的机械脱水

机械脱水即利用机械设备脱除污泥中的水分。

1. 机械脱水前的预处理

预处理的目的在于改善污泥脱水性能,提高机械脱水效果与机械脱水设备的生产能力。

初沉污泥、活性污泥、腐殖污泥、消化污泥均由亲水性带负电荷的胶体颗粒组成,有机质含量高、比阻值大,脱水困难。特别是活性污泥的有机体包括平均粒径小于 0.1 μm 的胶体颗粒、1.0~100 μm 的超胶体颗粒及由胶体颗粒聚集的大颗粒,其比阻值最大,脱水最为困难。而消化污泥的脱水性能与其搅拌方法有关,若用水力或机械搅拌,污泥受到机械剪切,絮体被破坏,脱水性能恶化;若采用沼气搅拌,脱水性能可改善。

一般认为污泥的比阻值在 $(0.1~0.4) \times 10^9 \, S^2/g$ 时,进行机械脱水较为经济与适宜。但污泥的比阻值均大于此值,初沉污泥的比阻值在 $(4.7~6.2) \times 10^9 \, S^2/g$,活性污泥的比阻值高达 $(16.8~28.8) \times 10^9 \, S^2/g$,故机械脱水前,必须进行预处理。

预处理的方法主要有化学调理法、热处理法、冷冻法等。

1)化学调理法

化学调理法就是在污泥中投加混凝剂、助凝剂一类的化学药剂,使污泥颗粒产生絮凝,比阻值降低。

(1)混凝剂。

常用的污泥化学调理混凝剂有无机、有机和生物混凝剂 3 类。无机混凝剂是一种电解质化合物,主要包括铝盐、铁盐及其高分子聚合物。有机混凝剂是一种高分子聚合电解质,按基团带电性质可分为阳离子型、阴离子型、非离子型和两性型。在污水处理中,常用阳离子型、阴离子型和非离子型 3 种。

生物混凝剂主要有以下 3 种:

①直接将微生物细胞作为混凝剂。

②从微生物细胞中提取出的混凝剂。

③将微生物细胞的代谢产物作为混凝剂。生物混凝剂具有无毒、无二次污染、可生物降解、混凝絮体密实、对环境和人类无害等优点,因而日益受到重视。

混凝剂种类的选择及投加量的多少与许多因素有关,应通过试验确定。

(2)助凝剂。

助凝剂一般不起混凝作用。助凝剂的作用为:调节污泥的 pH;供给污泥以多孔状格网的骨架;改变污泥颗粒结构,破坏胶体的稳定性;提高混凝剂的混凝效果;增强絮体强度等。

常用助凝剂主要有硅藻土、珠光体、酸性白土、锯屑、污泥焚烧灰、电厂粉尘、石灰及贝壳粉等。

助凝剂的使用方法有两种:一种方法是直接加入污泥中,投加量一般为 10~100 mg/L;另一种方法是配制成浓度为 1%~6% 的糊状物,预先涂刷在转鼓真空过滤机的过滤介质上成为预辅助凝层。

2)热处理法

热处理可使污泥中有机物分解,破坏胶体颗粒稳定性,污泥内部水与吸附水被释放,比阻值可降低至 $1.0 \times 10^8 \, S^2/g$,脱水性能大大改善。同时,寄生虫卵、致病菌与病毒等也可被杀灭。因此,污泥热处理兼有污泥稳定、消毒和除臭等功能。热处理后的污泥进行重力浓缩,可使其含水率从 97%~99% 以上浓缩至 80%~90%,如直接进行机械脱水,泥饼含水率可达 30%~45%。

热处理法分为高温加压热处理法与低温加压热处理法两种,适用于各种污泥的处理。高温加压热处理法的控制温度为 170~200 ℃,低温加压热处理法的控制温度则低于

150 ℃,可在60~80 ℃运行,其他条件相同,如压力为1.0~1.5 MPa,反应时间为1~2 h。由于高温加压热处理法能耗较多,且热交换器与反应釜容易结垢,影响热处理效率,故一般采用低温加压热处理法。

热处理法的主要缺点是能耗较多,运行费用较高,分离液的COD、BOD_5高(分别为4 000~5 000 mg/L、2 000~3 000 mg/L),设备易受腐蚀。

3)冷冻法

冷冻法是将污泥进行冷冻处理。随着冷冻过程的进行,污泥中胶体颗粒向上压缩浓集,水分被挤出,再进行融解,使污泥颗粒的结构被彻底破坏,脱水性能大大提高,颗粒沉降与过滤速度可提高几十倍,可直接进行机械脱水。冷冻—融解是不可逆的,即使再用机械或水泵搅拌也不会重新成为胶体。

2. 机械脱水的基本原理

污泥的机械脱水是以过滤介质两面的压力差作为推动力,使污泥水分被强制通过过滤介质,形成滤液;而固体颗粒被截留在介质上,形成滤饼,从而达到脱水的目的。过滤基本过程见图9-24。

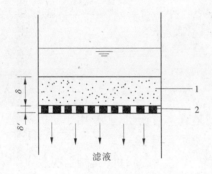

1—滤饼;2—过滤介质

图9-24 过滤基本过程

过滤开始时,滤液仅须克服过滤介质的阻力。当滤饼逐渐形成后,还必须克服滤饼本身的阻力。下式为过滤的基本方程式,即卡门公式。

$$\frac{t}{V} = \frac{\mu\omega r}{2pA^2}V + \frac{\mu R_f}{pA}$$

式中　V——滤液体积,m^3;

　　t——过滤时间,s;

　　p——过滤压力,kg/m^2;

　　A——过滤面积,m^2;

　　μ——滤液的动力黏滞度,$kg \cdot s/m^2$;

　　ω——滤过单位体积的滤液在过滤介质上截留的干固体质量,kg/m^3;

　　r——比阻,m/kg,单位过滤面积上,单位干重滤饼所具有的阻力称为比阻;

　　　　1 m/kg = 9.81 × 10^3 S^2/g;

　　R_f——过滤介质的阻抗,$1/m^2$。

常用的污泥机械脱水方法有真空吸滤法、压滤法和离心法等。其基本原理相同，不同点仅在于过滤推动力不同。真空吸滤脱水是在过滤介质的一面造成负压，压滤脱水是加压污泥，把水分压过过滤介质，离心脱水的过滤推动力是离心力。

3.机械脱水设备的过滤产率

机械脱水设备的过滤产率是指单位时间内在单位过滤面积上产生的滤饼干重，单位为 $kg/(m^2 \cdot s)$ 或 $kg/(m^2 \cdot h)$。过滤产率的高低取决于污泥的性质、压滤动力、预处理方法、过滤阻力及过滤面积，可用卡门公式进行计算。

若忽略过滤介质的阻抗，设过滤时间为 t，过滤周期为 t_c（包括准备时间、过滤时间、卸滤饼时间），过滤时间与过滤周期之比 $m = t/t_c$，则过滤产率计算式为：

$$L = \frac{W}{At_c} = \left(\frac{2p\omega m}{\mu r t_c}\right)^{\frac{1}{2}} \tag{9-11}$$

式中　L——过滤产率，$kg/(m^2 \cdot s)$；

　　　W——滤饼干重，kg；

　　　ω——单位体积滤液产生的滤饼干重，kg/m^3；

　　　p——过滤压力，N/m^2；

　　　μ——滤液动力黏滞度，$kg \cdot s/m^2$；

　　　r——比阻，m/kg；

　　　t_c——过滤周期，s。

4.真空过滤脱水

真空过滤脱水使用的机械是真空过滤机，主要用于初沉污泥及消化污泥的脱水。

1)真空过滤脱水机的构造与工作过程

国内使用较广的是 GP 型转鼓真空过滤机，其构造见图9-25。转鼓真空过滤机脱水系统的工艺流程见图9-26。

覆盖有过滤介质的空心转筒 1 浸在污泥槽 2 内。转鼓用径向隔板分隔成许多扇形格3，每格有单独的连通管，管端与分配头 4 相接。分配头由两片紧靠在一起的转动部件 5（与转筒一起转动）与固定部件 6 组成。转动部件 5 有一列小孔 9，每个孔通过连接管与各扇形格相连。固定部件 6 有缝 7 与真空管路 13 相通，孔 8 与压缩空气管路 14 相通。当转筒某扇形格的连通管旋转处于滤饼形成区 I 时，由于真空的作用，将污泥吸附在过滤介质上，污泥中的水通过过滤介质后沿管 13 流到气水分离罐。吸附在转筒上的滤饼转出污泥槽后，若管孔 9 在固定部件的缝 7 范围内，则在吸干区 II 内继续脱水，当管孔 9 与固定部件的孔 8 相通时，便进入反吹区 III 与压缩空气相通，滤饼被反吹松动，然后由刮刀 10 刮除，滤饼经皮带输送器外输。再转过休止区 IV 进入滤饼形成区 I，周而复始。

GP 型真空转鼓过滤机的主要缺点是过滤介质紧包在转筒上，清洗不充分，易于堵塞，影响过滤效率。为解决这个问题，可采用链带式转筒真空过滤机，即用辊轴把过滤介质转出，卸料并将过滤介质清洗干净后转至转筒。

2)真空过滤脱水所需附属设备

真空泵:抽气量为每过滤面积 $0.5 \sim 1.0$ m^3/min，真空度为 $200 \sim 500$ $mmHg$，最大 600

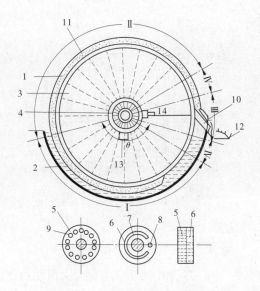

Ⅰ—滤饼形成区;Ⅱ—吸干区;Ⅲ—反吹区;Ⅳ—休止区;

1—空心转筒;2—污泥槽;3—扇形格;4—分配头;5—转动部件;6—固定部件;

7—与真空泵相通的缝;8—与空压机相通的孔;9—与各扇形格相通的孔;10—刮刀;

11—泥饼;12—皮带输送器;13—真空管路;14—压缩空气管路

图 9-25　GP 型转鼓真空过滤机的构造

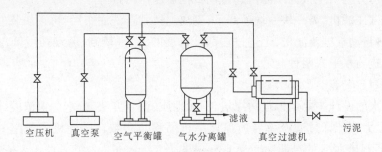

图 9-26　转鼓真空过滤机脱水系统的工艺流程

mmHg。真空泵所需电机按每 1 m³/min 抽气量配 1.2 kW 计算。真空泵不少于 2 台。

空压机:压缩空气量按每平方米过滤面积为 0.1 m³/min,压力(绝对压力)为 0.2 ~ 0.3 MPa 进行空压机选型。空压机所需电机按空气量每 1 m³/min 配 4 kW 计算。空压机不少于 2 台。

气水分离罐:容积按 3 min 的空气量计算。

真空过滤脱水的特点是能够连续生产,运行平稳,可自动控制。主要缺点是附属设备较多,工序较复杂,运行费用较高,所以目前应用较少。

5. 压滤脱水

1)压滤脱水机构造与工作过程

污泥压滤脱水采用板框压滤机,其基本构造见图 9-27。

板与框相间排列,在滤板的两侧覆有滤布,用压紧装置把板与框压紧,即在板与框之

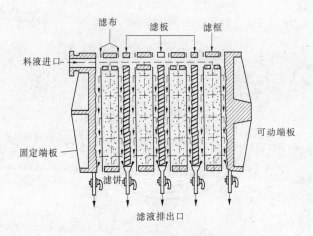

图9-27 板框压滤机的基本构造

间构成压滤室。在板与框的上端中间相同部位开有小孔,污泥由该通道进入压滤室,将可动端板向固定端板压紧,污泥加压到0.2~0.4 MPa。在滤板的表面刻有沟槽,下端钻有供滤液排出的孔道,滤液在压力下通过滤布,沿沟槽与孔道排出滤机,使污泥脱水。将可动端板拉开,清除滤饼。

2)压滤机的类型

压滤机可分为人工板框压滤机和自动板框压滤机两种。

人工板框压滤机,需一块一块地卸下,剥离泥饼并清洗滤布后,再逐块装上,劳动强度大,效率低。自动板框压滤机,上述过程都是自动的,效率较高,劳动强度低,自动板框压滤机有垂直式与水平式两种。

3)压滤脱水的设计

压滤脱水的设计主要是根据污泥量、污泥性质、调节方法、脱水泥饼浓度、压滤机工作制度、压滤压力等计算过滤产率及所需压滤机面积与台数。压滤机的产率一般为2~4 kg/(m² · h),压滤脱水的过滤周期为1.5~4 h。

板框压滤机构造较简单,过滤推动力大,适用于各种污泥,但不能连续运行。

6.滚压脱水

污泥滚压脱水的设备是带式压滤机。其主要特点是把压力施加在滤布上,依靠滤布的压力和张力使污泥脱水。这种脱水方法不需要真空或加压设备,动力消耗少,可以连续生产,目前应用较为广泛。带式压滤机的基本构造见图9-28。

带式压滤机由滚压轴及滤布组成。污泥先经过浓缩段(主要依靠重力),使污泥失去流动性,以免在压榨段被挤出滤布,浓缩段的停留时间为10~20 s。然后进入压榨段,压榨时间为1~5 min。

滚压的方式有两种:一种是滚压轴上下相对,几乎是瞬时压榨,压力大,见图9-28(a);另一种是滚压轴上下错开,见图9-28(b),依靠滚压轴施于滤布的张力压榨污泥,压榨的压力受张力限制,压力较小,压榨时间较长,主要依靠滚压对污泥剪切力的作用,促进泥饼的脱水。

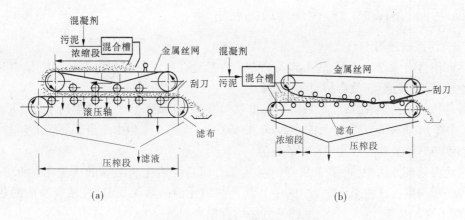

图 9-28　带式压滤机的基本构造

7. 离心脱水

污泥离心脱水采用的设备一般是低速锥筒式离心机,其构造见图 9-29。

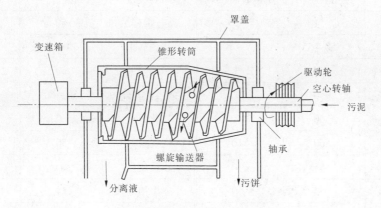

图 9-29　锥筒式离心机的构造

　　主要组成部分为螺旋输送器、锥形转筒、空心转轴。污泥从空心轴筒端进入,通过轴上小孔进入锥形转筒,螺旋输送器固定在空心转轴上,空心转轴与锥形转筒由驱动装置传动,同向转动,但两者之间有速差,前者稍慢,后者稍快。污泥中的水分和污泥颗粒由于受到的离心力不同而分离,污泥颗粒聚集在转筒外缘周围,由螺旋输送器将泥饼从锥口推出,随着泥饼的向前推进不断被离心压密,而不会受到进泥的搅动。分离液由转筒末端排出。

　　空心转轴与锥筒的速差越大,离心机的产率越大,泥饼在离心机中的停留时间也越短。泥饼的含水率越高,其固体回收率越低。

　　低速离心机由于转速低,所以动力消耗、机械磨损、噪声等都较低。污泥离心脱水具有构造简单、操作方便、可连续生产、可自动控制、卫生条件好、占地面积小、脱水效果好等优点,所以是目前污泥脱水的主要方法。缺点是污泥的预处理要求较高,必须使用高分子调节剂进行污泥调节。

四、污泥的消毒、干燥、焚烧与最终利用

(一)污泥的消毒

污泥中含有大量病原菌、病虫卵及病毒。为避免在污泥利用和污泥处理过程中对人体产生危害,造成感染,故必须对污泥进行经常性或季节性的消毒。

各种传染病菌、病虫卵与病毒等对温度都较敏感,其致死温度与时间列于表9-8。从表9-8中可知,其中绝大多数都能在约60 ℃、60 min内死亡。但由于受到污泥的包裹,其致死温度与时间要略高于表9-8中的数值。

在污泥处理方法中,很多兼具有消毒功能。如高温消化病虫卵的杀灭率达95% ~100%,伤寒与痢疾杆菌杀灭率为100%。其他如消化前的污泥加温、机械脱水前的热处理、污泥干燥与焚烧、湿式氧化、堆肥等方法均有很高的杀灭率。

专用的污泥消毒方法有巴氏消毒法、石灰稳定法、加氯消毒法等。

表9-8 传染病菌、病虫卵与病毒的致死温度与时间

种类	致死温度(℃)	所需时间(min)	种类	致死温度(℃)	所需时间(min)
蝇蛆	51	1	猪丹毒杆菌	50	15
蛔虫卵	50 ~ 55	5 ~ 10	猪瘟病虫	50 ~ 60	迅速
钩虫卵	50	3	口蹄疫菌	60	30
蛲虫卵	50	1	畜病虫卵与幼虫	50 ~ 60	1
痢疾杆菌	60	10 ~ 20	二化螟虫	60	1
伤寒杆菌	60	10	谷象	50	5
霍乱菌	55	30	小豆象虫	60	4
大肠杆菌	55	60	小麦黑穗病菌	54	10
结核杆菌	60	30	稻热病菌	51 ~ 54	10
炭疽杆菌	50 ~ 55	60	病毒	70	25

1. 巴氏消毒法

巴氏消毒法即低热消毒法,主要有两种方法:一是直接加温法,即以蒸汽直接通入污泥,使泥温达到70 ℃,持续时间30 ~ 60 min,所需蒸汽量根据污泥温度计算确定。此法的优点是热效率高,但污泥的含水量将增加,污泥体积将增加7% ~ 20%。二是间接加温法,即用热交换器使泥温达到70 ℃。此法的优点是污泥的体积不会增加,但如果污泥硬度较高,会在热交换器表面产生结垢。

巴氏消毒法操作比较简单,效果好,但成本较高。热源可用消化气,消毒后的污泥余热可回收用于预热待消毒的污泥,以降低耗热量。

2. 石灰稳定法

投加消石灰调节污泥的pH,使pH达到11.5,持续2 h可杀灭传染病菌,并有防腐与抑制气味产生的效果,兼具有稳定污泥的作用。此法消毒后的污泥,因pH太高不能用于

农田,可用作填地或制造建材。

3.加氯消毒法

污泥加氯可起消毒作用,成本低、操作简单。但加氯后,会与污泥中的 H^+ 产生 HCl,使 pH 急剧降低并可能产生氯胺。另外,HCl 会溶解污泥中的重金属,使污泥水中的重金属含量增加,因此采用加氯消毒法应慎重。

(二)污泥的干燥

污泥干燥的原理是让污泥与热干燥介质(热干气体)接触,使污泥中水分蒸发而随干燥介质除去。污泥干燥处理后,含水率可降至 20% 左右,体积可大大减小,从而便于运输、利用或最终处置。污泥干燥与焚烧各有专用设备,也可在同一设备中进行。

根据干燥器形状可分为回转圆筒式、急骤干燥器及带式干燥器 3 种。回转圆筒式干燥器在我国应用较多,其主体是用耐火材料制成的旋转滚筒,按照热风与污泥流动方向的不同分为并流、逆流与错流 3 种类型。

并流干燥器中干燥介质与污泥的流动方向相同。含水率高、温度低的污泥与含湿量低、温度高的干燥介质在同一端进入干燥器,两者之间的温差大,干燥推动力也大。流至干燥器的另一端时,干燥介质的温度降低,含湿量增加,污泥被干燥且温度升高。并流干燥器的沿程推动力不断降低,被介质带走的热能少,热损失较小。

逆流干燥器中干燥介质与污泥的流动方向相反。沿程干燥推动力较均匀,干燥速度也较均匀,干燥程度高。缺点是由于含水率高、温度低的污泥与含湿量高且温度已降低的干燥介质接触,介质所含湿量有可能冷凝反而使污泥含水率提高。此外,干燥介质排出时温度较高、热损失较大。

错流干燥器的干燥筒进口端较大、出口端较小,筒内壁固定有炒板,污泥与干燥介质同端进入后,由于筒体在旋转时,炒板把污泥炒起再掉下与干燥介质流向成为垂直相交。错流干燥器可克服并流、逆流的缺点,但构造比较复杂。

(三)污泥的焚烧

符合下列情况可以考虑采用污泥焚烧工艺:

(1)当污泥有毒物质含量高或不符合卫生要求,不能加以利用,其他处置方式又受到限制;

(2)卫生要求高,用地紧张的大中城市;

(3)污泥自身的燃烧热值高,可以自燃并利用燃烧热量发电;

(4)可与城市垃圾混合焚烧并利用燃烧热量发电。

污泥经焚烧后,含水率可降低为 0,使运输与最后处置大为简化。污泥在焚烧前应有效地脱水干燥。焚烧所需热量依靠污泥自身所含有机物的燃烧热值或辅助燃料。如果采用污泥焚烧工艺,预处理不宜采用污泥消化或其他稳定处理,以避免有机物质减少而降低污泥的燃烧热值。

污泥焚烧分为完全焚烧和湿式燃烧(即不完全焚烧)两种。

1.完全焚烧

在高温、供氧充足、常压条件下焚烧污泥,使污泥所含水分被完全蒸发,有机物质被完全氧化,焚烧的最终产物是 CO_2、H_2O、N_2 等气体及焚烧灰。

1）污泥的燃烧热值

污泥的燃烧热值由污泥的有机物含量，尤其是含碳量决定。可根据污泥性质及有机物含量计算得出，也可查阅表9-9。

表9-9　各种污泥的燃烧热值表

污泥种类	燃烧热值 kJ/kg（干）	污泥种类	燃烧热值 kJ/kg（干）
初沉污泥	15 826 ~ 18 191.6	初沉污泥与活性污泥	16 956.5
经消化的初沉污泥	7 201.3	消化后的初沉污泥与活性污泥	7 452.5
初沉污泥与腐殖污泥	14 905	活性污泥	14 905 ~ 15 214.8
消化后的初沉污泥与腐殖污泥	6 740.7 ~ 8 122.4		

2）完全焚烧设备

完全焚烧设备主要有回转焚烧炉、立式多段炉及流化床焚烧炉等，详见《给水排水设计手册》第9册。

2. 湿式燃烧

湿式燃烧是经浓缩后的污泥（含水率约96%），在液态下加温加压，并压入压缩空气，使有机物被氧化去除，从而改变污泥结构与成分，使脱水性能大大提高。湿式燃烧有80% ~ 90%的有机物被氧化，故又称为不完全焚烧。

湿式燃烧必须在高温、高压下进行，所用的氧化剂为空气中的氧气或纯氧、富氧。湿式燃烧属于化工装置。

湿式燃烧法主要应用于：

（1）高浓度有机性废水或污泥；

（2）含危险物、有毒物、爆炸物废水或污泥；

（3）回收有用物质如混凝剂、碱等；

（4）再生活性炭等。

湿式燃烧法的主要优点如下：

（1）适应性较强，难以被生物降解的有机物也可被氧化；

（2）能完全杀菌；

（3）反应在密闭的容器内进行，无臭，管理自动化；

（4）反应时间短，仅约1 h，好氧与厌氧微生物难以在短时间内降解的物质如吡啶、苯类、纤维、乙烯类、橡胶制品等，都可被碳化；

（5）残渣量少，仅为原污泥的1%以下，脱水性能好；

（6）分离液中氨氮含量高，有利于生物处理。

湿式燃烧法的缺点如下：

（1）反应塔在高温、高压下氧化过程中，产生的有机酸与无机酸，对塔壁有腐蚀作用，设备需用不锈钢制造，造价昂贵；

（2）需要专门的高压作业人员管理；

（3）高压泵与空压机电耗大,噪声大;

（4）热交换器、反应塔必须经常除垢,前者每个月需用5%硝酸清洗一次,后者每年清洗一次;

（5）需要有一套气体脱臭装置。

五、农肥利用与土地处理

污泥可作为农肥、建筑材料、填地与填海造地等。污泥的最终处置与利用与污泥处理工艺流程的选择密切相关,故要通盘考虑。

（一）污泥的农肥利用

我国城市污水处理厂污泥中含有的氮、磷、钾等植物性营养物质非常丰富,可作为农业肥料使用,污泥中含有的有机物又可作为土壤改良剂。

污泥作为肥料施用时必须符合:

（1）满足卫生学要求,即不得含有病菌、寄生虫卵与病毒,故在施用前应对污泥作消毒处理或季节性施用,在传染病流行时应停止施用;

（2）污泥所含重金属离子浓度必须符合我国《农用污泥中污染物控制标准》,因重金属离子最易被植物摄取并在根、茎、叶与果实内积累;

（3）总氮含量不能太高,氮是作物的主要肥分,但浓度太高会使作物的枝叶疯长而倒伏减产。

污泥堆肥是农业利用的有效途径。堆肥方法有污泥单独堆肥、污泥与城市垃圾混合堆肥两种。

污泥堆肥一般采用在好氧条件下,利用嗜温菌、嗜热菌的作用,分解污泥中有机物质并杀灭传染病菌、寄生虫卵与病毒,提高污泥肥分。

堆肥时,一般添加适量的膨胀剂,以增加孔隙率,改善通风以及调节污泥含水率与碳氮比。膨胀剂可用堆熟的污泥、稻草、木屑或城市垃圾等。

堆肥可分为两个阶段,即一级堆肥阶段与二级堆肥阶段。

一级堆肥阶段分为3个过程:发热、高温消毒及腐熟。一级堆肥阶段耗时 7~9 d,在堆肥仓内完成。

二级堆肥阶段是在一级堆肥完成后,停止强制通风,采用自然堆放方式,使其进一步熟化、干燥、成粒。堆肥成熟的标志是物料呈黑褐色,无臭味,手感松散,颗粒均匀,蚊蝇不繁殖,病原菌、寄生虫卵、病毒以及植物种子均被杀灭,氮、磷、钾等肥效增加且易被作物吸收,符合我国卫生部颁布的《高温堆肥卫生评价标准》(GB 7959—87)。

堆肥过程中产生的渗透液需就地或送污水处理厂处理。

（二）土地处理

土地处理有两种方式:改造土壤与污泥的专用处理场。

如将污泥投放于废露天矿场、尾矿场、采石场、粉煤灰堆场、戈壁滩与沙漠等地,可改造不毛之地为可耕地。污泥投放期间,应经常测定地下水和地表水,控制投放量。

污泥的专用处理场,污泥的施用量可达农田施用量的20倍以上。专用处理场应设截留地表径流沟及渗透水收集管,以免污染地表水与地下水。收集的渗透水应进行适当处理,专用处理场严禁种植作物。污泥投放量达到额定值后,可供公园、绿地使用。

（三）污泥制造建筑材料

（1）可提取活性污泥中含有的丰富的粗蛋白与球蛋白酶制成活性污泥树脂,与纤维填料混匀压制生产生化纤维板。

（2）利用污泥或污泥焚烧灰可生产污泥砖、地砖。

（四）污泥裂解

污泥经干化、干燥后,可以用煤裂解的工艺方法将污泥裂解制成可燃气、焦油、苯酚、丙酮、甲醇等化工原料。

（五）污泥填埋、填地与填海造地

填埋是我国目前污泥处置的主要方法,可以与多个城市垃圾联合建填埋场,具体要求见有关规范。不符合利用条件的污泥,或当地需要时,可利用干化污泥填地、填海造地。

第十章　特殊处理方法

第一节　吸附法

　　吸附是一种物质在另一种物质表面上进行自动累积或浓集的现象。如把含有某种颜色的水与活性炭接触,带色的物质就会从水中转移到活性炭表面上去,水的颜色便逐渐消失,这种现象就是吸附。吸附可以发生在气—液、气—固、气—液两相之间。在污水处理中,吸附则是利用多孔性固体物质的表面吸附污水中的一种或多种污染物,从而达到净化水质的目的。通常把能起吸附作用的多孔性固体物质称为吸附剂,被吸附物质称为吸附质。

　　在水处理领域,吸附法主要用以脱除水中的微量污染物,应用范围包括脱色、除臭,脱除重金属、各种溶解性有机物、放射性元素等。在处理流程中,吸附法可作为离子交换、膜分离等方法的预处理手段,以去除有机物、胶体物及余氯等;也可以作为二级处理后的深度处理手段,以保证回用水的质量。

　　利用吸附法进行水处理,具有适应范围广、处理效果好、可回收有用物料、吸附剂可重复使用等优点,但对进水预处理要求较高,运转费用较贵,系统庞大,操作较麻烦。

一、吸附类型

　　吸附剂表面的吸附力可分为三种,即分子间引力(范德华力)、化学键力和静电引力,因此吸附可分为三种类型:物理吸附、化学吸附和离子交换吸附。

(一)物理吸附

　　物理吸附是一种常见的吸附现象。吸附质与吸附剂之间的分子间引力产生的吸附过程,称为物理吸附。物理吸附的特征表现在以下几个方面:

　　(1)物理吸附是放热反应。

　　(2)没有特定的选择性。由于物质间普遍存在着分子引力,同一种吸附剂可以吸附多种吸附质,只是因为吸附质间性质的差异而导致同一种吸附剂对不同吸附质的吸附能力有所不同。物理吸附可以是单分子层吸附,也可以是多分子层吸附。

　　(3)物理吸附的动力来自于分子间引力,吸附力较小,因而在较低温度下就可以进行。不发生化学反应,所以不需要活化能。

　　(4)被吸附的物质由于分子的热运动会脱离吸附剂表面而自由转移,该现象称为脱附或解吸。吸附质在吸附剂表面可以较易解吸。

　　(5)影响物理吸附的主要因素是吸附剂的比表面积。

(二)化学吸附

　　化学吸附是吸附质与吸附剂之间由于化学键力发生了作用而使得化学性质改变引起

的吸附过程。化学吸附的特征如下：

（1）吸附热大，相当于化学反应热。

（2）有选择性。一种吸附剂只能对一种或几种吸附质发生吸附作用，且只能形成单分子层吸附。

（3）化学吸附比较稳定，当吸附的化学键力较大时，吸附反应为不可逆。

（4）吸附剂表面的化学性能、吸附质的化学性质以及温度条件等，对化学吸附有较大的影响。

物理吸附后再生容易，且能回收吸附质，化学吸附因结合牢固，再生较困难，必须在高温下才能脱附。脱附下来的可能还是原吸附物质，也可能是新的物质。

利用化学吸附处理毒性很强的污染物更安全。

（三）离子交换吸附

离子交换吸附是指吸附质的离子由于静电引力聚集到吸附剂表面的带电点上，同时吸附剂表面原先固定在这些带电点上的其他离子被置换出来。离子所带电荷越多，吸附越强。电荷相同的离子，其水化半径越小，越易被吸附。

水处理中大多数的吸附现象往往是上述三种吸附作用的综合结果，即几种造成吸附作用的力常常相互起作用。只是由于吸附质、吸附剂以及吸附温度等具体吸附条件的不同，某种吸附占主要地位而已。例如，同一吸附体系在中高温下可能主要发生化学吸附，而在低温条件下可能主要发生物理吸附。

二、吸附容量

如果是可逆的吸附过程，当废水与吸附剂充分接触后，在溶液中的吸附质被吸附剂吸附。另外，由于热运动的结果使一部分已被吸附的吸附质，脱离吸附剂的表面，又回到液相中去。这种吸附质被吸附剂吸附的过程称为吸附过程；已被吸附的吸附质脱离吸附剂的表面又回到液相中去的过程称为解吸过程。当吸附速度和解吸速度相等时，即单位时间内吸附的数量等于解吸的数量时，则吸附质在溶液中的浓度和吸附剂表面上的浓度都不再改变而达到平衡，达到动态的吸附平衡。此时，吸附质在溶液中的浓度称为平衡浓度。

吸附剂吸附能力的大小以吸附容量 q_e（g/g）表示。所谓吸附容量，是指单位质量的吸附剂（g）所吸附的吸附质的质量（g）。吸附容量可用下式计算：

$$q_e = \frac{V(C_0 - C_e)}{W} \tag{10-1}$$

式中　q_e——吸附剂的平衡吸附容量，g/g；

V——溶液体积，L；

C_0——溶液的初始吸附质浓度，g/L；

C_e——吸附平衡时的吸附质浓度，g/L；

W——吸附剂投加质量，g。

在温度一定的条件下，吸附容量随吸附质平衡浓度的提高而增加。把吸附容量随平衡浓度而变化的曲线称为吸附等温线。

吸附容量是选择吸附剂和设计吸附设备的重要数据。这些指标虽然表示吸附剂对该吸附质的吸附能力,但这些指标与在水中对吸附质的吸附能力不一定相符,因此还应参考通过试验确定的吸附容量,进行设备的设计。

三、吸附速度

吸附剂对吸附质的吸附效果,一般用吸附容量和吸附速度来衡量。所谓吸附速度,是指单位质量的吸附剂在单位时间内所吸附的物质量。吸附速度属于吸附动力学范畴,对于吸附处理工艺具有实际意义。吸附速度决定了水和吸附剂的接触时间。吸附速度取决于吸附剂对吸附质的吸附过程。水中多孔的吸附剂对吸附质的吸附过程可分为以下三个阶段:

第一阶段称为颗粒外部扩散(又称膜扩散)阶段。吸附质首先通过吸附剂颗粒周围存在的液膜,到达吸附剂的外表面。

第二阶段称为颗粒内部扩散阶段。吸附质由吸附剂外表面向细孔深处扩散。

第三阶段称为吸附反应阶段。吸附质被吸附在细孔内表面上。

在一般情况下,由于第三阶段进行的吸附反应速度很快,因此吸附速度主要由颗粒外部扩散速度和颗粒内部扩散速度来控制。

根据试验得知,颗粒外部扩散速度与溶液浓度、吸附剂的外表面积成正比,溶液浓度越高、颗粒直径越小、搅动程度越大,吸附速度越快,扩散速度就越大。颗粒内部扩散速度与吸附剂细孔的大小、构造、吸附剂颗粒大小、构造等因素有关。

四、吸附过程的影响因素

在吸附的实际应用中,若要达到预期的吸附净化效果,除需要针对所处理的废水性质选择合适的吸附剂外,还必须将处理系统控制在最佳的工艺操作条件下。影响吸附的因素主要有吸附剂的性质、吸附质的性质和吸附过程的操作条件等。

(一)吸附剂的性质

吸附剂的性质主要有比表面积、种类、极性、颗粒大小、细孔的构造和分布情况及表面化学性质等。吸附是一种表面现象,比表面积越大、颗粒越小,吸附容量就越大,吸附能力就越强。吸附剂表面化学结构和表面荷电性质,对吸附过程也有较大影响。一般极性分子(或离子)型的吸附剂易吸附极性分子(或离子)型的吸附质,反之亦然。

(二)吸附质的性质

吸附质的性质主要有溶解度、表面自由能、极性、吸附质分子大小和不饱和度、吸附质的浓度等。吸附质的溶解性能对平衡吸附有重大影响。溶解度越小的吸附质越容易被吸附,也就越不容易被解吸。对于有机物在活性炭上的吸附,随同系物含碳原子数的增加,有机物疏水性增强,溶解度减小,因而活性炭对其的吸附容量越大。吸附质分子体积越大,其扩散系数越大,吸附效率就越大。吸附过程由颗粒内部扩散控制时,受吸附质分子大小的影响较为明显。在一定浓度范围内,吸附质浓度增加,吸附量也随之增大。

(三)吸附过程的操作条件

吸附过程的操作条件主要包括水的 pH、共存物质、温度、接触时间等。

1. pH

pH 会影响吸附质在水中的离解度、溶解度及其存在状态,同样会影响吸附剂表面的荷电性和其他化学特性,从而会影响吸附的效果。例如,用活性炭去除水中有机污染物时,其在酸性溶液中的吸附量一般要大于在碱性溶液中的吸附量。

2. 共存物质

在物理吸附过程中,吸附剂可对多种吸附质产生吸附作用,所以多种吸附质共存时,吸附剂对其中任一种吸附质的吸附能力,都要低于组分、浓度相同但只含有该吸附质时的吸附能力,即每种溶质都会以某种方式与其他溶质竞争吸附活性中心点。另外,废水中有油类或悬浮物质存在时,油类物质会在吸附剂表面形成油膜,对膜扩散产生影响;悬浮物质会堵塞吸附剂孔隙,对孔隙扩散产生干扰和阻碍作用,故应采取预处理措施。

3. 温度

吸附过程一般是放热过程,所以低温有利于吸附,特别是以物理吸附为主的场合。吸附过程的热效应较低,在通常情况下温度变化并不明显,因而温度对吸附过程的影响不大。而在活性炭再生时,需要通过大幅度加温以促使吸附质解吸。

4. 接触时间

只有吸附剂和吸附质有足够的时间接触,才能达到吸附平衡,吸附剂的吸附能力才能得到充分利用。达到吸附平衡所需要的时间取决于吸附操作,吸附速度越快,达到平衡所需要的接触时间就越短。

五、吸附剂

(一) 吸附剂的表面特性

本书所讲吸附剂主要是指固体吸附剂,如活性炭、硅藻土、沸石、离子交换树脂等。一般固体表面都有吸附作用,由于吸附可看成是一种表面现象,所以与吸附剂的表面特性有密切的关系。采用吸附的方法进行水处理,实质上是利用吸附剂的吸附特性实现对污染物的分离。吸附剂性能的好坏,选用的吸附剂是否适用于处理对象,对吸附效率影响较大。

1. 比表面积

单位质量的吸附剂所具有的表面积称为比表面积(m^2/g)。比表面积越大,吸附能力越强,一般比表面积随物质孔隙的增多而增大。由于孔性活性炭的比表面积可达 1 000 m^2/g 以上,所以活性炭在水处理中是一种良好的吸附剂。

2. 表面能

液体或固体物质内部的分子受它周围分子的引力在各个方向上都是均衡的,一般内层分子之间引力大于外层分子引力,故一种物质的表面分子比内部分子具有多余的能量,称为表面能。固体表面由于具有表面能,因此具有表面吸附作用。

3. 表面化学性质

在固体表面上的吸附除与其比表面积有关外,还与固体所具有的晶体结构中的化学键有关。固体对溶液中电解质离子的选择性吸附就与这种特性有关。

固体比表面积的大小只提供了被吸附物与吸附剂之间的接触机会,表面能能从能量的角度研究吸附表面过程自动发生的原因,而吸附剂表面的化学状态在各种特性吸附中起着重要的作用。

(二)对吸附剂的要求及吸附剂的种类

除了具有表面特性,吸附剂还需要满足以下技术、经济性能的要求:

(1)吸附选择性好;

(2)吸附容量大;

(3)吸附平衡浓度低;

(4)机械强度高;

(5)化学性质稳定;

(6)容易再生和再利用;

(7)制作原料来源广泛,价格低廉。

可用于水处理的吸附剂种类很多,包括活性炭、磺化煤、焦炭、煤灰、炉渣、硅藻土、白土、沸石、麦饭石、木屑、腐殖酸、氧化硅、活性氧化铝、吸附树脂等。其中,应用较为广泛的是活性炭、吸附树脂和腐殖酸类吸附剂。

铝 – 硅系吸附剂是亲水性吸附剂,对极性物质有选择吸附性,因此可作为吸潮剂、脱水剂和精制非极性溶液的吸附剂。活性炭是疏水性吸附剂,对水溶液中的有机物具有较强的吸附作用,因此作为净水处理城市污水与工业废水处理最常用的吸附剂。

(三)活性炭

1. 活性炭的分类

活性炭根据形状和制造方法进行分类,如表 10-1 所示。还可根据用途分为液相吸附炭和气相吸附炭。

表 10-1　活性炭的分类

按形状分类	粉性炭
	粒状炭(包括无定形炭、柱状炭、球形炭等)
按制造方法分类	药剂活性炭(大部分为 $ZnCl_2$ 活化的粉状炭)
	气体活性炭(水蒸气活化的粉状炭和粒状炭)

活性炭是以含碳为主的物质,如煤、木屑、果壳以及含碳的有机废渣等作原料,经高温炭化和活化制得的疏水性吸附剂。在制造过程中以活化过程最为重要,根据活化方法可分为药剂活化法及气体活化法。

2. 活性炭的一般性质

活性炭外观为暗黑色,具有良好的吸附性能,化学稳定性好,可耐强酸及强碱,能经受水浸、高温,比重比水轻,是多孔性的疏水性吸附剂。

3. 细孔构造和细孔分布

活性炭在制造过程中,挥发性有机物去除后,晶格间形成许多形状和大小不同的细孔。这些细孔壁的总表面积(即比表面积)一般高达 $500 \sim 1\ 700\ m^2/g$,这就是活性炭吸附能力强、吸附容量大的主要原因。表面积相同的活性炭,对同一种物质的吸附容量有时也不同,这与活性炭的细孔结构和细孔分布有关。细孔构造随原料、活化方法、活化条件不同而异,一般可以根据细孔半径的大小分为三种:大微孔,半径 100 ~ 10 000 nm;过渡孔,半径 2 ~ 100 nm;小微孔,半径小于 2 nm。一般活性炭的小微孔容积 0.15 ~ 0.90 mL/g,其表面积占总表面积的 95% 以上,对吸附量的影响最大,与其他吸附剂相比,具有小微孔特别发达的特征;过渡孔的容积 0.02 ~ 0.10 mL/g,其表面积通常不超过总表面积的 5%;大微孔容积 0.2 ~ 0.5 mL/g,其表面积仅有 0.5 ~ 5 m²/g,对于液相物理吸附,大微孔的作用不大,但作为触媒载体时,大微孔的作用甚为显著。

活性炭的性质受多种因素的影响,不同的原料、不同的活化方法和条件,制得的活性炭的细孔半径也不同,表面积所占比例也不同。

活性炭的细孔分布及作用模式如图 10-1 所示。

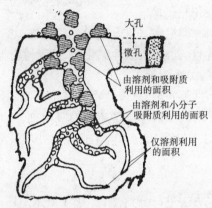

图 10-1　活性炭的细孔分布及作用模式

4. 活性炭表面化学性质

1) 活性炭的元素组成

活性炭的吸附特性,不仅受细孔结构的影响,而且受活性炭表面化学性质的影响。在组成活性炭的元素中,碳占 70% ~ 95%,此外还含有两种混合物:一种是由于原料中本来就存在炭化过程中不完全炭化而残留在活性炭结构中,或在活化时以化学键结合的氧和氢。另一种是灰分,构成活性炭的无机部分。灰分的含量及组成与活性炭的种类有关,椰壳炭的灰分在 3% 左右,煤质炭的灰分高达 20% ~ 30%。活性炭的灰分对活性炭吸附水溶液中有些电解质和非电解质有催化作用。此外,活性炭含硫较低,活化质量好的炭不应检出硫化物,氮的含量也应极微。

2) 表面氧化物

活性炭中氢和氧的存在对活性炭的吸附及其特性有很大的影响。在炭化及活化的过程中,由于氢和氧与碳以化学键结合,活性炭的表面上有含各种有机官能团的氧化物及碳氢化物,这些氧化物使活性炭与吸附质分子发生化学作用,显示出活性炭的选择吸附性。这些有机官能团有羧基、酚性氢基、醌型碳基、醚、酯、萤光黄型的内酯、碳酸无水物、环状过氧化物等。

在活化和后处理(酸洗或碱洗)的过程中,活性炭表面带有在水溶液中呈酸性或碱性的化合物。在液相吸附时,可以改变溶液的 pH。活性炭在后处理时对酸、碱的吸附量,与活化温度有密切的关系。

5. 活性炭水处理的特点

（1）活性炭对水中有机物有较强的吸附特性。由于活性炭具有发达的细孔结构和巨大的比表面积，所以对水中溶解的有机污染物，如苯类化合物、酚类化合物、石油及石油产品等具有较强的吸附能力，而且对用生物法和其他化学法难以去除的有机污染物，如色度、异臭、亚甲蓝表面活性物质、除草剂、杀虫剂、农药、合成洗涤剂、合成染料、胺类化合物及许多人工合成的有机化合物等都有较好的去除效果。

（2）活性炭对水质、水温及水量的变化有较强的适应能力。对同一种有机污染物的污水，活性炭在高浓度或低浓度时都有较好的去除效果。

（3）活性炭水处理装置占地面积小，易于自动控制，运转管理简单。

（4）活性炭对某些重金属化合物也有较强的吸附能力，如汞、铅、铁、镍、铬、锌、钴等，所以活性炭对电镀废水、冶炼废水的处理也有很好的效果。

（5）活性炭经再生后可重复使用，不产生二次污染。

（6）可回收有用物质，如处理高浓度含酚废水，用碱再生后可回收酚钠盐。

活性炭是目前水处理中应用最为广泛的吸附剂。粉状活性炭吸附能力强，易制备，成本低，但再生困难，不易重复使用；粒状活性炭吸附能力低于粉状活性炭的，生产成本也较高，但工艺操作简便，再生后可重复使用，故在实际中使用量较大。

纤维活性炭是一种新型高效的吸附材料，是将有机碳纤维经过活化处理后制成的，具有发达的微孔结构和巨大的表面积，并拥有众多的官能团，其吸附性能远远超过目前的普通活性炭，但对制造的原料要求较高，工艺过程也较为严格。

（四）其他吸附剂

1. 树脂吸附剂

树脂吸附剂又称吸附树脂，是一种人工合成的有机材料制造的新型有机吸附剂。它具有立体网状结构，微观上呈多孔海绵状，具有良好的物理、化学性能，在 150 ℃下使用不熔化、不变形，耐酸耐碱，不溶于一般溶剂，比表面积达 800 m^2/g。

按吸附树脂的特性，可以将其划分为非极性、弱极性、极性和强极性四种类型。在吸附树脂的制造过程中，其结构特性可以较容易地进行人为控制，例如可以根据吸附质的特性要求，设计特殊的专用树脂，但价格较高。

吸附树脂是在水处理中有发展前途的一种新型吸附剂，具有选择性好、稳定性高、应用范围广泛等特点，吸附能力接近于活性炭，比活性炭更易再生。在应用上，其性能介于活性炭与离子交换树脂之间，适用于微溶于水、极易溶于有机溶剂、分子量略大且带有极性的有机物的吸附处理，例如脱色、脱酚和除油等。

2. 腐殖酸类吸附剂

腐殖酸是一组具有芳香结构、性质相似的酸性物质的复合混合物。腐殖酸的结构单元中含有大量的活性基团，包括酚基、羧基、醇基、甲氧基、羰基、醌基、胺基和磺酸基等。腐殖酸对阳离子的吸附性能，由上述活性基团决定。

作为吸附剂使用的腐殖酸类物质有两类。一类是直接或经简单处理后用作吸附剂的天然富含腐殖酸的物质，如泥煤、风化煤、褐煤等；另一类是将富含腐殖酸的物质用适当的黏合剂制备腐殖酸系树脂,造粒成型后应用。

腐殖酸类物质能吸附污水中的多种金属离子,尤其是对重金属离子和放射性离子,吸附率达 90%~99%。腐殖酸对阳离子的吸附净化过程包括离子交换、螯合、表面吸附、凝聚等作用,既有化学吸附,也有物理吸附。金属离子的存在形态不同,吸附净化的效果也不同。当金属离子浓度高时,离子交换占主导地位;当金属离子浓度低时,以螯合作用为主。

腐殖酸类物质吸附饱和后,再生较为容易。但在应用中存在吸附容量不高、机械强度低、pH 范围窄等问题,还需要对此进一步地研究改善。

六、吸附工艺和设备

(一)吸附操作的方式

在水处理中,根据水的状态,可以将吸附操作分为静态吸附和动态吸附两种。

1. 静态吸附

静态吸附又称静态间歇式吸附,是指在水不流动的条件下进行的吸附操作,其操作的工艺过程是,把一定数量的吸附剂投加入待处理的水中,不断进行搅拌,经过一定时间达到吸附平衡时,以静置沉淀或过滤方法实现固液分离。若一次吸附的出水不符合要求,可增加吸附剂用量,延长吸附时间或进行二次吸附,直到符合要求。

静态吸附常用于小水量处理或试验研究。

2. 动态吸附

动态吸附又称动态连续式吸附,是指在水流动条件下进行的吸附操作。其操作的工艺过程是,污水不断地流过装填有吸附剂的吸附床(柱、罐、塔),污水中的污染物和吸附剂接触并被吸附,在流出吸附床之前,污染物浓度降至处理要求值以下,直接获得净化出水。

实际应用中的吸附处理系统一般都采用动态连续式吸附工艺。

(二)吸附设备

水处理常用的动态吸附设备有固定床、移动床和流化床。

1. 固定床

固定床是指在操作过程中将吸附剂固定填放在吸附设备中,是水处理吸附工艺中最常用的一种方式。

固定床吸附工艺过程是,当污水连续流经吸附床(吸附塔或吸附池)时,待去除的污染物(吸附质)不断地被吸附剂吸附,吸附剂的数量足够多时,出水中的污染物浓度可降低到零。在实际运行过程中,随着吸附过程的进行,吸附床上部饱和层厚度不断增加,下部新鲜吸附层则不断减少,出水中污染物浓度会逐渐增加,其浓度达到出水要求的限定值时,必须停止进水,转入吸附剂的再生程序。吸附和再生可在同一设备内交替进行,也可将失效的吸附剂卸出,送到再生设备进行再生。在这项工艺中,由于再生时尚有部分吸附剂未达到饱和,所以吸附剂的利用不充分。

根据水流方向不同,固定床又分为降流式和升流式两种形式。

降流式固定床吸附塔构造示意图如图 10-2 所示。降流式固定床的出水水质较好,但经过吸附层的水头损失较大,特别是处理含悬浮物较高的废水时,悬浮物易堵塞吸附层,所以要定期进行反冲洗。有时需要在吸附层上部设反冲洗设备。

在升流式固定床中,水头损失增大,可适当提高水流流速,使填充层稍有膨胀(上下层不能互相混合)就可以达到自清的目的。这种方式由于层内水头损失增加较慢,所以运行时间较长,但对废水入口处(底层)吸附层的冲洗不如降流式。由于流量变动或操作一时失误就会使吸附剂流失。

根据处理水量、原水的水质和处理要求不同,固定床又可分为单床式、多床串联式和多床并联式三种,如图 10-3 所示。

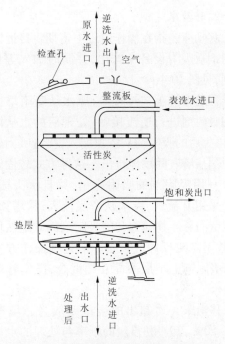

图 10-2　降流式固定床吸附塔构造示意图

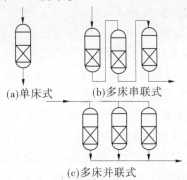

(a)单床式　(b)多床串联式

(c)多床并联式

图 10-3　固定床吸附操作示意图

废水处理采用的固定床吸附设备的大小和操作条件,根据实际设备的运行资料建议采用下列数据:

塔径	$1 \sim 3.5$ m
吸附塔高度	$3 \sim 10$ m
填充层与塔径比	$(1 \sim 4):1$
吸附剂粒径	$0.5 \sim 2$ mm(活性炭)
接触时间	$10 \sim 50$ min
容积速度	2 m^3/(h·m^3)以下(固定床)
	5 m^3/(h·m^3)以下(移动床)
线速度	$2 \sim 10$ m/h(固定床)
	$10 \sim 30$ m/h(移动床)

2. 移动床

移动床是指在操作过程中定期将接近饱和的吸附剂从吸附设备中排出,并同时加入等量的吸附剂,见图10-4。

移动床的工艺过程是,原水从吸附塔底部流入和吸附剂进行逆流接触,处理后的水从塔顶流出,再生后的吸附剂从塔顶加入,接近吸附饱和的吸附剂从塔底间歇地排出。这种方式较固定床能充分利用吸附剂的吸附容量,并且水头损失小。由于采用升流式,废水从塔底流入,从塔顶流出,被截留的悬浮物随饱和的吸附剂间歇地从塔底排出,故不需要反冲洗设备。但这种操作方式要求塔内吸附剂上下层不能互相混合,操作管理要求高。

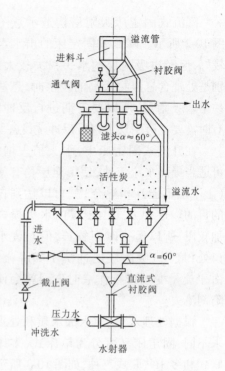

移动床一次卸出的炭量一般为总填充量的 5% ~ 20%,卸炭和投炭的频率与处理的水量和水质有关,从数小时到一周。在卸料的同时投加等量的再生炭或新炭。移动床高度可达 5 ~ 10 m。

图10-4 移动床吸附塔构造示意图

移动床进水的悬浮物浓度不大于 30 mg/L。移动床设备简单,出水水质好,占地面积小,操作管理方便,较大规模的废水处理多采用这种形式。

3. 流化床

流化床是指在操作过程中吸附剂悬浮于由下至上的水流中,处于膨胀状态或流化状态。被处理的废水与活性炭基本上也是逆流接触。流化床一般连续卸炭和连续投炭,空塔速度要求上下不混层,保持炭层成层状向下移动,所以运行操作要求严格。由于活性炭在水中处于膨胀状态,与水的接触面积大,因此用少量的炭就可以处理较多的废水,基建费用低。这种操作适用于处理含悬浮物较多的废水,不需要进行反冲。

由于移动床、流化床操作较麻烦,在水处理中应用较少。

七、活性炭的再生

吸附剂失效经再生可重复使用。吸附剂的再生,就是在吸附剂本身结构不发生或极少发生变化的情况下,用某种方法将被吸附的物质,从吸附剂的细孔中除去,以达到能够重复使用的目的。

活性炭的再生方法有加热再生法、药剂再生法、氧化再生法等。

(一)加热再生法

加热再生法分低温和高温两种再生方法。

1. 低温法

低温法适用于吸附浓度较高的简单的、摩尔质量较低的碳氢化合物和芳香族有机物的活性炭的再生。由于沸点较低,一般加热到 200 ℃ 即可脱附。一般采用水蒸气再生,可直接在塔内进行再生。被吸附有机物脱附后可再利用。

2. 高温法

高温法适用于水处理粒状炭的再生。高温加热再生过程一般分以下5步进行：

第一步，进行脱水，使活性炭和输送液体进行分离；第二步进行干燥处理，加温到100~150 ℃，将吸附在活性炭细孔中的水分蒸发出来，同时部分低沸点的有机物也能够挥发出来；第三步进行炭化，继续加热到300~700 ℃，高沸点的有机物由于热分解，一部分转化成低沸点的有机物挥发出来，另一部分被炭化，留在活性炭的细孔中；第四步进行活化处理，将留在活性炭细孔中的残留炭，用活化气体（如水蒸气、二氧化碳及氧）进行气化，达到重新造孔的目的。活化温度一般为700~1 000 ℃；第五步进行冷却处理，活化后的活性炭用水急剧冷却，防止氧化。

活性炭高温加热再生系统如图10-5所示。

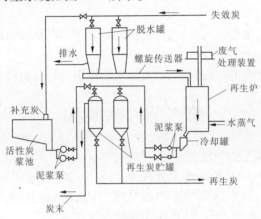

图10-5　活性炭高温加热再生系统

几乎所有有机物都可以采用高温加热再生法再生，再生炭质量均匀，性能恢复率高，一般在95%以上，再生时间短，粉状炭需几秒钟，粒状炭为30~60 min，不产生有机再生废液。但再生设备造价高，再生损失率高，再生一次活性炭损失率达3%~10%，由于高温下进行工作，再生炉内衬材料的耗量大，且需要严格控制温度和气体条件。

（二）药剂再生法

药剂再生法分为无机药剂再生法和有机溶剂再生法两类。

1. 无机药剂再生法

采用碱（NaOH）或无机酸（H_2SO_4、HCl）等无机药剂，使吸附在活性炭上的污染物脱附。如吸附高浓度酚的饱和炭，可以采用NaOH再生，脱附下来的酚为酚钠盐。

2. 有机溶剂再生法

用苯、丙酮及甲醇等有机溶剂萃取吸附在活性炭上的有机物。例如，吸附含二硝基氯苯的染料废水饱和活性炭，用有机溶剂氯苯脱附后，再用热蒸汽吹扫氯苯，脱附率可达93%。

药剂再生设备和操作管理简单，可在吸附塔内进行。但药剂再生一般随再生次数的增加，吸附性能明显降低，需要补充新炭，废弃一部分饱和炭。

(三) 氧化再生法

1. 湿式氧化法

吸附饱和的粉状炭可采用湿式氧化法进行再生。再生工艺流程如图 10-6 所示。饱和炭用高压泵经换热器和水蒸气加热送入氧化反应塔(反应器)。在塔内被活性炭吸附的有机物与空气中的氧反应,进行氧化分解,使活性炭得到再生。再生后的炭经热交换器冷却后,再送入再生贮槽。

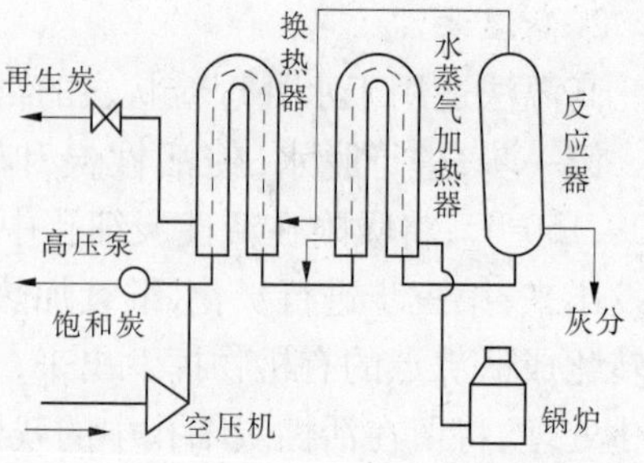

2. 电解氧化法

电解氧化法是将炭作阳极,进行水的电解,在活性炭表面产生的氧气把吸附质氧化分解。

图 10-6　湿式氧化法再生工艺流程

3. 臭氧氧化法

臭氧氧化法是利用强氧化剂臭氧,将被活性炭吸附的有机物氧化分解。

4. 生物氧化法

生物氧化法是利用微生物的作用,将吸附在活性炭上的有机物氧化分解。

第二节　吹脱法

吹脱法是用来脱除污水中的溶解气体和某些极易挥发的溶质的一种气液相转移分离法。将空气通入污水中,使其与污水充分接触,污水中的溶解气体和易挥发的溶质便穿过气液界面,进入空气相,从而达到脱除溶解气体(污染物)的目的,这种解吸过程即为吹脱。若把解吸的污染物收集,可以经其回收或制取新产品。

吹脱法常用于去除溶解于污水中的气体,如 CO_2、H_2S、HCN、NH_3、CS_2、丙烯腈等一类物质。

一、吹脱法的基本原理

吹脱法的基本原理是气液相平衡及传质速度理论。在气液两相体系中,其气液相平衡关系符合亨利定律,即溶质气体在气相中的分压与该气体在液相中的浓度成正比。传质速度正比与组分平衡分压与气相分压之差。气液相平衡关系及传质速度与物系、温度、两相接触状况有关。对给定的物系,可以通过提高水温,使用新鲜空气或者采用负压操作,增大气液接触面积和时间,减少传质阻力,以降低水中溶质浓度、增大传质速度。

当空气通入水中时,空气可以与溶解性气体产生吹脱作用及化学氧化作用。显然,化学氧化仅对还原剂起作用,如 $H_2S + 1/2O_2 \rightarrow H_2O + S$。而 CO_2 则不能被氧化。氧化反应的程度取决于溶解气体的性质、浓度、温度、pH 等因素,需由试验来决定。吹脱作用使水中溶解的挥发物质由液相转为气相,扩散到大气中去,因此属于传质过程。推动力为污水中挥发性物质的浓度与大气中该物质的浓度差。

二、吹脱设备

污水处理中常用的吹脱设备有吹脱池和吹脱塔等。

(一)吹脱池

吹脱池有自然吹脱池与强化吹脱池两种。自然吹脱池是依靠池面液体与空气自然接触而脱除溶解气体的,它适用于溶解气体极易挥发、水温较高、风速较大、有开阔地段和不产生二次污染的场合。若向池内鼓入空气或在池面上安装喷水管,则构成强化吹脱池。图 10-7 是某维尼纶厂用于去除因中和处理而含游离 CO_2 的酸性污水的强化吹脱池。它为一矩形水池,水深 1.5 m,曝气强度 25 ~ 30 $m^3/(m^3 \cdot h)$,吹脱时间 30 ~ 40 min,压缩空气量 5 m^3/m^3 水。空气用塑料穿孔管由池底送入,孔径 4.2 mm,孔间距 5 cm。吹脱后,游离 CO_2 由 700 mg/L 下降至 120 ~ 140 mg/L,出水 pH 为 6 ~ 6.5。但此强化吹脱池存在的问题是布气孔易被 $CaSO_4$ 堵塞,造成曝气不均匀,当污水中含有大量表面活性物质时,易产生泡沫,影响操作和环境卫生。可以采用高压水喷射或加消泡剂进行除泡。

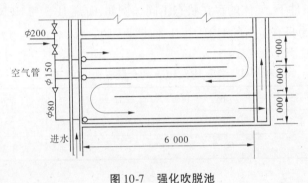

图 10-7 强化吹脱池

(二)吹脱塔

采用塔式装置吹脱效率较高,有利于回收有用气体,防止二次污染。在塔内设置栅板或瓷环填料(见图 10-8)或筛板,以促进气液两相的混合,增加传质面积。

填塔料的主要特征是在塔内装置一定高度的填料层,污水由塔顶往下喷淋,空气由鼓风机从塔底送入,在塔内逆流接触,进行吹脱与氧化。污水吹脱后从塔底经水封管排出。自塔顶排出的气体可进行回收或进一步处理。填料吹脱塔工艺流程示意图如图 10-9 所示。

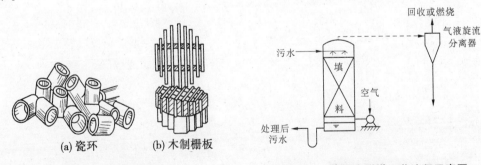

图 10-8 填料的种类　　　　图 10-9 填料吹脱塔工艺流程示意图

三、影响吹脱的主要因素

在吹脱过程中,影响吹脱的主要因素有温度、气液比、pH、油类物质及表面活性剂等。

（一）温度

在一定压力下，温度升高，气体在水中的溶解度降低，对吹脱有利。如氰化钠在水中水解成氰化氢。

$$CN^- + H_2O \longrightarrow HCN + OH^-$$

水解速度在 40 ℃以上迅速增加，产生的 HCN 的吹脱效率迅速升高。

（二）气液比

空气量过少，气液两相接触不多；空气量过多，不仅不经济，还会造成液泛，即污水被气流带走，破坏正常操作。为了使传质效率高，工程上常采用液泛时的极限气液比的 80% 作为设计气液比。

（三）pH

在不同的 pH 条件下，气体的存在状态不同。例如，游离 H_2S 和 HCN 的含量与 pH 的关系见表 10-2。因为只有游离的 H_2S、HCN 才能被吹脱，所以对含 S^{2-} 和 CN^- 的污水应在酸性条件下进行吹脱。

表 10-2　游离 H_2S、HCN 的含量与 pH 的关系

pH	5	6	7	8	9	4.2
游离 H_2S(%)	4.20	95	64	15	2	0
游离 HCN(%)		99.7	99.3	93.3	58.1	12.2

（四）油类物质

污水中有油类物质会阻碍气体向大气中扩散，而且会阻塞填料，影响吹脱的顺利进行，应在预处理中将油类物质除去。

（五）表面活性剂

当污水中含有表面活性物质时，在吹脱过程中会产生大量泡沫，会给运行操作和环境卫生带来不良影响，同时也影响吹脱效率。因此，在吹脱前应采取措施消除表面活性剂。

第三篇　水处理工艺

第十一章　给水处理工艺

给水处理的主要任务和目的是通过必要的处理方法去除水中杂质,以价格合理、水质优良安全的水供给人们使用,并提供符合质量要求的水用于各个行业。

给水处理的方法一般根据水源水质和用水对象对水质的要求而确定。地表水源包括江河、湖泊、水库等,其水质特点各不相同。由于水源水质的差异以及要求达到的水质目标不同,因此采用的给水处理工艺手段也不相同。如果原水水质好,处理工艺流程就可以简化,水质要求就容易达到。而现实情况是原水污染情况在持续加剧,影响人体健康的有机物和无机杂质不断增加,水处理工艺流程也趋于复杂。

到21世纪初,地表水给水处理技术已基本形成了现在被普遍称为常规处理工艺的处理方法,即混凝、沉淀或澄清、过滤和消毒。这种常规处理工艺至今仍被世界上大多数国家采用,是目前地表水给水处理的主要工艺。

第一节　地表给水处理原则

给水处理工艺选择的原则,主要是针对原水水质的特点,以最低的基建投资和经常运行费用,达到出水水质要求。给水处理工艺设计一般按扩大初步设计、施工图设计两阶段进行。工程规模大的可分初步设计、技术设计、施工图三阶段进行。在设计开始前,必须认真、全面地展开调查研究,掌握设计所需的全部原始资料。在采用新的处理工艺时,往往需要进行小型或中型试验,以取得可靠的设计参数,做到适用、经济、安全。

一、水处理工艺选择时必需的基础资料

(一)原水水质分析

首先要确定采用哪一种水源,其供水保证率如何,它决定着水源的取舍;水质是否良好,关系着处理的难易及费用。对确定的水源水质应有长期的观察资料,对于地表水来说,要认真分析比较丰水期和枯水期的水质、受潮汐影响河流的涨潮和落潮水质、表层与深层的水质等。对选定的水源水质进行分析,找出产生污染物的原因及其污染源。对于潜在的污染影响和今后的污染发展趋势,要做出正确的分析和判断。

（二）出水水质要求

供水对象不同，对出水水质的要求也有所不同。在确定出水水质目标的同时，还要考虑今后可能对水质标准的要求提高所采取的相应规划措施。目前，各主要发达国家均制定了相关饮用水标准，世界卫生组织也确定了水中主要污染物的安全阈值，我国目前执行《生活饮用水卫生标准》。

（三）当地或类似水源水处理工艺的应用情况

了解当地已建成投产运行的给水处理厂站水处理工艺的应用情况，分析所采用的处理工艺及其处理效果。

（四）操作人员的管理水平

要对操作人员进行严格的培训，使其熟悉所选择的工艺流程，并能正确操作和管理，以达到工艺过程预期的处理目标。

（五）场地的建设条件

工艺不同，对场地面积和地基承载要求不尽相同。因此，在选择工艺时，要有相关地区的自然资料，并留有今后扩建的可能。

（六）当地经济发展情况

当地经济发展情况决定了所选择的水处理工艺是否能够正常发挥其作用。根据当地经济条件，选择合适的基建投资和运行费用，是水处理工艺选择的重要因素之一。

二、水处理工艺选择时必需的试验

为了准确确定设计参数和验证拟采用的工艺处理效果，要进行必要的试验。除对水质指标进行全面检测和分析外，常用的水处理试验有搅拌试验、多嘴沉降管沉淀试验、泥渣凝聚性能试验和滤柱试验等。

（一）搅拌试验

搅拌试验的目的是分析絮凝过程的效果，选择合适的混凝剂品种、投加量、投加次数及次序。

在定量的烧杯中，投加不同品种和剂量的混凝剂与絮凝剂，同时可以进行 pH 的调整。在设定的 G 值条件下进行模拟混合和絮凝的机械搅拌，观察絮凝体的形成情况，测定沉淀出水的浊度、色度、沉淀污泥百分比、污泥的沉降速度等。另外，还可检测沉淀出水的耗氧量等其他指标。

（二）多嘴沉降管沉淀试验

用沉降管模拟池子深度，在不同深度处设置取样管嘴，原水在沉降管中混合、絮凝，然后进行静置沉淀。在不同沉淀时间和不同的深度，取样测定其剩余浊度。通过绘制沉降曲线，得出不同截留速度时的浊度去除率，现时可以分析不同沉速颗粒的组成百分比。对比不同深度处的沉降曲线，可以分析出颗粒在沉降过程中继续絮凝的情况。

（三）泥渣凝聚性能试验

进行泥渣凝聚性能试验，有助于分析泥渣接触型澄清池澄清分离性能及絮凝剂对澄清的影响。

在 250 mL 的量筒中放入搅拌试验的泥渣，泥渣可以在不同的烧杯中收集，但须是同一混凝剂加注量形成的泥渣。注入泥渣后的量筒静置 10 min,用虹吸抽出过剩泥渣,在量筒中仅剩余 50 mL 泥渣。在量筒中放入带有延伸管的漏斗,延伸管伸至离量筒底约 10 mm,在漏斗中断续地小量加入搅拌试验澄清的水,多余的水将从量筒顶端溢出。记录不同泥渣膨胀高度时的水流上升流速,上升流速可通过注入 100 mL 水的时间计算。上升流速与膨胀泥渣体积的关系呈线性。

(四)滤柱试验

采用模拟滤柱试验,可以对不同过滤介质的过滤性能进行比较,选择合适的滤料规格和厚度。对于活性炭等吸附介质的吸附效果,也可以采用类似方法进行试验。

对于过滤水浊度和水头损失,可以在试验过程中分层检测,进行不同滤速的比较。通过滤柱试验,对反冲洗效果进行分析,观察反冲时滤料的膨胀情况、双层或多层滤料不同滤层间的掺混情况以及冲洗排水的浊度变化等。

为观察过滤和反冲情况,滤柱一般采用有机玻璃制作,并注意应在不同层之间设置阻力环。滤柱直径一般不小于 150 mm,以避免界壁对过滤效果的影响。为了防止过滤过程中滤层中出现负压,滤柱应有足够的高度。在试验时,可以并行设置多个滤柱,以比较不同滤料、不同级配和厚度时的情况。

第二节　地表给水处理方案

对于一般地表水处理工艺流程的选择,应当根据原水水质与用水水质要求的差距、处理规模、原水水质相似的城市或工厂的水处理经验、水处理试验资料、处理厂地区有关的具体条件等因素综合分析,进行合理的流程组合。

一般地表水处理系统,指的是常规水处理,即被处理原水在水温、浊度(含砂量)以及污染物含量方面均在常见的范围内。因此,一般地表水处理系统是指对一般浊度的原水进行混凝、沉淀、过滤、消毒的净水过程,以去除浊度、色度、细菌和病毒为主的处理工艺。在水处理系统中是最常用、最基本的方法。

根据原水水质的不同,一般地表水处理系统可以分为以下几种工艺流程。

一、采用简单的消毒处理工艺

对于没有受到污染、水质优良的原水,如果除细菌外各项指标均符合出水水质要求,采用简单的消毒处理工艺即可满足净水水质要求的标准。这种工艺在一般地表水系统中很难应用,而更多地用于处理优质地下水。

二、采用直接过滤处理工艺

当原水浊度较低,经常在 15 NTU 以下,最高不超过 25 NTU,色度不超过 20 度时,一般在过滤前可以省去沉淀工艺,而直接采用过滤工艺。

直接过滤处理工艺又可以分为在过滤前设置絮凝设施和不设置两种情况。过滤前设置絮凝设施,是在原水加注混凝剂后,经快速地混合而流入絮凝池,在池中形成一定大小的絮凝体,之后进入快滤池。不设置絮凝设施时,采用煤、砂双层滤料,在原水中加注混凝剂并经快速混合后,直接进入滤池。这种情况中的絮凝过程是在滤层中进行的。加注混凝剂的原水悬浮物在煤层中完成絮凝过程,同时也被部分截除,而在砂层中被充分去除。

直接过滤形成的絮体并不需要太大,故药耗相对较少,因此直接过滤又称为微絮凝过滤。由于直接过滤截留的悬浮物数量比一般滤池的多,所以应注意选择有较高含污能力的滤层,一般采用双层滤料。

三、混凝、沉淀、过滤、消毒处理工艺

由于人类对环境的影响,一般地表水浊度均超过了直接过滤所允许的范围,所以要求在过滤前设置混凝反应池、沉淀池,以去除大部分悬浮物质。

原水在投加混凝剂并经快速混合后进入絮凝反应池,在絮凝池中形成分离沉降所需要的絮状体。为有效提高絮状体的沉降性能,在快速混合后可以再投加高分子絮凝剂,通过架桥和吸附作用形成较易沉降的絮状体。

根据原水的水质情况,在进入混合前可投加 pH 调整剂和氧化剂。当原水碱度不能满足混凝要求的最佳 pH 时,需要投加 pH 调整剂。例如,原水碱度较低时,投加石灰或氢氧化物;为了去除有机物需要形成较低 pH 时,则需加酸处理;投加氧化剂的目的,是改善混凝性能,氧化部分有机物和保持净水处理构筑物的清洁,避免藻类滋生。

经过混凝、沉淀、过滤、消毒处理后,如果出水水质 pH 不能满足水质稳定要求,应在最后投加 pH 调整剂,使出水水质达到稳定。

第三节　高浊水与低温低浊水

一、高浊水的水质特点及工艺选择因素

高浊水是指浊度较高的含砂水体,并且具有清晰的界面分选沉降。在通常情况下,高浊水是指以粒径不大于 0.025 mm 为主的砂组成的含砂量较高的水体。在我国,以黄河流域和长江上游各江河采用的处理工艺较为典型。

在选择工艺流程时一般要考虑以下几个方面的因素。

(一)水文和泥沙

1. 水砂典型年和多年最大断面平均含砂量

水砂典型年作为重要的设计依据,要求对取水河流的年际和年内的水砂分配情况、最大断面平均含砂量、洪水流量、枯水流量、砂量等进行研究。水砂典型年的选择要符合规范对取水保证率和供水保证率的要求。如果处理能力不能满足要求,要求采取相应的措施,例如在流程中增加调蓄水库,以达到要求的供水保证率。

2. 砂峰延续时间和间隔时间

通过分析砂峰延续时间和间隔时间,确定避砂峰调蓄水库的容积和允许补充调蓄水库的时间,为增大取水和净化能力补充调节器蓄水库水量,来保证安全供水。

3. 泥沙粒径

泥沙粒径的组成,直接决定着高浊度水液面沉速大小。因此,需要确定稳定泥沙的最大数值来选择取水和净水能力。可以在多年最大断面平均含沙量系列中,选择分析最大或较大的各项有关泥沙粒径资料。在缺乏粒径分析资料时,也可以采用类似工程经验。

对于非稳定泥沙的粒径研究同样也很重要。例如,在中下游粗沙较多的河段,泥沙对水泵的磨损较为严重,排泥水量的电耗较大。为此需要排除粒径大于 0.03 mm 的泥沙。

4. 脱流和断流

调蓄水库的容积确定,与取水口的脱流、断流关系密切。一些游荡性河段沙洲出没无常,主流变化不定。因此,需要研究取水口的脱流情况以及从脱流到归槽的时间间隔。

河道断流的情况时有发生,有些河道受沿河取水的影响,河水流量在枯水期已经出现减少的趋势。因此,需要设计较大的调蓄水库来满足要求的供水保证率。

5. 冰凌

同一河道,其冰凌情况也有所差异。一般采取有效排冰措施即可正常供水。对于河道封冻和淌凌期停止引水的工程,需要增大调蓄水库,以满足供水要求。

(二)药剂使用情况

高浊水的处理需要投加的混凝剂,要求有较高的有效范围。而一般的混凝剂有效范围均较低。目前,在水处理工艺中使用较多的是聚丙烯酰胺。

当沉淀构筑物设计浑液面沉速为常数时,稳定泥沙含量越大,聚丙烯酰胺的投加量越大,所以处理最大含砂量一般采用小于 100 kg/m³ 的使用量。

(三)排泥

高浊水处理厂一般采用刮泥机械进行排泥,供水量特别小的水厂也有采用斗底排泥的。在下游段大型预沉池中,多采用挖泥船来排泥,有些工程采用水力冲洗排泥。

为了减轻下游河床的淤积,保证洪水期两岸堤坝安全,不准将未经处置的排泥水直接排入河道,对于泥沙处置可以采取相应措施来合理利用,如盖淤还耕、生产砖瓦、加固大堤、改造低洼的盐碱地等。

另外,还需要考虑取水口、调蓄水库、净水厂的地形地质条件。

二、高浊水处理的工艺流程

与一般水处理工艺流程不同,高浊水处理工艺受河道泥沙影响大,一般设有调蓄水库。在沉淀过程中,往往采用二次沉淀。

(一)不设调蓄水库时的处理工艺

多砂高浊水一般见于长江上游各江河中,稳定泥沙以及含砂量的比例较小,砂粒比较容易下沉,并且取水可以保证。因此,一般不设置调蓄水库,采用的工艺流程为二级或三级絮凝沉淀,其处理工艺流程如图 11-1 所示。

(二)设浑水调蓄水库时的处理工艺

浑水调蓄水库可以用于一次沉淀池的泥沙沉淀,设计水库时,为便于排除泥沙、节电和管理,除死库容外,一般将沉淀部分和蓄水部分分别设置。多采用沉砂条渠进行自然沉淀,或采用平流式沉淀池、辐流式沉淀池等进行自然沉淀。其处理工艺流程如图 11-2 所示。

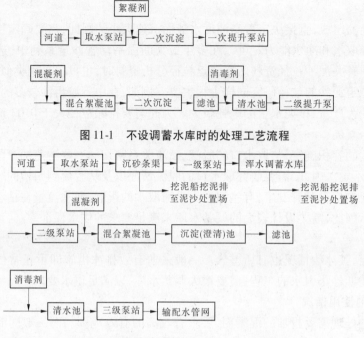

图 11-1　不设调蓄水库时的处理工艺流程

图 11-2　设浑水调蓄水库时的处理工艺流程

(三)设清水调蓄水库时的处理工艺

由于地形、地质条件的限制,以及供水安全方面的考虑,在高浊水处理流程上采用清水调蓄水库,如图 11-3 所示。清水调蓄水库库容根据避砂峰、取水口脱流、河道断流和取水口冰害等因素确定。水厂不能取水运行时,则要消耗清水调蓄水库的水量。一旦水厂恢复取水运行,要及时补充清水调蓄水库所消耗的水量。

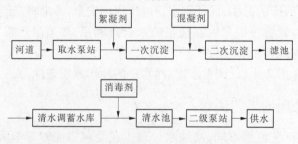

图 11-3　设清水调蓄水库时的处理工艺流程

(四)一次沉淀(澄清)处理工艺

一次沉淀(澄清)处理工艺主要用于一些中小型工程。其处理工艺流程如图 11-4 所示。

一次沉淀(澄清)处理构筑物多采用水旋絮凝混凝澄清池一类的新型处理构筑物,这类构筑物在砂峰时,为减小出水浊度,除投加絮凝剂外,还投加混凝剂,河水较清时则仅投加混凝剂。由于这类池型采用絮凝混凝沉淀和沉淀泥渣的二次分离技术,故占地少、效率高。

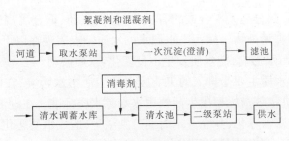

图 11-4　一次沉淀(澄清)处理工艺流程

三、低温低浊水的水质特点及工艺选择因素

低温低浊水是指水温在 4 ℃以下、浊度在 15 度以下的地表水。低温低浊水在我国北方地区冬季供水中广泛存在,冬季低温低浊水在水质上具有如下特点:

(1)混凝过程传统药剂水解效果差,大量加药仍难以达到预期效果。

(2)水化作用增强,絮凝过程絮体成长困难,矾花小,密实度差。

(3)浊度低,但其经处理后,达标率反而更差,往往需投加高分子絮凝剂。

由此,低温低浊所带来的问题主要反映在混凝阶段的效能上,因此相关工艺措施主要是使胶体脱稳凝聚及改善絮体沉降性。

低温低浊水处理工艺流程如图 11-5 所示。

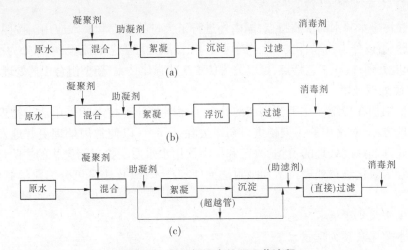

图 11-5　低温低浊水处理工艺流程

第四节　地表水的预处理与深度处理流程

一、微污染水源水的水质特点

微污染水源水是指受到有机物污染,部分指标超过生活饮用水水源水质标准的地表饮用水水源。这类水中所含的污染物种类较多、性质较复杂,但浓度比较低。微污染水源水中主要是有机污染物,一部分是属于天然的有机化合物,例如水中动植物分解而形成的

产物如腐殖酸等,另一部分是人工合成的有机物,包括农药、重金属离子、氨氮、亚硝酸盐氮及放射性物质等有害污染物。微污染水源水的水质特点表现在以下几个方面:

(1)水源受排放污水影响,使水质发生不良变化,水质波动。

微污染水源水的水质主要受排入的工业废水和生活污水影响,在江河水源上表现为氨氮、总磷、色度、有机物等指标超出生活饮用水水源水质标准。在湖泊水库水源上,表现为水库和湖泊水体的富营养化,并在一定时期藻类滋生,造成水质恶化。

(2)有机物含量高,导致生产过程中的消毒副产物明显增加。

水中溶解性有机物大量增加,特别是自来水出厂水、管网水经常于春末夏初、夏秋之交出现明显异味,氯耗季节性猛增。水中有机物多带负电荷,增大混凝剂和消毒剂的投量,腐蚀管壁,降低管网寿命。

(3)水质标准提高,有害微生物较难去除。

2006年国家卫生部颁布的《生活饮用水卫生标准》,提高了水质标准。而目前已发现的一些有害微生物较难去除,如贾第氏鞭毛虫、隐孢子虫、军团细菌、病毒等。

(4)内分泌干扰物质的去除效率不高。

内分泌干扰物质又称环境荷尔蒙,指某些化学品不仅具有"三致"作用,还会严重干扰人类和动物的生殖功能。

二、微污染水源水处理技术

针对微污染水源水的水质特点,国内外进行了大量的研究和实践应用。按照处理工艺的作用原理,可以分为物理、化学、生物净水工艺;按照处理工艺的流程,可以分为预处理、常规处理、深度处理;按照工艺特点,可以分为传统工艺强化技术、新型组合工艺处理技术。

(一)预处理技术

一般把附加在传统净化工艺之前的处理工序叫预处理技术。采用适当物理、化学和生物的处理方法,对水中的污染物进行初级去除,同时可以使常规处理更好地发挥作用,减轻常规处理和深度处理的负担,改善和提高饮用水水质。按对污染物的去除途径,预处理技术可分为氧化法预处理技术和吸附法预处理技术,氧化法又可分为化学氧化法和生物氧化法。

1. 氧化法预处理技术

1)化学氧化法预处理技术

化学氧化法预处理技术是依靠氧化剂的氧化能力,破坏水中污染物的结构,从而使污染物转化或分解。化学氧化可以有效降低水中的有机物含量,提高微污染源水中有机物的可生化降解性,有利于后续处理,杀灭影响给水处理工艺的藻类,改善混凝效果,降低混凝剂的用量,并在一定程度上控制消毒副产物的前体物。

(1)预氯化氧化。

预氯化氧化是应用最早的和目前应用最为广泛的方法。为了解决微污染水给净水处理带来的困难,保证供水水质,自来水公司一般采用预氯化的措施。但是,在水源水中加氯所产生的三氯甲烷类物质对人体具有潜在的致癌危险,且不易被后续的常规处理工艺去除,目前已普遍认识到应当尽量减少净水工艺中氯的用量。

（2）臭氧氧化。

由于氯化氧化处理的潜在危险性，饮用水预处理技术正逐渐推广使用臭氧氧化法。臭氧具有很强的氧化能力，它可以通过破坏有机污染物的分子结构以达到改变污染物性质的目的，但臭氧氧化可能造成溴酸盐浓度超标，并带来额外的"三致"风险。

（3）高锰酸钾及高锰酸盐复合剂氧化。

高锰酸钾是强氧化剂，能显著控制氯化消毒副产物，使水中有机物数量、浓度都有显著降低，使水的致突变活性由阳性转为阴性或接近阴性。

将高锰酸钾与某些无机盐有机地复合制成的高锰酸盐复合剂，在水处理过程中形成具有极强氧化能力的中间价态成分，能强化去除水中有机污染物，强化除藻、除臭、除味、除色、除浊等。

2）生物氧化法预处理技术

生物氧化法预处理技术是指在常规净水工艺之前增设生物处理工艺，是对污水生物处理技术的引用，借助微生物群体的新陈代谢活动，去除水中的污染物。目前，饮用水净化中采用的生物反应器大多数是生物膜类型的。就现代净水技术而言，生物预处理已成物理化学处理工艺的必要补充，与物理化学处理工艺相比，生物预处理技术可以有效改善混凝沉淀性能，减少混凝剂用量，并能去除传统工艺不能去除的污染物，使后续工艺简单易行，减少了水处理中氯的消耗量，出水水质明显改善，已成为当今饮用水预处理发展的主流。

（1）生物接触氧化法。

生物接触氧化法是介于活性污泥法与生物滤池法之间的处理方法。在池内设置人工合成的填料，经过充氧的水，以一定的速度循环流经填料，通过填料上形成的生物膜的絮凝吸附、氧化作用使水中的可生化利用的污染物基质得到降解去除。

（2）塔式生物滤池。

塔式生物滤池通过填料表面的生物膜的新陈代谢活动来实现净水功能，增加了滤池的高度，分层放置轻质滤料，通风良好，克服了普通生物滤池（非曝气）溶解氧不足的缺陷，改善了传质效果。塔式滤池负荷高，产水量大，占地面积小，对冲击负荷水量和水质的突变适应性较强，但动力消耗较大。

（3）生物转盘。

生物转盘表现为生物膜能够周期性地运行于气液两相之间，微生物能直接从大气中吸收需要的氧气，减少了液体氧传质的困难，使生物过程更为顺利地进行。

（4）淹没式生物滤池。

淹没式生物滤池中装有比表面积较大的颗粒填料，填料表面形成固定生物膜，水流经生物膜，使水中有机物、氨氮等营养物质被生物膜吸收利用而去除，同时颗粒填料滤层还有物理筛滤截留作用。常用的生物填料有卵石、砂、无烟煤、活性炭、陶粒等。

（5）生物流化床。

生物流化床具有比表面积大、载体与基质（污染物）的碰撞概率大、传质速率快、水力负荷和处理效率高、抗冲击负荷能力强等优点。

2.吸附法预处理技术

吸附法预处理技术是利用物质强大的吸附性能、交换作用或改善混凝沉淀效果来去除水中污染物,主要有粉末活性炭吸附和沸石吸附等。

粉末活性炭吸附法是将粉末活性炭制成炭浆,投加在常规净水工艺之前,与受污染的原水混合后,在絮凝沉淀池中吸附污染物,并附着在絮状物上一起沉淀去除,少量未沉淀物在滤池中去除,从而达到脱除污染物质的目的。

沸石作为一种极性很强的吸附剂,对氨氮、氯化消毒副产物、极性小分子有机物均具有较强的去除能力,将沸石和活性炭吸附工艺联合使用,可使饮用水源中的各种有机物得到更全面和彻底的去除。

(二)深度处理技术

一般把附加在传统净化工艺之后的处理工序称为深度处理技术。在常规处理工艺以后,采用适当的处理方法,将常规处理工艺不能有效去除的污染物或消毒副产物的前驱物加以去除,以提高和保证饮用水水质。应用较广泛的有生物活性炭、臭氧－活性炭联用、膜法、光催化氧化、紫外线和臭氧联用深度处理技术等。

1. 生物活性炭深度处理技术

生物活性炭深度处理技术是利用生长在活性炭上的微生物的生物氧化作用,达到去除污染物的技术。该技术利用微生物的氧化作用,可以增加水中溶解性有机物的去除效率;延长活性炭的再生周期,减少运行费用,而且水中的氨氮可以被生物转化为硝酸盐,从而减少了氯的投加量,降低了三氯甲烷消毒副产物的生成量。

2. 臭氧－活性炭联用深度处理技术

臭氧－活性炭联用深度处理技术采取先臭氧氧化后活性炭吸附,在活性炭吸附中又继续氧化的方法,使活性炭充分发挥吸附作用。在炭层中投加臭氧,可使水中的大分子转化为小分子,改变其分子结构形态,提供了有机物进入较小孔隙的可能性,使大孔内与炭表面的有机物得到氧化分解,活性炭可以充分吸附未被氧化的有机物,从而达到水质深度净化的目的。但是,臭氧－活性炭联用技术也有其局限性,臭氧在破坏某些有机物结构的同时,也可能产生一些具有污染性质的中间产物。

3. 膜法深度处理技术

在膜处理技术中,反渗透(RO)、超滤(UF)、微滤(MF)、纳滤(NF)技术都能有效地去除水中的臭味、色度、消毒副产物前体及其他有机物和微生物,去除污染物范围广,且不需要投加药剂,设备紧凑和容易自动控制。目前,膜处理技术广泛地应用于优质水的处理过程中,但其往往需要较高的能耗,部分技术产水效率低(如 RO 等)。

4. 光催化氧化深度处理技术

光催化氧化深度处理技术是以化学稳定性和催化活性很好的 TiO_2 为代表的 n 型半导体为敏化剂的一种光敏化氧化技术,其氧化能力极强, 在合适的反应条件下,能将水中常见的有机污染物,包括难被臭氧氧化的六六六、六氯苯等氧化去除,最终产物是 CO_2 和 H_2O 等无机物。

5. 紫外光和臭氧联用深度处理技术

紫外光和臭氧($UV-O_3$)联用深度处理技术基于光激发氧化法产生的氧化能力极强的自由基(羟基自由基),可以氧化臭氧所不能氧化的微污染水中的有机物,有效去除饮用水中的三氯甲烷、六氯苯、四氯化碳、苯等有机物,降低水中的致突变物的活性。

(三)传统工艺强化处理技术

改进和强化传统净水处理工艺是目前控制水厂出水有机物含量最经济、最具实效的手段。对传统净化工艺进行改造、强化,可以进一步提高处理效率,降低出水浊度,提高水质。

1. 强化混凝

强化混凝的目的,在于合理投加新型有机及无机高分子助凝剂,改善混凝条件,提高混凝效果。包括无机或有机絮凝药剂性能的改善;强化颗粒碰撞、吸附和絮凝长大的设备的研制和改进;絮凝工艺流程的强化,如优化混凝搅拌强度、确定最佳 pH 等。

有机物去除率的大小主要受混凝剂的种类和性质、混凝剂的投加量以及 pH 等因素的影响。过量的混凝剂会引起处理费用和污泥量的增加,所以寻求安全可靠的混凝剂和适当的 pH 是关键。

2. 强化沉淀

沉淀分离是传统水处理工艺的重要组成部分,新的强化沉淀技术针对改善沉淀水流流态,减小沉降距离,大幅度提高沉淀效率。当水进入沉淀区后,通过自上而下浓缩絮凝泥渣的过程,实现对原水有机物连续性网捕、卷扫、吸附、共沉等系列的综合净化,达到以强化沉淀工艺处理微污染水的目的。

3. 强化过滤

强化过滤技术,是在不预加氯的情况下,在滤料表面培养繁殖微生物,利用生物作用去除水中有机物。强化过滤就是让滤料既能去浊,又能降解有机物、氨氮、亚硝酸盐氮等。比较常见的方法是采用活性滤池,即在普通滤池石英砂表面培养附着生物膜,用以处理微污染水源水,该工艺不增加任何设施,在现有普通滤池基础上就可实现,是解决微污染水源水质的一条新途径。

(四)新型组合工艺处理技术

采用新型组合工艺,可以有效去除水质标准要求去除的各种物质。如生物接触氧化—气浮工艺、臭氧—砂滤联用技术、生物活性炭—砂滤联用技术、臭氧—生物活性炭联合工艺、生物预处理 - 常规处理 - 深度处理组合工艺。利用生物陶粒预处理能有效去除氨氮、亚硝酸盐氮、锰和藻类,并能降低耗氧量、浊度和色度;强化混凝处理能提高有机物与藻类的去除率,降低出厂水的铝含量;活性炭处理对有机污染物有显著的去除效果,使 Ames 卫生毒理学试验结果由阳性转为阴性。

1. 臭氧、沸石、活性炭的组合工艺

沸石置于活性炭前处理含氨氮的原水,可充分利用沸石的交换能力及生物活性炭去除稳定量的氨氮的能力,对于进水的冲击负荷具有良好的削峰作用,且减少沸石再生次数,出水更加经济、稳定、可靠。

2. 高锰酸钾与粉末活性炭联合除污技术

高锰酸钾预氧化能够显著地促进粉末活性炭对水中微量酚的去除,两者具有协同作用。高锰酸钾与粉末活性炭联用可显著地改善饮用水水质,有效地去除水中各种微量有机污染物,明显降低水的致突变活性。对水的其他水质化学指标也有明显的去除效果。

3. 微絮凝直接过滤工艺处理微污染水库水源

利用臭氧强氧化性,结合微絮凝直接过滤工艺,强化了微污染水库水的处理效果,提

高了对水源浊度、COD_{Mn}、UV 254、NH_3-N 的去除率,降低了加氯量,省去了常规混凝—沉淀—过滤—投氯消毒工艺中的混凝和沉淀工序;以普通石英砂滤料替代活性炭滤料,大大降低了微污染水的处理成本。

4.气浮—生物活性炭微污染水处理技术

在传统工艺沉淀池后半部分,加气浮工艺,以气浮的方式运行时,在气浮絮凝池前补充投加絮凝剂和活性炭浆,气泡与活性炭可直接黏附。由于水的浊度低,活性炭吸附微气泡比重轻,形成的悬浮液容易加气上浮。

三、微污染水源水处理技术的发展趋势

目前,各种微污染水源水预处理和深度处理工艺技术有着广阔的发展前景,但是这些技术目前的投资或运行操作费用较大,结合当前我国的经济状况,要求普遍增加深度处理也是不现实的。因此,改造已有常规的给水处理工艺、强化混凝处理过程、联系实际充分挖掘已有设备的潜力,成为适合我国国情的微污染水源水处理技术的一个重要发展方向。

(一)强化常规处理

强化常规处理包括强化混凝、强化沉淀、强化过滤的各环节,这仍然是今后研究的方向。强化常规处理要从寻找混凝剂高效、低耗控制点入手,并且要使构筑物逐步倾向于简单化和管理方便化。

(二)改善氧化和消毒

面对复杂的原水水质,除液氯作为消毒剂外,选用既安全又经济、效果好的消毒措施,寻求合理的加注方式。

(三)组合工艺进一步深化

组合工艺在一定程度上具有互补性。根据微污染水质的不同,在设计参数和工艺布置上,以实用化为导向,在其基础上不断提高应用范围。

(四)排泥水处理和污泥处置

水厂污泥中无机成分占大多数,排泥水悬浮物浓度很高,直接排入河道会产生不良影响。因此,对排泥水处理和污泥处置的研究与应用势在必行。

(五)膜处理技术

膜处理技术的应用已逐步扩大到生活饮用水领域的水质处理中。膜处理技术不仅成本较过去低,而且水质较为纯净,前景十分广阔。

第五节　地下水处理方案

地表水中由于含有丰富的溶解氧,水中铁、锰主要以不溶解的 $Fe(OH)_3$ 和 MnO_2 存在,故铁、锰含量不高,一般无需进行除铁除锰处理。而含铁、含锰地下水在我国分布很广,我国地下水中铁的含量一般为 5～10 mg/L,锰的含量一般为 0.5～2.0 mg/L。地下水中铁、锰含量高时,会使水产生色、臭、味,使用不便;作为造纸、纺织、化工、食品、制革等生产用水,会影响其产品的质量。

我国生活饮用水卫生标准中规定,铁的含量不得超过 0.3 mg/L,锰的含量不得超过

0.1 mg/L。超过标准规定的原水须经除铁除锰处理。

一、地下水除铁方法

地下水中的铁主要是以溶解性二价铁离子的形态存在的。二价铁离子在水中极不稳定,向水中加入氧化剂后,二价铁离子迅速被氧化成三价铁离子,由离子状态转化为絮凝胶体(Fe(OH)$_3$)状态,从水中分离出去。常用于地下水除铁的氧化剂有氧、氯和高锰酸钾等,其中以利用空气中的氧气最为方便、经济。利用空气中的氧气进行氧化除铁的方法可分为自然氧化除铁法和接触氧化除铁法两种。在我国地下水除铁技术中,应用最为广泛的是接触氧化除铁法。

含铁地下水经曝气充氧后,水中的二价铁离子发生如下反应:

$$4Fe^{2+} + O_2 + 10H_2O = 4Fe(OH)_3 + 8H^+$$

经研究表明,二价铁的氧化速率与水中二价铁、氧、氢氧根离子的摩尔浓度有关,可表示为:

$$-\frac{d[Fe^{2+}]}{dt} = K[Fe^{2+}][OH^-]^2 p_{O_2} \tag{11-1}$$

式中　K——反应速率常数;

　　　p_{O_2}——氧在气相中分压;

　　　$[OH^-]$——氢氧根离子浓度,mol/L;

　　　$[Fe^{2+}]$——二价铁离子浓度,mol/L。

从式(11-1)可知,二价铁的氧化速率与$[OH^-]^2$成正比,即与$[H^+]^2$成反比,可见 pH 对氧化除铁过程有很大影响。实践证明,提高 pH 可使二价铁的氧化速率提高,如果 pH 降低,二价铁的氧化速率则明显变慢,二价铁的氧化速率与 pH 的关系如图 11-6 所示。

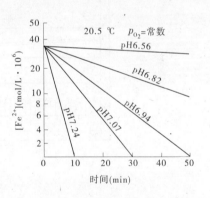

图 11-6　二价铁氧化速度与 pH 的关系

在自然氧化除铁过程中,由于二价铁的氧化速率比较缓慢,需要一定的时间才能完成氧化作用,但如果有催化剂存在时,可因催化作用大大缩短氧化时间。接触氧化除铁法就是使含铁地下水经过曝气后不经自然氧化的反应和沉淀设备,立即进入滤池中过滤,利用滤料颗粒表面形成的铁质活性滤膜的接触催化作用,将二价铁氧化成三价铁,并附着在滤料表面上。其特点是催化氧化和截留去除在滤池中一次完成。

接触氧化法除铁包括曝气和过滤两个单元。

(一) 曝气

曝气的目的就是向水中充氧。根据二价铁的氧化反应式可计算出除铁所需理论氧量,即每氧化 1 mg/L 的二价铁需氧 0.14 mg/L。但考虑到水中其他杂质也会消耗氧及氧在水中扩散等因素,实际所需的溶解氧量通常为理论需氧量的 3~5 倍。

曝气装置有多种形式,常用的有跌水曝气、喷淋曝气、射流曝气、莲蓬头曝气、曝气塔曝气等。

图 11-7 所示为射流曝气装置,利用压力滤池出水回流的高压水流通过水射器时的抽吸作用吸入空气,进入深井泵吸水管中。该曝气装置具有曝气效果好、构造简单、管理方便等优点,适合于地下水中铁、锰的含量不高且无需消除水中二氧化碳以提高 pH 的小型除铁、锰装置。

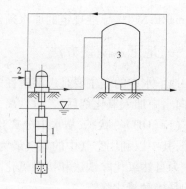

1—探井泵;2—水射器;3—除铁滤池

图 11-7　射流曝气装置

图 11-8 所示为莲蓬头曝气装置,每 1.0 ~ 1.5 m² 滤池面积安装一个莲蓬头,莲蓬头距滤池水面 1.5 ~ 2.5 m,莲蓬头上的孔口直径为 4 ~ 8 mm,孔口与中垂线夹角不大于 45°,孔眼流速 2 ~ 3 m/s。该曝气装置具有曝气效果好、运行可靠、构造简单、管理方便等优点,但莲蓬头因堵塞需经常更换。

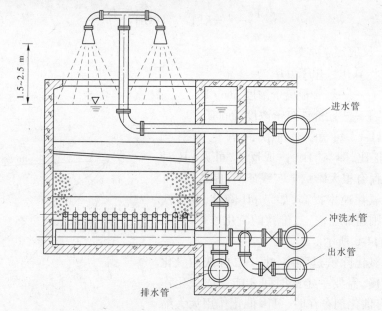

图 11-8　莲蓬头曝气装置

图 11-9 所示为曝气塔曝气装置,它是利用含铁锰的水在以水滴或水膜的形式自塔顶的穿孔管喷淋而下通过填料层时溶入氧。在曝气塔中填有多层板条或 1 ~ 3 层厚度为 300 ~ 400 mm 的焦炭或矿渣填料层。该曝气装置的特点是水与空气接触时间长,充氧效果好。但当水中铁、锰含量较高时,易使填料堵塞。

(二)过滤

滤池可采用重力式快滤池或压力式滤池,滤速一般为 5 ~ 10 m/h。滤料可以采用石英砂、无烟煤或锰砂等。滤料粒径:石英砂为 0.5 ~ 1.2 mm,锰砂为 0.6 ~ 2.0 mm。滤层厚度:重力式滤池为 700 ~ 1 000 mm,压力式滤池为 1 000 ~ 1 500 mm。

滤池刚投入使用时,初期出水含铁量较高,一般不能达到饮用水水质标准。随着过滤的进行,在滤料表面覆盖有棕黄色或黄褐色的铁质氧化物即具有催化作用的铁质活性滤膜时,除铁效果才显示出来,一段时间后即可将水中含铁量降低到饮用水标准,这一现象称为滤料的"成熟"。从过滤开始到出水达到处理要求的这段时间,称为滤料的成熟期。无论采用石英砂或锰砂为滤料,都存在滤料"成熟"这样一个过程,只是石英砂的成熟期较锰砂的要长,但成熟后的滤料层都会有稳定的除铁效果。滤料的成熟期与滤料本身、原水水质及滤池运行参数等因素有关,一般为 4 ~ 20 d。

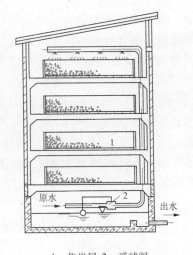

1—焦炭层;2—浮球阀

图 11-9　曝气塔曝气装置

二、地下水除锰方法

锰的化学性质与铁相近,常与铁共存于地下水中,但铁的氧化还原电位比锰的要低,相同 pH 时二价铁比二价锰的氧化速率快,二价铁的存在会阻碍二价锰的氧化。因此,对于铁、锰共存的地下水,应先除铁再除锰。

地下水的含铁量和含锰量均较低时,除锰时所采用的工艺流程为:

$$地下水 \rightarrow 曝气 \rightarrow 催化氧化过滤 \rightarrow 出水$$

二价锰氧化反应如下:

$$2Mn^{2+} + O_2 + 2H_2O = 2MnO_2 + 4H^+$$

含锰地下水曝气后,进入滤池过滤,高价锰的氢氧化物逐渐附着在滤料表面,形成黑色或暗褐色的锰质活性滤膜(称为锰质熟砂),在锰质活性滤膜的催化作用下,水中溶解氧在滤料表面将二价锰氧化成四价锰,并附着在滤料表面上。这种在熟砂接触催化作用下进行的氧化除锰过程称为接触氧化法除锰工艺。

在接触氧化法除锰工艺中,滤料也同样存在一个成熟期,但成熟期比除铁的要长得多。其成熟期的长短首先与水中的含锰量有关:含锰量高的水质,成熟期需 60 ~ 70 d,而含锰量低的水质则需 90 ~ 120 d,甚至更长;其次与滤料有关:石英砂的成熟期最长,无烟煤次之,锰砂最短。

根据二价锰的氧化反应式可计算出除锰所需理论氧量,即每氧化 1 mg/L 的二价锰需氧 0.29 mg/L,实际所需溶解氧量须比理论值高。除锰滤池的滤料可用石英砂或锰砂,滤料粒径、滤层厚度和除铁时相同。滤速为 5 ~ 8 m/h。

三、接触氧化法除铁、除锰工艺

当地下水的含铁量和含锰量均较低时,一般可采用单级曝气、过滤处理工艺,如图 11-10 所示。铁、锰可在同一滤池的滤层中去除,上部滤层为除铁层,下部滤层为除锰

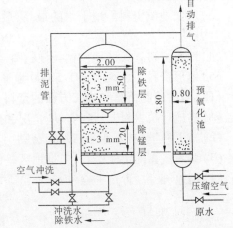

图 11-10　除铁、除锰双层滤池 （单位:m）

层。若水中含铁量较高或滤速较高,除铁层会向滤层下部延伸,压缩下部的除锰层,剩余的滤层不能有效截留水中的锰,因而部分泄漏,滤后水不符合水质标准。为此,当水中含铁量、含锰量较高时,为了防止锰的泄漏,可采用两级曝气、过滤处理工艺,即第一级除铁,第二级除锰。其工艺流程如下:

含铁、含锰地下水→曝气→除铁滤池→除锰滤池→出水

在除铁、除锰过程中,随着滤料的成熟,在滤料上不但有高价铁锰混合氧化物形成的催化活性滤膜,而且还可以观测到滤层中有大量的铁细菌群体。由于微生物的生化反应速率远大于溶解氧氧化 Mn^{2+} 的速度,所以铁细菌的存在对于活性滤膜的长成有促进作用。

第六节　地表水处理厂调试与运行管理

一、原始资料

(一)有关设计任务的资料
(1)设计范围和设计项目。
(2)城镇发展现状和总体发展规划的资料。
(3)近期、远期的处理规模与水质标准。城镇发展有一个过程,投资也有一定限度,设计时需考虑分期建设,远期可适当提高处理规模与标准。

(二)有关水量、水质的资料
水源水量情况,是否适合取水,其供水保证率如何;水质情况,处理过程难易以及程度大小。

(三)有关自然条件的资料
(1)气象资料。历年最热月或最冷月的平均气温,多年土壤最大冰冻深度,多年平均风向玫瑰图,雨量资料等。
(2)水文资料。当地河流百年一遇的最大洪水量、洪水位,枯水期95%保证率的月平均最小流量、最低水位,各特征水位时的流速,水体水质及污染情况。
(3)水文地质资料。地下水的最高、最低水位,运动状态、流动方向及其综合利用资料。
(4)地质资料。厂区地质钻孔柱状图,地基的承载力,有无流沙,地震等级等。
(5)地形资料。厂区附近1∶5 000地形图。厂址和取水口附近1∶500地形图。

(四)有关编制概算和施工方面的资料
(1)当地建筑材料、设备的供应情况和价格。
(2)施工力量(技术水平、设备、劳动力)资料。
(3)编制概算的定额资料,包括地区差价、间接费用定额、运输费用等。
(4)租地、征税、青苗补偿、拆迁补偿等规章和办法。

二、厂址选择

(1)厂址选择应在整个给水系统设计方案中全面规划,综合考虑,通过技术经济比较

确定。在选择时，要结合城市或工厂的总体规划、地形、管网布置、环保要求等因素，进行现场踏勘和多方案比较。

（2）厂址应选择在地形及地质条件较好、不受洪水威胁的地方，且有利于处理构筑物的平面与高程的布置和施工，例如一般选择地下水位低、承载能力大、湿陷性等级不高、岩石较少的地层。同时应考虑防洪措施。

（3）少占和尽可能不占良田。

（4）考虑周围环境卫生条件，给水厂应布置在城镇上游，并满足《生活饮用水卫生标准》中的卫生防护要求。

（5）尽量设置在靠近电源的地方，以方便施工和降低输电线路造价，并使管网的基建费用最省。当取水地点距用水区较近时，给水厂一般设置在取水构筑物附近；当距用水区较远时，给水厂选址通过技术经济比较后确定；对于高浊水，有时也可将预沉池与取水构筑物合建，而水厂其余部分设置在主要用水区附近。

（6）考虑交通和运输方便、防火距离、卫生防护距离、环保措施；应靠近主要用水点，远离污染源（大气、粉尘噪声等）。

（7）考虑发展扩建可能。

给水厂所需要的面积如表 11-1 所示，供选择厂址时参考。

表 11-1　给水厂所需要的面积

处理水量(m^3/d)	用地($m^2/(m^3 \cdot d)$)
地表水沉淀净化工程	
（1）20 万以上	0.1 ~ 0.2
（2）5 万 ~ 20 万	0.2 ~ 0.4
（3）2 万 ~ 5 万	0.5 ~ 0.7
（4）5 000 ~ 2 万	0.8 ~ 1.0
（5）5 000 以下	1.2 ~ 1.8
地表水过滤净化工程	
（1）20 万以上	0.2 ~ 0.4
（2）5 万 ~ 20 万	0.3 ~ 0.5
（3）2 万 ~ 5 万	0.8 ~ 1.2
（4）5 000 ~ 2 万	1.0 ~ 1.5
（5）5 000 以下	2 ~ 3
地下水除铁工程	
5 万以下	0.3 ~ 0.6

三、工艺流程选择

处理方法和工艺流程的选择，应根据原水水质、用水水质要求等因素，通过调查研究、必要的试验，并参考相似条件下处理构筑物的运行经验，经技术经济比较后确定。另外，还要考虑当地的电力、地形、地质、场地面积等情况，以免影响处理工艺流程及处理构筑物类型的选择。例如地下水位高，地质条件较差的地方，不宜选用深度大、施工难度高的处理构筑物。

（一）原水水质不同时的工艺流程选择

（1）取用地表水水质较好时，一般经过混凝—沉淀—过滤—消毒常规处理，水质即可达到生活饮用水标准。

（2）当原水浊度较低（如150 mg/L以下），可考虑省略沉淀构筑物，原水加药后直接经双层滤料接触过滤。

（3）取用湖泊、水库水时，水中含藻类较多，可考虑采用气浮代替沉淀或用微滤机预处理及多点加氯，以延长滤池工作周期。

（4）取用高浊水时，为了达到预期的混凝沉淀效果，减少混凝剂用量，应增设预沉池。

（二）用水对象不同时的工艺流程选择

用水对象不同，要求的工艺流程不同，在选择时根据具体情况进行合理确定。例如，要求浊度在1 000 mg/L以下的热电站冷却水，由一次沉淀池处理供给；要求浊度为20~50 mg/L的化工厂冷却水，由混凝沉淀供给；生活饮用水，由过滤消毒水供给；软化水由用水单位用过滤消毒水自行软化。图11-11为某大型水厂的处理流程，其综合反映了以地表水为水源，分别供水的典型处理流程。其中饮用水流程为地表水处理典型工艺流程。

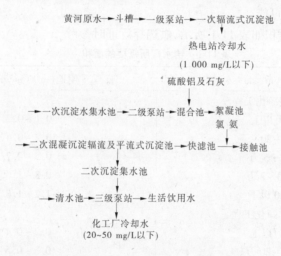

图11-11 某大型水厂的处理流程

四、水处理厂平面和高程布置

（一）平面布置

净水厂的基本组成包括生产构筑物和辅助建筑物两部分。生产构筑物包括处理构筑物、泵房、风机房、加药间、消毒间、变电所等；辅助建筑物包括化验室、修理车间、仓库、车库、办公室、浴室、食堂、厕所等。

生产构筑物的个数和面积由设计计算确定。辅助建筑物使用面积应按水厂规模、工艺流程、水厂管理体制、人员编制和当地建筑标准确定，也可参考表11-2。

当构筑物和建筑物个数与面积确定后，根据工艺流程和功能要求，综合考虑各类管线、道路等，结合厂内地形和地质条件，进行平面布置。

表 11-2 辅助建筑物使用面积

序号	建筑物名称	水厂规模(万 m³/d)		
		0.5~2	2~5	5~10
1	化验室(理化、细菌)	45~55	55~65	65~80
2	修理部门(机修、电修、仪表等)	65~100	100~135	135~170
3	仓库(不包括药剂仓库)	60~100	100~150	150~200
4	值班宿舍	按值班人数确定		
5	车库	按车辆型号数量确定		

水厂平面布置的主要内容包括各种构筑物和建筑物的平面定位,生产管线、厂区内给排水、供暖系统的管路、阀井布置,供电系统及道路、围墙、绿化布置。

净水厂平面布置时,一般要考虑下列几点要求:

(1)布置紧凑,以减小占地面积和连接管渠的长度,并便于管理。生产关系密切的构筑物应互相靠近,甚至组合在一起。各构筑物的间距一般可取 5~10 m,主要考虑它们中间的道路或铺建管线所需要的宽度以及施工要求、施工时地基的相互影响等。厂内车行道路面宽 3~4 m,转弯半径 6 m,人行道宽 1.5~2.0 m。处理厂平面图可根据处理规模采用1:200~1:500 比例尺绘制。

(2)各处理构筑物之间连接管渠简洁,应尽量避免立体交叉;水流路线简短,避免不必要的拐弯,并尽量避免把管线埋在构筑物下面。

(3)充分利用地形,以节省挖、填方的工程量,使处理水或排放水能自流输送。有时地形条件会反过来要求构筑物的形状和布置做某些调整,使地面得到最大限度的利用。

(4)考虑构筑物的放空及跨越,以便检修。最好做到自流放空。

(5)考虑环境卫生及安全。例如把氯库、锅炉房布置在主导风向的下风位置;化验室、办公室远离风机房、泵房,以保证良好的工作条件。在大的处理厂,最好把生产区和生活区分开,尽量避免非生产人员在生产区通行和逗留,以确保生产安全。

(6)设备布置,一般按水处理流程的先后次序,按设备的不同性质分门别类地进行布置,使整个站房分区明确,设备布置整齐合理,操作维修方便;考虑留有适当通道及不同设备的吊装、组装净空和净距;水泵机组应尽可能集中布置,以便于管理维护和采取隔声、减振措施;酸、碱、盐等的储存和制备设备也应集中布置,并考虑贮药间的防水、防腐、通风、除尘、冲洗、装卸、运输等;考虑地面排水明渠布置,保证运行场地干燥、整洁。

(7)一种处理构筑物有多座池子时,要注意配水均匀性,为此在平面布置时,常为每组构筑物设置配水井;在适当位置上设置计量设备。

(8)考虑扩建可能,留有适当的扩建余地。

(二)高程布置

净水厂高程布置的任务是:确定各处理构筑物和泵房的标高及水平标高,各种连接管渠的尺寸及标准,使水能按处理流程在处理构筑物之间靠重力自流,确定提升水泵扬程,以降低运行和维护管理费用。为此,必须计算各处理构筑物之间的水头损失,定出构筑物之间的水面相对高差。各种处理构筑物的水头损失值见表11-3。

连接池渠的水头损失包括沿程及局部损失,按经济流速计算。经过沉淀后的水的自净流速可小于或等于 0.5 m/s,滤池反冲洗排水流速 1 ~ 1.2 m/s。计量设备水头损失按所选类型计算。

各构筑物的相对高差确定后,只要选定了某一构筑物的绝对高程,其他构筑物的绝对高程也就选定了。高程布置时要综合地形、地基、排水、放空等条件考虑,避免最低的构筑物埋深过大,最高的构筑物架高过大,并且使厂内土方平衡。

污泥及污泥水的数量比处理的水量小很多,如做不到重力自流,不妨用泵抽升。

表 11-3　各种处理构筑物的水头损失值

构筑物名称	水头损失(m)	构筑物名称	水头损失(m)
格栅	0.1 ~ 0.25	压力滤池	5 ~ 6
反应池	0.4 ~ 0.5	曝气池	0.3 ~ 0.5
沉淀池	0.2 ~ 0.5	生物滤池 (装旋转布水器,其工作高度为 H)	$H + 1.5$
澄清池	0.7 ~ 0.8	接触池	0.1 ~ 0.3
沉沙池	0.1 ~ 0.25	污泥干化场	2 ~ 3.5
普通快滤池	2 ~ 2.5		
无阀滤池、虹吸滤池	1.5 ~ 2		
接触滤池	2.5 ~ 3		

进行高程布置的水力计算时,要选择一条距离较长、损失最大的流程,并按远期最大流量进行计算。水力计算应考虑某个构筑物发生故障时,另一构筑物及其连接管渠能通过全部流量;还应考虑由于管道内污泥的沉积使水流阻力增加;要留有余地,以防由于水头不够而造成涌水现象,影响处理构筑物的运行。

高程布置图(或处理流程图)的横向比例尺与平面相同,纵向 1:50 ~ 1:100 。图上标出构筑物顶、底部标高,水面标高及管渠标高。管渠很长时可用断线断开表示。

净水厂的设计,除高程和平面的布置外,还有水处理厂区的绿化、道路设计,仪表、自控设计和水处理厂的人员编制、水处理成本计算等。

图 11-12、图 11-13 为典型的地表水给水处理厂平面布置示例。图 11-14 为平流沉淀池加普通快滤池给水处理厂高程布置。

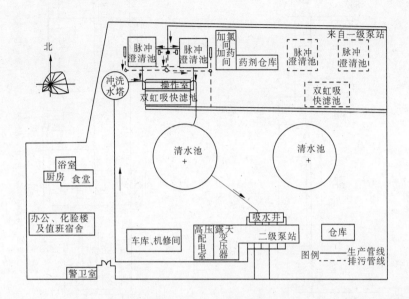

图 11-12　地表水给水处理厂平面布置示例(一)

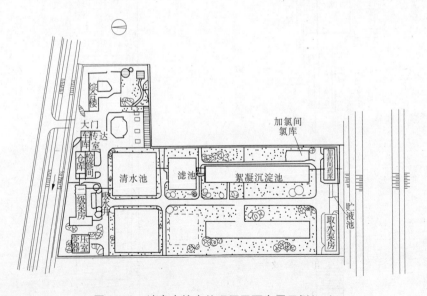

图 11-13　地表水给水处理厂平面布置示例(二)

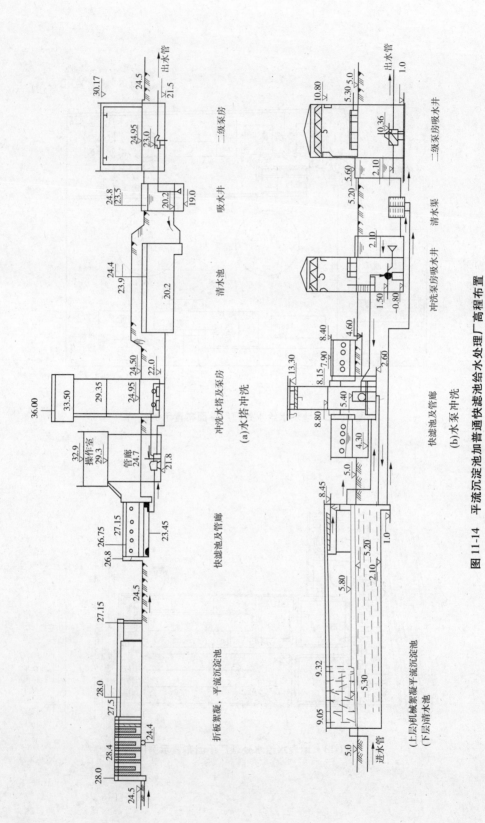

图 11-14 平流沉淀池加普通快滤池给水处理厂高程布置

第十二章 生活污水处理工艺

第一节 城市污水处理厂设计

一、概述

(一)城市污水

城市污水是由城市排水系统汇集的污水,它是由居民的生活污水和位于城区内的工业企业排放的工业废水所组成的。

生活污水是城市污水的主要组成部分,一般情况下,城市污水都具有生活污水的特征。典型的生活污水水质见表 12-1。

表 12-1 典型的生活污水水质

指标	浓度(mg/L)		
	高	正常	低
总固体(TS)	1 200	720	350
溶解性总固体(DS)	850	500	250
非挥发性	525	300	145
挥发性	325	200	105
悬浮物(SS)	350	220	100
非挥发性	75	55	20
挥发性	275	165	80
可沉降物(mL/L)	20	10	5
生化需氧量(BOD_5)	400	200	100
溶解性	200	100	50
悬浮性	200	100	50
总有机碳(TOC)	290	160	80
化学需氧量(COD)	600	400	250
溶解性	200	150	100
悬浮性	400	250	150
可生物降解有机物	450	300	200
溶解性	200	150	100

指标	浓度（mg/L）		
	高	正常	低
总氮（N）	85	40	20
有机氮	35	15	8
游离氮	50	25	12
亚硝酸氮	0	0	0
硝酸氮	0	0	0
总磷（P）	15	8	4
有机磷	5	3	1
无机磷	10	5	3
氯化物（Cl⁻）	200	100	60
碱度（CaCO₃）	200	100	50
油脂	150	100	50

城市排水系统一般都接纳由工业企业排放的工业废水。由于各地的工业废水的水量、水质千变万化，因此每个城市的污水水量和水质各不相同。

（二）城市污水的设计水质

1. 生活污水

生活污水的 BOD_5 和 SS 的设计值可取为：BOD_5 20 ~ 35 g/（人·d），SS 35 ~ 50 g/（人·d）。

2. 工业废水

工业废水的水质可参照不同类型的工业企业的实测数据或经验数据确定。

3. 水质浓度

水质浓度按下式计算：

$$S = \frac{1\,000 a_s}{Q_s}$$

式中　S——某污染物质的浓度，mg/L；

　　　a_s——每日生活污水和工业废水中该污染物质的总排放量，kg；

　　　Q_s——每日的总排水量，m^3。

（三）城市污水处理厂的设计水量

用于城市污水处理厂的设计水量有以下几种。

（1）平均日流量（m^3/d）。

平均日流量表示污水处理厂的规模，即处理总水量。其用于计算污水处理厂的年抽升电耗与耗药量，产生并处理的污泥总量。

（2）设计最大流量（m^3/h 或 L/s）。

设计最大流量用于污水处理厂的进厂管道的设计。如果污水处理厂的进水为水泵提升,则用组合水泵的工作流量作为设计最大流量。

(3)降雨时的设计流量(m^3/d 或 L/s)。

降雨时的设计流量包括旱天流量和截留 n 倍的初期雨水流量。其用于校核初沉池前的处理构筑物和设备。

(4)污水处理厂的各处理构筑物及厂内连接各处理构筑物的管渠,都应满足设计最大流量的要求。但当曝气池的设计反应时间在 6 h 以上时,可采用平均日流量作为曝气池的设计流量。

(5)当污水处理厂分期建设时,以相应的各期流量作为设计流量。

(四)工业废水与城市污水处理的关系

工业废水的成分十分复杂,可能含有特殊的污染物质,甚至所含污染物的浓度很高,如果直接排入城市排水系统,必然会对城市污水处理厂的运行管理带来不利影响。为了保证城市污水处理厂的正常运行,排入城市排水系统的工业废水必须满足下列要求:

(1)不得含有能够破坏城市排水管道的成分,如酸性废水及含有可燃和易爆物质的废水,还不得含有能够堵塞管道的物质和对养护工作人员造成伤害的物质;

(2)所含的大部分污染物质必须是能被微生物所降解,并对微生物的代谢活动无抑制或毒害作用;

(3)污染物质的浓度不能过高,以免增加污水处理厂的负荷,影响处理效果;

(4)水温不得高于 40 ℃;

(5)对含有病原菌的医院、疗养院的污水必须进行严格的消毒处理后再行排入。

城市的市政管理部门可根据本市的具体条件,参照我国制定的《污水排入城镇下水道水质标准》(CJ 343—2010),作出相应规定,以使污水水质与城市污水水质基本一致,这样既不会损坏下水道,又不会影响微生物的活动。对不符合要求的工业废水,必须在厂(院)内进行预处理,然后方可排入城市排水系统。

工业废水与生活污水共同处理具有以下优点:

(1)建设费用与运行费用较低。

污水处理厂的规模越大,其单位处理能力的基建费用和运行费用越低。日处理量在 10 000 m^3 以下的污水处理厂,比日处理量介于 10 000 ~ 100 000 m^3 的污水处理厂的造价指标提高 20% ~ 30%。

一些中小型工业企业设置的污水处理厂(站)往往需要设水量或水质调节池,某些厂还需要向处理的废水中投加化学药剂,以保证微生物对氮、磷等营养物质的需要,这样都将增大污水处理设备的建设投资和运行费用。

(2)占地面积小,不影响环境卫生。

工业企业分散设置独立的污水处理厂(站)往往比集中建造大型污水处理厂占用更多的土地面积,而且还会给厂区环境带来一些不良影响。而城市污水处理厂,一般都建于远离城市的郊区,而且中间隔以卫生防护带,无碍于城市环境卫生。

(3)便于运行管理,节省管理人员。

规模较大的污水处理厂,有条件配备技术水平较高的技术管理人员,有利于发挥处理设备的最大效能。单位污水量配备的管理人员数也大大低于分散处理的。

（4）能够保证污水的处理效果。

中小型工业企业的工业废水，其水质和水量的波动很大，给污水处理厂的运行管理带来一定的困难，并影响处理效果。而城市污水处理厂，由于大量的城市污水而得到均衡，废水中的某些有毒物质也因此得到稀释，氮、磷等微生物营养物质能够得到保证，这样在一定程度上保证了处理效果。

二、设计步骤

城市污水处理厂的设计可分为设计前期工作、扩大初步设计、施工图设计3个阶段。

（一）设计前期工作

设计前期工作主要有预可行性研究（项目建议书）和可行性研究（设计任务书）。

1. 预可行性研究

预可行性研究报告是建设单位向上级送审的项目建议书的技术附件。须经专家评审，并提出评审意见，经上级机关审批后立项，然后可进行下一步的可行性研究。我国规定，投资在3 000万元以上的较大的工程项目必须进行预可行性研究。

2. 可行性研究

可行性研究报告是对与本项工程有关的各个方面进行深入调查和研究，进行综合论证的重要文件，它为项目的建设提供科学依据，保证所建项目在技术上先进、可行；在经济上合理、有利，并具有良好的社会与环境效益。

城市污水处理厂工程的可行性研究报告的主要内容包括项目概述、工程方案的确定、工程投资估算及资金筹措、工程远近期的结合、工程效益分析、工程进度计划、存在问题及建议，以及附图、附表、附件等。

可行性研究报告是国家控制投资决策的重要依据。可行性研究报告经上级有关部门批准后，可进行扩大初步设计。

（二）扩大初步设计

扩大初步设计由下列五部分组成。

1. 设计说明书

设计说明书包括设计依据及有关文件、城市概况及自然条件资料、工程设计说明等。

2. 工程量

工程量包括工程所需的混凝土量、挖填土方量等。

3. 材料与设备

材料与设备即工程所需钢材、水泥、木材的数量和所需设备的详细清单。

4. 工程概算书

工程概算书包括本工程所需各项费用。

5. 图纸

图纸主要包括污水处理厂工艺流程图、总平面布置图等。

（三）施工图设计

施工图设计以扩大初步设计为依据，并在扩大初步设计被批准后进行，原则上不能有大的方案变更及概算额超出。

施工图设计是将污水处理厂各处理构筑物的平面位置和高程精确地表示在图纸上，并详细表示出每个节点的构造、尺寸，每张图纸都应按一定的比例，用标准图例精确绘制，要求达到能够使施工人员按图准确施工的程度。

三、厂址的选择

污水处理厂厂址的选定与城市的总体规划，城市排水系统的走向、布置，处理后污水的出路密切相关。

污水处理厂厂址的选择应进行综合的技术、经济比较与最优化分析，并通过专家的反复论证后再行确定。一般应遵循以下原则：

（1）与选定的污水处理工艺相适应。

（2）尽量做到少占农田和不占良田。

（3）位于城市集中给水水源下游；设在城镇、工厂厂区及生活区的下游，并保持300 m以上的距离，但也不宜太远，并位于夏季主风向的下风向。

（4）考虑与处理后的污水或污泥的利用用户靠近，或靠近受纳水体，并便于运输。

（5）不宜设在雨季易受水淹的低洼处；靠近水体的处理厂要考虑不受洪水威胁；尽量设在地质条件较好的地方，以方便施工，降低造价。

（6）要充分利用地形，选择有适当坡度的地区，来满足污水处理构筑物高程布置的需要，以减少土方工程量，降低工程造价。若有可能，宜采用污水不经水泵提升而自流流入处理构筑物的方案，以节省动力费用，降低处理成本。

（7）与城市污水管道系统布局统一考虑。

（8）考虑城市远期发展的可能性，留有扩建余地。

污水处理厂的占地面积与处理水量和所采用的处理工艺有关。表 12-2 所列用地面积可供在污水处理厂建设前期的规划设计时参考。

表 12-2　城市污水处理厂用地面积

处理厂规模（m³/d）	一级处理占地（hm²）	二级处理占地（hm²）	
		生物滤池	活性污泥法
5 000	0.5～0.7	2～3	1～1.25
10 000	0.8～1.2	4～6	1.5～2.0
15 000	1.0～1.5	6～9	1.85～2.5
20 000	1.2～1.8	8～12	2.2～3.0
30 000	1.6～2.5	12～16	3.0～4.5
40 000	2.0～3.2	16～24	4.0～6.0
50 000	2.5～3.8	20～30	5.0～7.5
70 000	3.75～5.0	30～45	7.5～10.0
100 000	5.0～6.5	40～60	10.0～12.5

四、处理工艺的选择

污水处理的工艺系统是指在保证处理水达到所要求的处理程度的前提下,所采用的污水处理技术各单元的组合。

对于某种污水,采用哪几种处理方法组成系统,要根据污水的水质、水量,回收其中有用物质的可能性、经济性、受纳水体的具体条件,并结合调查研究与技术、经济比较后决定,必要时还需进行试验。

在选定处理工艺流程的同时,还需要考虑确定各处理技术单元构筑物的型式。两者相互制约,相互影响。

(一)选择污水处理工艺应考虑的因素

1. 污水的处理程度

污水的处理程度是污水处理工艺流程选择的主要依据,而污水处理程度又主要取决于原污水的水质特征、处理后水的去向及相应的水质要求。

污水的水质特征,表现为污水中所含污染物的种类、形态及浓度,它直接影响到工艺流程的复杂程度。处理后水的去向和水质要求,往往决定着污水治理工程的处理深度。

2. 工程造价与运行费用

工程造价和运行费用也是工艺流程选择的重要考虑因素,前提是处理水应达到水质标准的要求。这样,以原污水的水质、水量及其他自然状况为已知条件,以处理水应达到的水质指标为制约条件,而以处理系统最低的总造价和运行费用为目标函数,建立三者之间的相互关系。减少占地面积是降低建设费用的一项重要措施。

3. 当地的各项条件

当地的地形、气候等自然条件,原材料与电力供应等具体情况,也是选择处理工艺时应当考虑的因素。

4. 原污水的水量与污水流入工况

原污水的水量与污水流入工况也是选择处理工艺时需要考虑的因素,直接影响到处理构筑物的选型及处理工艺的选择。

5. 处理过程是否产生新的污染

在污水处理过程中应注意避免造成二次污染。另外,工程施工的难易程度和运行管理需要的技术条件也是选择处理工艺流程需要考虑的因素,所以污水处理工艺流程的选定是一项比较复杂的系统工程,必须对上述各项因素进行综合考虑,进行多种方案的技术、经济比较,选定技术先进可行、经济合理的污水处理工艺。

(二)典型的城市污水处理工艺

城市污水处理的典型工艺流程是由完整的二级处理系统和污泥处理系统所组成的。一级处理系统是由格栅、沉砂池和初次沉淀池所组成的,其作用是去除污水中的无机和有机悬浮污染物,污水 BOD 去除率达 20% ~ 30%。二级处理系统是城市污水处理厂的核心,其主要作用是去除污水中呈胶体和溶解状态的有机污染物,BOD 去除率达 90% 以上。通过二级处理,污水的 BOD_5 值可降低至 20 ~ 30 mg/L,一般可达排放水体和灌溉农田的要求。污泥是污水处理过程的副产品,也是必然的产物。污泥包括从初次沉淀池排出的初沉污泥和从生物处理系统排出的生物污泥。在城市污水处理系统中,对污泥的处理多采用浓缩、厌氧消化、脱水等技术单元组成的系统。处理后的污泥可作为肥料用于农业。

五、污水处理厂的平面布置与高程布置

(一)污水处理厂的平面布置

在污水处理厂厂区内有各处理单元构筑物,连通各处理单元构筑物之间的管、渠及其他管线,辅助性建筑物,道路以及绿地等。在进行厂区平面规划、布置时,应从以下几方面进行考虑。

1. 处理单元构筑物的平面布置

各处理单元构筑物是污水处理厂的主体建筑物,在进行平面布置时,应根据各构筑物的功能要求和水力要求,结合地形和地质条件,合理布局,确定它们在厂区内的平面位置,以减少投资并使运行方便。

(1)应布置紧凑,以减少处理厂占地面积和连接管线的长度,还应考虑施工和运行操作的方便。

(2)应使各处理单元构筑物之间的连接管渠便捷、直通,避免迂回曲折,处理构筑物一般按流程顺序布置。

(3)充分利用地形,以节省挖填土方量,并避开劣质土壤地段,使水流能自流输送。

(4)在处理单元构筑物之间,应有保证敷设连接管、渠要求的间距,一般可取 5～10 m,某些有特殊要求的构筑物,如污泥消化池、消化气贮罐等,其间距应按有关规定确定。

2. 管、渠的平面布置

在污水处理厂各处理构筑物之间,设有贯通、连接的管渠。此外,还有放空管及超越管渠。放空管的作用是在构筑物内设施需要检修时,放空构筑物内的污水。超越管的作用是在构筑物发生故障或污水没必要进入构筑物处理时,能越过该处理构筑物。污水处理厂一般设有超越全部处理构筑物,直接排放水体的超越管。管渠的布置应尽量短,避免曲折和交叉。

在污水处理厂内还设有给水管、空气管、消化气管、蒸汽管以及输配电线路等。在布置时,应避免相互干扰,既要便于施工和维护管理,又要占地紧凑,既可敷设在地下,也可架空敷设。

另外,在厂区内还应有完善的雨水收集及排放系统,必要时应考虑设防洪沟渠。

3. 辅助建筑物的平面布置

污水处理厂内的辅助建筑物有泵房、鼓风机房、加药间、办公室、集中控制室、水质分析化验室、变电所、机修车间、仓库、食堂等,它们是污水处理厂不可缺少的组成部分。其建筑面积大小应按实际情况与条件而定。有条件时,可设立试验车间,以不断研究与改进污水处理技术。

辅助建筑物的布置应根据方便、安全等原则确定。如泵房、鼓风机房应尽量靠近处理构筑物附近,变电所宜设于耗电量大的构筑物附近。操作工人的值班室应尽量布置在使工人能够便于观察处理构筑物运行情况的位置。办公室、水质分析化验室等均应与处理构筑物保持一定距离,并处于它们的上风向,以保证良好的工作条件。贮气罐、贮油罐等

易燃、易爆建筑的布置应符合防爆、防火规程。

在污水处理厂内应合理地修筑道路和停车场地。一般主干道 4~6 m,车行道 3~4 m,人行道 1.5~2 m。应合理植树,绿化美化厂区,改善卫生条件。按规定,污水处理厂厂区的绿化面积不得少于总面积的 30%。

另外,要预留适当的扩建场地,并考虑施工方便和相互间的衔接。

总之,在工艺设计计算时,除应满足工艺设计上的要求外,还必须符合施工、运行上的要求。对于大中型处理厂,还应作多方案比较,以便找出最佳方案。

总平面布置图可根据污水厂的规模采用 1:200~1:1 000 的比例绘制,常用的比例尺为 1:500。

图 12-1 所示为 A 市污水处理厂总平面布置图。

该厂的主要处理构筑物有机械清渣格栅、曝气沉砂池、初次沉淀池、深层曝气池、二次沉淀池、消化池等及若干辅助建筑物。

该厂的平面布置特点为:流线清楚,布置紧凑。鼓风机房和回流污泥泵房位于曝气池和二次沉淀池的一侧,节约了管道与动力消耗,方便操作管理。污泥消化系统构筑物靠近处理厂西侧的四氯化碳制造厂,使消化气、蒸汽输送管较短,节约了建设投资。办公楼与处理构筑物、鼓风机房、泵房、消化池等保持一定距离,卫生条件与工作条件均较好。在管线布置上,尽量一管多用,如超越管、处理水出厂管都借雨水管泄入附近水体,而剩余污泥、污泥水、各构筑物放空管等,又都汇入厂内污水管,并流入泵房集水井。不足之处是:由于厂东西两侧均为水体,用地受到限制,无远期发展余地。

图 12-2 为 B 市污水处理厂总平面布置图。该厂泵站设于厂外,主要处理构筑物有格栅、曝气沉砂池、初次沉淀池、曝气池、二次沉淀池等。该厂污泥通过污泥泵房直接加压送往农田作为肥料利用。

该厂平面布置的特点是:布置整齐、紧凑。两期工程各自独成系统,对设计与运行相互干扰较小。办公室等建筑物均位于常年主风向的上风向,且与处理构筑物有一定距离,卫生、工作条件较好。在污水流入初次沉淀池、曝气池与二次沉淀池时,先后经三次计量,为分析构筑物的运行情况创造了条件。利用构筑物本身的管渠设立超越管线,既节省了管道,运行又较灵活。

二期工程预留地设在一期工程与厂前区之间,若二期工程改用其他工艺或另选池型时,在平面布置上将受到一定的限制。泵站与湿污泥地均设于厂外,管理不甚方便。此外,三次计量增加了水头损失。

(二)污水处理厂的高程布置

污水处理厂高程布置的目的是确定各处理构筑物和泵房的标高,确定处理构筑物之间连接管渠的尺寸及其标高,计算确定各部位的水面标高,使水能按处理流程在处理构筑物之间靠重力自流,以降低运行和维护管理费用,从而保证污水处理厂的正常运行。

相邻两构筑物之间的水面相对高差即为流程中的水头损失。水头损失包括以下内容。

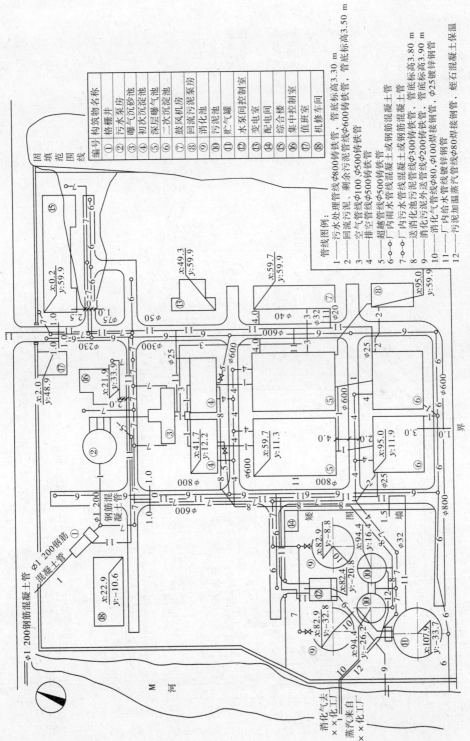

图12-1 A市污水处理厂总平面布置图

编号	构筑物名称
①	格栅井
②	污水泵房
③	曝气沉砂池
④	初次沉淀池
⑤	深层曝气池
⑥	二次沉淀池
⑦	鼓风机房
⑧	回流污泥泵房
⑨	消化池
⑩	污泥池
⑪	贮气罐
⑫	水泵间套制室
⑬	变电室
⑭	配电间
⑮	综合楼
⑯	集中控制室
⑰	值班室
⑱	机修车间

管线图例:

1——污水处理管线φ800铸铁管,管底标高3.30 m
2——回流污泥管线φ600铸铁管,管底标高3.50 m
3——空气管线φ100 φ500铸铁管
4——排空管线φ500铸铁管
5——超越管线φ500铸铁管
6——○——○厂内雨水管φ300铸铁管,管底标高3.80 m
7——厂内污水管混凝土管线φ300铸铁管
8——送消化池污泥管线φ200铸铁管,管底标高3.90 m
9——厂内污水管混凝土或钢筋混凝土管
10——消化气管线φ80,φ100焊接钢管,φ25镀锌钢管
11——厂内给水管线φ80镀锌钢管
12——污泥加温蒸汽管线φ80焊接钢管,矿石混凝土保温

· 287 ·

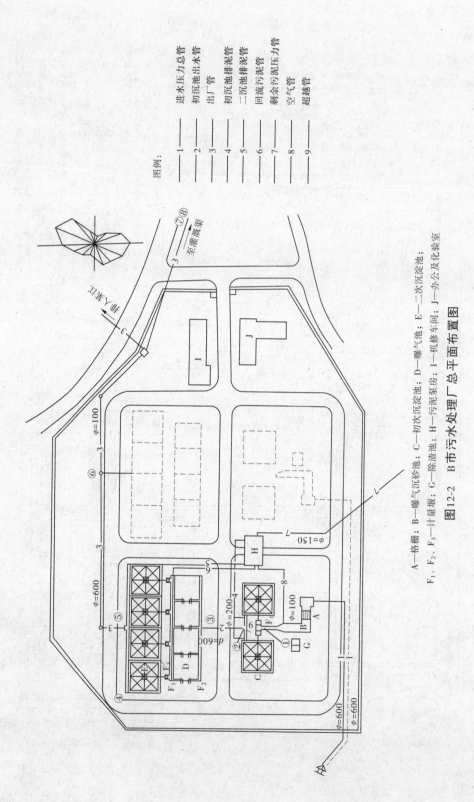

图例:

1 —————— 进水压力总管
2 —————— 初沉池出水管
3 —————— 出厂管
4 —————— 初沉池排泥管
5 —————— 二沉池排泥管
6 —————— 回流污泥管
7 —————— 剩余污泥压力管
8 —————— 空气管
9 —————— 超越管

A—格栅; B—曝气沉砂池; C—初次沉淀池; D—曝气池; E—二次沉淀池;
F₁、F₂、F₃—计量堰; G—除渣池; H—污泥泵房; I—机修车间; J—办公及化验室

图12-2 B市污水处理厂总平面布置图

· 288 ·

（1）污水流经各处理构筑物的水头损失。

可参考表 12-3 选取或进行详细的水力计算。一般来讲，污水流经各处理构筑物的水头损失，主要产生在进口、出口和需要的跌水处（多在出口），而流经处理构筑物本体的水头损失则较小。

表 12-3　污水流经各处理构筑物的水头损失

构筑物名称	水头损失（cm）	构筑物名称	水头损失（cm）
格栅	10～25	生物滤池（工作高度为 2 m 时）：	
沉砂池	10～25	装有旋转式布水器	270～280
沉淀池：		装有固定喷洒布水器	450～475
平流	20～40	混合池或接触池	10～30
竖流	40～50		
辐流	50～60		
双层沉淀池	10～20		
曝气池：			
污水潜流入池	25～50		
污水跌水入池	50～150		

（2）污水流经连接前后两处理构筑物管渠（包括配水设备）的水头损失，包括沿程与局部水头损失。需要通过水力计算得出。

（3）污水流经计量设备的水头损失。

进行高程布置时，应遵循以下原则：

（1）选择一条距离最长、水头损失最大的流程进行水力计算，并应留有适当余地。

（2）计算水头损失时，一般应以近期最大流量作为构筑物和管渠的设计流量；计算涉及远期流量的管渠和设备时，应以远期最大流量作为设计流量，并酌加扩建时的备用水头。

（3）在作高程布置时，还应注意污水流程与污泥流程的配合，尽量减少需抽升的污泥量。在决定污泥浓缩池、消化池等构筑物的高程时，应注意它们的污泥水能自流排入厂区污水干管。

高程布置的方法是：以接纳处理水的水体的最高水位作为起点，逆污水处理流程向上倒推计算，以使处理后污水在洪水季节也能自流排出，而水泵需要的扬程则较小，运行费用也较低。但同时应考虑到构筑物的挖土深度不宜过大，以免土建投资过大和增加施工难度。还应考虑到因维修等原因需将池水放空而在高程上提出的要求。

高程布置图可绘制成污水处理与污泥处理的纵断面图或工艺流程图。绘制纵断面图时采用的比例尺，一般横向与总平面图相同，纵向为 1:50～1:100。

下面以图 12-2 所示 B 市污水处理厂为例，说明其污水处理流程高程计算过程。

处理后的污水排入农田灌溉渠道以供农田灌溉，以灌溉渠水位作为起点，逆流程向上推算各处理构筑物的水面标高。

高程计算如下：

灌溉渠道(点8)水位：49.25 m；

排水总管(点7)水位：50.05 m(跌水0.8 m)；

窨井6后水位：50.44 m(沿程损失0.39 m)；

窨井6前水位：50.49 m(管顶平接，两端水位差0.05 m)；

二次沉淀池出水井水位：50.84 m(沿程损失0.35 m)；

二次沉淀池出水总渠起端水位：50.94 m(沿程损失0.10 m)；

二次沉淀池中水位：51.44 m(集水槽起端水深0.38 m，自由跌落0.10 m，堰上水头0.02 m)；

堰F_3后水位：51.75 m(沿程损失0.03 m，局部损失0.28 m)；

堰F_3前水位：52.16 m(堰上水头0.26 m，自由跌落0.15 m)；

曝气池出水总渠起端水位：52.38 m(沿程损失0.22 m)；

曝气池中水位：52.64 m(集水槽中水位0.26 m)；

堰F_2前水位：53.22 m(堰上水头0.38 m，自由跌落0.20 m)；

点3水位：53.44 m(沿程损失0.08 m，局部损失0.14 m)；

初次沉淀池出水井(点2)水位：53.66 m(沿程损失0.07 m，局部损失0.15 m)

初次沉淀池中水位：54.33 m(出水总渠沿程损失0.10 m，集水槽起端水深0.44 m，自由跌落0.10 m，堰上水头0.03 m)；

堰F_1后水位：54.65 m(沿程损失0.04 m，局部损失0.28 m)；

堰F_1前水位：55.10 m(堰上水头0.30 m，自由跌落0.15 m)；

沉砂池起端水位：55.37 m(沿程损失0.02 m，沉砂池出口局部损失0.05 m，沉砂池中水头损失0.20 m)；

格栅前(A点)水位：55.52 m(过栅水头损失0.15 m)；

总水头损失6.27 m。

计算结果表明：终点泵站应将污水提升至标高55.52 m处才能满足流程的水力要求。根据计算结果绘制了B市污水处理厂污水处理流程高程布置图，如图12-3所示。

下面以图12-1所示的A市污水处理厂的污泥处理流程为例，作污泥处理流程的高程计算。

该厂二沉池剩余污泥重力流排入污泥泵站，加压后送入初沉池，利用生物絮凝作用提高初沉池的沉淀效果，并与初沉池污泥一起重力排入污泥投配池。污泥处理流程的高程计算从初沉池开始，流程如下：

初沉池→污泥投配池→污泥泵站→污泥消化池→贮泥池→外运

同污水处理流程，高程计算从控制点标高开始。

厂区地面标高为4.20 m，初沉池水面标高点为6.70 m，初沉池至污泥投配池的管道用铸铁管，长150 m，管径300 mm。污泥在管内呈重力流，流速为1.5 m/s，求得其水头损失为1.20 m，自由水头为1.50 m，则管道中心标高为：

$$6.70 - (1.20 + 1.50) = 4.00(m)$$

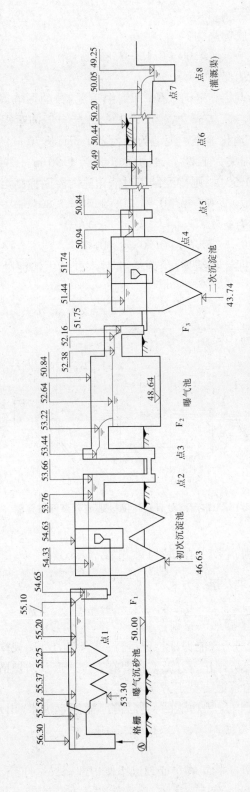

图12-3 B市污水处理厂污水处理流程高程布置图 （单位：m）

流入污泥投配池的管底标高为:

$$4.00 - 0.15 = 3.85(\text{m})$$

据此确定污泥投配池的标高。

消化池至贮泥池的各点标高受河水位(即河中污泥船)的影响,故以此向上推算。设要求贮泥池排泥管的管中心标高至少应为 3.00 m,才能自流向运泥船排净贮泥池污泥,贮泥池有效水深 2.00 m。消化池至贮泥池为管径 200 mm,长 70 m 的铸铁管,设管内流速为 1.50 m/s,则求得水头损失为 1.20 m,自由水头设为 1.50 m。消化池采用间歇排泥方式,一次排泥后泥面下降 0.50 m,则排泥结束时消化池内泥面标高至少应为:

$$3.00 + 2.00 + 0.10 + 1.20 + 1.50 = 7.80(\text{m})$$

开始排泥时泥面标高为:

$$7.80 + 0.50 = 8.30(\text{m})$$

由此选定污泥泵。根据计算结果,绘制 A 市污水处理厂污泥处理流程高程布置图,见图 12-4。

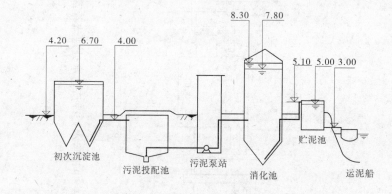

图 12-4 A 市污水处理厂污泥处理流程高程布置图

六、污水处理厂的构筑物及配水与计量设备

(一)构筑物的结构要求及运行方式

1. 构筑物的结构要求

构筑物的结构设计应遵循如下原则:

(1)结构为工艺需要服务,应能保证稳定运行,符合水力运动规律。

(2)构筑物上要便于人员操作、检修,巡检要有安全通道及防护措施。

(3)与构筑物相连接的管渠要易于清通。

设计构筑物时,要保证构筑物功能的良好发挥,需注意进水、出水、放空三方面的要求。

1)进水

构筑物进水位置一般处于构筑物中心或进水侧中部,要尽可能采取缓冲手段,防止进水速度过大,因惯性直线前进,造成短流,影响构筑物正常功能的发挥。一般采用放大口径进水和多孔进水,以降低水流速度。中心管进水需外套稳流筒,以起到缓冲作用。传统进水方式多采用指缝墙的,但会受到进水中漂浮杂质的影响,所以应在杂质进入构筑物前彻底去除,否则在运行中清理非常困难。

2)出水

出水有两种类型:一种是澄清型出水,另一种是非澄清型出水。

澄清型出水是指沉淀池、浓缩池等构筑物,需要控制出水含带悬浮性杂质量,主要有集水孔出水和锯齿堰出水等方式。由于集水、出水小孔易堵塞,通常应用锯齿堰较多,但要有较好的施工质量和密封手段,以保证锯齿堰处的出水均匀。但因堰口承受负荷较低,尤其是活性污泥法的二沉池中,污泥密度低,持水性强,沉淀效果不好,单层堰口出水局部上升流速相对偏大。现在,人们采用增加集水槽及集水槽双侧集水的方式来降低堰口负荷,已取得较好的效果。一般大型初沉池采用双侧集水,二沉池采用两道集水槽集水,沉淀效果比较理想。

非澄清型出水有水平堰口出水和直接管式出水等方式,由于出水不需要控制其含带杂质量,对堰口要求比较低,但如果需要充分利用构筑物容积,要保证一定运行液位的构筑物,一般应采用水平出水堰口流出后经出水管出水。

3)放空

污水处理构筑物必须设有放空的结构部分,并能保证在需要的情况下将构筑物内的污水或污泥全部排放干净,以便进行设备检修和构筑物自身的清理。一般放空管应设在构筑物最低位置并低于构筑物内池底最低处。同时,与构筑物连通的放空排水管线要保证低于放空管,以避免污水回灌;否则,需要在构筑物内最低处设计放置潜水泵的泵坑。另外,放空管线在构筑物外要在尽可能短的距离内设检查井,以便于对放空管线进行清通和检查。

2. 构筑物的运行方式

构筑物运行方式主要有连续和间断两种。一般小规模污水处理可采用间断运行,但间断运行存在操作麻烦、不易管理等缺点。因此,构筑物最好选用连续运行方式,采取较稳定的控制手段。运行中应注意以下问题:

(1)澄清型构筑物需要稳定的运行环境,才能达到预期的工艺效果。因此,要防止负荷的大幅度波动,使悬浮物的沉降尽可能与静止沉淀环境接近,减少出水含带杂质量,并能将沉淀物及时排出,达到最好的去除效果。

(2)对于调节池、曝气池、吸水池等非澄清型构筑物,必须采取相应的防沉手段,不允许有杂质沉积。可采取构造措施或鼓风曝气、机械搅拌等形式,并对构筑物进行防沉淀维护,保证构筑物功能的正常发挥。

(二)构筑物之间连接管渠的设计

从便于维修和清通的要求考虑,连接污水处理构筑物之间的管渠,以矩形明渠为宜。明渠多由钢筋混凝土制成,也可采用砖砌。为了安全起见,或在寒冷地区,为了防止冬季污水在明渠内结冰,一般在明渠上加设盖板。必要时或在必要部位,也可以采用钢筋混凝土管或铸铁管。

为了防止污水中的悬浮物在管渠内沉淀,污水在管渠内必须保持一定的流速。在最大流量时,明渠内流速可介于 $1.0 \sim 1.5$ m/s,在最低流量时,流速不得小于 $0.4 \sim 0.6$ m/s

（特殊构造的渠道，流速可减小至 0.2 ~ 0.3 m/s），在管道中的流速应大于在明渠中的流速，并尽可能大于 1 m/s，因为在管道中产生的沉淀难以清除，使维修工作量增加。

（三）配水设备

在污水处理厂中，同类型的处理构筑物一般都应建 2 座或 2 座以上，向它们均匀配水是污水处理厂设计的重要内容之一。若配水不均匀，各池负担不一样，一些构筑物可能出现超负荷，而另一些构筑物则又没有充分发挥作用。用于实现均匀配水的配水设备如图 12-5 所示，可按具体条件选用。

图 12-5 中(a)为中管式配水井；(b)为倒虹管式配水井，通常用于 2 座或 4 座为一组的圆形处理构筑物的配水，该形式的配水设备的对称性好，效果较好；(c)为挡板式配水槽，可用于多个同类型的处理构筑物；(d)为简单形式的配水槽，易修建，造价低，但配水均匀性较差；(e)是(d)的改进形式，可用于同类型构筑物多时的情况，配水效果较好，但构造稍复杂。

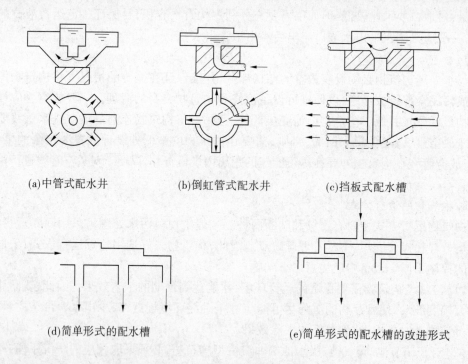

(a)中管式配水井   (b)倒虹管式配水井   (c)挡板式配水槽

(d)简单形式的配水槽   (e)简单形式的配水槽的改进形式

图 12-5　各种类型的配水设备

（四）污水计量设备

准确地掌握污水处理厂的污水量，并对水量资料和其他运行资料进行综合分析，对提高污水处理厂的运行管理水平是十分必要的。为此，应在污水处理系统上设置计量设备。

对污水计量设备的要求是精度高、操作简单，不沉积杂物，并且能够配用自动记录仪表。

污水处理厂总处理水量的计量设备，一般安装在沉砂池与初次沉淀池之间的渠道或在厂内的总出水管渠上。如有可能，在每座主要处理构筑物上都应安装计量设备，但这样会增加水头损失。

目前用于污水处理厂的水量计量设备有计量槽、薄壁堰、电磁流量计。

1. 计量槽

计量槽又称巴氏槽,精确度达95%~98%,其优点是水头损失小,底部冲刷力大,不易沉积杂物。但对施工技术要求高,施工质量不好会影响量测精度。

2. 薄壁堰

薄壁堰比较稳定可靠,为了防止堰前渠底积泥,只宜设在处理系统之后。常用的薄壁堰有矩形堰、梯形堰和三角堰,后者的水头损失较大,适于量测小于100 L/s的小流量。

3. 电磁流量计

电磁流量计由电磁流量变送器和电磁流量转换器组成。前者装于需量测的管道上,当导电液体(污水)流过变送器时,切割磁力线而产生感应电动势,并以电信号输至转换器进行放大、输出。由于感应电势的大小仅与流体的平均流速有关,因而可测得管中的流量。电磁流量计可与其他仪表配套,进行记录、指示、积算、调节控制等。

电磁流量计的优点为:

(1)变送器结构简单可靠,内部无活动部件,维护清洗方便;

(2)压力损失小,不易堵塞;

(3)量测精度不受被测污水各项物理参数的影响;

(4)无机械惯性,反应灵敏,可量测脉动流量;

(5)安装方便,无严格的前置直管段的要求。

电磁流量计目前价格昂贵,需精心保养,难以维修。安装时,要求变送器附近不应有电动机、变压器等强磁场或强电场,以免产生干扰。同时,要在变送器内必须充满污水,否则可能产生误差。

近年来,国内还开发了几种测定管道中流量的设备,如插入式液体涡轮流量计、超声波流量计等。

第二节　生活污水的预处理与深度处理

水是国民经济的重要资源。随着工业的发展和人口的增长,用水量逐年增加,使得世界范围内的淡水资源日趋短缺。同时人们对污水的利用问题给予了越来越多的关注。

一、概述

(一)城市污水的资源化与再生利用

为实现水资源的合理开发与利用,我国《水法》和《水污染防治法》中阐明了"多渠道开辟水资源"等有关水资源保护和合理利用的对策与措施,城市污水的再生利用和资源化是一项重要且切实可行的措施。

城市污水水量稳定,是供给可靠的水资源。在传统的二级处理的基础上,对污水再进行适当的深度处理,使其水质达到适于回用的要求,这样能够使对污水单纯净化的城市污水处理厂转变为以污水为原料的"再生水制造厂",使城市污水成为名副其实的水资源。

我国对城市污水的利用是在 20 世纪 50 年代农田灌溉开始的。近几十年来,我国组织了城市污水资源化的科技攻关,建立了示范工程。攻关内容包括污水工业回用、市政和景观利用的水质处理技术以及中小城镇、住宅小区污水回用技术的研究。此外,还对城市污水资源化的规划、系统优化与评价、技术方案及经济政策等软科学也进行了研究。在天津、太原、大连等城市还建设了污水回用工程。

(二)污水的深度处理

深度处理是指以污水回收再用为目的,在常规二级处理后增加的处理工艺。污水的深度处理的主要对象是构成浊度的悬浮物和胶体、微量有机物、氮和磷、细菌等。污水的深度处理是污水再生与回用技术的发展,可以提高污水的重复使用率,节约水资源。

一般二级处理技术所能达到的处理程度为:出水中的 BOD_5 为 $10 \sim 30$ mg/L;COD 为 $50 \sim 100$ mg/L;SS 为 $10 \sim 30$ mg/L;$NH_3 - N$ 为 $18 \sim 20$ mg/L;TP 为 $0.5 \sim 2$ mg/L。

城市污水深度处理的去除对象如下:

(1)处理水中残存的悬浮物,脱色、除臭,使水进一步得到澄清。

(2)进一步降低 BOD_5、COD 等指标,使水进一步稳定。

(3)脱氮、除磷,消除能够导致水体富营养化的因素。

(4)消毒杀菌,去除水中的有毒有害物质。

(三)回用途径

城市污水经过以生物处理技术为中心的二级处理和一定程度的深度处理后,水质能够达到回用标准,可以作为水资源加以利用。回用的城市污水应满足下列各项要求:

(1)必须经过完整的二级处理技术和一定的深度处理技术处理;

(2)在水质上应达到回用对象对水质的要求;

(3)在保健卫生方面不出现危害人们健康的问题;

(4)在使用上人们不产生不快感;

(5)对设备和器皿不会造成不良的影响;

(6)处理成本经济核算合理。

回用水的价值必须大于回用水的单位成本。当城市自来水供水量不足或价格较高时,污水回用显得尤其必要。

污水回用的途径应以不直接与人体接触为准,主要可用于以下方面。

(1)用于农业灌溉。

将污水有控制地排放到农田中,根据灌溉用地的自然特点,选择合适的灌溉方法。我国农业灌溉的用水量很大,有广阔的应用天地。农业灌溉用水的含盐量和卫生品质要符合我国《农田灌溉水质标准》,要避免污水接触供食用的果品、蔬菜等,以防止危害人类健康。

(2)用于工业生产。

每个城市,从用水量和排水量看,工业都是大户。工业用水根据用途的不同,对水质的要求差异很大,水质要求越高,水处理的费用也越大。理想的回用对象应该是回用量较大且对处理要求不高的地方,如间接冷却水、冲灰及除尘等工艺用水。

(3)用于城市公共事业。

用于城市公共事业一般限于两个方面：①市政用水，即浇洒花木绿地、景观、消防、补充河湖等；②杂用水，即冲洗汽车、建筑施工及公共建筑和居民住宅的冲洗厕所用水等。

（4）地下水回灌。

地下水回灌可能只需要二级处理，而不需要深度处理。将处理水直接向地下回灌，使地下水位已降低的地区的地下水量得到补充，防止地陷，同时防止咸水侵入。要达到这一目的，可以采用把水注入回灌井的方法，或可以采用把水洒到土壤表面，经土壤渗入水层的方法。

深度处理的污水可以直接重复利用，也可以间接重复利用。直接重复利用是将处理过的污水循环使用，而不再进行净化或稀释。间接重复利用是将污水排至河流，注入到地下含水层或使污水渗入地下，经过稀释或通过一段时间的自净作用而得到进一步的处理后重复利用。

在严重缺水城市，可以将处理过的污水直接或间接用作饮用水。

二、污水的深度处理技术

（一）悬浮物的去除

污水中含有的悬浮物是粒径从数十纳米到 1 μm 以下的胶体颗粒。经二级处理后，在处理水中残留的悬浮物是粒径从几毫米到 10 μm 的生物絮凝体和未被凝聚的胶体颗粒。这些颗粒几乎全部都是有机性的。二级处理水 BOD 的 50% ~ 80% 都来源于这些颗粒。此外，去除残留悬浮物是提高深度处理和脱氮除磷效果的必要条件。

去除二级处理水中的悬浮物，采用的处理技术要根据悬浮物的状态和粒径而定。粒径在 1 μm 以上的颗粒，一般采用砂滤去除；粒径从几百埃到几十微米的颗粒，采用微滤机一类的设备去除；而粒径在 1 000Å 到几埃的颗粒，则应采用用于去除溶解性盐类的反渗透法加以去除。呈胶体状的粒子，采用混凝沉淀法去除是有效的。

（二）溶解性有机物的去除

在生活污水中，溶解性有机物的主要成分是蛋白质、碳水化合物和阴离子表面活性剂。在经过二级处理的城市污水中的溶解性有机物多为丹宁、木质素、黑腐酸等难降解的有机物。

对这些有机物，用生物处理技术是难以去除的，还没有比较成熟的处理技术。当前，从经济合理和技术可行方面考虑，采用活性炭吸附和臭氧氧化法是适宜的。

（三）溶解性无机盐类的去除

二级处理技术对溶解性无机盐类是没有去除功能的，因此在二级处理水中可能含有这一类物质。含有溶解性无机盐类的二级处理水，是不宜回用和灌溉农田的，因为这样做可能产生下列问题：

（1）金属材料与含有大量溶解性无机盐类的污水相接触，可能产生腐蚀作用。

（2）溶解度较低的钙盐和镁盐从水中析出，附着在器壁上，形成水垢。

（3）SO_4^{2-} 还原产生硫化氢，放出臭气。

（4）灌溉用水中含有盐类物质，对土壤结构不利，影响农业生产。

当前，有效地用于二级处理水脱盐处理的技术，主要有反渗透、电渗析以及离子交换等。

（四）细菌的去除

城市污水经二级处理后，水质已经改善，细菌含量也大幅度减少，但细菌的绝对值仍很可观，并存在有病原菌的可能。因此，在排放水体前或在农田灌溉时，应进行消毒处理。污水消毒应连续进行，特别是在城市水源地的上游、旅游区、夏季或流行病流行季节，应严格连续消毒。非上述地区或季节，在经过卫生防疫部门的同意后，也可考虑采用间歇消毒或酌减消毒剂的投加量。

消毒的主要方法是向污水中投加消毒剂。目前，用于污水消毒的消毒剂有液氯、臭氧、次氯酸钠、紫外线等。

（五）氮的去除

在自然界，氮化合物是以有机体（动物蛋白、植物蛋白）、氨态氮（NH_4^+、NH_3）、亚硝酸氮（NO_2^-）、硝酸氮（NO_3^-）以及气态氮（N_2）形式存在的。

在二级处理水中，氮则是以氨态氮、亚硝酸氮和硝酸氮形式存在的。

氮和磷同样都是微生物保持正常的生理功能所必需的元素，即用于合成细胞。但污水中的含氮量相对来说是过剩的，所以一般二级污水处理厂对氮的去除率较低。

根据原理，脱氮技术可分为物化脱氮和生物脱氮两种技术。氨的吹脱脱氮法是一种常用的物化脱氮技术。目前，采用的生物脱氮工艺有 A/O、氧化沟、生物转盘等，详见本书第八章有关内容。

（六）磷的去除

污水中的磷一般有三种存在形态，即正磷酸盐、聚合磷酸盐和有机磷。经过二级生化处理后，有机磷和聚合磷酸盐已转化为正磷酸盐，它在污水中呈溶解状态，在接近中性的 pH 条件下，主要以 HPO_4^{2-} 的形式存在。污水的除磷技术有：使磷成为不溶性的固体沉淀物，从污水中分离出去的化学除磷法和使磷以溶解态为微生物所摄取，与微生物成为一体，并随同微生物从污水中分离出去的生物除磷法。属于化学除磷法的有混凝沉淀除磷技术与晶析法除磷技术，应用广泛的是混凝沉淀除磷技术。常用的生物除磷工艺见本书第八章。

三、污水回用处理工艺

污水回用处理系统由三部分组成：前处理技术、中心处理技术和后处理技术。

前处理是为了保证中心处理技术能够正常进行而设置的，它的组成根据主处理技术而定。当以生物处理系统为中心处理技术时，即以一般的一级处理技术（格栅和初次沉淀池）为前处理，但当以膜分离技术为中心处理技术时，将生物处理技术也纳入前处理内。

中心处理技术是处理系统的中间环节，起着承前启后的作用。中心处理技术有两类：一类是一般的二级处理，即生物处理技术（活性污泥法或生物膜法），另一类则是膜分离技术。

后处理设置的目的是使处理水质达到回用水规定的各项指标。其中采用滤池去除悬浮物；通过混凝沉淀去除悬浮物和大分子的有机物；溶解性有机物则由生物处理技术、臭氧氧化和活性炭吸附加以去除,臭氧氧化和活性炭吸附还能够去除色度、臭味;细菌则由臭氧和氯气杀灭。

(1)传统深度处理组合工艺。

工艺一:二级出水→砂滤→消毒

工艺二:二级出水→混凝→沉淀→过滤→消毒

工艺三:二级出水→混凝→沉淀→过滤→活性炭吸附→消毒

传统深度处理组合工艺是目前常用的城市污水传统深度处理技术,在实际运行过程中,可根据二级污水处理效果及回用水质要求对工艺进行具体调整。

工艺一是传统简单实用的污水二级处理流程,再进一步去除水中微细颗粒物并以消毒的形式制出回用水,适用作工业循环冷却用水、城市浇洒、绿化、景观、消防、补充河湖等市政用水和居民住宅的冲洗厕所用水等杂用水。美国、日本及西欧发达国家在 20 世纪 70 年代已广泛使用这类处理水作回用水,被认为是水质适用面广、处理费用较低的一种安全实用的常规污水深度处理技术,目前仍被广泛采用。在工程应用中,回用装置设施常与二级污水厂共同建设(在有用地的情况下),深度处理的运行费用为 0.1~0.15 元/t。

工艺二是在工艺一的基础上增加了混凝沉淀,即通过混凝进一步去除二级生化处理未能除去的胶体物质、部分重金属和有机污染物,出水水质为:$SS < 10$ mg/L、$BOD_5 < 8$ mg/L,优于工艺一出水。这种回用水除适用作工艺一的回用范围外,也有被回灌地下(经进一步土地吸附过滤处理);与新鲜水源混合后作为水厂原水;在工业回用方面作锅炉补给水、部分工艺用水等。国外发达国家的城市回用水(景观、浇洒、洗车、建筑用水等)一般使用这类水质的回用水。

工艺三的特点是在工艺二的基础上增加了活性炭吸附,这对去除微量有机污染物和微量金属离子,去除色度、病毒等污染物的作用是显著的。工艺三处理流程长,对含有重金属的污水处理效果较好。二级出水进行传统工艺三处理,可去除:浊度 73%~88%,SS 60%~70%,色度 40%~60%,BOD_5 31%~77%,COD 25%~40%,总磷 29%~90%,且对可生物降解有机物的去除率高于不易生物降解的有机物。此类工艺适用作除人体直接饮用外的各种工农业回用水和城市回用水。为此,需要付出的运行费用为 0.8~1.1 元/t。

(2)以膜分离为主的组合工艺。

在回用水处理中应用较广泛的膜技术有微滤、超滤、纳滤、反渗透和电渗析等。微滤可有效地去除污水中的颗粒物,与传统工艺中的介质过滤处理相当;超滤可有效地去除污水中颗粒性及大分子物质;纳滤、反渗透则对水中溶解性小分子物质较有效。对小规模处理厂(2 万 t/d),膜分离技术的单位体积水处理费用与传统处理工艺大体相当。

工艺四:二级出水→混凝沉淀、砂滤→膜分离→消毒

工艺五:二级出水→砂滤→微滤→纳滤→消毒

工艺六:二级出水→臭氧→超滤或微滤→消毒

可以看出,以膜分离为主的工艺中以超滤膜分离技术替代传统工艺中的沉淀、过滤单元,以生物反应器和膜分离有机结合为核心的膜生物反应器是一项有前途的废水回用处理系统。

为了防止膜污染,膜分离技术前必须通过预处理工艺,为了提高膜分离过程的分离效率,在预处理工艺中常常将污水中微细颗粒和胶体物质去除,并将大分子有机物转化成固相,且膜处理工艺的成功运行很大程度上取决于合适的预处理工艺。膜的后处理工艺则包括 pH 调节或气提,以防止处理后的水对管道产生腐蚀。

工艺四是采用混凝沉淀作为膜处理的预处理工艺,混凝的目的是利用混凝剂将小颗粒悬浮胶体结成粗大矾花,以减小膜阻力、提高透水通量;通过混凝剂的电中性和吸附作用,使溶解性的有机物变为超过膜孔径大小的微粒,使膜可截留去除,以避免膜污染。但混凝不能有效地防止膜污染,这是由于混凝主要去除大分子有机物,而无法去除小分子天然有机物。混凝所去除的有机物,微滤(MF)和超滤(UF)基本上都能截留去除。

工艺五是采用纳滤作为膜处理的预处理工艺,纳滤对一价阳离子和相对分子质量低于 150 的有机物的去除率低,对二价和高价阳离子及相对分子质量大于 200 的有机物的选择性较强,可完全阻挡分子直径在 1 nm 以上的分子,可除去二级出水中 2/3 的盐度,4/5 的硬度,超过 90% 的溶解碳和 THM 前体,出水接近安全饮用水标准。为减少消毒副产物和溶解有机碳,用纳滤比传统的臭氧和活性炭处理更便宜。

工艺六采用臭氧氧化作为膜处理的预处理工艺,通常认为臭氧氧化的作用是将有机物低分子化,因此作为膜分离的预处理是不适合的,但臭氧能将溶解性的铁和锰氧化,使其生成胶体并通过膜分离加以去除,因而可以提高铁、锰的去除率。此外,臭氧氧化还可以去除异臭味。

(3)活性炭、滤膜分离为主的组合工艺。

工艺七:二级出水→活性炭吸附或氧化铁微粒过滤→超滤或微滤→消毒

工艺八:二级出水→混凝沉淀、过滤→膜分离→(活性炭吸附)→消毒

工艺九:二级出水→臭氧→生物活性炭过滤或微滤→消毒

工艺十:二级出水→混凝沉淀→生物曝气(生物活性炭)→超滤→消毒

以活性炭、滤膜分离为主的组合工艺则将粉末活性炭(PAC)与超滤或微滤联用,组成吸附—固液分离工艺流程进行净水处理。PAC 可有效吸附水中低分子有机物,使溶解性有机物转移至固相,再利用超滤和微滤膜截留去除微粒的特性,可将低分子有机物从水中去除。更重要的是,PAC 还可有效地防止膜污染,PAC 粒径范围一般在 $10 \sim 500$ μm,大于膜孔径几个数量级,因而不会堵塞膜孔径。

工艺十适合于氨氮含量较高的城市二级出水。已有研究结果表明,在试验条件下,进水氨氮 <10 mg/L 时,组合工艺出水的氨氮 <1.0 mg/L,亚硝酸盐氮 <1.0 mg/L,硝酸盐氮 <5.0 mg/L;当 COD_{Mn} 浓度为 $11.0 \sim 15.0$ mg/L 时,出水 COD_{Mn} <6.0 mg/L;当向生物曝气池内投加 10 mg/L 粉末活性炭形成炭污泥时,出水 COD_{Mn} <5.0 mg/L;当投加量增加为 40 mg/L 时,出水 COD_{Mn} 降低到 3.5 mg/L;当投加量继续增加到 50 mg/L 时,出水 COD_{Mn} <3.0 mg/L。研究还表明,中空膜可以应用于混凝沉淀—生物曝气—超滤工艺中,而且 PAC 的投加有利于膜水通量的提高。

第三节　生活污水处理厂设计实例

一、天津市纪庄子污水处理厂

天津市纪庄子污水处理厂位于天津市市区西南部,是我国目前已建成运行,规模较大的污水处理厂之一。处理污水量 26 万 m³/d,占地 350 000 m²(525 亩),由中国市政工程华北设计院设计,1981 年开始筹建,1984 年建成投产,在当时是我国已建成的规模最大的城市污水处理厂。

该厂的水质指标:

进水 BOD₅ 200 mg/L,SS 250 mg/L;

进水 BOD_5 200 mg/L,SS 250 mg/L;

处理水 BOD_5 25 mg/L,SS 60 mg/L。

该厂采用渐减曝气活性污泥处理工艺。污泥采用中温厌氧二级消化处理,消化后的污泥通过机械脱水后,运往农村作为肥料利用。消化过程产生的消化气则用于本厂发电和生活区生活用气。发电产生的余热用于污泥消化的加热。

表 12-4 列举了该厂主要处理构筑物的各项技术参数。该厂的污水与污泥处理工艺流程和总平面布置图分别见图 12-6 及图 12-7。

表 12-4　天津市纪庄子污水处理厂主要处理构筑物的各项技术参数

处理构筑物名称	有效容积(m³)	长×宽×高(m×m×m)	座数	停留时间	液面高度(m)
曝气沉砂池	325.5	30.6×3.6×3.2	4	5 min	8.13
初次沉淀池	5 010	Φ45×3.15	4	2 h	7.00
曝气池	21 640	560×7.5×5.2	4	8 h	5.70
二次沉淀池	3 340	Φ45×2.1	8	2.5 h	4.50
污泥浓缩池	916	Φ16×3.6	2	12 h	4.20
贮泥池	161	7×7×3.7	4	12 h	2.40
一级污泥消化池	2 800	Φ16×19.2	8	14 d	13.90
二级污泥消化池	2 800	Φ16×19.2	2	2.5 d	12.90
贮气罐	5 000	Φ22×23.55	1	12 h	

该厂生物反应器采用的是五廊道推流式渐减曝气曝气池,空气扩散装置为引进英国霍克公司生产的微孔曝气装置和与其配套的鼓风机组及仪表。初沉池和二沉池都采用辐流式,二次沉淀池采用自动吸刮泥方式排泥。污泥脱水设备为引进法国得利满公司生产的 763-D 型带式污泥脱水机。该厂还拥有先进的监测手段,其中包括 20 世纪 80 年代高精度的仪器设备。

该厂自投产以来,处理效果良好,出水完全达设计要求,现已回用于某煤厂制煤、道路喷洒、厂区绿化和农田灌溉。为了扩大二级处理水的回用范围,还在厂内建设了面积达

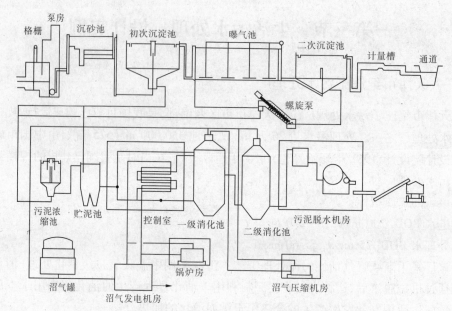

图 12-6　天津市纪庄子污水处理厂污水与污泥处理工艺流程

1—污水泵房；2—沉砂池；3—初次沉淀池；4—曝气池；5—二次沉淀池；6—回流污泥泵房；7—鼓风机房；
8—加氯间；9—计量槽；10—深井泵房；11—循环水池；12—总变电站；13—仪表间；14—污泥浓缩池；
15—贮泥池；16—消化池；17—控制室；18—沼气压缩机房；19—沼气罐；20—污泥脱水机房；
21—沼气发电机房；22—变电所；23—锅炉房；24—传达室；25—办公化验楼；26—浴室锅炉房；
27—幼儿园；28—传达室；29—机修车间；30—汽车库；31—仓库；32—宿舍；33—试验厂

图 12-7　天津纪庄子污水处理厂总平面布置图

7 700 m² 的稳定塘，其处理效果良好，且有一定的脱氮、除磷效果。

二、邯郸市污水处理厂

·邯郸市污水处理厂是我国首次采用三沟式交替运行氧化沟处理城市污水的污水处理

厂。总设计规模为 10 万 m³/d，第一期工程规模为 6.6 万 m³/d。1989 年动工,1990 年 11 月建成,1991 年 3 月投入运行。

该厂位于邯郸市东部,占地面积 50 000 m²(75 亩),服务面积 26 km²,服务人口 35 万人。该厂总平面布置图如图 12-8 所示。处理工艺流程见图 12-9。

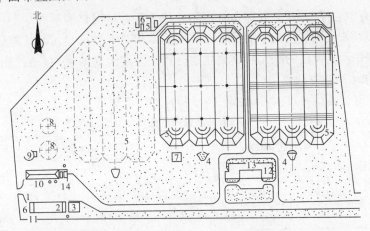

1—格栅间;2—曝气沉砂池;3—计量室;4—分配井;5—氧化沟;6—鼓风机房;
7—污泥泵站;8—污泥浓缩池;9—均质池;10—污泥脱水机房;11—废水泵房;
12—变压器/配电室;13—管理室;14—容器

图 12-8　邯郸市污水处理厂总平面布置图

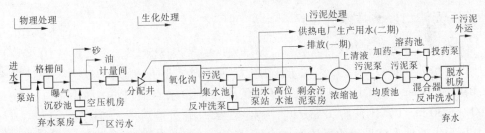

图 12-9　邯郸市污水处理厂处理工艺流程图

该厂工艺流程由三部分组成,第一部分是由格栅及曝气沉砂池组成的物理处理系统;第二部分是以三沟式氧化沟为处理构筑物的生物处理系统;第三部分为污泥处理系统。

该厂处理工艺的特点是:流程简单,无初沉池与二沉池及污泥回流装置,又由于污泥龄较长,污泥已趋稳定,未设污泥消化池。

三沟式交替运行氧化沟共两组,每组平面尺寸为 98 m ×73 m,水深 3.5 m,两组总容积 39 900 m³,共安装有直径 1 m、长 9 m 的曝气转刷 28 台(转速 72 r/min,功率 45 kW,充氧能力 74 kg O₂/h),其中 12 台是可变速的,低速运行时仅维持污泥处于悬浮状态并推动混合液前进,无充氧功能,使混合液处于缺氧状态。中间氧化沟连续充作曝气池,而两侧的氧化沟则交替作为曝气池和二次沉淀池。氧化沟共设 6 个进水点,分别设在每座氧化沟的进水端的每条沟底部,在两侧沟的另一端共设有 5 m 长的可调式溢流堰 32 座,用以控制出水和转刷的淹没深度。污泥脱水设备为 2 台 HP-2000 型带式压滤机,带宽 2 m,

单台能力 12~15 m³/h,功率 2.5 kW,原污泥含固率为 2%~4%,经压滤处理后上升到 20%。

剩余污泥经污泥泵站抽送至浓缩池,浓缩污泥经均质池送入脱水间,经带式压滤机脱水后外运。

该厂设有中心控制室,各处理构筑物和设备的运行状况都能够在中心控制室的模拟盘上显示出来,如设于氧化沟中的 6 个溶解氧测定仪具有数据显示和连续记录功能。另外,还可以根据预先设定的硝化和反硝化运行程序及溶解氧浓度,自动控制转刷的运行,取得去除 BOD_5 和脱氮的效果。

该厂投产后,运行一直正常、稳定,各项指标均达到设计要求,见表 12-5。

表 12-5　邯郸市污水处理厂进水及处理水水质

类别	BOD(mg/L)	COD(mg/L)	SS(mg/L)	NH_3-N(mg/L)	TN(mg/L)	TP(mg/L)
原污水: 范围平均	90~130	178~225	70~150	14.5~22.3	38.5~50.4	6.9~13.3
	105.8	194.8	95.5	17.4	43.8	8.3
处理水: 范围平均	2.5~17.1	19.5~35.8	5.5~11.8	0.65~4.1	8.9~17.9	1.8~5.3
	6.8	26.6	7.7	2.5	11.7	3.1
设计值: 原污水处理水	134	—	100	22.0	6~12	—
	15	—	10	2~3	6~12	—

三、天津市经济技术开发区污水处理厂

天津市经济技术开发区污水处理厂是开发区的重点环保工程,设计规模 10 万 t/d,处理厂占地 6.71 hm²,污水主要来源于区内生活污水和工业园区的生产废水。设计进水水质:BOD_5 150 mg/L,COD 400 mg/L,SS 200 mg/L。出水水质:BOD_5 30 mg/L,COD 120 mg/L,SS 30 mg/L,NH_3-N 10 mg/L。污水经二级生化处理后排入蓟运河口入海。

该污水处理系统采用的是连续进水、间歇出水、双池串联的 DAT-IAT 工艺,该工艺具有构筑物少,流程简单,占地少,对水质水量变化适应性强,工艺稳定性高,可脱氮、除磷并节省投资等特点。

该厂污泥负荷率为 $Ns = 0.052$ kg BOD/(kg MLSS·d),混合液浓度为 MLSS = 5 g/L。设 6 组 DAT-IAT,每组池尺寸为 $L \times B = 80$ m × 32 m(DAT 和 IAT 各 40 m 长),池内最高水位为 4.3 m,最低水位为 3.756 m。DAT 与 IAT 中间设两道导流墙,第一道导流墙靠近水面设导流孔,往后 1.4 m 处的第二道导流墙靠近底部设导流孔。DAT 连续进水,为完全混合流态,IAT 间歇排水,其运行周期为 $T = 3$ h(曝气、沉淀、滗水各 1 h)。采用鼓风曝气方式,空气扩散装置为膜片式微孔曝气器。每个进气管上都设有电动蝶阀和空气流量计,可根据设置自动调节曝气量。排水装置为虹吸式滗水器,每个 IAT 池尾部设 3 台,最高水位时自动开动,最低水位时自动停止。在 IAT 内设 2 台潜污泵,使 IAT 污泥回流到 DAT,回流比为 4.5,该泵滗水时停运。剩余污泥每周期曝气阶段排泥一次,每池各设一台潜污泵。污泥处理系统采用好氧储存和带式滤机浓缩脱水。自控系统采用集中监视、

分散控制的集散系统。

四、乌鲁木齐河东污水处理厂

乌鲁木齐河东污水处理厂位于乌鲁木齐市北郊东戈壁农场东南侧,占地 20 hm²,并预留发展用地 10 hm²,预留污泥干化场用地 5 hm²。日处理污水量 20 万 m³/d,其中,工业废水量约占 58%,生活污水量约占 42%。排水流域内规划人口 57.7 万人。该区域的工业主要是机械、建材、化学、电力、食品、纺织、煤炭、造纸等。

该厂设计进水水质:

pH = 7 ~ 8,BOD_5 = 200 mg/L,COD = 500 mg/L,SS = 220 mg/L,水温 9 ~ 16 ℃。

该厂处理水夏季用于农灌,冬季非灌溉季节储存于下游水库。

设计出水水质:

BOD_5 < 30 mg/L,COD < 120 mg/L,SS < 30 mg/L。

当冬季污水达到最低温度 9 ℃时,出水水质允许值:

BOD_5 < 45 mg/L,COD < 160 mg/L,SS < 45 mg/L。

该厂污水处理工艺采用生物吸附—活性污泥法处理工艺(AB 法);污泥采用一级中温消化,二级污泥浓缩,机械脱水的处理工艺;沼气用于驱动鼓风机、燃气锅炉及生活用气,多余沼气通过火炬在大气中燃烧。该厂工艺流程见图 12-10。

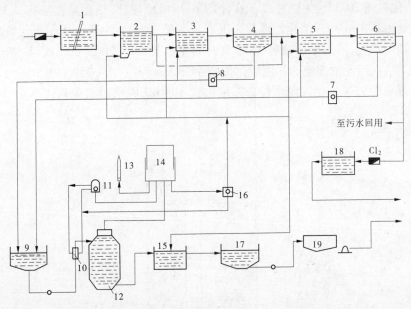

1—格栅间;2—曝气沉砂池;3—A 段曝气池;4—中间沉淀池;5—B 段曝气池;6—二次沉淀池;
7、8—污泥泵房;9—一次浓缩池;10—热交换器;11—沼气锅炉;12—消化池;13—沼气火炬;
14—沼气贮罐;15—污泥曝气池;16—鼓风机房;17—二次浓缩池;18—接触池;19—脱水机

图 12-10 AB 法工艺流程

该厂格栅间设粗格栅和细格栅,粗格栅栅条间距为 75 mm,人工清渣。细格栅栅条间距为 10 mm,定时机械清渣。设 2 组曝气沉砂池,每组分两格,每格宽 2.7 m,长 16.0 m,

有效水深 2.7 m,污水停留时间 3 min,水平流速 0.1 m/s,每组曝气沉砂池设一套桥式移动刮砂机,将池底砂粒刮至砂坑,然后由砂泵将砂粒提升至砂水分离器脱水后,通过螺旋输送器送出。

A 段曝气池污泥负荷 2.36 kg BOD$_5$/(kg MLSS·d),容积负荷 4.2 kg BOD$_5$/(m^3·d),水力停留时间 32 min,泥龄 0.75 d;溶解氧控制在 0.5~0.8 mg/L,采用盘式合成橡胶中孔曝气器;污泥回流比控制在 40%~60%;中间沉淀池采用中心进水,周边出水的圆形辐流式沉淀池,表面负荷 11.48 m^3/(m^2·h),沉淀时间 2.64 h,有效水深 3.9 m,采用周边传动刮泥机刮泥,出水堰的溢流率为 252.3 m^3/(m·h)。

B 段曝气池污泥负荷 0.22 kg BOD$_5$/(kg MLSS·d),容积负荷 0.54 kg BOD$_5$/(m^3·d),水力停留时间 3.3 h,泥龄 19.23 d,污泥回流比 60%~80%。二次沉淀池的池型同中间沉淀池,表面负荷 0.83 m^3/(m^2·h),沉淀时间 4.7 h,有效水深 3.9 m,出水堰的溢流率为 193.1 m^3/(m·h)。

中间沉淀池与二次沉淀池排出的剩余活性污泥总量为 8 267 m^3/d,含水率 99.4%,总污泥干固体 49.6 t/d,其中有机污泥干固体 35.6 t/d。混合剩余污泥首先进入一次污泥浓缩池,污泥固体负荷 40 kg/(m^2·d),污泥浓缩时间 14.3 h,浓缩后污泥量 1 417 m^3/d,污泥含水率 96.5%,浓缩分离的上清液回流到污水厂进水管。污泥消化采用一级厌氧中温消化,消化温度 33~35 ℃,挥发性固体容积负荷 1.24 kg/(m^3·d),污泥投配率 4.94%,消化时间 20 d,池为圆柱形,池内污泥采用机械搅拌,热交换器加热,1 kg 挥发性固体产气量为 0.9 m^3/d。消化污泥首先进入污泥曝气池,池中通入压缩空气以排除消化污泥中的剩余沼气,采用穿孔管曝气,曝气时间 4 h,需气量 200~400 m^3/h,然后流入污泥浓缩池。二次污泥浓缩池的污泥固体负荷 69.5 kg/(m^2·d),污泥浓缩时间 34.5 h,浓缩后污泥含水率 95%。污泥脱水设备采用带式压滤机,脱水后污泥含水率 75%,污泥量 1 417 m^3/d。

水处理习题集(上)

一、填空题

1. 理想反应器模型包括_____、_____、_____三种。

2. 给水工程常规处理主体工艺一般包括_____、_____、_____、_____。

3. 混凝包含_____与_____两个阶段。

4. 理想沉淀池的三个假设为:_____、_____、_____。

5. 颗粒迁移理论常由以下几种作用引起,包括:_____、_____、_____、_____、_____、_____。

6. 滤池的工作过程常包括两个阶段,即_____和_____。

7. 在我国消毒工艺中常使用的消毒剂为_____,其管网末端的余量应不小于_____。

8. 混凝的机制包括_____、_____、_____和_____四种作用。

9. 反冲洗的三要素为_____、_____和_____。

10. 澄清池包括_____和_____两方面作用。

11. 混凝的动力学中将絮凝分为_____和_____两种。

12. 滤池的反冲洗方式分_____、_____和_____三种。

13. 滤池的配水系统分_____、_____和_____。

14. 加氯量分两部分,即_____和_____。

15. 普通快滤池几个管路的流速范围分别是:进水管_____、清水管_____、反冲洗进水管_____、反冲洗排水管_____。

16. 反冲洗水供给方式有两种:_____和_____。

17. 普通快滤池的四个阀门分别是_____、_____、_____、_____。

18. 列举四种水的物理性质的指标:_____、_____、_____、_____。

19. 产生扩散的三种作用分别是_____、_____、_____。

20. 在实际工作中经常采用_____、_____、_____等指标来反映污水中有机物的含量。

21. 生活饮用水卫生标准所列的水质项目主要有四项:_____、_____、_____、_____。

22. 我国将地表水资源分为_____类,水质指标_____项。

23. 胶体的稳定性包括_____和_____。

24. 为产生相同的压缩双电层效果,投加电解质盐类一价、二价、三价离子的比例为_____、_____、_____。

25. 在水处理胶体脱稳的过程中,起到降低 ξ 电位的是_____,而当采用铝盐混凝剂在 pH 值较低时起到的是_____,通过高分子物质与胶体颗粒的吸附与桥连是_____,而_____机械作用,混凝剂需量与原水杂质含量成反比。

26. 低温水对混凝作用的影响分别为_____、_____、_____。

27. 在混凝过程中,混合阶段混合时间一般不超过_____,G 值为_____;絮凝阶段混合时间一般为_____,G 值为_____。

28. 无机絮凝剂按金属盐种类可分为_____和_____两类。

29. 当 pH < 3 时,水中的铝以_____形态存在,可起_____作用;在 pH = 4.5 ~ 6.0 时,水中产生较多的多核羟基配合物,这些物质起_____;在 pH = 7.0 ~ 7.5 时,水解产物以_____为主,可起_____作用。天然水的 pH 一般在 6.5 ~ 7.8,铝盐的混凝作用主要是_____和_____。当铝盐投加量超过一定限度时,会产生_____作用。

30. 按助凝剂的功能不同,可以分为_____、_____和_____三种类型。

31. 混合设施种类较多,归纳起来有_____、_____和_____等方式。

32. 絮凝设施的形式较多,一般分为_____和_____两大类。

33. 根据水中悬浮颗粒的密度、凝聚性能的强弱和浓度的高低,沉淀可分为_____、_____、_____、_____四种基本类型。

34. 在平流式沉淀池中,为提高沉淀效果,我们应该尽量_____ Fr 数和_____ Re 数。

35. 斜板(管)沉淀池是依据_____设计的,由于水力半径大大减小,从而使 Re 数降低,因此斜管内水力流态为_____。

36. 根据池中泥渣运动的情况,澄清池可分为_____和_____两大类。

37. 过滤前进水浊度常在_____以下,过滤起到_____、_____两方面作用。

38. 悬浮颗粒与滤料颗粒之间黏附包括_____和_____两个过程。

39. 石英砂滤料粒径通常为_____,滤料层厚度一般为_____左右。

40. 直接过滤工艺的应用方式有两种:原水加药后不经任何絮凝设备直接进入滤池过滤的方式称_____。原水加药混合后先经过简易微絮凝池,待形成粒径在 40 ~ 60 μm 的微絮粒后即刻进入滤池过滤的方式称_____。

41. 根据滤池内水头损失和滤速关系,快滤池的两种基本过滤方式为_____和_____。

42. 当滤池的进水浊度在 10 度以下时,单层石英砂滤料滤池的正常滤速可采用_____,反冲洗强度采用_____,反冲洗时间为_____,工作周期一般为_____。

43. 小阻力配水系统水头损失一般小于_____,小阻力配水系统水头损失一般为_____。

44. 10 m/s = _____ L/(s·m²),滤料层反冲洗时的膨胀度一般在_____左右。

45. _____和_____滤池不需要单独设反冲洗水箱和反冲洗水泵。

46. 一般的地表水经混凝、沉淀和过滤后或清洁的地下水,加氯量可采用_____,折点加氯与原水中_____含量有关。

47. 除液氯外,常用的消毒工艺还有_____、_____、_____、_____等。

48. 在膜法处理中,常用的膜工艺有_____、_____、_____、_____。

49. 我国《生活饮用水卫生标准》中规定,铁的含量不得超过_____,锰的含量不得超过_____。超过标准规定的原水须经_____工艺。

50. 水的软化主要是去除水中_____和_____,软化处理主要用_____和_____等方法。

51. 我国水资源的特点是_____、_____、_____。

52. 天然水体按水源的种类可分为_____和_____两种。

53. 水中杂质分为_____、_____、_____。

54. 机械搅拌絮凝池第一絮凝室、第二絮凝室(包括导流室)和分离室的容积比,一般控制在_____左右,其内水力停留时间为_____。

55. 在常规水处理工艺中,混合阶段的水力停留时间一般为_____,反应池内的水力停留时间一般为_____,斜管(板)沉淀池内的水力停留时间一般为_____,滤池内的水力停留时间一般为_____。

56. 在水厂运行中,水厂自用水量绝大多数消耗在_____和_____阶段,水厂污泥主要产生在_____、_____等构筑物内。

57. 溶气气浮可以分为_____和_____两类。

58. 水处理工艺选择时必需的试验有_____、_____、_____和_____。

59. 水厂运行费用中主要有_____、_____、_____等几个方面。

60. 一般来说,_____、_____等滤池常用小阻力配水系统。而_____既可以用大阻力配水系统,也可用小阻力配水系统。

61. 在研究水处理各个单元的作用时,一般认为,絮凝阶段主要是_____,沉淀阶段可以起到_____的作用,过滤阶段可以去除_____,而消毒可以_____。

62. 常用的滤料有_____、_____、_____等。

63. 滤池中集配水堰在过滤阶段起到_____作用,在反冲洗阶段起到_____作用。

64. DLVO 理论认为水中胶体颗粒能否相互接近甚至结合取决于_____、_____、_____三者的综合作用。

65. 当处理低温低浊水时,常常可以采用_____、_____等方法。

66. 对于处理地表水,无论水质如何,都必须有_____、_____工艺,而处理地下水必须有_____工艺。

67. 如原水水质差,为保证去除效果,应先进行_____;为进一步提高水质指标,应在常规给水处理后进行_____。

68. 需要成组工作的滤池有_____和_____等。

69. 膜工艺中具有去除硬度的有_____和_____。

70. 水的除盐处理主要有以下两种方法:_____和_____。

71. 锅炉给水处理的目的在于防止锅炉系统中_____、_____、_____和_____等危害。

72. 水的除臭除味处理有_____、_____及_____。

73. 水的除氟处理法有_____及_____。

74. 水中藻类对饮用水处理的不利影响有_____、_____、_____和_____等。

75. 饮用水的除藻技术有_____、_____、_____和_____等。

76. 水处理工艺选择时,必需的基础资料有_____、_____、_____和_____等。

77. 化学氧化预处理技术有_____、_____和_____等。

78. 深度处理技术有_____、_____、_____、_____和_____等。

79. 膜法中工作压力最高的是_____,由于膜工艺特点,在产生大量纯水的同时,还会有_____等副产物产生。

80. 在膜处理中,以水中的物质透过膜来达到处理目的时称为_____,以水透过膜来达到处理目的时称为_____。

81. 接触氧化法除铁包括_____和_____两个单元。

82. 接触氧化法除铁工艺中滤料的成熟期为_____,接触氧化法除锰工艺中滤料的成熟期为_____。

83. 在实际工作中,经常采用_____、_____、_____、_____等指标来反映污水中有机物的含量。

二、名词解释

1. 接触絮凝

2. CSTR 反应器

3. 胶体稳定性

4. 滤层含污能力

5. 滤层膨胀度

6. 给水处理

7. 异向絮凝

8. 负水头

9. 余氯

10. 拥挤沉淀

11. 水资源

12. COD

13. BOD_5

14. 水体自净

15. 水质标准

16. 浅池理论

17. 理想沉淀池

18. 自由沉淀

19. 絮凝沉淀

20. 助凝剂

21. 吸附和电性中和作用

22. 同向絮凝

23. 混凝

24. 反冲洗

25. 接触过滤

26. 微絮凝过滤

27. 均质滤料

28. 清洁滤层水头损失

29. 等速过滤

30. 变速过滤

31. 普通快滤池

32. 大阻力配水系统

33. 小阻力配水系统

34. 高速水流反冲洗

35. 强制滤速

36. 气浮

37. 折点加氯

38. 滤层的空隙率

39. 反冲洗强度

40. 压缩沉淀

41. 水力停留时间

42. 混凝剂

43. PF 反应器

44. CMB 反应器

45. 凝聚

46. 絮凝

47. ξ 电位

48. DLVO 理论

49. 超滤

50. 承托层

51. 自由性氯

52. 微滤

53. 电渗析

54. EDI

55. RO

56. 化合性氯

57. 缓蚀剂

58. 膜析处理法

59. 离子交换法

60. 界面张力

61. 界面自由能

62. 真空溶气气浮

63. 加压溶气气浮

64. 吸附容量

65. 吸附剂的再生

66. 水的药剂软化法

67. 水的离子交换软化法

68. 湿视密度

69. 湿真密度

70. 交换容量

71. V 型滤池

72. 虹吸滤池

73. 重力投加

74. 压力投加

75. 管道静态混合器

76. 粒径级配

77. 异重流

78. 竖流式沉淀池

79. 辐流式沉淀池

80. 平流式沉淀池

81. 渗析

82. 渗透

三、选择题

1. 下列反应器属 PF 型的为(　　　)给水系统。

    A. 斜管沉淀池　　　　B. 虹吸滤池　　　　C. 折板絮凝池　　　　D. 平流沉淀池

2. 下列不属于混凝剂的是(　　　)。

    A. 氯化铝　　　　B. 骨胶　　　　C. 聚合铁　　　　D. PAM

3. 下列属于泥渣悬浮形澄清池的是(　　　)。

    A. 脉冲澄清池　　　　B. 机械搅拌澄清池

    C. 水力循环澄清池　　　D. 以上都不是

4. 下列不可作为滤料的有(　　　)。

    A. 无烟煤　　　　B. 石英砂　　　　C. 石榴石　　　　D. 石灰石

5. 当地表水进水浊度已经很低时,仍须有的工艺是(　　　)。

    A. 混合　　　　B. 絮凝　　　　C. 过滤　　　　D. 沉淀

6. 下列不属于常见的反应器形式的是(　　　)。
　　A. CSTR　　　　　　　B. PF　　　　　　　C. CMB　　　　　　D. DLVO

7. 在絮凝阶段 G 值的范围应在(　　　)。
　　A. $700 \sim 1\,000\ s^{-1}$　　B. $20 \sim 70\ s^{-1}$　　C. $100 \sim 500\ s^{-1}$　　D. $1 \sim 20\ s^{-1}$

8. 下列不是影响混凝效果的主要因素有(　　　)。
　　A. 水温　　　　　　　B. pH　　　　　　　C. 含盐量　　　　　D. 悬浮物浓度

9. 下列说法中不正确的是(　　　)。
　　A. 在地下水处理中,消毒工艺是必不可少的
　　B. 混凝剂投药量越大,混凝效果越好
　　C. 如想提高水质,活性炭吸附是一种重要方法
　　D. V 型滤池是因两侧进水槽设计成 V 型而得名的

10. 下列参数中不正确的是(　　　)。
　　A. 普通快滤池的总池身长一般为 $5 \sim 7\ m$
　　B. 双层滤料的膨胀度为 50%
　　C. 机械搅拌澄清池第一、第二絮凝室与分离室的比为 2:1:7
　　D. 隔板絮凝池的絮凝时间为 $20 \sim 30\ min$

11. 下列说法不正确的是(　　　)。
　　A. 普通快滤池单池面积不宜超过 $100\ m^2$
　　B. 均质滤料的含污能力强
　　C. 低温低浊水易于处理
　　D. 虹吸滤池必须成组工作

12. 下列滤池中不必成组工作的是(　　　)。
　　A. 移动罩滤池　　　B. 虹吸滤池　　　　C. V 型滤池　　　D. 以上都不是

13. 下列滤池中不必用中小阻力配水系统工作的是(　　　)。
　　A. 无阀滤池　　　　B. 虹吸滤池　　　　C. V 型滤池　　　D. 普通快滤池

14. 下列排序正确的是(　　　)。
　　A. $TOC > BOD_U > COD_{Cr} > BOD_5 > TOD$
　　B. $TOD > COD_{Cr} > BOD_U > BOD_5 > TOC$
　　C. $TOD > COD_{Cr} > BOD_U > TOC > BOD_5$
　　D. 以上都不对

15. 既可以是等速过滤,也可以是变速过滤的是(　　　)。
　　A. 移动罩滤池　　　B. 虹吸滤池　　　　C. 普通快滤池　　　D. 以上都不是

16. 下列絮凝池中最耐冲击负荷的是(　　　)。
　　A. 网格絮凝池　　　B. 穿孔旋流絮凝池　　C. 机械搅拌絮凝池　　D. 隔板絮凝池

17. 下列沉淀池中沉淀区中处于层流状态的是(　　　)。
　　A. 平流式沉淀池　　B. 辐流式沉淀池　　C. 竖流式沉淀池　　D. 斜板沉淀池

18. 下列过滤过程可以是上向流的是(　　　)。
　　A. 移动罩滤池　　　B. 压力滤池　　　　C. 普通快滤池　　　D. 以上都不是

19. 下列消毒剂具有持续消毒效果的是（　　）。

    A. 液氯 　　　　　　B. 臭氧 　　　　　　C. 紫外线 　　　　　　D. 以上都不是

20. 下列消毒剂副产物最多的是（　　）。

    A. 紫外线 　　　　　B. 漂白粉 　　　　　C. 二氧化氯 　　　　　D. 臭氧

21. 在地表水常规处理中，不必有的工艺单元是（　　）。

    A. 过滤 　　　　　　B. 沉淀 　　　　　　C. 离子交换 　　　　　D. 消毒

22. 下列处理工艺对硬度无明显去除效果的是（　　）。

    A. 药剂软化法 　　　B. 离子交换法 　　　C. 过滤 　　　　　　D. 以上都不是

23. 下列处理单元中，不会降低杂质含量的是（　　）。

    A. 混凝 　　　　　　B. 沉淀 　　　　　　C. 过滤 　　　　　　D. 离子交换

24. 下列处理单元中，对胶体不具有去除效果的是（　　）。

    A. 混凝 　　　　　　B. 澄清 　　　　　　C. 过滤 　　　　　　D. 以上都不是

25. 我国现行水质指标有（　　）项。

    A. 106 　　　　　　B. 103 　　　　　　C. 37 　　　　　　D. 86

26. 下列不能提高低温低浊水去除效果的是（　　）。

    A. 加助凝剂 　　　　B. 强化混凝 　　　　C. 消毒 　　　　　　D. 以上都不是

27. 下列不是理想沉淀池的假设的是（　　）。

    A. 颗粒处于自由沉淀状态

    B. 水流沿水平方向流动

    C. 颗粒沉到底部即认为被去除

    D. 进出水处于层流状态

28. 净水厂设计时应注意的问题是（　　）。

    A. 水厂应远离市区

    B. 水厂处理工艺尽量在室外

    C. 水厂应醒目，利于寻找

    D. 水厂应尽量减少占地面积

29. 下列说法不正确的是（　　）。

    A. 紫外线很少在城市给水处理中使用，关键是无持续消毒能力

    B. 高浊水可以进行微絮凝过滤

    C. 水厂前段加预处理可以减轻后续单元的负荷

    D. 均质滤料的含污能力强

30. 下列参数中正确的是（　　）。

    A. 混合阶段 HRT 越长越好

    B. 絮凝池中水力梯度逐渐增大

    C. 我国常用石英砂作为过滤滤料

    D. 普通快滤池总高度常在 5 m 左右

31. 在膜法中，工作压力排列正确的是（　　）。

    A. 微滤 > UF > NF > RO 　　　　　B. RO > 微滤 > UF > NF

C. RO > NF > UF > 微滤　　　　　　D. 以上都不对

32. 如想确定工艺中过滤参数,需做的试验有(　　　)。

    A. 搅拌试验　　　　　　　　　　B. 多嘴沉降管沉淀试验

    C. 泥渣凝聚性能试验　　　　　　D. 滤柱试验

33. 当原水浊度较低,经常在 15 NTU 以下,最高不超过 25 NTU,色度不超过 20 度,一般可以(　　　)。

    A. 强化沉淀　　　　B. 直接过滤　　　　C. 取消消毒　　　　D. 以上都不对

34. 不属于化学氧化预处理技术的有(　　　)。

    A. 预氯化氧化　　　　　　　　　B. 臭氧氧化

    C. 高锰酸钾及高锰酸盐复合剂氧化　D. 活性炭吸附

35. 不属于优质饮用水包括三个方面的意义,即(　　　)。

    A. 去除了水中的病毒、病原菌、病原原生动物(如寄生虫)的卫生安全的饮用水

    B. 去除了水中的多种多样的污染物,特别是重金属和微量有机污染物等对人体有慢性、急性危害作用的污染物质。这样可保证饮用水的化学安全性

    C. 在上述基础上尽可能地保持一定浓度的人体健康所必需的各种矿物质和微量元素

    D. 增加水中的硬度

36. 厂址选择不正确的是(　　　)。

    A. 厂址选择应在整个给水系统设计方案中全面规划、综合考虑,通过技术、经济比较确定

    B. 厂址应选择在地形及地质条件较好、不受洪水威胁的地方

    C. 尽量多占面积

    D. 考虑发展扩建的可能

37. 原水水质不同时的工艺流程选择不正确的是(　　　)。

    A. 取用高浊水,为了达到预期混凝沉淀效果,减少混凝剂用量,应增设预沉池

    B. 当原水浊度较低(如 150 mg/L 以下),可考虑省略沉淀构筑物,原水加药后直接经双层滤料接触过滤

    C. 取用地表水水质较好时,一般经过混凝—沉淀—过滤—消毒常规处理,水质即可达到生活饮用水卫生标准

    D. 用水要求较高时,常常采用直接过滤

38. 净水厂平面布置说法不正确的是(　　　)。

    A. 布置紧凑

    B. 充分利用地形,以节省挖、填方的工程量,使处理水或排放水能自流输送

    C. 生产区与生活区尽量布置在一起

    D. 考虑扩建可能,留有适当的扩建余地

39. 不属于水中藻类产生的不利影响的有(　　　)。

    A. 藻类致臭　　　　　　　　　　B. 藻类产生毒素

    C. 藻类易产生沉淀　　　　　　　D. 藻类堵塞滤层

40. 下列排序不正确的是( )。

　　A. 强酸性阳离子交换树脂 $Fe^{3+} > Al^{3+} > Ca^{2+} > Mg^{2+} > K^+ > NH_4^+ > Na^+ > H^+ > Li^+$

　　B. 弱酸性阳离子交换树脂 $H^+ > Fe^{3+} > Al^{3+} > Ca^{2+} > Mg^{2+} > K^+ > NH_4^+ > Na^+ > Li^+$

　　C. 强碱性阴离子交换树脂 $SO_4^{2-} > NO_3^- > Cl^- > OH^- > F^- > HCO_3^- > HSiO_3^-$

　　D. 弱碱性阴离子交换树脂 $SO_4^{2-} > NO_3^- > Cl^- > OH^- > F^- > HCO_3^- > HSiO_3^-$

四、简答题

1. 简述铝盐在不同 pH 的存在状态和反应机制。

2. 画图说明理想沉淀池的沉淀机制。

3. 普通快滤池的设计中应注意哪几点？

4. 举例说明 3 种澄清池的形式，并说明其特点。

5. 说明滤池 3 种反冲洗方法及其特点。

6. 简述普通快滤池的工作机制。

7. 举例说明 3 种絮凝设备，并说明其特点。

8. 冬季低温低浊水对混凝效果有何影响？

9. 举例说明 3 种滤池，并说明其特点。

10. 举例说明 3 种消毒方式，并说明其特点。

11. 沉淀池分几类？选用时应考虑哪些因素？

12. 简述净水厂厂址选择要求。

13. 试述余氯量与加氯量、水中杂质种类及含量的关系。

14. 试分析过滤在水处理过程中的作用与地位。

15. 什么是负水头现象？负水头对滤池过滤和反冲洗造成什么影响？如何避免负水头现象？

16. 大阻力和小阻力配水系统的基本原理各是什么？两者各有什么优缺点？

17. 什么是等速过滤和变速过滤？两者分别在什么情况下形成？属于等速过滤和变速过滤的滤池分别有哪几种？

18. 滤池在运行过程中水头损失增加很快、运行周期大大缩短的原因是什么？应采取什么措施？

19. 反冲洗的三要素是什么？反冲洗强度和滤层膨胀度之间的关系如何？试分析反冲洗强度对反冲洗效果的影响。

20. 举例说明哪些滤池必须成组工作？其成组工作的原因是什么？这些滤池配水系统有什么特点？

21. 试述 4 种沉淀的基本类型及其产生的原因和特点。

22. 斜板沉淀池的理论基础是什么？画图说明其工作原理。

23. 影响沉淀池沉淀效果的因素有哪些？其都有哪些影响？

24. 影响混凝效果的主要因素是什么？具体有什么影响？

25. 举例说明 3 种常用的混凝剂和助凝剂的优缺点。

26. 简述 4 种混凝机制。

27. 什么是水资源？我国水资源的特点是什么？

28. 什么是水体自净？其包括哪些过程？

29. 试分析地表水源和地下水源的特点及处理工艺的异同。

30. 什么叫自由性氯？什么叫化合性氯？两者的消毒原理和效果有什么区别？

31. 什么叫折点加氯？出现折点的原因是什么？其在工程上应如何应用？

32. 什么是接触过滤？什么是微絮凝过滤？两者的适用条件分别是什么？

33. 我国常用的滤料有哪些？所用滤料需满足哪些要求？

34. 简述我国地表水常规处理工艺流程。

35. 什么是水体污染？水体污染分几类？水中杂质分为几类？

36. 简述净水厂厂区布置要求。

37. 常用的反应器类型有哪些？平流沉淀池、斜板沉淀池、机械搅拌絮凝池属于哪类反应器？

38. 普通快滤池总深度包括哪几部分？各部分高度是多少？

39. 画图说明滤料层杂质分布规律，并分析提高滤层含污能力的方法。

40. 简述滤层中泥膜产生的原因、危害及解决方法。

41. 写出反冲洗水塔高度公式，并说明各部分的意义。

42. 写出水中铁、锰过量的危害，并简述接触氧化法除铁、除锰工艺流程。

43. 滤料层孔隙率测定方法有哪些？孔隙率对过滤效率的影响如何？

44. 什么是胶体稳定性？试用胶粒之间相互作用势能曲线说明胶体稳定性的原因。

45. 絮凝过程应满足哪些基本要求？絮凝过程的 G 值一般为多少？

46. 生活饮用水卫生标准所列的水质项目有哪些？水质指标共有多少项？

47. 水软化的目的是什么？常用的软化方法有哪些？原理是什么？

48. 混合的要求是什么？常用的混合方法有哪些？

49. 简述滤池中单层滤料滤速、滤料层高度、反冲洗强度、反冲洗时间、滤层膨胀度及过滤周期。

50. 滤池管廊布置形式有几种？管廊布置的要求有哪些？

51. 饮用水的除藻技术有哪些？

52. 水处理工艺选择时必需的基础资料有哪些？

53. 简述水处理工艺选择时必需的试验及方法。

54. 简述微污染水源水的水质特点。

55. 深度处理技术有哪些？

56. 简述微污染水源水处理技术的发展趋势。

57. 简述优质饮用水的概念、水质要求及包括的意义。

58. 简述膜工艺的特点和适用条件。

59. 优质饮用水处理工艺有哪些？

60. 什么是高浊度水？在工艺流程选择时一般要考虑哪几个方面的因素？

61. 何谓水的离子交换软化法？离子交换树脂的结构包括哪几部分？其类型有哪些？

62. 何谓离子交换树脂的选择性？其再生机制是什么？

63. 除铁、除锰滤料的成熟期是指什么？任何滤料是否需到成熟期后才出现催化氧化作用？

64. 地下水中的铁、锰主要以什么形态存在？地下水除铁、除锰的方法有哪些？

65. 简述加快铁的氧化速率应采取的措施并说明理由。

66. 试说明水中藻类对饮用水处理的不利影响。

67. 活性炭的一般性质有哪些？简述活性炭水处理的特点。

68. 水的氧化、还原处理法有哪些？各有何特点？适用于何种场合？

69. 混凝剂有几种投加方式？目前我国常用的混凝设施有几种？各有什么特点？

70. 举例说明一套地下水除铁、除锰工艺。

五、计算分析题

1. 请给出一套给水厂常规处理工艺,并说明各个流程的特点和工作方式。

2. 某城市供水厂设计水量为 2 000 m^3/h,包括水厂的自用水量,试计算 V 型滤池总面积、单池长宽深(包括各层高度)、反冲洗水量、反冲洗水泵扬程。

3. 某城市净水厂日处理水量 50 000 m^3/d,根据原水水质,采用精制硫酸铝,最大投加量为 60 mg/L,平均取 40.0 mg/L,试计算投加量。每日调配 2 次,混凝剂的浓度为 15%,试计算溶液池及溶解池容积及尺寸。

4. 现有一水厂,在其运行管理过程中常出现下列问题,试分析原因及解决办法:

(1)夏季汛期,进水浊度高,出水浊度常超过 5 度,且此时滤池工作周期缩短。

(2)夏季处理水中藻类含量超标,沉淀池、滤池滤料中藻类滋生严重。

(3)冬季进水浊度低但出水仍然难以满足水质标准。

(4)全年进水流量变化幅度大,系统运行不稳定。

(5)上游水源常受污染。

5. 某城市供水厂设计水量为 2 817 m^3/h,包括水厂的自用水量,现拟选用普通快滤池进行过滤,试设计计算滤池的各部分尺寸,并确定相关参数(如工作周期、冲洗强度、滤速等)。

6. 某城市供水厂设计水量为 2 000 m^3/h,包括水厂的自用水量,现拟选用普通快滤池进行过滤,试设计计算滤池的各部分尺寸,并确定相关参数(如工作周期、冲洗强度、滤速等)。

7. 有一普通快滤池在运行中常出现以下问题,试分析其原因及解决办法:

(1)滤池运行一段时间后,过滤效果下降、过滤周期变短。

(2)滤池配水槽内常有滤料出现。

(3)滤池表层常出现泥膜。

(4)滤池边壁光滑,滤料层常常不均。

8. 某往复隔板絮凝池设计流量为 2 008 m^3/h,絮凝时间采用 20 min,絮凝池宽度 15.5 m,平均水深 2.7 m,试设计计算絮凝池的长度及廊道的宽度,并确定各廊道内流速。

9. 某机械搅拌絮凝池设计流量为 3 312.5 m^3/h，絮凝时间采用 30 min，絮凝池宽度 22 m，平均水深 2.8 m，试设计计算絮凝池的长度及廊道的宽度，并确定各廊道内流速。

10. 现有一城市给水处理厂，由于水源恶化且用水要求提高，欲对水厂进行改造，试给出一套预处理和深度处理方案，并提出强化常规工艺处理效果的方法。由于水源常受到工厂废液泄漏等突发性污染，请给出一套用水应急处理方案。

11. 现有某高档小区准备建设优质水系统，试述：什么叫优质水？水质指标如何？在以自来水为原水的情况下请给出一套优质水处理工艺，说明其特点，并说明整个优质水系统的设计要点。

12. 已知某居住小区设计人口 $N = 50\ 000$ 人，污水最大设计量 $Q_{max} = 0.2\ m^3/s$，沉淀时间为 1.5 h，试对平流式沉淀池进行设计。

13. 某城市设计人口 48 万人，从沉砂池流来的污水进入集配水井，经集配水井进入斜板沉淀池。该设计采用二组斜板沉淀池重力排泥，每组分 4 格，已知每格设计流量为 0.124 5 m^3/s，试计算斜板沉淀池。

14. 已知机械搅拌澄清池设计流量为 10 万 m^3/s，$k = 5\%$，$n = 4$，试进行澄清池计算。

15. 水厂处于调试期需要做哪些试验确定水厂的运行参数？现水源发生了变化，需重做哪些试验来重新定义水厂的运行参数？如何来做？若滤池进行了改造，怎么确定新滤池的运行参数？

水处理习题集(下)

一、填空题

1. 污水的生物处理方法分_____和_____2种。

2. 污水处理是综合_____、_____及_____而完成的。

3. 氧化塘分_____、_____和_____3种。

4. 为了沉降比重大于2.65的污泥颗粒,在污水处理中常设置_____,为进一步沉降无机颗粒常设置_____,而在生化反应池后为完成泥水分离常采用_____。

5. 在二沉池沉淀区中主要发生了_____,而二沉池下部及污泥浓缩池上部发生了_____,在污泥浓缩池下部主要发生了_____。

6. 污泥处理的基本思路是,先对含水率高的污泥进行_____,而后进行_____,使污泥稳定无害化,最后使污泥_____,以便最终处理。

7. 厌氧处理的三个阶段是_____、_____、_____。

8. 污水的活性污泥法是利用_____原理,而生物膜法则是利用_____原理。

9. 污水检测的三项最重要的指标为_____、_____、_____。

10. 污水的有机物分解一般分为_____和_____两个阶段。

11. 污水的种类包括_____、_____、_____。

12. 举例说明三种物理处理构筑物:_____、_____、_____。

13. 污水的一级处理又称_____,二级处理主要是进行_____,同时进行必要的_____。当BOD/COD小于_____时,不适合利用生物处理法去除有机物。

14. 活性污泥处理系统中的异常情况常有_____、_____、_____、_____等。

15. 鼓风曝气系统的空气扩散装置分为_____、_____、_____、_____等类型。

16. SBR反应池运行周期分为_____、_____、_____、_____、_____5个阶段。

17. 常用的污泥培养方法有_____、_____、_____3种。

18. 生物膜处理法工艺方面的特征有_____、_____、_____。

19. 举例说明3种不需设置二沉池的生化处理工艺有_____、_____、_____。

20. 在好氧处理中,微生物营养物质平衡BOD: N: P为_____。

21. 为保证曝气池内的供氧量,一般来说,曝气池出口DO不小于_____,在曝气池首段,有机物含量高,耗氧速度快,DO也不应低于_____。

22. 一般生活污水和城市污水中SVI值以在_____为宜,当SVI大于_____时,会发生污泥膨胀。

23. 活性污泥成分分_____、_____、_____、_____4 部分。

24. 辐流式沉淀池按进出水布置方式可分_____、_____、_____3 种。

25. 格栅按其净间距可分为_____、_____、_____3 种(请写出栅距范围)。

26. 调节池可分为_____、_____两种类型。

27. 举例说明 3 种沉砂池:_____、_____、_____。

28. 举例说明 3 种污水中常用的沉淀池形式:_____、_____、_____。

29. 举例说明 3 种厌氧处理工艺:_____、_____、_____。

30. 举例说明 3 种活性污泥处理工艺:_____、_____、_____。

31. 举例说明 3 种生物膜处理工艺:_____、_____、_____。

32. 稳定塘对污水的净化作用有_____、_____、_____、_____等。

33. 我国现行的污水排放标准是_____,其中规定一级 B 排放标准中,COD 小于_____,BOD_5 小于_____,SS 小于_____。

二、名词解释

1. COD

2. SVI

3. 水体自净

4. 活性污泥法

5. 污水的厌氧处理

6. BOD_5

7. 稳定塘

8. 污泥解体

9. 生物膜法

10. 污泥膨胀

11. MLSS

12. DO

13. 生活污水

14. 一级处理

15. 二级处理

16. 生物反应池

17. 活性污泥

18. 回流污泥

19. 沉砂池

20. 辐流式沉淀池

21. 生物硝化

22. 生物反硝化

23. 生物除磷

24. SBR

25. 污泥龄

26. BAF

27. 剩余污泥

28. BOD 容积负荷

29. 初期吸附作用

30. 对数增殖期

31. BOD 污泥负荷

32. 第一类污染物

33. 阶段曝气法

34. 内源呼吸期

35. AB 法

36. 厌氧硝化

37. 生污泥

38. 污泥含水率

39. 污泥巴氏消毒法

40. 污水的深度处理

41. 二级消化

42. 氧化沟

43. 污泥干化

44. 污泥浓缩

45. 中温消化

46. 原污泥

47. 高温消化

48. 生物接触氧化

49. 土地处理

50. 表面负荷

三、选择题

1. 不属于污水物理处理的方法有（　　　　）。
   A. 筛滤截留　　　　B. 重力分离　　　　C. 混凝　　　　D. 离心分离
2. 下列工艺中不属于生物膜法的是（　　　　）。
   A. 氧化沟　　　　B. 流化床　　　　C. 生物转盘　　　D. 生物接触氧化
3. 不属于污水的常规检测指标的有（　　　　）。
   A. COD　　　　B. BOD_5　　　　C. SS　　　　D. 硝基苯含量
4. 在生化反应中，一般活性污泥中微生物处于（　　　　）阶段。
   A. 对数生长期中期　　　　　　B. 对数生长期末期、减数生长期前期
   C. 内源呼吸期后期　　　　　　D. 减数生长期末期、内源呼吸期前期
5. 下列池体中不需要进行曝气的是（　　　　）。

A. 曝气沉砂池　　　　B. 除铁除锰氧化塔　　C. 厌氧塘　　　　D. 氧化沟

6. 下列工艺中不属于厌氧生物处理的是( )。

    A. UASB　　　　　　B. BAF　　　　　　C. AFB　　　　　　D. AF

7. 下列不属于传统活性污泥法缺点的有( )。

    A. 无良好的脱氮除磷能力　　　　B. 处理能力一般

    C. 运行费用较高　　　　　　　　D. 生物相分层

8. 传统活性污泥法生化反应池属于( )反应器形式。

    A. CSTR　　　　　　B. PF　　　　　　　C. CMB　　　　　　D. CASS

9. 下列工艺组合中合理的是( )。

    A. 曝气沉砂池 + 厌氧反应池　　　　B. 好氧反应池 + 厌氧反应池

    C. 细格栅 + 中格栅　　　　　　　　D. 曝气沉砂池 + 好厌氧反应池

10. 下列工艺组合中需要二沉池的是( )。

    A. BAF　　　　　　　B. SBR　　　　　　C. MBR　　　　　　D. A/O

11. 下列不属于污泥异常现象的是( )。

    A. 污泥解体　　　　B. 污泥膨胀　　　　C. 污泥增殖　　　　D. 污泥老化

12. 下列工艺中不具有良好的脱氮除磷效果的是( )。

    A. 传统活性污泥法　B. SBR　　　　　　C. A/O　　　　　　D. A/A/O

13. 下列曝气装置中,氧利用率最高的是( )。

    A. 钟罩型微孔扩散器　B. 扩散板　　　　　C. 穿孔管　　　　　D. 扩散管

14. 下列说法正确的是( )。

    A. 初沉池污泥含水率比二沉池高　B. 厌氧反应往往需要加酸

    C. 曝气生物滤池需要反冲洗　　　D. 以上说法都不对

15. 下列不属于厌氧反应器运行特征的是( )。

    A. 容易酸化　　　　　　　　　　B. 需要设置三相反应器

    C. 厌氧反应器对环境变化敏感　　D. 厌氧反应器非常容易污泥膨胀

16. 污泥中颗粒吸附水和颗粒内部水可以通过( )方法去除。

    A. 重力浓缩　　　　B. 自然干化　　　　C. 机械脱水　　　　D. 干燥与焚烧

17. 下列厂址选择说法正确的是( )。

    A. 设在城市主导上风向　　　　　B. 水源上游

    C. 靠近电源交通方便　　　　　　D. 以上说法都不对

18. 现有一水质,进水 COD 大于 8 000 mg/L,进水 BOD_5 大于 4 000 mg/L,下列
( )方法能对其进行有效处理。

    A. 生物接触氧化　B. 传统活性污泥　C. UASB　　　　　D. 以上说法都不对

19. 现有一水质,进水 SS 高达 5 000 mg/L,颗粒多为塑料颗粒,粒径小于 0.1 mm,下
列具有良好去除效果的是( )。

    A. 气浮　　　　　　B. 沉砂池　　　　　C. 沉淀池　　　　　D. 以上说法都不对

20. 下列污泥中可以直接外运的是( )。

    A. 平流沉砂池的沉砂　　　　　　B. 曝气沉砂池的沉砂

C. 初沉池污泥　　　　　　　　D. 二沉池污泥

21. 下列水质中最接近城市污水的是(　　)。

　　A. 石油化工废水　　B. 敬老院污水　　C. 造纸废水　　D. 乳品废水

22. 下列水质中不需要设置格栅的是(　　)。

　　A. 制药厂废水(针剂)　B. 机械加工废水法

　　C. 屠宰废水　　　　　D. 以上说法都不对

23. 下列工艺中污泥活性最高的是(　　)。

　　A. 延时曝气法　　　B. 传统活性污泥法　C. UASB　　　D. AB 法 A 段

24. 下列工艺中污泥龄最短的是(　　)。

　　A. 氧化沟　　　　　B. 传统活性污泥法　C. A/O　　　　D. AB 法 A 段

25. 下列说法中正确的是(　　)。

　　A. 初沉池的容积往往比二沉池大

　　B. 提升泵站前往往需要设置格栅

　　C. 污水处理过程不同于给水,因此不需要加药

　　D. 在污泥处理过程中往往需要加酸调节

26. 污泥含水率由97%下降到94%,其体积变化为原来的(　　)。

　　A. 50%　　　　　　B. 3%　　　　　　　C. 6%　　　　　D. 不变

27. 对于生物膜法,下列说法正确的是(　　)。

　　A. 往往不需设置二沉池

　　B. 生物膜很薄,基本上是一层好氧膜

　　C. 污泥沉降与脱水性能好

　　D. 以上说法都不对

28. 下列说法正确的是(　　)。

　　A. 调试主要是对污泥驯化,因此需不断地向反应器内补充污泥

　　B. 污泥量越大,系统出水越好

　　C. 污泥膨胀后主要降低了泥水分离效果,致使出水水质下降

　　D. 以上说法都不对

29. 下列说法正确的是(　　)。

　　A. 曝气量过大,容易发生污泥解体

　　B. 在沉砂池中尽可能将所有污染物沉降下来

　　C. 调节池调节容积越大越好

　　D. 以上说法都不对

四、简答题

1. 举例说明3种活性污泥法并叙述其特点。

2. 分析比较好氧处理和厌氧处理的异同。

3. 分析活性污泥法净化过程的影响因素。

4. 简述生物膜处理法的特征。

5. 简述 MLSS 及 MLVSS 的组成部分及其计算方法，f 值的计算、取值与意义。

6. 举例说明 3 种生物膜法并叙述其特点。

7. 试说明活性污泥法与生物膜法的异同。

8. 简述活性污泥的组成与 SVI 值的计算方法。

9. 列出厌氧污水处理的 5 种优缺点。

10. 简述稳定塘对污水净化的作用。

11. 简述污水厂厂址选择的原则。

12. 简述选择污水处理工艺系统应考虑的因素。

13. 简述污泥中所含水分的分类及其脱水方法。

14. 简述厌氧硝化的影响因素。

15. 简述微生物的生长规律。

16. 简述污水生物脱氮原理。

17. 活性污泥法为什么需要污泥回流？如何确定回流比？回流比的大小对处理系统有什么影响？

18. 简述氧传递的基本原理和影响氧转移的主要因素。

19. 比较分析初沉池与二沉池的异同。

20. 举例说明 3 种沉砂池，并简述其特点和工作形式。

21. 活性污泥的评价指标有哪些？各有什么意义？

22. 格栅的主要功能是什么？按其间距可分为哪几类？其适用条件和清渣方式如何？

23. 试述 3 种不同进出水形式辐流式沉淀池的特点和工作形式。

24. 简述生物除磷的基本原理，并举例说明 3 种工艺的除磷过程。

25. 简述 SBR 工艺的工作原理。

26. 举例说明 3 种常用的污泥培养方法及其操作过程。

27. 简述厌氧生物处理机制。

28. 举例说明 3 种厌氧处理工艺，并叙述其特点。

29. 举例说明 4 种污水深度处理技术，并叙述其工作形式。

30. 分析说明生物接触氧化与曝气生物滤池的异同。

31. 简述活性污泥法工艺设计的主要内容。

32. 简述曝气系统的分类、主要性能指标以及相关要求有哪些？

33. 简述水体富营养化产生的原因、危害以及控制方法。

34. 举例说明 3 种工业废水的特点，并给出相关处理工艺。

35. 气浮适用于哪些水质的废水处理？哪些废水不适合生化降解？为什么？

36. 试画图说明传统活性污泥法中 DO 含量、污水中有机污染物含量的变化规律，并依据这些规律提出强化处理效果的方案。

37. 试述三相分离器的作用、形式及特点。

38. 举例说明污水处理中的一些重要出水指标（不少于 6 项），并给出在城市二级排放标准中的相应限值。

39. 简述两相厌氧生物处理的工艺特点。

40. 在生化处理工艺中哪几段工艺会产生污泥？初沉池和二沉池的污泥含水率为多少？如将含水97%的污泥浓缩至91%,试问其容积变化多少？

41. 简述曝气装置的分类及各种曝气装置利用效率的比较。

42. 简述沉淀类型以及各种沉淀所发生的区域。

43. 简述污水的一级处理机制、二级处理机制;当BOD/COD小于多少时,不适合利用生物处理法去除有机物？

44. 举例说明在生化反应中,根据工艺不同,微生物分别处于什么增长阶段。

45. 简述污水种类以及处理方法,污水水质对污泥处理的影响。

五、综述题

1. 试画图分析一套城市污水二级处理工艺的组合形式,并说明其各个部分的作用和特点。

2. 试指出4种活性污泥法处理系统运行中的异常情况,并解释其产生原因、危害及解决方法。

3. 试画图分析一套城市污泥处理工艺的组合形式,并说明其各个部分的作用和特点。

4. 某城市污水处理厂设有二组平流式沉砂池,已知每组沉砂池设计流量为0.498 m^3/s,试确定沉砂池各部分尺寸。

5. 某城市污水处理厂设计流量为0.498 m^3/s,设有二组曝气式沉砂池,试计算曝气沉砂池各部分尺寸。

6. 某城市污水处理厂采用二组辐流式沉淀池,每组设计流量为0.498 m^3/s,从沉淀池流来的污水进入集配水井,经过集配水井分配流量后流入沉淀池中,已知$c_1 = 407$ mg/L,$T = 0.1$ d,$p_0 = 97\%$,$c_2 = 203.5$ mg/L,试计算沉淀池的基本尺寸。

7. 某城市日排污水量20 000 m^3,时变化系数1.35,进入曝气池BOD_5值为170 mg/L,要求处理水BOD_5值为20 mg/L,拟采用活性污泥系统处理。

(1)计算、确定曝气池主要部位尺寸。

(2)计算、设计鼓风曝气系统。

8. 现有一石油化工厂欲建设一污水处理站,日水量3 000 t,其水中SS约为200 mg/L,NH_3约为270 mg/L,COD约为2 100 mg/L,BOD约为400 mg/L,水中含有一定的油,现欲以二级排放标准排放,试分析该水质特点,并给出处理方法。

9. 现有一乳品加工厂欲建设一污水处理站,日水量1 000 t,其水中SS约为300 mg/L,$NH_3 - N$约为50 mg/L,COD约为2 600 mg/L,BOD约为1 600 mg/L,现欲以一级排放标准排放,试分析该水质特点,并给出处理方法。

10. 现有一医院建设一污水处理站,日水量500 m^3,其水中SS约为250 mg/L,$NH_3 - N$约为23 mg/L,COD约为500 mg/L,BOD约为260 mg/L,现欲以一级排放标准排放,试分析该水质特点,并给出处理方法。

11. 某城市日排污水量10 000 m^3,时变化系数1.5,进入曝气池BOD_5值为220 mg/L,要求处理水BOD_5值为30 mg/L,拟采用活性污泥系统处理。

(1)计算、确定曝气池主要部位尺寸。

（2）计算、设计鼓风曝气系统。

12. 试画图分析一套 1 000 m³/d 的生物膜处理工艺的组合形式（水质标准参考生活污水，一级排放），并说明其各个部分的作用和特点。

13. 试画图分析一套 2 000 m³/d 的活性污泥处理工艺的组合形式（水质标准参考生活污水，一级排放），并说明其各个部分的作用和特点。

14. 试画图分析一套 3 000 m³/d 的厌氧处理工艺的组合形式（其水中 SS 约为 400 mg/L，$NH_3 - N$ 约为 100 mg/L，COD 约为 4 600 mg/L，BOD_5 约为 1 800 mg/L，现欲以一级排放标准排放），并说明其各个部分的作用和特点。

15. 现有一城市污水处理厂，对生化反应池进行观察，发现有如下问题：①冬季污泥发黑，出水不达标；②夏季污泥膨胀，二沉池污泥沉降差；③污水中经常发生出水氮、磷含量超标；④曝气池内污水前段发黑发臭，后段污泥细化。试分析以上现象产生的原因、危害和解决办法。

16. 某城市污水处理厂设有二组平流式沉砂池，已知每组沉砂池设计流量为 0.996 m³/s，试确定沉砂池各部分尺寸。

17. 某城市污水处理厂采用二组辐流式沉淀池，每组设计流量为 0.747 m³/s，从沉淀池流来的污水进入集配水井，经过集配水井分配流量后流入沉淀池中，已知 $c_1 = 388$ mg/L，$T = 0.1$ d，$p_0 = 96\%$，$c_2 = 194$ mg/L，试计算沉淀池的基本尺寸。

18. 现有一污水处理站，观察发现，有如下问题：①细格栅上基本没有栅渣；②曝气沉砂池内泡沫厚达 0.8 m；③二沉池出水混浊，有时可见絮状污泥流出；④带式压滤机处理后的污泥含水量过高，不成泥饼。试分析以上现象产生的原因、危害和解决办法。

19. 现有一啤酒工厂欲建设一污水处理站，日水量 1 500 t，其水中 SS 约为 600 mg/L，$NH_3 - N$ 约为 60 mg/L，COD 约为 2 700 mg/L，BOD_5 约为 1 500 mg/L，现欲以一级排放标准排放，试分析该水质特点，并给出处理方法。

附　录

附录 1　我国鼓风机产品规格

型号	风量 （m³/min）	风压 （9.8 Pa）	电机功率 （kW）	型号	风量 （m³/min）	风压 （9.8 Pa）	电机功率 （kW）
LG5	5	3 500	4.0	LG40	40	3 500	40
		5 000	7.5			5 000	55
LG10	10	3 500	10			7 000	75
		5 000	13	LG60	60	3 500	55
LG15	15	3 500	13			5 000	75
		5 000	17			7 000	115
LG20	20	3 500	17	LG80	80	3 500	75
		5 000	30			5 000	115
LG30	30	3 500	30			7 000	155
		5 000	40				

附录 2　氧在蒸馏水中的溶解度

水温 T（℃）	溶解氧（mg/L）	水温 T（℃）	溶解氧（mg/L）
0	14.62	16	9.95
1	14.23	17	9.74
2	13.84	18	9.54
3	13.48	19	9.35
4	13.13	20	9.17
5	12.80	21	8.99
6	12.48	22	8.83
7	12.17	23	8.63
8	11.87	24	8.53
9	11.59	25	8.38
10	11.33	26	8.22
11	11.08	27	8.07
12	10.83	28	7.92
13	10.60	29	7.77
14	10.37	30	7.63
15	10.15		

附录3 空气管道计算图

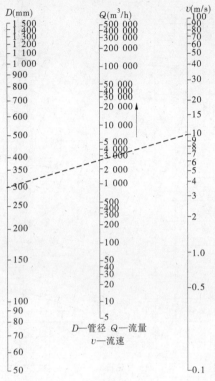

(a)空气管计算图

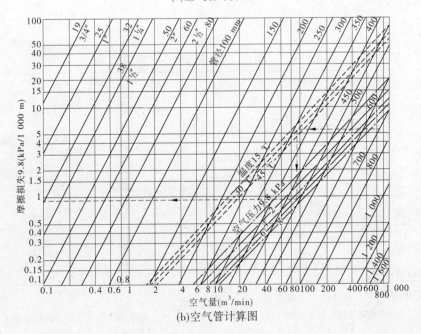

(b)空气管计算图

附录4 泵型曝气叶轮的技术规格

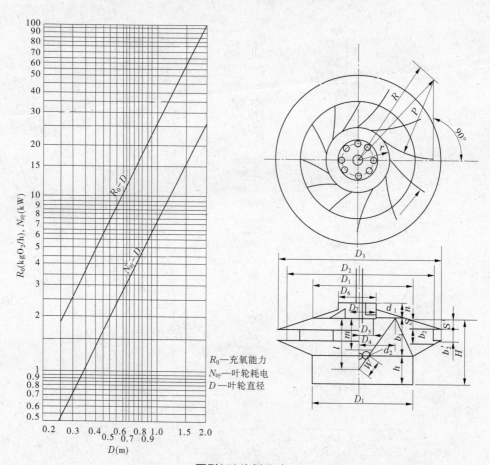

R_0—充氧能力
$N_{叶}$—叶轮耗电
D—叶轮直径

泵型(E)比例尺寸

代号	尺寸	代号	尺寸	代号	尺寸
D_2	D_2	b_2'	$0.0497D_2$	d_1	$0.0004 \times \left(\frac{\pi}{4}D_1^2\right)$面积
D_1	$0.729D_2$	S	$0.0243D_2$		$0.0005 \times \left(\frac{\pi}{4}D_1^2\right)$面积
D_3	$1.110D_2$	S'	$0.0343D_2$	d_2	
D_4	$0.412D_2$	h	$0.219D_2$	R	$0.70955D_2$
D_5	$0.1875D_2$	H	$0.3958D_2$	r	$0.2085D_2$
D_6	$0.2440D_2$	l	$0.299D_2$	P	$0.503D_2$
D_7	$0.1390D_2$	m	$0.171D_2$	叶片数 Z	12 片
b_1	$0.1770D_2$	n	$0.104D_2$	进水角 B_1	$71°20'$
b_2	$0.0680D_2$	W	$0.139D_2$	出水角 B_2	$90°$

浸没度:$0.0345D_2$(mm)　　　线速度:$4.7\sim5.5$ m/s

注:圆形曝气池池壁水面不可装置挡流板,以破坏旋涡,防止叶轮脱水。方形、长方形则不需装置挡流板。

附录5　平板叶轮计算图

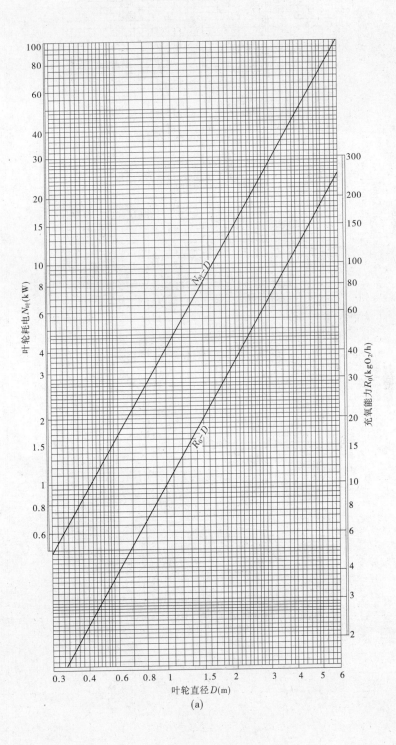

(a)

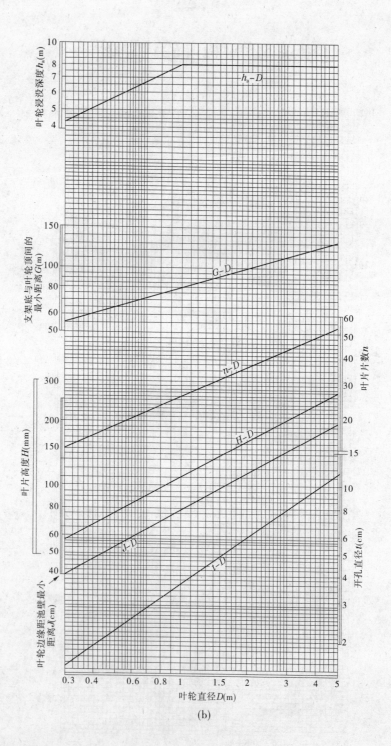

(b)

附录6 地表水环境质量标准(GB 3838—2002)节选

依据地表水水域环境功能和保护目标,按功能高低依次划分为五类:

Ⅰ类主要适用于源头水、国家自然保护区;

Ⅱ类主要适用于集中式生活饮用水地表水源地一级保护区、珍稀水生生物栖息地、鱼虾类产卵场、仔稚幼鱼的索饵场等;

Ⅲ类主要适用于集中式生活饮用水地表水源地二级保护区、鱼虾类越冬场、洄游通道、水产养殖区等渔业水域及游泳区;

Ⅳ类主要适用于一般工业用水区及人体非直接接触的娱乐用水区;

Ⅴ类主要适用于农业用水区及一般景观要求水域。

对应地表水上述五类水域功能,将地表水环境质量标准基本项目标准值分为五类,不同功能类别分为执行相应类别的标准值。水域功能类别高的标准值严于水域功能类别低的标准值。同一水域兼有多类使用功能的,执行最高功能类别对应的标准值。实现水域功能与达功能类别标准为同一含义。

表1　地表水环境质量标准基本项目标准限值　　　　（单位:mg/L）

序号	标准值 分类 项目	Ⅰ类	Ⅱ类	Ⅲ类	Ⅳ类	Ⅴ类
1	水温(℃)	人为造成的环境水温变化应限制在: 周平均最大温升≤1 周平均最大温降≤2				
2	pH(无量纲)	6 ~ 9				
3	溶解氧　≥	饱和率90% (或7.5)	6	5	3	2
4	高锰酸盐指数 ≤	2	4	6	10	15
5	化学需氧量 (COD)　≤	15	15	20	30	40
6	五日生化需氧量 (BOD_5)　≤	3	3	4	6	10
7	氨氮(NH_3-N) ≤	0.15	0.5	1.0	1.5	2.0
8	总磷(以P计) ≤	0.02 (湖、库0.01)	0.1 (湖、库0.025)	0.2 (湖、库0.05)	0.3 (湖、库0.1)	0.4 (湖、库0.2)
9	总氮(湖、库, 以N计)　≤	0.2	0.5	1.0	1.5	2.0
10	铜　≤	0.01	1.0	1.0	1.0	1.0

序号	分类 标准值 项目		Ⅰ类	Ⅱ类	Ⅲ类	Ⅳ类	Ⅴ类
11	锌	≤	0.05	1.0	1.0	2.0	2.0
12	氟化物 (以 F⁻ 计)	≤	1.0	1.0	1.0	1.5	1.5
13	硒	≤	0.01	0.01	0.01	0.02	0.02
14	砷	≤	0.05	0.05	0.05	0.1	0.1
15	汞	≤	0.000 05	0.000 05	0.000 1	0.001	0.001
16	镉	≤	0.001	0.005	0.005	0.005	0.01
17	铬(六价)	≤	0.01	0.05	0.05	0.05	0.1
18	铅	≤	0.01	0.01	0.05	0.05	0.1
19	氰化物	≤	0.005	0.05	0.2	0.2	0.2
20	挥发酚	≤	0.002	0.002	0.005	0.01	0.1
21	石油类	≤	0.05	0.05	0.05	0.5	1.0
22	阴离子表面 活性剂	≤	0.2	0.2	0.2	0.3	0.3
23	硫化物	≤	0.05	0.1	0.2	0.5	1.0
24	粪大肠菌群 (个/L)	≤	200	2 000	10 000	20 000	40 000

表2　集中式生活饮用水地表水源地补充项目标准限值　　（单位：mg/L）

序号	项目	标准值
1	硫酸盐(以 SO₄²⁻ 计)	250
2	氯化物(以 Cl⁻ 计)	250
3	硝酸盐(以 N 计)	10
4	铁	0.3
5	锰	0.1

表 3　集中式生活饮用水地表水源地特定项目标准限值　　　　（单位：mg/L）

序号	项目	标准值	序号	项目	标准值
1	三氯甲烷	0.06	31	二硝基苯④	0.5
2	四氯化碳	0.002	32	2,4-二硝基甲苯	0.000 3
3	三溴甲烷	0.1	33	2,4,6-三硝基甲苯	0.5
4	二氯甲烷	0.02	34	硝基氯苯⑤	0.05
5	1,2-二氯乙烷	0.03	35	2,4-二硝基氯苯	0.5
6	环氧氯丙烷	0.02	36	2,4-二氯苯酚	0.093
7	氯乙烯	0.005	37	2,4,6-三氯苯酚	0.2
8	1,1-二氯乙烯	0.03	38	五氯酚	0.009
9	1,2-二氯乙烯	0.05	39	苯胺	0.1
10	三氯乙烯	0.07	40	联苯胺	0.000 2
11	四氯乙烯	0.04	41	丙烯酰胺	0.000 5
12	氯丁二烯	0.002	42	丙烯腈	0.1
13	六氯丁二烯	0.000 6	43	邻苯二甲酸二丁酯	0.003
14	苯乙烯	0.02	44	邻苯二甲酸二(2-乙基己基)酯	0.008
15	甲醛	0.9	45	水合肼	0.01
16	乙醛	0.05	46	四乙基铅	0.000 1
17	丙烯醛	0.1	47	吡啶	0.2
18	三氯乙醛	0.01	48	松节油	0.2
19	苯	0.01	49	苦味酸	0.5
20	甲苯	0.7	50	丁基黄原酸	0.005
21	乙苯	0.3	51	活性氯	0.01
22	二甲苯①	0.5	52	滴滴涕	0.001
23	异丙苯	0.25	53	林丹	0.002
24	氯苯	0.3	54	环氧七氯	0.000 2
25	1,2-二氯苯	1.0	55	对硫磷	0.003
26	1,4-二氯苯	0.3	56	甲基对硫磷	0.002
27	三氯苯②	0.02	57	马拉硫磷	0.05
28	四氯苯③	0.02	58	乐果	0.08
29	六氯苯	0.05	59	敌敌畏	0.05
30	硝基苯	0.017	60	敌百虫	0.05

序号	项目	标准值	序号	项目	标准值
61	内吸磷	0.03	71	钼	0.07
62	百菌清	0.01	72	钴	1.0
63	甲萘威	0.05	73	铍	0.002
64	溴氰菊酯	0.02	74	硼	0.5
65	阿特拉津	0.003	75	锑	0.005
66	苯并(a)芘	2.8×10^{-6}	76	镍	0.02
67	甲基汞	1.0×10^{-6}	77	钡	0.7
68	多氯联苯[6]	2.0×10^{-5}	78	钒	0.05
69	微囊藻毒素–LR	0.001	79	钛	0.1
70	黄磷	0.003	80	铊	0.000 1

注:①二甲苯:指对二甲苯、间二甲苯、邻二甲苯。

②三氯苯:指1,2,3–三氯苯、1,2,4–三氯苯、1,3,5–三氯苯。

③四氯苯:指1,2,3,4–四氯苯、1,2,3,5–四氯苯、1,2,4,5–四氯苯。

④二硝基苯:指对二硝基苯、间二硝基苯、邻二硝基苯。

⑤硝基氯苯:指对硝基氯苯、间硝基氯苯、邻硝基氯苯。

⑥多氯联苯:指 PCB–1016、PCB–1221、PCB–1232、PCB–1242、PCB–1248、PCB–1254、PCB–1260。

附录7 生活饮用水卫生标准(GB 5749—2006)节选

表1 水质常规指标及限值

指标	限值
1.微生物指标①	
总大肠菌群(MPN/100 mL 或 CFU/100 mL)	不得检出
耐热大肠菌群(MPN/100 mL 或 CFU/100 mL)	不得检出
大肠埃希氏菌(MPN/100 mL 或 CFU/100 mL)	不得检出
菌落总数(CFU/mL)	100
2.毒理指标	
砷(mg/L)	0.01
镉(mg/L)	0.005
铬(六价,mg/L)	0.05

指标	限值
铅(mg/L)	0.01
汞(mg/L)	0.001
硒(mg/L)	0.01
氰化物(mg/L)	0.05
氟化物(mg/L)	1.0
硝酸盐(以 N 计,mg/L)	10 地下水源限制时为 20
三氯甲烷(mg/L)	0.06
四氯化碳(mg/L)	0.002
溴酸盐(使用臭氧时,mg/L)	0.01
甲醛(使用臭氧时,mg/L)	0.9
亚氯酸盐(使用二氧化氯消毒时,mg/L)	0.7
氯酸盐(使用复合二氧化氯消毒时,mg/L)	0.7

3. 感官性状和一般化学指标

指标	限值
色度(铂钴色度单位)	15
浑浊度(NTU - 散射浊度单位)	1 水源与净水技术 条件限制时为 3
臭和味	无异臭、异味
肉眼可见物	无
pH(pH 单位)	不小于 6.5 且不大于 8.5
铝(mg/L)	0.2
铁(mg/L)	0.3
锰(mg/L)	0.1
铜(mg/L)	1.0
锌(mg/L)	1.0

指标	限值
氯化物(mg/L)	250
硫酸盐(mg/L)	250
溶解性总固体(mg/L)	1 000
总硬度(以 $CaCO_3$ 计,mg/L)	450
耗氧量(COD_{Mn}法,以 O_2 计,mg/L)	3 水源限制,原水耗氧量 >6 mg/L 时为5
挥发酚类(以苯酚计,mg/L)	0.002
阴离子合成洗涤剂(mg/L)	0.3
4.放射性指标[②]	指导值
总 α 放射性(Bq/L)	0.5
总 β 放射性(Bq/L)	1

注:①MPN 表示最可能数;CFU 表示菌落形成单位。当水样检出总大肠菌群时,应进一步检验大肠埃希氏菌或耐热大肠菌群;水样未检出总大肠菌群,不必检验大肠埃希氏菌或耐热大肠菌群。
②放射性指标超过指导值,应进行核素分析和评价,判定能否饮用。

表2 饮用水中消毒剂常规指标及要求

消毒剂名称	与水接触时间	出厂水中限值	出厂水中余量	管网末梢水中余量
氯气及游离氯制剂(游离氯,mg/L)	至少 30 min	4	≥0.3	≥0.05
一氯胺(总氯,mg/L)	至少 120 min	3	≥0.5	≥0.05
臭氧(O_3,mg/L)	至少 12 min	0.3		0.02 如加氯, 总氯≥0.05
二氧化氯(ClO_2,mg/L)	至少 30 min	0.8	≥0.1	≥0.02

表3 水质非常规指标及限值

指标	限值
1. 微生物指标	
贾第鞭毛虫(个/10 L)	<1
隐孢子虫(个/10 L)	<1
2. 毒理指标	
锑(mg/L)	0.005
钡(mg/L)	0.7
铍(mg/L)	0.002
硼(mg/L)	0.5
钼(mg/L)	0.07
镍(mg/L)	0.02
银(mg/L)	0.05
铊(mg/L)	0.000 1
氯化氰(以 CN⁻ 计,mg/L)	0.07
一氯二溴甲烷(mg/L)	0.1
二氯一溴甲烷(mg/L)	0.06
二氯乙酸(mg/L)	0.05
1,2 - 二氯乙烷(mg/L)	0.03
二氯甲烷(mg/L)	0.02
三卤甲烷(三氯甲烷、一氯二溴甲烷、二氯一溴甲烷、三溴甲烷的总和)	该类化合物中各种化合物的实测浓度与其各自限值的比值之和不超过 1
1,1,1 - 三氯乙烷(mg/L)	2
三氯乙酸(mg/L)	0.1
三氯乙醛(mg/L)	0.01
2,4,6 - 三氯酚(mg/L)	0.2
三溴甲烷(mg/L)	0.1
七氯(mg/L)	0.000 4
马拉硫磷(mg/L)	0.25
五氯酚(mg/L)	0.009
六六六(总量,mg/L)	0.005
六氯苯(mg/L)	0.001
乐果(mg/L)	0.08

指标	限值
对硫磷(mg/L)	0.003
灭草松(mg/L)	0.3
甲基对硫磷(mg/L)	0.02
百菌清(mg/L)	0.01
呋喃丹(mg/L)	0.007
林丹(mg/L)	0.002
毒死蜱(mg/L)	0.03
草甘膦(mg/L)	0.7
敌敌畏(mg/L)	0.001
莠去津(mg/L)	0.002
溴氰菊酯(mg/L)	0.02
2,4 – 滴(mg/L)	0.03
滴滴涕(mg/L)	0.001
乙苯(mg/L)	0.3
二甲苯(mg/L)	0.5
1,1 – 二氯乙烯(mg/L)	0.03
1,2 – 二氯乙烯(mg/L)	0.05
1,2 – 二氯苯(mg/L)	1
1,4 – 二氯苯(mg/L)	0.3
三氯乙烯(mg/L)	0.07
三氯苯(总量,mg/L)	0.02
六氯丁二烯(mg/L)	0.000 6
丙烯酰胺(mg/L)	0.000 5
四氯乙烯(mg/L)	0.04
甲苯(mg/L)	0.7
邻苯二甲酸二(2 – 乙基己基)酯(mg/L)	0.008
环氧氯丙烷(mg/L)	0.000 4
苯(mg/L)	0.01
苯乙烯(mg/L)	0.02
苯并(a)芘(mg/L)	0.000 01
氯乙烯(mg/L)	0.005

指标	限值
氯苯(mg/L)	0.3
微囊藻毒素 – LR(mg/L)	0.001
3.感官性状和一般化学指标	
氨氮(以 N 计,mg/L)	0.5
硫化物(mg/L)	0.02
钠(mg/L)	200

表4　农村小型集中式供水和分散式供水部分水质指标及限值

指标	限值
1.微生物指标	
菌落总数(CFU/mL)	500
2.毒理指标	
砷(mg/L)	0.05
氟化物(mg/L)	1.2
硝酸盐(以 N 计,mg/L)	20
3.感官性状和一般化学指标	
色度(铂钴色度单位)	20
浑浊度(NTU – 散射浊度单位)	3 水源与净水技术条件限制时为5
pH(pH 单位)	不小于6.5且不大于9.5
溶解性总固体(mg/L)	1 500
总硬度(以 $CaCO_3$ 计,mg/L)	550
耗氧量(COD_{Mn}法,以 O_2 计,mg/L)	5
铁(mg/L)	0.5
锰(mg/L)	0.3
氯化物(mg/L)	300
硫酸盐(mg/L)	300

附录8 污水综合排放标准(GB 8978—1996)节选

表1 第一类污染物最高允许排放浓度

(单位:mg/L,特别注明除外)

序号	污染物	最高允许排放浓度	序号	污染物	最高允许排放浓度
1	总汞	0.05	8	总镍	1.0
2	烷基汞	不得检出	9	苯并(a)芘	0.000 03
3	总镉	0.1	10	总铍	0.005
4	总铬	1.5	11	总银	0.5
5	六价铬	0.5	12	总 α 放射性	1 Bq/L
6	总砷	0.5	13	总 β 放射性	10 Bq/L
7	总铅	1.0			

附录9 城镇污水处理厂污染物排放标准
(GB 18918—2002)节选

表1 基本控制项目最高允许排放浓度(日均值)　　(单位:mg/L)

序号	基本控制项目		一级标准		二级标准	三级标准
			A 标准	B 标准		
1	化学需氧量(COD)		50	60	100	120[①]
2	生化需氧量(BOD$_5$)		10	20	30	60[①]
3	悬浮物(SS)		10	20	30	50
4	动植物油		1	3	5	20
5	石油类		1	3	5	15
6	阴离子表面活性剂		0.5	1	2	5
7	总氮(以 N 计)		15	20	—	—
8	氨氮(以 N 计)[②]		5(8)	8(15)	25(30)	—
9	总磷(以 P 计)	2005 年 12 月 31 日前建设的	1	1.5	3	5
		2006 年 1 月 1 日起建设的	0.5	1	3	5
10	色度(稀释倍数)		30	30	40	50
11	pH		6~9			
12	粪大肠菌群数(个/L)		10^3	10^4	10^4	—

注:①下列情况下按去除率指标执行:当进水 COD 大于 350 mg/L 时,去除率应大于60%;BOD 大于 160 mg/L 时,去除率大于50%。

②括号外数值为水温 >120 ℃时的控制指标,括号内数值为水温≤120 ℃时的控制指标。

参 考 文 献

[1] 张自杰.排水工程[M].4版.北京:中国建筑工业出版社,2000.

[2] 聂梅生,许泽美,唐建国,等.废水处理与再用[M].北京:中国建筑工业出版社,2002.

[3] 任南琪,王爱杰,等.厌氧生物技术原理与应用[M].北京:化学工业出版社,2004.

[4] 唐受印,汪大翚.废水处理工程[M].北京:化学工业出版社,1997.

[5] 唐玉斌.水污染控制工程[M].哈尔滨:哈尔滨工业大学出版社,2006.

[6] 唐受印,等.工业循环冷却水处理[M].北京:化学工业出版社,2005.

[7] 张宝军.水污染控制技术[M].北京:中国环境科学出版社,2007.

[8] 王有志.水污染控制技术[M].北京:中国劳动社会保障出版社,2010.

[9] 聂梅生,戚盛豪,严煦世,等.水资源与给水处理[M].北京:中国建筑工业出版社,2001.

[10] 雷乐成,汪大翚.水处理高级氧化技术[M].北京:化学工业出版社,2001.

[11] 汪大翚,雷乐成.水处理新技术及工程设计[M].北京:化学工业出版社,2001.

[12] 邵刚.膜法水处理技术及工程实例[M].北京:化学工业出版社,2002.

[13] 邵刚.膜法水处理技术[M].2版.北京:冶金工业出版社;2001.

[14] 严煦世,范瑾初.给水工程[M].4版.北京:中国建筑工业出版社,2000.

[15] 许保玖.给水处理理论[M].北京:中国建筑工业出版社,2000.

[16] 张自杰.废水处理理论与设计[M].北京:中国建筑工业出版社,2000.

[17] 赵由才.环境工程化学[M].北京:化学工业出版社,2003.

[18] 王九思,陈学民,肖举强,等.水处理化学[M].北京:化学工业出版社,2002.

[19] 雷仲存,钱凯,刘念华,等.工业水处理原理及应用[M].北京:化学工业出版社,2003.

[20] 吴婉娥,葛红光.废水生物处理技术[M].北京:化学工业出版社,2004.

[21] 符九龙.水处理工程[M].北京:中国建筑工业出版社,2000.

[22] 丁亚兰.国内外废水处理工程设计实例[M].北京:化学工业出版社,2000.

[23] 王燕飞.水污染控制技术[M].北京:化学工业出版社,2001.

[24] 肖锦.城市污水处理及回用技术[M].北京:化学工业出版社,2002.

[25] 李广贺.水资源利用与保护[M].北京:中国建筑工业出版社,2002.

[26] 李圭白.城市水工程概论[M].北京:中国建筑工业出版社,2002.

[27] 李军,杨秀山,彭永臻.微生物与水处理技术[M].北京:化学工业出版社,2002.

[28] 王琳,王宝贞.饮用水深度处理技术[M].北京:化学工业出版社,2002.

[29] 徐亚同,黄民生.废水生物处理的运行管理与异常对策[M].北京:化学工业出版社,2003.

[30] 王又蓉.污水处理问答[M].北京:国防工业出版社,2007.

[31] 吕宏德.水处理工程技术[M].北京:中国建筑工业出版社,2005.

[32] 上海市政工程设计研究院.给水排水设计手册(第3册)——城镇给水[M].2版.北京:中国建筑工业出版社,2004.

[33] 张悦,张晓健,陈超,等.城市供水系统应急净水技术指导手册[M].北京:中国建筑工业出版社,2009.

[34] 吴丰昌,等.天然有机质及其污染物的相互作用[M].北京:科学出版社,2010.

［35］张成,刘胜利,崔崇威,等.严寒地区湖库型水源净水厂运行管理[M].哈尔滨:哈尔滨工业大学出版社,2013.

［36］中华人民共和国建设部,中华人民共和国国家质量监督检验检疫总局.GB 50013—2006 室外给水设计规范[S].北京:中国计划出版社,2006.

［37］中华人民共和国建设部,中华人民共和国国家质量监督检验检疫总局.GB 50014—2006 室外排水设计规范[S].北京:中国计划出版社,2006.